高等学校物理实验教学示范中心系列精品教材

西安交通大学本科"十四五"规划教材

大学物理实验

（第三版）

主　编　高　博

副主编　张　沛　张俊武　王红理

中国教育出版传媒集团

DAXUE WULI SHIYAN　　　　高等教育出版社·北京

内容简介

本书以教育部高等学校物理学与天文学教学指导委员会编制的《理工科类大学物理实验课程教学基本要求》(2023 年版)为依据,吸纳了西安交通大学二十余年物理实验教材的建设经验改编而成。 本书在上一版基础上进行修订,全书总体构架以渐进式实验教学体系为指引,以培养学生基础实验能力和自主创新能力为目标,在教学内容上逐步完善并做了一些创新设计。

本书在近几年教育数字化和“新工科”建设的背景下物理实验教学的新要求下,以能力培养为核心,删减了部分实验内容,对综合性与设计性实验内容做了较大改动。 全书体系新、选题新、取材新,重视当前实验教学要求,因材施教,便于自主学习。 全书共分五部分,内容涉及绪论、测量误差与数据处理、基础物理实验、综合物理实验、实验设计基础,体系结构完善,取材独具特色。

本书可作为高等学校理工科非物理学类专业的大学物理实验课程教材,并可供物理学类专业师生、高等教育实验工作者及一般实验工程技术人员参考。

图书在版编目(CIP)数据

大学物理实验 / 高博主编;张沛,张俊武,王红理
副主编. --3 版. --北京:高等教育出版社,2023.11(2024.3 重印)
ISBN 978-7-04-061177-9

Ⅰ.①大… Ⅱ.①高… ②张… ③张… ④王… Ⅲ.
①物理学-实验-高等学校-教材 Ⅳ.①O4-33

中国国家版本馆 CIP 数据核字(2023)第 172892 号

DAXUE WULI SHIYAN

| 策划编辑 | 忻 蓓 | 责任编辑 | 忻 蓓 | 封面设计 | 王凌波 马天驰 | 版式设计 | 杨 树 |
| 责任绘图 | 于 博 | 责任校对 | 吕红颖 | 责任印制 | 田 甜 | | |

出版发行	高等教育出版社	网 址	http://www.hep.edu.cn
社 址	北京市西城区德外大街 4 号		http://www.hep.com.cn
邮政编码	100120	网上订购	http://www.hepmall.com.cn
印 刷	涿州市京南印刷厂		http://www.hepmall.com
开 本	787mm×1092mm 1/16		http://www.hepmall.cn
印 张	22.25		
字 数	500 千字	版 次	2023 年 11 月第 1 版
购书热线	010-58581118	印 次	2024 年 3 月第 2 次印刷
咨询电话	400-810-0598	定 价	44.90 元

本书如有缺页、倒页、脱页等质量问题,请到所购图书销售部门联系调换
版权所有 侵权必究
物 料 号 61177-00

大学物理实验
（第三版）

主　编　高　博
副主编　张　沛
**　　　　张俊武**
**　　　　王红理**

1　计算机访问 http://abooks.hep.com.cn/1266801，或手机扫描二维码，进入 Abooks 小程序。

2　注册并登录，进入"个人中心"。

3　通过 Abooks 小程序扫描封底数字课程账号二维码，完成课程绑定。

4　单击"开始学习"按钮，开始本数字课程的学习。

　　课程绑定后一年为数字课程使用有效期。受硬件限制，部分内容无法在手机端显示，请按提示通过计算机访问学习。

　　如有使用问题，请发邮件至 abook@hep.com.cn。

扫描二维码
进入 Abooks 小程序

http://abooks.hep.com.cn/1266801

前言

本书是在当前"新工科"建设的背景下,遵循高等教育数字化要求下大学物理实验教学的最新发展,同时结合西安交通大学多年来开设工科物理实验的教学实践,特别是独立设课后四十年的教学改革和课程建设的实验教学经验,参照逐年完善的体系化教材建设编写而成的。

大学物理实验课程是普通高校理工科类学生进行科学实验基本训练的开端。交通大学从 20 世纪 20 年代成立物理系并建立物理实验室以来,历来重视实践性教学环节。百年前建系之初即开出 60 多个物理实验,为最早将物理实验引入中国高等教育的院校之一。这种"起点高、基础厚、要求严、重实践"的优良传统,一直保持至今。作为首批物理国家级实验教学示范中心,西安交通大学物理实验教学示范中心近十几年来为提高物理实验课程的教学质量,同时契合"新工科"建设与时代教育教学的要求,在教学内容和教学方法等方面进行了一系列的探索和改革,在新时代教材建设方面也进行了诸多尝试,目前在物理实验教学方面已编写出版了系列教材,包括《大学物理实验》《大学物理实验(医学类)》《综合与近代物理实验》等。本书为《大学物理实验》教材的第三版。本书主要有以下特点:

1. 新体系与新结构:将测量误差与不确定度等实验理论融入各实验中。每章前有当前时代要求的实验基本知识或引言,其将各个独立的实验有机地联系在一起。同时融合课程育人和教育数字化特色,使学生在做过有限的实验后,通过归纳总结,能进行思索、举一反三、触类旁通,达到物理实验教学目的。

2. 时代特色新选题内容:书中各实验项目都经过了精心的筛选,既有久经实践检验、对培养动手能力行之有效的传统实验,又增加了现代科技中具有代表性的著名实验和部分近代物理实验。无论是基础性实验还是综合与设计性实验,不拘泥于一种形式,着重灵活运用和能力的培养。

3. 取材以新时代教学为特色:书中的名词、术语、概念、误差公式均采用或参照最新国家标准,各种数据选用自最新发表的资料,力求概念叙述准确清楚,各种数据真实可靠,融合理工科院校专业特色,设置各个专业对应的物理拓展实验模块。

4. 重视因材施教和创新能力培养:在一些实验后编写了延伸拓展内容,其形式多样,可逐步培养学生独立分析和解决实际问题的能力。本书注重数字化学习手段与内容的创新,在内容安排上循序渐进,便于自学,适合自助式、开放式教学。

全书共分四章,第 1 章在测量误差与数据处理中,引入并全面讲授不确定度的概念,以适应当前物理实验教学发展的需要,以拓展为目的编入若干思考模块和讨论题。第 2 章和第 3 章分别为力学、热学、电磁学、光学等基础物理实验和综合物理实验,选材新颖,对原实验内容进行了兼具数字化与时代特色的创新与补充。第 4 章实验设计基础部分,对实验设计流程作了简明的阐述,并以前述实验方法作为设计实验内容,采用引导方式,注重创新能力培养。附录收编了我国法定计量单位,以便读者查阅参考。

实验教学是一项集体的事业,本书凝聚了西安交通大学80年来所有从事物理实验课程教学的教师和技术人员的智慧和劳动成果。从初建物理实验室的周铭、赵富鑫先生到新中国成立后的潘耀鲁、顾元壮先生;从迁校西安后的陆兆祥、沈志新先生到改革开放后的李寿岭、宋朝聪、王希义、赵军武、黄丽清等;还有同时代许多其他同仁,为西安交通大学的物理实验教学建设与改革、实验教材的编写都付出了辛勤的劳动,他们的无私奉献永远不会被忘记。在本教材出版之际,谨向他们表示诚挚的谢意!

本书由高博、张沛、张俊武、王红理任主编。肖国宏、王琪琨、苏亚凤、黄国华、张倩、毛胜春、郭永利、赵述敏、冯雪红、常凯歌、童童、石晓华、翟立朋、锁高洁、王晨辉、胡龄之参与了本书的编写工作。全书由高博、张沛、张俊武统稿。

在本书编写过程中,编者参阅了兄弟院校的有关教材,借鉴了不少宝贵的教学实践经验,在此对关心支持本书编写的所有同仁表示衷心的感谢!由于编写时间仓促,疏漏之处在所难免,恳请不吝指正!

编　者

2023 年 8 月

目录

绪论

实验实践教学是普通高校教育教学中的关键一环,是当前提升人才培养质量的不可或缺的决定性环节之一.人类在与自然界长期共存的过程中,积累了丰富的实践经验,同时在总结发展前人成果的基础上,逐步形成了完整的自然科学体系.自然科学体系指导人类进行有目的、有方法、有成效的实践验证,通过此过程达到了解自然、改造自然、利用自然,使其为人类服务的目的.理论指导实践、实践丰富理论,这是理论与实践统一闭环发展的过程.

科学实验是在人为的条件下,将事物典型化,抽象出本质的东西,进行研究和再实践.科学实验是科学理论的依据和基础.在整个自然科学的发展过程中,实验和理论的相互作用是内在的根本动力,这种作用引起量的渐进积累和质的突变飞跃的交替演进,推动着科学不断发展.

物理学是建立在实验基础上的自然科学之一,物理学中概念、定律的提出及建立,几乎都以严格的科学实验为基础,且还要在后续发展过程中经受实验的持续检验.例如:法拉第于1831年在实验室里发现了电磁感应现象,进而得出电磁感应定律,麦克斯韦随后系统总结了电磁学的成就,在1864年提出著名的电磁场理论.二十几年后,赫兹的电磁波实验又检验和证实了电磁场理论的正确性,最终麦克斯韦的电磁场理论把电、磁、光三个领域的规律综合到一起.同时赫兹通过电磁波实验发现了光电效应现象,最终推动了量子力学的发展,具有划时代的意义.

物理学的整个发展过程,特别体现出理论和实践的辩证关系,在研究物质世界规律的过程中,理论和实验密不可分,它们相辅相成且相互促进.没有理论指导的实验是盲目的;没有以实验事实为依据的理论是难以置信的.坚持理论联系实际,理论与实践相结合,是唯物主义和社会主义科学价值观与发展观的集中体现.

一、 大学物理实验课的地位和任务

大学物理实验课是一门实践性的课程,是学生科学实践入门的首要关键课程之一.实验研究有学科特色的理论、方法和技能.通过本课程使学生了解科学实验的主要过程与基本方法,为今后的学习和工作奠定基础.本课程以基本物理量的测量方法、经典物理现象的观察和研究、近现代常用测量仪器的结构原理和使用方法为主要内容进行教学,对学生的基本实验能力、结果分析能力、综合处理能力和创新设计能力进行严格的培养.本课程是对理工科学生进行科学实验基本训练的一门独立设置的必修基础课,是学生大学阶段接受系统实验方法和实验技能训练的开端.熟练扎实掌握实验基本知识、方法和技能,是当前高校培养创新人才的关键内容.在培养既懂理论又会动手、能解决实际问题的基础科学研究和高级工程技术人才的过程中,大学物理实验课具有不可替代的独特重要作用.

结合当前新时代大学物理实验教育教学需求,本课程的具体任务如下:

① 通过对实验现象的观察、分析和对物理量的测量,学习物理实验知识,加深对物理学原理的理解.

② 培养与提高学生的科学实验能力,综合创新能力,数字化、信息化实验处理与解决能力.包括:

　　a. 能够自行阅读实验教材或资料,正确理解原理,做好实验前的准备;

　　b. 能够借助教材等各类学习资料,正确使用常用仪器;

　　c. 能够运用物理学理论对实验现象进行初步分析并作出判断;

　　d. 能够正确记录和处理实验数据,绘制或利用数字化工具给出实验图线并说明实验结果,撰写合格的实验报告;

　　e. 能够完成简单的综合设计性实验.

③ 培养与提高学生的科学实验素质.要求学生具有理论联系实际和实事求是的科学作风,严肃认真的工作态度,自主研究的创新精神.

二、 大学物理实验课的主要环节

1. 课前预习

物理实验预习的好坏直接影响实验的成败,通过预习了解实验原理及内容、方法和步骤是做好实验的基础.预习时,首先要仔细阅读教材的有关章节及实验内容,关键是要明确实验的目的要求,掌握实验所依据的原理及方法,初步了解所用实验仪器与装置的主要性能、使用方法和操作规范,清楚实验的数据测量与采集过程及实验注意事项.对暂不明白的问题加以记录,以便在实验过程中加倍注意并通过完成实验来解决.

阅读教材后要在规定的实验报告本或报告纸上写出简明扼要的预习报告,设计并画好记录数据的表格.上课时,教师将通过不同方式检查预习情况,并作为评定课内成绩的一项内容.

2. 课内操作

操作是完成实验任务的核心环节.首先,进入实验室要经过实验安全培训并遵守实验室各项制度与规则;开始实验前应首先清点量具、仪器及有关器材是否完备,然后根据实验内容和测量方法进行合理布局;对量具、仪器进行调整或按电路、光路图进行连接,同时清楚了解所用仪器的性能、使用方法并牢记注意事项;实验前如有必要应请指导教师检查,实验开始后如果条件允许,可粗略定性地观察一下实验的全过程,以便了解数据分布情况,判别有无异常现象;如有异常情况应立即中止实验,以防损坏仪器.并认真思考分析原因,力求自己动手寻找、排除故障或通过与指导教师讨论解决.最终通过实验学习探索和研究物理问题的方法.

物理实验绝不仅是测量几组数据后完成任务的课程.实验过程是知识积累的过程.实验时要理论联系实际,手脑并用,勤于思考.仔细观察实验现象并完整记录所有数据,注意数据的有效数字和单位,所记录的原始数据不可随意修改.要做到如实、及时地记录实验数据及观察到的现象.操作完成后,先止动仪器并切断电源或光源,请教师审阅原始数据后,将仪器等复原并整理摆放好.

3. 课后撰写实验报告

实验报告是实验完成后的总结,是培养综合总结和分析表达能力的重要环节.首先完整地分析整个实验过程的实验依据和物理规律;通过计算与作图等数据处理手段得到实验结果,进行科学合理的误差或不确定度估算;特别注意不同教材中的介绍.实验报告是个人理解的实验的原理与方法,对测得的数据进行客观分析总结的过程.认真完成实验报告,不仅可以提高自己写科研报告和科学论文的水平,而且可以提高组织材料、语句表达等写作能力,这是其他理论课程无法替代的.

三、 大学物理实验课的学习方法

1. 重视实验课及其各个环节

实验课有其自身的规律和特点,因此,学习方法也应与之相适应,应与理论课有所不同.大学物理实验课是工科大学生工程教育中一系列实践教育的开端和基础,尤其在当前新工科教育背景下,充分认识实验课程的重要性尤为重要.

物理实验课的各个环节,如预习、操作、写报告等,每一环都要认真对待,一丝不苟.对有效数字、误差分析、误差或不确定度的估算,列表法、作图法、最小二乘法等数据处理方法的学习,要贯彻始终并逐步深入理解和掌握.对各个实验不仅要完全理解,且要能举一反三、触类旁通.希望同学们能创造出适合自己的科学的学习方法,培养对实验的兴趣,能主动积极地、灵活全面地学好物理实验,提高学习效率,达到既定的学习效果.

2. 注意掌握基本测量技术和实验方法

基本的测量技术和实验方法是复杂、大型、现代物理实验的基础,且会运用到以后的生产生活实际中.物理实验学习不仅要掌握各种基本物理实验方法的原理、适用条件、优点和局限性,还要通过分析比较,逐步达到能灵活运用的层次.

常用的测量技术和实验方法,如水平、竖直、零位的调整,比较测量,放大测量,指零法,补偿法,模拟法,替代法,非电量电测,光学测量等,均需要通过每个具体的实验亲自动手、仔细观察、认真思考,才能有所体会.在此基础上,要最终掌握设计一些简单实验的方法.通过这些训练,在以后的学习和工作中,能够独立地确定实验方案,选定恰当的仪器,在满足一定误差或不确定度要求的前提下,得出可信的实验结果.这是物理实验课程的核心目的.

3. 养成良好的实验习惯,培养科学的实验素质

实验前充分准备,对所做的实验要清楚了解其内容;实验中要善于观察各种实验现象,测量数据要细心准确;实验结束后要形成完整真实的实验记录并要养成独立分析思考的习惯.

一个实验能否成功与是否正确使用仪器密切相关.对常用的仪器必须熟知它的使用方法和注意事项,对仪器的准确度、读数等都要清楚了解,仪器的布局、调整、连接等要考虑细致,操作时要敢于动手、善于动手,逐步培养自己独立分析、寻找、排除实验中各类故障的能力.

实验课程的收获和能力的增长,不能单纯地看实验结果与理论值的吻合程度.任何一个实验结果与客观实际或理论公式的计算结果都会有些差异,实验方法、实验仪器、实验环境等都会引入不同类别的误差,只要结果在所要求的误差范围以内,更重要的是能找出产生误差的主要因素及改进的途径,这是更为难能可贵的收获.

4. 培养手脑并用、善于思考、勇于创新的能力

实验者自始至终要多动脑筋,多想几个为什么,要经常与学到的理论相联系,要能判定实验结果的可靠性与正确性;对于重难点要善于思考,不怕困难;各实验的基本内容和重点要集中精力掌握透彻;实验结束后要回顾、比较、归纳、总结,具备创新意识,在前人经验的基础上,学习用新的视角、新的方法进行实验研究.

通过本课程系统化的物理实验学习,希望大家达到实验实践能力和综合创新能力的基本要求.本教材中各个实验都有一段基本知识或引言,从实验历史和实验原理角度体现该实验的经典之处与课程思政特色,同时每节都有一个小结帮助大家总结提高.通过自主高标准地进行学习和研读,必能收到意想不到的从量到质转化的效果.

第 1 章
测量误差与数据处理

物理实验离不开对物理量进行测量,由于人们认识能力和科学技术水平的限制,使得物理量的测量很难完全准确.也就是说,一个物理量的测量值与其客观存在的值总有一些差异,即测量总存在着误差.由于误差的存在,使得测量结果带有一定的不确定性,因此,对一个测量质量的评估,要给出它的不确定度.这是本章要介绍的前一部分内容.对物理量的测量结果总是用一组数字来表示,这涉及物理实验中经常遇到的很重要但又易被忽视的有效数字问题.做完一个实验必定要获得一些测量数据,如何对这些原始数据进行处理,得到实验结果,并给出误差或不确定度,就要使用一些科学的方法.本章后一部分内容,就会介绍有效数字及物理实验中常用的几种数据处理方法,如列表计算法、作图法和线性回归法等.

§1.1　测量与误差

一、测量及其分类

测量是将被测物理量与选作标准单位的同类物理量进行比较的过程,即以确定量值为目的的一组操作.其比值即为被测物理量的测量值,被测量的测量结果用标准量的倍数和标准量的单位来表示.因此,测量的必要条件是被测物理量、标准量及操作者.测量结果应是一组数字和单位,必要时还要给出测量所用的量具或仪器、测量的方法及条件等.例如,测量一个小钢球的直径,选用的标准单位是毫米,测量结果是毫米的 10.508 倍,则直径的测量值为 10.508 mm,使用的量具为螺旋测微器,测量环境温度为 18.5 ℃.

作为比较标准的测量单位,其大小是人为规定的,以某几个选定的基本单位为基础,就能推导出一系列导出单位,这一系列基本单位和导出单位的整体叫做单位制.物理实验中一律采用国际单位制.

如果被测物理量与作为测量标准的量可以直接进行比较得到结果,或用预先按标准校对好的测量工具或仪表对被测量进行测量,通过测量能直接得到被测量值的过程叫做直接测量,相应的被测量称为直接测量量.例如,用钢直尺测量钢丝的长度,用天平和砝码称衡铜柱的质量,用停表计时,用电流表测量线路中的电流等.但是,更多的物理量无法找到单一的可与其直接比较的标准量,例如,物体的密度、某地的重力加速度等.如果被测物理量不能用直接测量的方法得到,而是通过对与被测量有已知函数关系的其他直接测量量的测量,由函数关系式计算得到被测量量值的过程叫做间接测量,相应的被测量称为间接测量量.例如,某一立方体的密度 ρ 是通过对其质量 m、长 l、宽 b 及高 h 的测量,根据密度的定义式

$$\rho = \frac{m}{l \cdot b \cdot h}$$

计算出的.由于材料的密度与温度有关,因此,测量结果还应注明测量过程的环境温度,这才是完整的间接测量结果.

为了减小测量误差,往往对同一固定被测量进行多次重复测量,如果每次测量的条件都相同(同一观测者,同一套仪器,同一种测量原理和方法,同样的环境等),那就没有任何根据可以判断某次测量一定比另一次测量更准确,所以,每次测量的可靠程度只能认为是相同的.这种重复测量称为等精度测量,测得的一组数据称为测量列.多次重复测量时,只要有一个测量条件发生了变化,如更换了测量所用的量具或仪表,或改变了测量方法等,这种重复测量称为非(不)等精度测量.对这种测量要引入测量"权"的概念,"权"是用来衡量各单次或局部测量结果可靠性的数字,测量的权越大,说明该次测量结果的可靠性越大,它在最后测量结果中所占的比重也应越大.物理实验中尽量采用等精度测量.

二、 真值与测得值

任何一个物理量在确定条件下是客观存在的,也就是实际具备的量值称为真值.例如,某一物体在常温条件下具有一定的几何形状及质量.真值是一个比较抽象和理想的概念,一般来说不能确切知道这个值.真值包含理论真值(如三角形内角之和恒为 $180°$)、约定真值(如指定值、标准值、公认值)及最佳估计值等.

通过各种实验所得到的量值称为测得值,多指测量仪器或装置的读数或指示值.测得值是被测量真值的近似值,包括:

① 单次测得值.若只能进行一次测量,如变化过程中的测量,或没有必要进行多次测量;对测量结果的准确度要求不高,或有足够的把握;仪器的准确度不高,多次测量结果相同,这时就用单次测得值近似地表示被测量的真值.

② 算术平均值.对多次等精度重复测量,用所有测得值的算术平均值来替代真值,由数理统计理论可以证明,算术平均值是被测量真值的最佳估计值.

③ 加权平均值.当每个测得值的可信程度或测量准确度不等时,为了区分每个测得值的可靠性,即重要程度,对每个测得值都给一个"权"数.最后测量结果用带权数的测得值求出的平均值表示,即加权平均值.

三、 测量误差及其分类

1. 测量误差的来源

每个测得值都有一定的近似性,它们与真值之间总会有或多或少的差异,这种差异在数值上的表示称为误差.误差自始至终存在于一切科学实验和测量过程之中,测量结果

都存在误差,这就是误差公理.

（1）在测量过程中产生的误差. a. 方法误差:由于所采用的测量原理或测量方法本身的近似或不严格、不完善所产生的测量误差. b. 仪器误差:在进行测量时由所使用的测量工具、仪表、仪器、装置、设备本身固有的各种缺陷的影响而产生的误差. c. 环境误差:测量系统以外的周围环境因素对测量的影响,而使测量产生的误差,如温度、湿度、气压、震动、灰尘、光照、电场、磁场、电磁波等. d. 主观误差:由进行测量的操作人员素质条件限制所引起的误差,如实验者的分辨能力、反应速度及固有习惯等.

（2）在处理测量数据时产生的误差.如有效数字的舍入误差,利用各种数学常数或物理常量引入的误差,利用各种近似计算或作图带来的误差等.

2. 测量误差的分类

（1）系统误差.在相同条件下（指方法、仪器、环境、人员）多次重复测量同一物理量时,误差的大小和符号（正、负）均保持不变或按某一确定的规律变化,这类误差称为系统误差,它的特征是确定性.前者称为定值系统误差,后者称为变值系统误差.按对系统误差掌握的程度又可分为已定系统误差和未定系统误差.对不能确定其大小和符号的未定系统误差可按随机误差处理.

例如,称衡质量时,使用的是 20 g 的三等砝码,允许有 ±1 mg 的误差.又如停表指针的转动中心与刻度盘的几何中心不重合,会使停表指示值出现周期性误差.用受热膨胀的米尺测量长度,用零点不准的螺旋测微器测量厚度都会引入系统误差.又如伏安法测电阻,电流表无论内接还是外接都会引入误差等.

（2）随机误差.测量时,即使消除了系统误差,在相同条件下多次重复测量同一物理量时,各次测得值仍会有些差异.其误差的大小和符号没有确定的变化规律,但如果大量增加测量次数,其总体（多次测量得到的所有测得值）服从一定的统计规律,这类误差称为随机误差,它的特征是偶然性.

随机误差是由测量过程中存在许多难以控制的不确定的随机因素引起的.这些随机因素包括空气的流动、温度的起伏、电压的波动、不规则的微小振动、杂散电磁场的干扰,以及实验者感觉器官的分辨能力、灵敏程度和仪器的稳定性,等等.某一次测量的随机误差往往是由多种因素的微小变动共同引起的.如用停表测量三线摆的周期,按下按钮的时刻有早有迟,动作迟早的程度有差异,从而产生了不可避免的随机误差.

假设系统误差已经消除,且被测量本身又是稳定的,在相同条件下,对同一物理量进行大量的重复测量,可以发现随机误差服从统计规律.统计规律分布常用图形表示,其中最常见的是高斯分布,又称正态分布,其分布曲线如图 1-1 所示,它的特征如下.

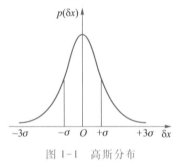

图 1-1　高斯分布

① 单峰性:以大量重复测量所获得的测量值的算术平均值为中心而相对集中分布.即绝对值小的误差出现的概率比绝对值大的误差出现的概率大（次数多）.

② 对称性:绝对值相等的正误差和负误差出现的概率相等.

③ 有界性:误差的绝对值不会超过某一界限,即绝对值很大的误差出现的概率趋于零,随机误差的分布具有有限的范围.

④ 抵偿性:随着测量次数的增加,随机误差的代数和趋于零,即随机误差的算术平均值将趋于零.实际上,抵偿性可由单峰性及对称性导出.

(3) 粗大误差.明显地歪曲了测量结果的异常误差称为粗大误差.它是由没有觉察到的实验条件的突变,仪器在非正常状态下工作,无意识的不正确的操作等因素造成的.含有粗大误差的测得值称为可疑值,也称异常值或坏值.在没有充分依据时,绝不能按主观意愿轻易地去除,应该按照一定的统计准则慎重地予以剔除.

由于实验者的粗心大意,疏忽失误,使观察、读数或记录错误,是应该及时发现、力求避免的.错误不是误差.

在分析误差时,必须根据具体情况,对误差来源进行全面分析,不但要找全产生误差的各种因素,而且要找出影响测量结果的主要因素.首先剔除粗大误差,消除或减小系统误差,然后估算随机误差与未定系统误差并进行合成.

3. 测量误差的表示

(1) 绝对误差.测量误差的定义为

$$测量误差\ \delta x = 测得值\ x - 真值\ x_0$$

测量误差是测得值与真值的差值,常称为绝对误差.绝对误差可正可负,具有与被测量相同的量纲和单位,它表示测得值偏离真值的程度,但要注意,绝对误差不是误差的绝对值.由于真值一般是得不到的,因此误差也无法计算.实际测量中是用多次测量的算术平均值 $\bar{x}$ 来代替真值,测得值与算术平均值之差称为偏差,又称残差,用 Δx 表示,即

$$\Delta x = x - \bar{x} \tag{1.1.1}$$

假定一个物体的真实长度为 100.0 mm,而测得值为 100.5 mm,则测量误差为 0.5 mm.另一个物体的真实长度为 10.0 mm,测得值为 10.5 mm,测量误差也为 0.5 mm.从绝对误差看两者相等,但测量结果的准确程度却大不一样.显然,评价一个测量结果的优劣,不仅要看绝对误差的大小,还要看被测量本身的大小.

(2) 相对误差.相对误差的定义为测得值的绝对误差与被测量真值之比.由于真值不能确定,实际上常用约定真值,如公认值、算术平均值替代.相对误差 E 的量纲为 1,常用百分数表示,如

$$E = \frac{\Delta x}{\bar{x}} \times 100\% \tag{1.1.2}$$

前述第一个测量的相对误差 $E = \dfrac{0.5}{100.0} = 0.5\%$,而第二个测量的相对误差为 $E = \dfrac{0.5}{10.0} = 5\%$.显然第一个测量比第二个测量准确程度高.

(3) 百分误差.有时将测得值与理论值或公认值进行比较,则用百分误差 E_r 表示,如

$$E_r = \frac{|测得值 - 理论值|}{理论值} \times 100\%$$

4. 误差与测量结果的关系

为了定性地描述测量结果的重复性及与其真值的接近程度,常用精密度、正确度、准确度来描述.

精密度:表示重复测量所得结果相互接近的程度,即测得值分布的密集程度,它表征随机误差对测得值的影响,精密度高表示随机误差小,测量重复性好,测量数据比较集

中.精密度反映随机误差的大小.

正确度:表示测得值或实验所得结果与真值的接近程度,它表征系统误差对测得值的影响,正确度高表示系统误差小,测得值与真值的偏离小,接近真值的程度高.正确度反映系统误差的大小.

准确度:描述各测得值重复性及测量结果与真值的接近程度,它反映测量中的系统误差和随机误差的综合大小.测量准确度高,表示测量结果既精密又正确,数据集中,而且偏离真值小,测量的随机误差和系统误差都比较小.

图 1-2 是以打靶时弹着点的分布为例,说明这三个词的含义.图 1-2(a)表示射击的精密度高但正确度低,即随机误差小而系统误差大.图 1-2(b)表示射击的正确度高但精密度低,即系统误差小而随机误差大.图 1-2(c)的弹着点比较集中,又都聚集在靶心附近,表示射击的准确度高,既精密又正确,系统误差和随机误差都小.

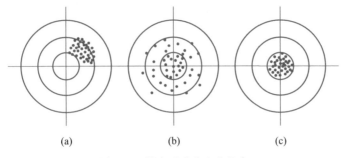

图 1-2　射击时弹着点的分布

必须注意,由于这些名词没有明确的统一规定,容易引起混淆,如有的书中把正确度称为准确度,而把准确度称为精密度.至于精度,它是一个泛指的笼统概念,一般多指准确度,有的是指精密度.大家在阅读不同书籍或资料时应予以注意.

§1.2　随机误差的估算

一、直接测量结果的误差估算

1. 单次测量结果的表示

有些实验是在变化过程中对被测量进行测量的,只能测量一次;有些实验有多个被测量,其中某个或某几个被测量的相对误差很小,没有必要多次测量,只需测量一次;或仪器的灵敏度较低,多次测量结果相同等.这时就用单次测得值作为测量结果,近似表示被测量的真值.

单次测量结果的误差一般用仪器的额定误差 $\Delta_{仪}$ 来表示.例如用 $0 \sim 25$ mm 的一级螺旋测微器测量圆柱体的直径 D 为 9.056 mm,从国家标准中查出仪器示值误差为 0.004 mm,则直径的测量结果表示为

$$D = (9.056 \pm 0.004) \text{ mm}$$

$$E = \frac{0.004}{9.056} \times 100\% = 0.044\%$$

当测量不能在正常状态下进行时,单次测量结果的误差应根据测量的实际情况和仪器误差进行估计.如用米尺测量杨氏模量仪所夹钢丝的长度,米尺不能紧靠钢丝,上下两端读数误差可各取 0.5 mm,则钢丝长度的测量误差为 1 mm.又如用停表测量三线摆的周期,误差主要是由按下启动和制动按钮时,手的动作和目测位置不完全一致而引起的,估计启动和制动各有 0.1 s 的误差,则该周期时间的误差可估计为 0.2 s.

2. 多次等精度测量结果的表示

(1) 算术平均值.假定在实验中系统误差已被消除或已消减到可以忽略的程度,通过 n 次等精度的独立测量得到一列测量值

$$x_1, x_2, x_3, \cdots, x_n$$

根据最小二乘法原理:一个等精度测量列的最佳值是能使各次测量值与该值之差的平方和为最小的那个值.设那个值为 x_0,则

$$f(x_0) = \sum_{i=1}^{n} (x_i - x_0)^2 = 最小值$$

取 $f(x_0)$ 的一阶导数,并令其等于零,即

$$\frac{\mathrm{d}f(x_0)}{\mathrm{d}x_0} = -2 \sum_{i=1}^{n} (x_i - x_0) = 0$$

$$\sum_{i=1}^{n} x_i = nx_0$$

从而得到

$$x_0 = \frac{1}{n} \sum_{i=1}^{n} x_i = \overline{x} \tag{1.2.1}$$

也就是说,这一组测量数据 x_i 的算术平均值 $\overline{x}$ 就是这一测量列真值的最佳估计值,所以测量结果用算术平均值来表示.对于有限次测量,平均值会随测量次数的不同而有所变动,当测量次数无限增加时,算术平均值将无限接近于真值.

测量的目的不仅要得到被测量的最佳值,而且要对最佳值的可靠程度作出评定,即要指出误差范围.

(2) 算术平均偏差.对一固定量进行多次测量所得各偏差绝对值的算术平均值称为算术平均偏差,即

$$\overline{\Delta x} = \frac{\sum_{i=1}^{n} |x_i - \overline{x}|}{n} = \frac{\sum_{i=1}^{n} |\Delta x_i|}{n} \tag{1.2.2}$$

当测量次数少,测量仪表准确度不高,或数据离散度不大时,可用算术平均偏差估算随机误差.

(3) 标准偏差.随机误差具有统计规律,其中最常见的是高斯分布,其分布曲线如图 1-1 所示.这一统计规律在数学中可用高斯误差分布函数来描述,其概率密度函数为

$$\rho(\delta x) = \frac{1}{\sigma \sqrt{2\pi}} \exp\left[-\frac{(\delta x)^2}{2\sigma^2}\right] \tag{1.2.3}$$

σ 是式(1.2.3)中唯一的参量,是高斯分布的特征量.在一定测量条件下 σ 是一个常量,从而分布函数就唯一确定下来.测量条件不同造成随机误差大小不同,反映在分布函数上就是 σ 大小不同.σ 大随机误差离散程度大,测量精密度低,大误差出现的次数多,即各次测得值的分散性大,重复性差,分布曲线低而平坦.反之,σ 小随机误差离散程度小,测量精密度高,小误差占优势,即各测得值的分散性小,重复性好,曲线陡而峰值高.因此在重复测量中,对于一组测得值可用特征量 σ 来描述测量的精密度.式(1.2.4)是 σ 的数学表达式:

$$\sigma = \sqrt{\frac{1}{n}\sum_{i=1}^{n}(x_i - x_0)^2} \quad (n \to \infty) \tag{1.2.4}$$

σ 称为标准误差,又称方均根误差.对同一固定量进行无限多次测量,各次测得值 x_i 与被测量真值 x_0 之差的平方和的算术平均值,再开方所得的数值即为标准误差.

应该注意,Δx 是实在的误差值,是真误差,可正可负;而 σ 并不是一个具体的测量误差值,它表示在相同条件下进行多次测量后的随机误差概率分布情况,是按一定置信概率给出的随机误差变化范围的一个评定参量,具有统计意义.σ 是评定所得测量列精密程度高低的指标.当测量次数趋于无限多时,可以推出

$$\overline{\Delta x} = \sqrt{\frac{2}{\pi}}\sigma \approx 0.797\,9\sigma \tag{1.2.5}$$

图 1-1 归一化曲线下的总面积表示各种误差出现的总概率为 100%,给定区间(即随机误差大小的变化范围)不同,误差出现的概率,也就是测量值出现的概率不同.这个给定的区间称为置信区间,相应的概率称为置信概率,用 p 表示.

$-\sigma$ 到 σ 之间曲线下的面积是总面积的 68.3%,它表示测量列中任一测量值的随机误差落在区间 $[-\sigma,\sigma]$ 内的概率.或者说,当测量次数无限多时,测量值落在区间 $[\overline{x}-\sigma,\overline{x}+\sigma]$ 内的次数占总测量次数的 68.3%.也就是说,在区间 $[\overline{x}-\sigma,\overline{x}+\sigma]$ 内包含真值的可能性是 68.3%.

在区间 $[-3\sigma,3\sigma]$ 内的置信概率为 99.7%,也就是大约在一千次测量中,只有三次测量值落在该区间之外,而一般测量次数为 5~10 次,几乎不可能出现在区间之外,所以将 3σ 称为极限误差,也称误差限.这也是剔除粗大误差数据的拉依达准则的依据.置信区间为 1.96σ 的置信概率为 95%.把算术平均偏差作为置信区间,相应的置信概率为 57.5%.为了比较测量列的精密程度,常考虑同一置信概率下置信区间的大小,置信区间越小,则测量列的精密程度越高.

由于真值不能确定,所以 σ 也无法计算.前面讨论过,测量列的算术平均值 $\overline{x}$ 是测量结果的最佳值,所以标准误差常用残差来计算,称为标准偏差或标准差,用 s 表示,可以推导出

$$s = \sqrt{\frac{1}{n-1}\sum_{i=1}^{n}(\Delta x_i)^2} \tag{1.2.6}$$

上式称为贝塞尔公式,s 是测量列中任何一次测得值的标准偏差.

由于算术平均值比任何一次测量值都更接近于真值,也就是 $\overline{x}$ 的可靠性比任一次测量值 x_i 都高,所以算术平均值的标准偏差 $s_{\overline{x}}$ 就理所当然地小于 s,可以证明

$$s_{\bar{x}} = \frac{s}{\sqrt{n}} = \sqrt{\frac{\sum\limits_{i=1}^{n}(\Delta x_i)^2}{n(n-1)}} \qquad (1.2.7)$$

在实验中实际测量只能进行有限次,随机误差不严格遵从高斯分布,而是遵从 t 分布,t 分布曲线比高斯分布曲线稍低、稍宽,在测量次数 $n \to \infty$ 时 t 分布趋于高斯分布.因此,对于相同的置信概率,按高斯分布计算出的标准偏差要乘以因子 t.当置信概率不同时,t 的取值也不同.一般表征测量次数的方法是引入自由度 ν,其定义为

$$\nu = n - 1$$

表示当测量次数有限时,n 次测量中只有 $n-1$ 次是独立的.表 1-2-1 给出了常用的不同自由度 ν 的 t 值.

表 1-2-1　常用的不同自由度 ν 的 t 值

ν	1	2	3	4	5	6	7	8	9	20	40	∞
$t_{0.683}$	1.84	1.32	1.20	1.14	1.11	1.09	1.08	1.07	1.06	1.03	1.01	1
$t_{0.95}$	12.71	4.30	3.18	2.78	2.57	2.45	2.36	2.31	2.26	2.09	2.02	1.96

对于只存在随机误差的多次等精度测量结果应该表示为

$$\begin{cases} x = \bar{x} \pm s_{\bar{x}} \\ E = \dfrac{s_{\bar{x}}}{\bar{x}} \times 100\% \end{cases}$$

（4）两种偏差的比较.用螺旋测微器测量一钢球的直径,得到的两组测量数据如下:

A 组　　　x_i/mm　　1.250　　1.256　　1.251　　1.255

B 组　　　x_i/mm　　1.253　　1.248　　1.253　　1.258

$$\begin{cases} \bar{x}_A = 1.253 \text{ mm}, \\ \bar{x}_B = 1.253 \text{ mm}, \end{cases} \quad \begin{cases} \overline{\Delta x_A} = 0.003 \text{ mm}, \\ \overline{\Delta x_B} = 0.003 \text{ mm}, \end{cases} \quad \begin{cases} E_A = 0.24\% \\ E_B = 0.24\% \end{cases}$$

$$\begin{cases} s_A = 0.003 \text{ mm}, \\ s_B = 0.004 \text{ mm}, \end{cases} \quad \begin{cases} E_A = 0.24\% \\ E_B = 0.32\% \end{cases}$$

对上列 A、B 两组数据,如果都用算术平均偏差计算,则其绝对误差和相对误差都一样,没有区别.若用标准偏差计算,则它们的绝对误差和相对误差都不一样.仔细分析数据可以看出,A 组的涨落小于 B 组,这就清楚地说明,标准偏差比算术平均偏差更能准确地表征测量结果的离散度及数据分布情况.算术平均偏差只是粗略地反映了测量误差的大小,而标准偏差则反映了误差的分布.但算术平均偏差计算比较简单,因此在要求不高或数据离散度不大时,还是一种比较方便的方法.

（5）多次测量次数的确定.从式(1.2.7)可以看出,当测量次数 n 增加时,$s_{\bar{x}}$ 会越来越小,这就是通常所说的增加测量次数可以减小随机误差的道理.$s_{\bar{x}}$ 随 n 的变化关系可用图 1-3 表示,从图中可以看出,$s_{\bar{x}}$ 的减小,

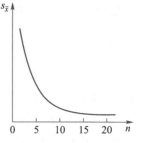

图 1-3　标准偏差与测量次数的关系

在 n 较大时变得非常缓慢,当 $n>10$ 以后,$s_{\bar{x}}$ 的减小已很不明显.另外,测量的准确度还受到仪器准确度的制约以及环境因素的影响.所以在物理实验中实际测量次数一般为 $5\sim10$ 次即可.片面地增加测量次数,不仅误差的减小不明显,而且拖长实验时间,仪器、环境条件的不变性也难以保证.

一般的原则是,各重复测得值若起伏大,就需要多测几次,若起伏小就可以少测几次.对一个被测量至少应先测 $2\sim3$ 次,若各次测得值相同,则表明所用仪器准确度不高,反映不出测量的随机误差,可以按单次测量处理.若各次测得值不同,则应再重复测量几次,总共测 $5\sim10$ 次即可.

例 1.1　用螺旋测微器测量 10 次钢球的直径 d,数据如下:

d_i/mm 11.998, 12.005, 11.998, 12.007, 11.997, 11.995, 12.005, 12.003, 12.000, 12.002.

试估算 d 的平均值、算术平均偏差、单次测量值的标准偏差和平均值的标准偏差,正确表示测量结果.

解　算术平均值

$$\bar{d}=\frac{1}{10}\sum_{i=1}^{10}d_i=\frac{1}{10}(11.998+12.005+11.998+12.007+11.997+11.995+12.005+$$
$$12.003+12.000+12.002)\ \text{mm}=12.001\ \text{mm}$$

算术平均偏差

$$\overline{\Delta d}=\frac{1}{10}\sum_{i=1}^{10}|\Delta d_i|$$
$$=\frac{1}{10}(0.003+0.004+0.003+0.006+0.004+0.006+0.004+0.002+0.001+$$
$$0.001)\ \text{mm}=0.003\ \text{mm}$$

单次测量值的标准偏差

$$s_d=\sqrt{\frac{\sum_{i=1}^{10}(d_i-\bar{d})^2}{10-1}}=\sqrt{\frac{144\times10^{-6}}{9}}\ \text{mm}=0.004\ \text{mm}$$

平均值的标准偏差

$$s_{\bar{d}}=\frac{s_d}{\sqrt{n}}=\frac{0.004}{\sqrt{10}}\ \text{mm}=0.001\ \text{mm}$$

测量结果

$$\begin{cases}d=(12.001\pm0.003)\ \text{mm}\\E_d=\dfrac{0.003}{12.001}=0.025\%\end{cases}\quad\text{或}\quad\begin{cases}d=(12.001\pm0.001)\ \text{mm}\\E_d=\dfrac{0.001}{12.001}=0.008\%\end{cases}$$

二、 间接测量结果的误差估算

物理实验中比较多的测量是间接测量,间接测量结果是由直接测量结果通过一定的函数关系计算出来的.由于各直接测得值存在误差,因此,由直接测得值运算得到的间接测得值也必然存在误差,这就是误差的传递.表达间接测量值误差与各直接测量值误差关系的公式,称为误差传递公式.

1. 误差传递的基本公式

设间接测量量 N 的函数式为

$$N = f(x_1, x_2, \cdots, x_m) \tag{1.2.8}$$

式中 $x_1, x_2, \cdots, x_m$ 均为彼此相互独立的直接测量量,每一直接测量量为多次等精度测量所得,且只含随机误差,若各直接测量量用算术平均偏差估算误差,测量结果分别为 $x_1 = \overline{x}_1 \pm \Delta x_1, x_2 = \overline{x}_2 \pm \Delta x_2, \cdots, x_m = \overline{x}_m \pm \Delta x_m$,那么间接测量量 N 的最可信赖值为

$$\overline{N} = f(\overline{x}_1, \overline{x}_2, \cdots, \overline{x}_m) \tag{1.2.9}$$

即将各直接测量量的算术平均值代入函数式中,便可求出间接测量量的最可信赖值.

由于误差均为微小量,类似于数学中的微小增量,所以可借助全微分求出误差传递公式.

对式(1.2.8)求全微分有

$$\mathrm{d}N = \frac{\partial f}{\partial x_1}\mathrm{d}x_1 + \frac{\partial f}{\partial x_2}\mathrm{d}x_2 + \cdots + \frac{\partial f}{\partial x_m}\mathrm{d}x_m$$

上式表示,当 $x_1, x_2, \cdots, x_m$ 有微小改变 $\mathrm{d}x_1, \mathrm{d}x_2, \cdots, \mathrm{d}x_m$ 时,N 有相应的微小改变 $\mathrm{d}N$,而通常误差远小于测量值,故可把 $\mathrm{d}x_1, \mathrm{d}x_2, \cdots, \mathrm{d}x_m$ 看作误差,$\mathrm{d}N$ 的改变由各直接测量量的改变决定,把微分符号"d"改为误差符号"Δ",从最不利情况考虑,取各直接测量量误差项的绝对值,就得到最大绝对误差传递公式,即算术合成法传递公式

$$\Delta N = \left|\frac{\partial f}{\partial x_1}\right|\Delta x_1 + \left|\frac{\partial f}{\partial x_2}\right|\Delta x_2 + \cdots + \left|\frac{\partial f}{\partial x_m}\right|\Delta x_m \tag{1.2.10}$$

对式(1.2.8)两边取自然对数后再求全微分,可得相对误差传递的基本公式

$$\frac{\Delta N}{N} = \left|\frac{\partial \ln f}{\partial x_1}\right|\Delta x_1 + \left|\frac{\partial \ln f}{\partial x_2}\right|\Delta x_2 + \cdots + \left|\frac{\partial \ln f}{\partial x_m}\right|\Delta x_m \tag{1.2.11}$$

式(1.2.10)和式(1.2.11)中每项称为分误差,$\dfrac{\partial f}{\partial x_i}$ 和 $\dfrac{\partial \ln f}{\partial x_i}$ ($i = 1, 2, \cdots, m$) 称为误差传递系数.可以看出,间接测量量的误差不仅与各直接测量量的误差 Δx_i 有关,而且与误差传递系数有关.

当直接测量量的个数和测量次数都很少时,随机误差所遵循的抵偿性就难以确立,即随机误差出现符号相同的概率较大,这时,可用上述基本公式估算间接测量量的误差,$\Delta x_1, \Delta x_2, \cdots,$ 用各直接测量量的算术平均偏差即可.若间接测量量是由独立相加减的函数关系确定的,那么先计算间接测量量的绝对误差,再求相对误差比较简便.若间接测量量是由独立相乘除的函数关系确定的,则先计算相对误差,然后计算绝对误差比较简便.表1-2-2列出常用函数误差传递的基本公式.

表 1-2-2　常用函数误差传递的基本公式

函数关系式	误差传递公式
$N = x \pm y$	$\Delta N = \Delta x + \Delta y$

续表

函数关系式	误差传递公式
$N = xy$, $\quad N = \dfrac{x}{y}$	$\dfrac{\Delta N}{N} = \dfrac{\Delta x}{x} + \dfrac{\Delta y}{y}$
$N = kx$	$\Delta N = k\Delta x$, $\quad \dfrac{\Delta N}{N} = \dfrac{\Delta x}{x}$
$N = \sqrt[k]{x}$	$\dfrac{\Delta N}{N} = \dfrac{1}{k}\dfrac{\Delta x}{x}$
$N = \dfrac{x^k \cdot y^m}{z^n}$	$\dfrac{\Delta N}{N} = k\dfrac{\Delta x}{x} + m\dfrac{\Delta y}{y} + n\dfrac{\Delta z}{z}$
$N = \sin x$	$\Delta N = \lvert \cos x \rvert \cdot \Delta x$, $\quad \dfrac{\Delta N}{N} = \lvert \cot x \rvert \cdot \Delta x$
$N = \ln x$	$\Delta N = \dfrac{\Delta x}{x}$

2. 标准偏差的传递公式

若各相互独立的直接测量量测量次数较多,则其测量误差服从高斯分布规律,各直接测量量用标准偏差估算误差,则间接测量量的标准偏差应按"方和根"合成法来求传递公式

$$s_N = \sqrt{\left(\frac{\partial f}{\partial x_1}\right)^2 s_{x_1}^2 + \left(\frac{\partial f}{\partial x_2}\right)^2 s_{x_2}^2 + \cdots + \left(\frac{\partial f}{\partial x_m}\right)^2 s_{x_m}^2} \tag{1.2.12}$$

$$\frac{s_N}{N} = \sqrt{\left(\frac{\partial \ln f}{\partial x_1}\right)^2 s_{x_1}^2 + \left(\frac{\partial \ln f}{\partial x_2}\right)^2 s_{x_2}^2 + \cdots + \left(\frac{\partial \ln f}{\partial x_m}\right)^2 s_{x_m}^2} \tag{1.2.13}$$

式中,$s_{x_1}, s_{x_2}, \cdots, s_{x_m}$ 分别为各直接测量量算术平均值的标准偏差.

若间接测量量的函数关系为线性关系,则间接测量量的误差仍服从高斯分布,且具有与直接测量量相同的置信概率.

利用误差传递公式可以分析各直接测量量误差对间接测量量误差影响的大小,找出误差的主要来源,从而为设计实验、改进实验、合理选配仪器提供必要的依据.一般情况下,各直接测量量误差对最后结果误差的影响起主要作用的,往往只有少数几项.在用"方和根"法进行误差合成时,根据微小误差准则,若某一分误差小于最大分误差的 $\dfrac{1}{3}$ 时,就可略去不计."方和根"合成法更加符合实际,在准确度要求较高的实验中,都采用标准偏差传递公式.表 1-2-3 列出了常用函数的标准偏差传递公式.

表 1-2-3　常用函数的标准偏差传递公式

函数关系式	标准偏差传递公式
$N = x \pm y$	$s_N = \sqrt{s_x^2 + s_y^2}$
$N = xy$, $\quad N = \dfrac{x}{y}$	$\dfrac{s_N}{N} = \sqrt{\left(\dfrac{s_x}{x}\right)^2 + \left(\dfrac{s_y}{y}\right)^2}$

函数关系式	标准偏差传递公式
$N = kx$	$s_N = ks_x$，　$\dfrac{s_N}{N} = \dfrac{s_x}{x}$
$N = \sqrt[k]{x}$	$\dfrac{s_N}{N} = \dfrac{1}{k}\dfrac{s_x}{x}$
$N = x^k$	$\dfrac{s_N}{N} = k\dfrac{s_x}{x}$
$N = \dfrac{x^k \cdot y^m}{z^n}$	$\dfrac{s_N}{N} = \sqrt{k^2\left(\dfrac{s_x}{x}\right)^2 + m^2\left(\dfrac{s_y}{y}\right)^2 + n^2\left(\dfrac{s_z}{z}\right)^2}$
$N = \sin x$	$s_N = \left|\cos x\right|s_x$
$N = \tan x$	$s_N = \sec^2 x \cdot s_x$
$N = \ln x$	$s_N = \dfrac{s_x}{x}$

例 1.2　推导圆环面积 $S = \dfrac{\pi}{4}(D^2 - d^2)$ 的误差传递基本公式.

解　$\Delta S = \left|\dfrac{\partial S}{\partial D}\right|\Delta D + \left|\dfrac{\partial S}{\partial d}\right|\Delta d = \dfrac{\pi}{4}(2D\Delta D + 2d\Delta d) = \dfrac{\pi}{2}(D\Delta D + d\Delta d)$

$E_s = \dfrac{\Delta S}{S} = \dfrac{2D}{D^2 - d^2}\Delta D + \dfrac{2d}{D^2 - d^2}\Delta d$

例 1.3　设 $N = \dfrac{x-y}{z-x}$，用算术合成法推导误差传递公式.

解　**方法 1**　对 N 求全微分：

$$dN = \dfrac{(z-x)(dx - dy) - (x-y)(dz - dx)}{(z-x)^2}$$

合并同类项

$$dN = \dfrac{(z-y)dx - (z-x)dy - (x-y)dz}{(z-x)^2}$$

把微分号换为误差号，各项取绝对值，得到绝对误差传递公式

$$\Delta N = \dfrac{|z-y|\Delta x + |z-x|\Delta y + |x-y|\Delta z}{(z-x)^2}$$

$$= \dfrac{|z-y|}{(z-x)^2}\Delta x + \dfrac{1}{|z-x|}\Delta y + \dfrac{|x-y|}{(z-x)^2}\Delta z$$

相对误差

$$E_N = \dfrac{\Delta N}{|N|} = \dfrac{|z-y|\ \Delta x}{|x-y|\ |z-x|} + \dfrac{\Delta y}{|x-y|} + \dfrac{\Delta z}{|z-x|}$$

方法 2　等式两边取自然对数,再求全微分:

$$\ln N = \ln(x-y) - \ln(z-x)$$

$$\frac{\mathrm{d}N}{N} = \frac{\mathrm{d}(x-y)}{x-y} - \frac{\mathrm{d}(z-x)}{z-x} = \frac{\mathrm{d}x-\mathrm{d}y}{x-y} - \frac{\mathrm{d}z-\mathrm{d}x}{z-x}$$

合并同类项

$$\frac{\mathrm{d}N}{N} = \frac{(z-y)\mathrm{d}x}{(x-y)(z-x)} - \frac{\mathrm{d}y}{x-y} - \frac{\mathrm{d}z}{z-x}$$

把微分号改为误差号,各项取绝对值,得到相对误差传递公式

$$E_N = \frac{\Delta N}{|N|} = \frac{|z-y|}{|x-y|}\frac{\Delta x}{|z-x|} + \frac{\Delta y}{|x-y|} + \frac{\Delta z}{|z-x|}$$

绝对误差

$$\Delta N = |N| \cdot E_N = \frac{|z-y|}{(z-x)^2}\Delta x + \frac{1}{|z-x|}\Delta y + \frac{|x-y|}{(z-x)^2}\Delta z$$

例 1.4　测量某圆柱体的高 $h = (13.322\pm0.006)$ cm,直径 $d = (1.541\pm0.005)$ cm,计算圆柱体的体积 V 及其误差.

解　$V = \dfrac{\pi}{4}d^2h = \dfrac{1}{4}\times3.141\,6\times1.541^2\times13.322$ cm^3 = 24.85 cm^3

$$E_V = 2E_d + E_h = 2\frac{\Delta d}{d} + \frac{\Delta h}{h} = 2\times\frac{0.005}{1.541} + \frac{0.006}{13.322} = 0.7\%$$

$$\Delta V = V \cdot E_V = 24.85\times0.7\% \text{ cm}^3 = 0.2 \text{ cm}^3$$

圆柱体的体积及其相对误差分别为

$$V = (24.8\pm0.2) \text{ cm}^3, \quad E_V = 0.7\%$$

需要注意:V 的计算结果有效数字位数的多少,应当根据绝对误差的所在位置确定,绝对误差在物理实验教学中只保留一位,计算结果有效数字的最末一位应与绝对误差所在位对齐.相对误差保留 1~2 位.

例 1.5　用流体静力称衡法测量不规则物体的密度,测得在空气中的质量 $m = (27.06\pm0.02)$ g,在水中的视在质量 $m_1 = (17.03\pm0.02)$ g,当时水的密度 $\rho_0 = (0.999\,7\pm0.000\,3)$ g/cm^3.求密度 ρ 并用标准偏差估算误差,正确表达测量结果.

解　用流体静力称衡法测量密度的公式为

$$\rho = \frac{m}{m-m_1} \cdot \rho_0$$

取自然对数,求全微分

$$\ln \rho = \ln m - \ln(m-m_1) + \ln \rho_0$$

$$\frac{\mathrm{d}\rho}{\rho} = \frac{\mathrm{d}m}{m} - \frac{\mathrm{d}(m-m_1)}{m-m_1} + \frac{\mathrm{d}\rho_0}{\rho_0}$$

合并相同变量的系数

$$\frac{\mathrm{d}\rho}{\rho} = -\frac{m_1}{m(m-m_1)}\mathrm{d}m + \frac{1}{m-m_1}\mathrm{d}m_1 + \frac{1}{\rho_0}\mathrm{d}\rho_0$$

标准偏差传递公式

$$\frac{s_\rho}{\rho} = \sqrt{\frac{m_1^2}{m^2(m-m_1)^2}s_m^2 + \frac{1}{(m-m_1)^2}s_{m_1}^2 + \frac{1}{\rho_0^2}s_{\rho_0}^2}$$

将测量值代入求 ρ

$$\rho = \frac{m}{m-m_1} \cdot \rho_0 = \frac{27.06}{27.06-17.03}\times 0.999\ 7\ \mathrm{g/cm^3} = 2.697\ \mathrm{g/cm^3}$$

标准偏差

$$\frac{s_\rho}{\rho} = \sqrt{\frac{17.03^2\times 0.02^2}{27.06^2\times(27.06-17.03)^2} + \frac{0.02^2}{(27.06-17.03)^2} + \frac{0.000\ 3^2}{0.999\ 7^2}} = 0.2\%$$

$$s_\rho = \rho \cdot \frac{s_\rho}{\rho} = 2.697\times 0.2\%\ \mathrm{g/cm^3} = 0.005\ \mathrm{g/cm^3}$$

测量结果

$$\rho = (2.697\pm 0.005)\ \mathrm{g/cm^3}, \quad E_\rho = 0.2\%$$

§1.3　系统误差的发现和处理

一、 系统误差的特征

系统误差是由实验原理的近似,实验方法的不完善,所用仪器的缺陷,环境条件不符合要求以及观测人员的限制等产生的误差.实验方案一经确定,系统误差就有一个客观的确定值,实验条件一旦变化,系统误差也按一种确定的规律变化.从对测量结果的影响来看,系统误差不消除往往比随机误差带来的影响更大,所以,实验中必须进行认真的分析讨论.

二、 发现系统误差的方法

1. 理论分析法

分析实验所依据的原理是否严密,测量所用的理论公式要求的条件是否满足.如单管落球法测黏度,无限广延条件不满足;伏安法测电阻,电流表、电压表内阻不符合要求等.

分析实验方法是否完善,测量仪器所要求的使用条件在测量过程中是否已经满足.如天平的水平、零点是否调节妥当;各类电表水平或垂直放置是否正确等.

2. 实验对比法

改变测量方法或实验条件,改变实验中某些参量的数值或测量步骤,调换测量仪器或操作人员等进行对比,看测量结果是否一致,这是发现定值系统误差最基本的方法.如各种指针式显示仪表,其刻度盘若产生移动,偏离原校准位置,会给测量带来定值误差,通过实验对比即可发现.

3. 数据分析法

对同一被测量进行多次重复测量,通过计算偏差、进行作图或列表分析,可发现测量中是否存在变值系统误差,这是残差统计法.如将测量数据按测量先后顺序排列,观察其偏差的符号,若正负大体相同,并无显著的变化规律,就不宜怀疑存在系统误差.即通过计算进行比较,看其能否满足只存在随机误差的条件,否则,测量中存在变值系统误差.

三、 减小或消除系统误差的一般途径

系统误差服从因果规律,任何一种系统误差都有其确定的产生原因,在一定的测量条件下,只有找出产生该误差的具体原因,才能有针对性地采取相应措施,消除产生误差的根源或限制它的产生.因此,处理系统误差要对实验的各个环节周密考虑,采用个别考察的方法,根据实际问题具体对待.

1. 从产生系统误差的根源上加以消除

从进行测量的操作人员,所用的测量仪器,采用的测量方法和测量时的环境条件等入手,对它们进行仔细的分析研究,找出产生系统误差的原因,并设法消除这些因素.例如,设法保证仪器装置满足规定的使用条件.测量显微镜的丝杆和螺母间有间隙,操作不当会引入空程误差,则应使丝杆与螺母啮合后再进行测量,且只能朝一个方向转动鼓轮.拉伸法测钢丝的杨氏模量,钢丝不直将给其微小伸长量的测量带来较大的误差,则可在测量前给钢丝加上一个砝码,使其伸直.又如,用补偿法测电压,消除伏安法测电阻时方法上的系统误差.图 1-4(a)为电流表外接的伏安法测电阻电路,由于电压表内阻不是无穷大,所以电流表的读数大于通过电阻 R 的电流.如果将电路变换为图 1-4(b)所示电路,用补偿法测量电压,接通 S_1,当调节 R_2 使电流计 G 示值为零时,电压表的读数就是电阻 R 两端的电压,电流表的读数就是流过电阻 R 的电流,从而消除了系统误差.

(a) 电流表外接电路

(b) 补偿法测电压电路

图 1-4　伏安法测电阻

2. 用修正的方法引入修正值或修正项

对所用仪器仪表进行检定校验得到校正数据或校正图线,对测得值进行修正.根据理论分析,若系统误差来源于测量公式的近似,则可引入修正值或修正项.如单管落球法测液体黏度,由于圆管直径不是无限大需引入修正值.密立根油滴法测电子电荷实验,由于

油滴很小,它的半径与空气分子的平均自由程很接近,必须引入修正项以减小系统误差.

3. 选择适当的测量方法,用测量技术抵消系统误差

(1) 消除定值系统误差常用的方法

① 交换测量法.将测量中的某些条件(如被测物的位置)相互交换,使产生系统误差的原因对测量结果起相反作用,即使交换前后产生的系统误差大小相等、符号相反,从而相互抵消.如用天平称衡物体质量时的"复称法",将被测物体在同一架天平上称衡两次,一次把被测物放在左盘,一次放在右盘,若两次称衡所得质量值为 m_1、m_2,根据杠杆原理,则物体的质量 m 为

$$m = \sqrt{m_1 m_2} \approx \frac{m_1 + m_2}{2}$$

这样就消除了天平不等臂的系统误差.

再如测定薄透镜的焦距时,将屏、物位置互换,取其算术平均值作为测量结果以抵消系统误差.

② 标准量替代法.在相同的条件下,用一标准量(经过准确度高一级以上的仪器测量的给出值)替换被测量,达到消除系统误差的目的.如消除天平称衡时的不等臂误差;交直流电桥作精密测量时也常用此法.

③ 反向补偿法(异号法).对被测量进行两次适当的测量,使两次测量产生的系统误差等值而反向,取平均值作为测量结果,即可消除系统误差.如利用霍尔效应测量磁场,为了消除不等势电压等副效应对测量的影响,可分别改变通过霍尔片电流的方向及磁场的方向进行测量,消除附加电势差.

④ 变化测量方法使系统误差随机化,以便在多次重复测量中抵消.如米尺的刻度不均匀,可以使用米尺的不同部位进行多次测量.

(2) 消除变值系统误差常用的方法

① 对称观测法消除随时间(或测量次数)具有线性变化规律的系统误差.如长度测量中螺旋测微器螺杆、螺距的误差随测量尺寸的增大而增大;一些被测工件随温度变化其尺寸呈线性变化.这些累积性系统误差,都可用等空间间隔或某时刻前后等时间间隔各进行一次观测,取两次读数的算术平均值作为测量结果,从而消除线性变化的系统误差.

② 半周期偶数次观测法消除按周期性规律变化的系统误差.如分光计等测角仪器利用间隔180°的双游标进行读数,再取其平均值的方法,以消除刻度环与游标盘不同心的偏心差.

4. 消除具有随机误差特性的系统误差

此时可采用在不同部位多次测量的方法,用平均值作为测得值来减小系统误差.如测量杨氏模量用的钢丝直径不均匀;测量液体表面张力系数的毛细管直径不均匀;测量电阻率用的铜棒直径不均匀都可采用多次测量法.

原则上讲,消除系统误差的途径,首先是限制它的产生,即消除产生的根源;其次是设法修正它,修正测量公式或修正测量结果,或者设法在测量中抵消它,减小它对测量结果的影响.

对于系统误差只能尽量设法减小它,所谓"消除"是指把它的影响减小到随机误差之

下,如果系统误差不影响测量结果有效数字的最后一位,就可认为已经消除.

前面分别单独讨论了随机误差与系统误差,其实在任何一次测量中是两者兼而有之,各自所占的比例与具体的测量有关.

四、仪器误差

1. 测量器具的特性

(1) 量程:测量仪器示值的标称范围两极限差的模,即指测量范围的上限值与下限值的差值,如从 -10 V 到 +10 V 标称范围的电压表其量程为 20 V.量程又称量限.

(2) 标称值:测量仪器凑整的或近似的特性值,以指导其使用.

(3) 灵敏度:测量仪器输出信号(称为响应)的变化除以对应的测量系统输入信号(称为激励)的变化,即测量仪器指示器的微小变化与造成该变化所需被测量的变化之比.灵敏度与激励值有关.灵敏度高意味着仪器对被测量的微小变化的响应能力高.灵敏度反映了指示仪表所能测量的最小被测量.当激励和响应为同种量时,灵敏度也可称为放大比或放大倍数,如光杠杆的灵敏度就是光杠杆的放大倍数.

(4) 准确度:指测量仪器给出接近于被测量真值的示值能力.它与测量准确度(被测量的测量结果与真值间的符合程度)有联系又有区别.

(5) 分度值:最小分度表示的量值,也就是相邻的指示不同量值的两刻线所代表的量值之差.与仪器准确度相对应,二者保持在同一数量级.一般仪表分度值取为准确度数值的 0.5~2 倍.

2. 测量器具误差的表示

(1) 示值误差:测量仪器示值减去对应输入量的真值.由于真值不能确定,实用中使用标准值等约定真值.即在规定的使用条件下,正确使用仪器时,测量仪器的示值与被测量的真值之间可能出现的最大绝对误差为示值误差.例如,一级螺旋测微器在 100 mm 测量范围以内的示值误差为 ±0.004 mm,即表示任一分度上的示值与其真值之差都不会超过 ±0.004 mm.

(2) 最大(极限)允许误差:技术规范、规程等对给定测量仪器所允许的误差极限值.

(3) 额定误差:国家质量监督检验检疫总局计量司规定的该项仪器的出厂公差或允差,是一种系统误差.用合格的量具或仪表在正常使用条件下测定,其仪器误差不应超过公差,即公差提供的是仪器的最大误差.

(4) 固有误差:在标准条件下确定的测量仪器的误差.即指仪表在规定的正常条件下进行测量时所具有的误差,它是仪表本身所固有的,是由于结构上或制作上的不完善而产生的.例如,线圈在转动时轴承里的摩擦和刻度划分不精密等原因所引起的误差均属固有误差.固有误差是仪表的基本误差.

3. 直读仪表的误差

(1) 根据误差产生的原因可分为基本误差和附加误差两种.基本误差是仪表在规定的正常条件下进行测量时所具有的误差.仪表的正常工作条件是指:① 仪表指针调整到零位;② 仪表按规定工作位置安放;③ 周围的温度是 20 ℃,或是仪表上所标的温度;④ 除地磁场外,没有外来电磁场.

附加误差是由于偏离正常条件或在某一影响因素作用下而产生的误差,这个数值变化是相对于正常条件的示值而言的,不是相对于真值.附加误差是一个因素引起的示值变化,而不是两个或两个以上因素引起变化的总和,因此,在附加误差前常冠以产生附加误差因素的名称,如温度附加误差等.

（2）仪表的读数(测得值)与被测量的实际值之间的差值称为测量的绝对误差,而被测量的实际值就等于仪表读数减去绝对误差.定义校正值与绝对误差大小相等而符号相反,所以,实际值＝测量值+校正值.引入校正值后,就可以对仪表读数进行校正,以补偿其系统误差.

（3）用直读仪表直接进行测量时,可以根据仪表准确度等级来估计测量结果的误差.仪表在规定条件下使用时,测得值可能出现的最大绝对误差为

$$\Delta m = a\% \cdot X_{\mathrm{m}}$$

式中,a 为仪表的准确度等级,表示仪表本身的准确程度;X_{m} 为仪表的量程.应该注意,仪表的准确度并不等于测量结果的准确度(即测量结果的相对误差).测量结果的准确度与被测量的大小有关,只有仪表使用在满刻度偏转时,测量结果的准确度才等于仪表的准确度.

（4）指示仪表读数的有效位数,可根据仪表的最大绝对误差确定.测得值的末位应与最大绝对误差位对齐,按照实际情况(最小分度值、分度的宽窄、指针的粗细等)估读到最小分度的 $\frac{1}{10} \sim \frac{1}{2}$.

（5）数字仪表的误差表示.数字式仪表的显示值均为有效数字,仪表本身已进行了估读.数字仪表的绝对误差 Δ 为

$$\Delta = \pm\alpha\%V_x \pm n$$

或　　　　　　　　　　　　　$$\Delta = \pm\alpha\%V_x \pm\beta V_{\mathrm{m}} \qquad\qquad (1.3.1)$$

式中,V_x 为测量指示值,V_{m} 为测量上限值,α 为误差相对项系数,β 为误差固定项系数.

数字仪表的数字部分误差很小,一般为最后 1~2 个字码,即±1 或±2 字.

（6）选择直读仪表时,要根据被测量的最小值来选择具有合适灵敏度的仪表;根据被测量的最大值来选择量程;根据测量误差或不确定度的要求和实验环境来选择适当准确度的仪表.为了减小测量的相对误差,仪表的量程要接近被测量的大小.同时还要注意仪表的工作条件是否正常,使用前指针是否指零,放置位置是否正确,以及怎样正确读取数据等.

4. 仪器误差的计算

用任何量具或仪表进行测量都会有误差,即量具或仪表的指示值与实际值之间总有一定差异.仪器误差 $\Delta_{\mathrm{仪}}$ 一般是指在正确使用仪器的条件下,仪器的示值与被测量实际值之间可能出现的最大绝对误差.仪器误差包含系统误差和随机误差两部分,一般级别较高的仪表(如 0.2 级以上的精密仪表)仪器误差的性质主要是随机误差,包括未定系统误差.级别低的(如 1.5 级以下)或工业用仪表则主要是系统误差.一般物理实验常用仪表(如 0.5 级、1.0 级)两种误差都有,且数值相近.

仪器误差通常是由制造工厂或计量部门使用更精密的量具、仪表测试,经过检定比较后给出的.

如多次测量一个固定的被测量,测量值都相同或基本相同,这并不表示不存在随机误差,而是因为误差较小,仪器的灵敏度较低,不能反映其微小差异,这时可用仪器的最大绝对误差,即 $\Delta_仪$ 作为测量结果的误差.

理论分析指出,多数仪器误差服从均匀分布,如图 1-5 所示.所谓均匀分布,是指在其误差($\Delta_仪$)范围内,不同大小和符号的各种误差出现的概率都相同,区间外出现的概率为零.例如总长为 1 000 mm 的钢直尺,按国家标准每毫米刻度上的允许误差为 0.05 mm,这个值在整个直尺的任何部位都可能发生,也就是说它是均匀地分布在整个直尺的所有部位.可以计算出服从均匀分布仪器的标准偏差(置信概率 68.3%)为

图 1-5 均匀分布

$$s_仪 = \frac{\Delta_仪}{\sqrt{3}} \tag{1.3.2}$$

如使用准确度较高的仪器进行测量,常采用标准偏差估算误差,由于仪器误差与其他原因产生的随机误差相互独立,互不相关,因此要用"方和根"合成法计算测量结果的误差.

例 1.6 用 0~25 mm 的一级螺旋测微器测量钢丝的直径 10 次,数据如下:

d/mm 1.006,1.008,1.002,1.001,0.998,1.010,0.993,0.995,0.990,0.997

已知螺旋测微器的仪器误差为 0.004 mm,用标准偏差估算误差,完整表示测量结果.

解 $\bar{d} = \frac{1}{n}\sum_{i=1}^{n}d_i = \frac{1}{10}(1.006+1.008+1.002+1.001+0.998+1.010+$

$0.995+0.990+0.997) \text{ mm} = 1.000 \text{ mm}$

标准偏差

$$s_{\bar{d}} = \sqrt{\frac{1}{n(n-1)}\sum_{i=1}^{n}(\Delta d_i)^2}$$

$$= \left(\sqrt{\frac{1}{10(10-1)}[(0.006)^2+(0.008)^2+(0.002)^2+(0.001)^2+(0.002)^2}\right.$$
$$\left.\overline{+(0.010)^2+(0.007)^2+(0.005)^2+(0.010)^2+(0.003)^2]}\right) \text{ mm}$$

$$= 0.002 \text{ mm}$$

与仪器误差合成

$$\Delta = \sqrt{s_{\bar{d}}^2 + \left(\frac{\Delta_仪}{\sqrt{3}}\right)^2} = \sqrt{(0.002)^2 + \frac{(0.004)^2}{3}} \text{ mm} = 0.003 \text{ mm}$$

测量结果(置信概率 $p = 68.3\%$)

$$d = (1.000 \pm 0.003) \text{ mm}, \quad E_d = \frac{0.003}{1.000} = 0.3\%$$

§1.4　测量不确定度和测量结果的表示

一、 测量不确定度

科学实验中包括大量的测量工作,为了更加科学地表示测量结果,国际计量局(BIPM)国际标准化组织(ISO)等机构提出并制定了《实验不确定度的规定建议书 INC-1(1980)》及《测量不确定度表示指南(1993)》,规定采用不确定度来评定测量结果的质量,做为测量结果的重要组成部分和评价测量结果的重要指标,国际上对测量不确定度高度关注,中国合格评定国家认可委员会(CNAS)近年来对测量不确定度要求多次修订,最新发布的为 2021 年《测量不确定度的要求》(CNAS-CL01-G003:2021).测量不确定度是与测量结果相关联的一个参量,用以表征合理地赋予被测量值的分散性.测量不确定度是指由于测量误差的存在而对被测量值不能肯定的程度,它是被测量的真值在某个量值范围的一个评定.或者说测量不确定度表示测量误差可能出现的范围,它的大小反映了测量结果可信赖程度的高低,不确定度小的测量结果可信赖程度高.不确定度越小,测量结果与真值越接近,测量质量越高.反之,不确定度越大,测量结果与真值越远离,测量质量越低.不确定度包含了各种不同来源的误差对测量结果的影响,各分量的估算又反映了这部分误差所服从的分布规律.它不再将测量误差分为系统误差和随机误差,而是把可修正的系统误差修正以后,将余下的全部误差分为可以用概率统计方法计算的 A 类评定和用其他非统计方法估算的 B 类评定.在分析误差时要做到不遗漏、不增加、不重复.若各分量彼此独立,将 A 类和 B 类评定按"方和根"的方法合成得到合成不确定度.不确定度与给定的置信概率相联系,并且可以求出它的确定值.不确定度可以更全面、更科学地表示测量结果的可靠性,现今在计量检测、工业等部门已逐步采用不确定度取代标准误差来评定测量结果的质量.

二、 直接测量不确定度的评定和测量结果的表示

1. (标准)不确定度的 A 类评定

A 类标准不确定度用概率统计的方法来评定.在相同的测量条件下,n 次等精度独立重复测量值为

$$x_1, x_2, \cdots, x_n$$

其最佳估计值为算术平均值 $\bar{x}$

$$\bar{x} = \frac{1}{n} \sum_{i=1}^{n} x_i \tag{1.4.1}$$

x_i 高斯分布的实验标准偏差 $s(x_i)$ 的估计采用贝塞尔公式

$$s(x_i) = \sqrt{\frac{1}{n-1} \sum_{i=1}^{n} (x_i - \bar{x})^2} \tag{1.4.2}$$

平均值 $\bar{x}$ 的实验标准偏差 $s(\bar{x})$ 的最佳估计为

$$s(\bar{x}) = \frac{s(x_i)}{\sqrt{n}} \qquad (1.4.3)$$

平均值的标准不确定度就用 $s(\bar{x})$ 表示.

2. (标准) 不确定度的 B 类评定

B 类标准不确定度 $u(x_j)$ 在测量范围内无法作统计评定,$u(x_j)$ 的估计信息可采用:① 以前类似的测量数据所计算的不确定度;② 对有关材料和仪器性能及特点的了解所估计的不确定度;③ 所用仪器的制造说明书、检定证书或手册中所提供数据的不确定度.

评定 B 类不确定度有下述几种情况:

(1) 不确定度分布是高斯分布或近似高斯分布.如果检定证书上给出的扩展不确定度估计边界范围(相当于三倍标准差,即 $a = 3\sigma$) 为 $a_- - a_+ = 2a$,则标准不确定度为 $a/3$.

(2) 测量值 x_i 落在估计边界 $a_- \sim a_+$ 范围内的概率为 1,落在该范围之外的概率为零,而对于 x_i 在该范围内的概率分布又不甚了解,只能假定 x_i 在 $a_- \sim a_+$ 区间内概率都相同,即所谓的均匀分布,此时标准不确定度为 $a/\sqrt{3}$ (a 为概率分布置信区间的半宽).例如游标卡尺、停表等的误差,安装调整不垂直、不水平、未对准等的误差,回程误差、频率误差、数值凑整误差等.

(3) 估计不确定度边界为 $a_- - a_+ = 2a$,虽对其分布没有确切的了解,但可近似认为该范围中点处出现 x_i 值的概率最大,离中点越远,出现 x_i 的概率越小,且近似呈线性递减,在边界处概率几乎为零,即所谓三角分布,此时标准不确定度为 $a/\sqrt{6}$.

3. 合成 (标准) 不确定度 U

对于 A 类评定和 B 类评定的合成用"方和根"法.若各不确定度分量彼此独立,则合成不确定度为

$$U = \sqrt{\sum_{i=1}^{n} s(x_i)^2 + \sum_{j=1}^{m} u(x_j)^2} \qquad (1.4.4)$$

4. 测量结果的表示

算术平均值及合成不确定度　　$x = \bar{x} \pm U$

相对不确定度　　$U_r = \dfrac{U}{\bar{x}} \times 100\%$

三、 间接测量不确定度的评定和测量结果的表示

间接测量不确定度的评定与一般标准误差的传递计算方法相同.设间接测量量 N 与直接测量量 x_i 的函数关系为

$$N = f(x_1, x_2, \cdots, x_m)$$

式中,$x_1, x_2, \cdots, x_m$ 为相互独立的直接测量量.

$\bar{x}_i (i = 1, 2, \cdots, m)$ 为各直接测量量的最佳估计值,则可证明间接测量量的最佳值为

$$\bar{N} = f(\bar{x}_1, \bar{x}_2, \cdots, \bar{x}_m)$$

将式(1.2.13)、式(1.3.1)中的标准偏差 s_{x_i} 用合成不确定度 U_{x_i} 替代,就得到间接测量量的不确定度传递公式

$$U_N = \sqrt{\left(\frac{\partial f}{\partial x_1}\right)^2 U_{x_1}^2 + \left(\frac{\partial f}{\partial x_2}\right)^2 U_{x_2}^2 + \cdots + \left(\frac{\partial f}{\partial x_m}\right)^2 U_{x_m}^2} \qquad (1.4.5)$$

$$\frac{U_N}{N} = \sqrt{\left(\frac{\partial \ln f}{\partial x_1}\right)^2 U_{x_1}^2 + \left(\frac{\partial \ln f}{\partial x_2}\right)^2 U_{x_2}^2 + \cdots + \left(\frac{\partial \ln f}{\partial x_m}\right)^2 U_{x_m}^2} \qquad (1.4.6)$$

间接测量结果的表示与直接测量结果的表示形式相同,即写成

$$\begin{cases} N = \overline{N} \pm U_N \\ U_r = \dfrac{U_N}{N} \times 100\% \end{cases}$$

前述讨论的置信区间为 $[-\sigma, \sigma]$,对应的置信概率为 68.3%.在工业、商业等活动中,常将合成不确定度乘以覆盖因子 k 得到扩展不确定度.对于高斯分布或近似高斯分布, $k=1.96$ 时,置信概率为 95%; $k=2.58$ 时,置信概率为 99%,对于 t 分布, $k=t_p(v)$.

例 1.7   一个铅质圆柱体,用分度值为 0.02 mm 的游标卡尺分别测其直径 d 和高度 h 各 10 次,数据如下:

d/mm   20.42,20.34,20.40,20.46,20.44,20.40,20.40,20.42,20.38,20.34

h/mm   41.20,41.22,41.32,41.28,41.12,41.10,41.16,41.12,41.26,41.22

用最大称量为 500 g 的物理天平称其质量为 $m=152.10$ g,求铅的密度及其不确定度.

解   (1) 铅质圆柱体的密度 ρ

直径 d 的算术平均值

$$\overline{d} = \frac{1}{10} \sum_{i=1}^{10} d_i = 20.40 \text{ mm}$$

高度 h 的算术平均值

$$\overline{h} = \frac{1}{10} \sum_{i=1}^{10} h_i = 41.20 \text{ mm}$$

圆柱体的质量

$$m = 152.10 \text{ g}$$

铅质圆柱体的密度

$$\rho = \frac{4m}{\pi \overline{d}^2 \overline{h}} = \frac{4 \times 152.10}{3.141\ 6 \times 20.40^2 \times 41.20} \text{ g/mm}^3 = 1.129 \times 10^{-2} \text{ g/mm}^3$$

(2) 直径 d 的不确定度

A 类评定

$$s(\overline{d}) = \sqrt{\frac{\sum_{i=1}^{10} (d_i - \overline{d})^2}{n(n-1)}} = \sqrt{\frac{0.013\ 6}{90}} \text{ mm} = 0.012 \text{ mm}$$

B 类评定

游标卡尺的示值误差为 0.02 mm,按近似均匀分布

$$u(d) = \frac{0.02}{\sqrt{3}} \text{ mm} = 0.012 \text{ mm}$$

d 的合成不确定度

$$U(d) = \sqrt{s(\bar{d})^2 + u(d)^2} = \sqrt{0.012^2 + 0.012^2} \text{ mm} = 0.017 \text{ mm}$$

（3）高度 h 的不确定度

A 类评定

$$s(\bar{h}) = \sqrt{\frac{\sum_{i=1}^{10}(h_i - \bar{h})^2}{n(n-1)}} = \sqrt{\frac{0.049\ 6}{90}} \text{ mm} = 0.023 \text{ mm}$$

B 类评定

$$u(h) = \frac{0.02}{\sqrt{3}} \text{ mm} = 0.012 \text{ mm}$$

h 的合成不确定度

$$U(h) = \sqrt{s(\bar{h})^2 + u(h)^2} = \sqrt{0.023^2 + 0.012^2} \text{ mm} = 0.026 \text{ mm}$$

（4）质量 m 的不确定度

从所用天平检定证书上查得,称量为 1/3 量程时的扩展不确定度为 0.04 g,覆盖因子 $k = 3$,按近似高斯分布

$$U(m) = \frac{0.04}{3} \text{ g} = 0.013 \text{ g}$$

（5）铅密度的相对不确定度

$$\frac{U(\rho)}{\rho} = \sqrt{\left[\frac{2U(d)}{d}\right]^2 + \left[\frac{U(h)}{h}\right]^2 + \left[\frac{U(m)}{m}\right]^2}$$

$$= \sqrt{\left(\frac{2\times0.017}{20.40}\right)^2 + \left(\frac{0.026}{41.20}\right)^2 + \left(\frac{0.013}{152.10}\right)^2}$$

$$= \sqrt{2.8\times10^{-6} + 0.4\times10^{-6} + 0.7\times10^{-8}} = 0.18\%$$

$$U(\rho) = 1.129\times10^{-2}\times\frac{0.18}{100} \text{ g/mm}^3 = 0.002\times10^{-2} \text{ g/mm}^3$$

（6）铅密度的测量结果表示为

$$\rho = (1.129\pm0.002)\times10^{-2} \text{ g/mm}^3$$

$$= (1.129\pm0.002)\times10^{4} \text{ kg/m}^3$$

$$U_r(\rho) = 0.18\%$$

置信概率为 $p = 68.3\%$.

§1.5　有效数字及其运算

一、　有效数字的一般概念

实验的基础是测量,测量的结果是用一组数字和单位表示的.如图 1-6 所示,用厘米分度(最小分格的长度是 1 cm)的尺子测量一个铜棒的长度,从尺上看出其长度大于 4 cm,再用目测估计,大于 4 cm 的部分是最小分度的 $\frac{3}{10}$,所以棒的长度为 4.3 cm.最末一位不同的观测者会给出不同结果,称为存疑数字,但它还是在一定程度上反映了客观实际.而前面的"4"是从尺子上的刻度准确读出的,即由测量仪器明确指示的,称为可靠数字.这些数字都有明确的意义,都有效地表达了测量结果,所以,我们把测量结果中所有可靠数字和一位估计的存疑数字的全体称为有效数字.有效数字的最末一位是误差所在的一位,即是有误差的数字.上面的测量结果是两位有效数字.

$l=4.3$ cm

图 1-6　用厘米分度的尺子测量长度

如果换用毫米分度的尺子测量这个棒的长度,如图 1-7 所示,可以从尺子上准确读出 4.2 cm,再估读到最小分度毫米的十分位上,测量结果为 4.25 cm.同样,最末一位的估计值不同观测者可能不同,但都是三位有效数字.由此可见,有效数字位数的多少取决于所用量具或仪器的准确度的高低.

$l=4.25$ cm

图 1-7　用毫米分度的尺子测量长度

如果被测铜棒的长度是几十厘米,那么,用厘米分度的尺子测得的结果是三位有效数字,而用毫米分度的尺子测得的是四位有效数字,所以,有效数字位数的多少还与被测量本身的大小有关.总之,有效数字位数的多少是测量实际的客观反映,不能随意增减.测量结果有效数字位数的多少与其相对误差的大小有一定的对应关系,有效数字的位数越多,相对误差越小,测量结果的准确度越高.

如果用毫米分度的尺子测量一个棒长,恰好与 4 cm 后的第三条毫米线对齐,如图 1-8 所示,则测量结果为 4.30 cm,百分位上的"0"表示最末一位估计读数为 0,是存疑数字,这个"0"不能省去.如果写成 4.3 cm,则别人会误认为是用厘米分度的尺子测量的,十分位上的"3"是存疑数字,这与测量的实际不符.所以在物理实验中 4.30 cm ≠ 4.3 cm,因为它们的内涵是截然不同的.

$l=4.30$ cm

图 1-8　与毫米线对齐的读数

对于有效数字还应该注意下列几种情况:

① 有效数字中"0"的性质.非零数字前的"0"只起定位作用,不是有效数字.数字中间和数字后面的"0"都是有效数字.如果一个测得值的数很小或很大,常用标准形式来表示,即用 10 的方幂来表示其数量级,前面的数字是测得的有效数字,通常在小数点前只写一位数字,这种数值的科学表达方式称为科学计数法.例如,0.000 508 m 写成 5.08×10^{-4} m,2 090 080 m 写成 $2.090\ 080 \times 10^{6}$ m.这样不仅可以避免写错有效数字,而且便于定位和计算.

② 十进制的单位换算不能增减有效数字位数,即有效数字的位数与小数点的位置或单位换算无关.如

$$4.30 \text{ cm} = 4.30 \times 10^{4}\ \mu\text{m} = 4.30 \times 10^{-2} \text{ m} = 4.30 \times 10^{-5} \text{ km}$$

而 4.30 cm ≠ 43 000 μm,它们的量值虽然相等,但是有效数字增加了两位,这就错了! 4.30 cm = 0.043 0 m = 0.000 043 0 km,该式虽相等,但看起来很不直观,运算起来很不方便,所以要采用科学计数法书写.

非十进制的单位换算有效数字会有一位变化,应由误差所在位确定.如 $(1.8 \pm 0.1)° = (108 \pm 6)'$,$(1.50 \pm 0.05)' = (90 \pm 3)''$ 等.

③ 纯数学数或常数,如 $\frac{1}{6}$、$\sqrt{3}$、π、e 等,不是由测量得到的,有效数字可以认为是无限的,需要几位就取几位,一般取与各测得值中位数最多的相同或再多取一位.给定值不影响有效数字位数.运算过程的中间结果可适当多保留几位,以免因舍入引进过大的附加误差.

④ 直接测量读数时应估读到仪器最小分度以下的一位(是存疑数字).间接测量运算结果的有效数字位数由绝对误差来决定,间接测得值的末位应与绝对误差所在的一位对齐.由误差确定有效数字,是处理一切有效数字问题的基本依据.如不估算误差,则按有效数字运算规则确定有效数字位数.

二、 有效数字的运算规则

实验结果一般要通过有效数字的运算才能得到,有效数字四则运算根据下述原则确定运算结果的有效数字位数:① 可靠数字间的运算结果为可靠数字;② 可靠数字与存疑数字或存疑数字间的运算结果为存疑数字,但进位为可靠数字;③ 运算结果只保留一位存疑数字,其后的数字按"小于 5 舍,大于 5 入,等于 5 凑偶"的规则处理.

1. 加减法

首先统一各数值的单位,然后列出纵式进行运算.为了区别在存疑数字下面划一道横线.例如

$$10.\underline{1} \qquad\qquad 10.\underline{1}$$
$$+4.17\underline{8} \qquad\qquad -4.17\underline{8}$$
$$\overline{14.2\underline{7}8} \qquad\qquad \overline{5.9\underline{2}2}$$

$$10.1+4.178=14.3 \qquad\qquad 10.1-4.178=5.9$$

规则是:加减运算,最后结果的存疑位应与各数中存疑数字数量级最大的一位对齐.

2. 乘除法

例如

$$
\begin{array}{r}
2.41\underline{7}\\
\hline
4.17\underline{8})\overline{10.10\underline{0}}\\
835\underline{6}\\
\hline
1744\underline{0}\\
1671\underline{2}\\
\hline
728\underline{0}\\
417\underline{8}\\
\hline
3102\underline{0}\\
2924\underline{6}\\
\hline
177\underline{4}
\end{array}
$$

$$
\begin{array}{r}
4.17\underline{8}\\
\times\ \ 10.\underline{1}\\
\hline
417\underline{8}\\
417\underline{8}\\
\hline
42.19\underline{7}8
\end{array}
\qquad
\begin{array}{r}
4.17\underline{8}\\
\times\ \ 90.\underline{1}\\
\hline
417\underline{8}\\
3760\underline{2}\\
\hline
376.43\underline{7}8
\end{array}
$$

$$4.178\times10.1=42.2 \qquad 4.178\times90.1=376.4 \qquad 10.1\div4.178=2.42$$

规则是:乘除运算,最后结果的有效数字位数一般与各数中有效数字位数最少的相同.乘法运算,若两数首位相乘有进位时则多取一位.

3. 乘方、开方运算

乘方、开方运算结果的有效数字位数与其底的有效数字位数相同.也可按乘除运算存疑数字划线的方法确定.例如

$$225^2 = 5.06\times10^4$$
$$\sqrt{225} = 15.0$$

4. 函数运算

函数运算不能搬用四则运算规则.严格地说,函数运算结果的有效数字位数应根据误差计算来确定.在物理实验中,为了简便作如下规定.

三角函数:由角度的有效位数,即以仪器的准确度来确定,如能读到$1'$,一般取四位有效数字.例如

$$\sin 30°00' = 0.500\ 0$$

$$\cos 9°24' = 0.986\ 6$$
$$\tan 45°05' = 1.003$$

对数函数:首数不计,对数小数部分的数字位数与真数的有效数字位数相同.例如

$$\ln 19.83 = 2.987\ 2 \qquad\qquad （首数不计）$$
$$\lg 1.983 = 0.297\ 3 \qquad\qquad （首数不计）$$
$$\lg 0.198\ 3 = \overline{1}.297\ 3 \qquad\qquad （首数不计）$$

指数函数:把 e^x、10^x 的运算结果用科学记数法表示,小数点前保留一位,小数点后面保留的位数与 x 在小数点后的位数相同,包括紧接小数点后的"0".例如

$$e^{9.24} = 1.03 \times 10^4$$
$$e^{52} = 4 \times 10^{22}$$
$$10^{6.25} = 1.78 \times 10^6$$
$$10^{0.003\ 5} = 1.008\ 1$$

三、 数字截尾的舍入规则

数字的进舍过去采用四舍五入法,这就使入的数字比舍的数字多一个,入的概率大于舍的概率,经过多次舍入,结果将偏大.为了使舍入的概率基本相同,现在采用的规则是:对保留的末位数字以后的部分,小于 5 则舍,大于 5 则入,等于 5 则把末位凑为偶数,即末位是奇数则加 1(5 入),末位是偶数则不变(5 舍).例如将下列数据取为四位有效数字,则为

4.327 49→4.327;	3.141 59→3.142
4.327 51→4.328;	4.510 50→4.510
4.327 50→4.328;	3.126 50→3.126
4.328 50→4.328;	46.425→46.42

对于误差或不确定度的估算,其尾数的舍入规则可采用四舍五入或只进不舍.

在物理实验处理数据时,有人以为运算结果的数字位数越多越准确,其理由是一点儿都没有舍去,这种没有测量误差及有效数字概念的错误,应特别注意!

§1.6　实验数据处理的常用方法

物理实验的目的是为了找出物理量之间的内在规律,或验证某种理论.实验得到的数据必须进行合理的处理分析,才能得到正确的实验结果和结论.数据处理是指从原始数据通过科学的方法得出实验结果的加工过程,它贯穿于整个物理实验教学的全过程中,应该逐步熟悉和掌握它.在一篇完整的科学论文或科研报告中,往往先一目了然地列出各种数据,再用图线表示出物理量之间的变化关系,最后用严格的数学解析方法,如最小二乘线性回归等,得出数值上的定量关系,并给出实验结果和不确定度.物理实验常用的数据处理方法有:列表计算法、作图法、逐差法、最小二乘线性回归法等.

一、列表法

在记录和处理数据时,常把数据排列成表格,这样,既可以简单而明确地表示出被测物理量之间的对应关系,又便于及时检查和发现测量数据是否合理,有无异常情况.列表计算法就是将数据处理过程用表格的形式显示出来.即将实验数据中的自变量、因变量的各个数据及计算过程和最后结果按一定的格式,有秩序地排列出来.列表法是科技工作者经常使用的基本方法.为了养成习惯,每个实验中所记录的数据必须列成表格,因此在预习实验时,一定要设计好记录原始数据的表格.

列表的要求如下:

① 根据实验内容合理设计表格的形式,栏目排列的顺序要与测量的先后和计算的顺序相对应.

② 各栏目必须标明物理量的名称和单位,量值的数量级也写在标题栏中.

③ 原始测量数据及处理过程中的一些重要中间结果均应列入表中,且要正确表示各量的有效数字.

④ 要充分注意数据之间的联系,要有主要的计算公式.

列表法的优点是:简单明了,形式紧凑,各数据易于参考比较,便于表示出有关物理量之间的对应关系,便于检查和发现实验中存在的问题及分析实验结果是否合理,便于归纳总结,从中找出规律性的联系.缺点是:数据变化的趋势不够直观,求取相邻两数据的中间值时,还需要借助插值公式进行计算等.

要注意,原始数据记录表格与实验数据处理表格是有区别的,不能相互代替,原始数据表格中不必包含需进行计算的量.要动脑筋,设计出合理完整的表格.

例 1.8 用测量显微镜测量小钢球的直径,用列表法计算其表面积及不确定度(表1-6-1).

列表如下:

表 1-6-1　直径 D 的 A 类不确定度的估算

次数 n	初读数 /mm	末读数 /mm	直径		ΔD_i /(10^{-3}mm)	$(\Delta D_i)^2$ /(10^{-6}mm^2)	$s_{\overline{D}}\left[=\sqrt{\dfrac{\sum (\Delta D_i)^2}{n(n-1)}}\right]$ /(10^{-3}mm)
			D_i/mm	$\overline{D}$/mm			
1	10.441	11.437	0.996		−1	1	
2	12.285	13.287	1.002		5	25	
3	15.417	16.409	0.992		−5	25	
4	18.639	19.632	0.993	0.997	−4	16	1.6
5	21.364	22.360	0.996		−1	1	
6	25.474	26.474	1.000		3	9	
7	11.458	12.460	1.002		5	25	

表 1-6-2　钢球表面积的计算

表面积 S /mm^2	仪器误差 $\Delta_仪$/mm	B 类不确定度 u_D /(10^{-3}mm)	合成不确定度 U_D /(10^{-3}mm)	$U_r\left(=\dfrac{U_S}{S}\right)$ /%	U_S /mm^2
$S=\pi D^2$		$u_D=\dfrac{\Delta_仪}{\sqrt{3}}$	$U_D=\sqrt{s_D^2+u_D^2}$	$\dfrac{U_S}{S}=\sqrt{\left(\dfrac{2U_D}{D}\right)^2}$	$U_S=S\cdot U_r$
3.12	0.005	2.9	3	0.6	0.02

测量结果

$$\begin{cases} S=(3.12\pm0.02)\ \text{mm}^2 \qquad 置信概率\ 68.3\% \\ U_r=0.6\% \end{cases}$$

表 1-6-2 也可以用计算公式运算代替.

二、作图法

作图法是在坐标纸上用几何图形描述有关物理量之间的关系,它是一种被广泛用来处理实验数据的方法,特别是在还没有完全掌握物理量之间的变化规律或还没有找到适当函数表达式时,用作图线的方法来表示实验结果,常常是一种很方便、有效的方法.为了使图线能清晰、定量地反映出物理量的变化规律,并能从图线上准确地确定物理量值或求出有关常量,必须按照一定的规则作图.

1. 作图规则

(1) 图纸选择.作图一定要用坐标纸,根据需要选用直角坐标纸、单对数或双对数坐标纸等.坐标纸的大小以不损失实验数据的有效数字和能包括全部数据为原则,也可适当选大些.图纸上的最小分格一般对应测量数据中可靠数字的最末一位.作图不要增、减有效数字位数.

(2) 确定坐标轴的比例和标度.通常以横轴代表自变量,纵轴代表因变量.用粗实线画出两个坐标轴,注明坐标轴代表的物理量的名称(或符号)和单位.选取适当的比例和坐标轴的起点,使图线比较对称地充满整个图纸,不要偏在一边或一角.坐标轴的起点不一定要从零开始,可选小于数据中最小值的某一整数作为起点.坐标轴的比例,即坐标分度值,要便于数据点的标注且不用计算就能直接读出图线上各点的坐标,最小分格代表的数字应取 1、2、5.坐标轴上要每隔一定的相等间距标上整齐的数字.横轴与纵轴的比例和标度可以不同.

(3) 标点和连线.用削尖的铅笔,以 ⊙、×、+、△ 等符号在坐标纸上准确标出数据点的坐标位置.除校正图线要连成折线外,一般应根据数据点的分布和趋势连接成细而光滑的直线或曲线.连线时要用直尺或曲线板等作图工具.图线的走向,应尽可能多地通过或靠近各实验数据点,即不是一定要通过每一个数据点,而是应使处于图线两侧的点数相近.如果一张图上要画几条图线,则要选用不同的标记符号.

(4) 写图名和图注.图名的字迹要端正,最好用仿宋体,位置要明显.简要写出实验条件,必要时还要写注释或说明.

2. 图示法与图解法

用图线表示实验结果的方法称为图示法,如用电流场模拟静电场实验,用等势线、电场线图表示实验结果等.

根据画出的实验图线,用解析方法求出有关参量或物理量之间的经验公式为图解法.当图线为直线时尤为方便,如通过求直线的截距或斜率可得到另外一些物理量,如多管法测定液体动力黏度实验,通过直线的截距可得终极速度对应的时间 t_0;惠斯通电桥实验,通过导体电阻与温度的关系直线的斜率和截距,可求得电阻温度系数 α 等.还可通过图线求函数表达式,如三线摆实验,通过图线可得出三线摆周期与转动惯量之间的经验公式.

作图示例.用伏安法测电阻的实验数据如表 1-6-3 所示.

表 1-6-3　伏安法测电阻数据

次数	1	2	3	4	5	6	7	8	9	10
U/V	0.00	1.00	2.00	3.00	4.00	5.00	6.00	7.00	8.00	9.00
I/mA	0	24	48	70	94	118	141	164	187	209

在毫米方格纸上作图线如图 1-9 所示.

图 1-9 所示的伏安特性图线是一条直线,说明被测电阻是线性电阻.直线斜率的倒数就是电阻的数值.

$$R=\frac{8.50-0.50}{196-12}\times 10^3\ \Omega=43.5\ \Omega$$

图 1-9　电阻的伏安特性图线

（1）求直线的斜率和截距,建立直线方程.

若图线类型为直线,其方程为

$$y = kx + b \tag{1.6.1}$$

求斜率 k 常用两点法,要在直线两端、数据范围以内另外取两点,一般不取原始测量数据点.为了便于计算,横坐标的两数值可取为整数.用与原始数据点不同的符号标明这两个特征点的位置,旁边注明坐标值 (x_1, y_1)、(x_2, y_2),如图 1-9 所示.直线的斜率 k 为

$$k = \frac{y_2 - y_1}{x_2 - x_1} \tag{1.6.2}$$

如果横坐标轴的起点为零,则可直接从图线上读取截距 b 的值.如果横坐标轴的起点不是零,则直线与纵轴的交点不是截距,这时常用点斜式求出,即在图线上再选取一点 (x_3, y_3),代入直线方程,求得

$$b = y_3 - \left(\frac{y_2 - y_1}{x_2 - x_1} \right) x_3 \tag{1.6.3}$$

求出斜率 k 和截距 b 就可以得出具体的直线方程.也可由斜率和截距求出包含在其中的其他物理量的数值.

（2）通过图线求函数关系,建立经验公式.

若通过测量得到的图线是一条曲线,就要运用解析几何知识判定该曲线是哪一类函数,如果难以确定,就可凭经验假定函数形式,一般可用幂函数表示,方程为

$$y = kx^{\alpha} \tag{1.6.4}$$

其在对数坐标系中为一线性方程,斜率为 α,求出斜率和截距再经过反对数运算可得 k,这样,就可得出具体的经验公式,这是了解和发现物理规律的一条有效途径.

3. 曲线改直,从而建立曲线方程

物理量之间的关系并不都是线性的,将非线性关系通过适当变量代换化为线性关系,即将非直线图形变换成直线图形称为曲线改直.由于直线最易准确绘制,更加直观,便于确定某种函数关系的曲线对应的经验公式.通过这种代换,还可使某些未知量包含在斜率或截距中,容易求出,如理查逊直线法求逸出功便是一例.

常用的可以线性化的函数举例如下.

（1）$y = ax^b$,a、b 为常量.两边取常用对数后变换为

$$\lg y = b \lg x + \lg a$$

$\lg y$ 与 $\lg x$ 为线性关系,直线的斜率为 b,截距为 $\lg a$.

（2）$y = ae^{-bx}$,a、b 为常量.两边取自然对数后变换为

$$\ln y = -bx + \ln a$$

$\ln y$-x 图的斜率为 $-b$,截距为 $\ln a$.

（3）$y = a \cdot b^x$,a、b 为常量.取对数变换后

$$\lg y = \lg b \cdot x + \lg a$$

$\lg y$-x 图的斜率为 $\lg b$,截距为 $\lg a$.

（4）$xy = c$,c 为常量.则有

$$y = c \cdot \frac{1}{x}$$

$y-\dfrac{1}{x}$ 图的斜率为 c.

（5）$y^2=2px$，p 为常量. 则 y^2-x 图的斜率为 $2p$.

（6）$x^2+y^2=a^2$，a 为常量. 则有

$$y^2=a^2-x^2$$

y^2-x^2 图的斜率为 -1，截距为 a^2.

（7）$y=\dfrac{x}{a+bx}$，a、b 为常量. 则有

$$y=\dfrac{1}{(a/x)+b}, \qquad \dfrac{1}{y}=\dfrac{a}{x}+b$$

$\dfrac{1}{y}-\dfrac{1}{x}$ 图的斜率为 a，截距为 b.

4. 作图法的优点和局限性

作图法的优点是数据(物理量)之间的对应关系和变化趋势非常形象、直观、一目了然，便于比较研究和发现问题，能看到测量的全貌. 实验数据中存在的极值、拐点、周期性变化等，都能在图形中清楚地表示出来. 特别是对很难用简单的解析函数表示的物理量之间的关系，作图表示就比较方便. 另外，所作的图线有取平均的效果. 通过合理的内插和外推还可以得到没有进行或无法进行观测的数据. 通过求斜率、截距还可以得到另外一些物理量或建立变量之间的函数关系(经验公式).

作图法的局限性受图纸大小的限制，一般只能处理 3~4 位有效数字. 在图纸上连线有相当大的主观随意性. 由于图纸本身的均匀性和准确程度有限，以及线段的粗细等，使作图不可避免地要引入一些附加误差.

三、逐差法

逐差法是数值分析中使用的一种方法，也是物理实验中常用的数据处理方法. 在研究的物理过程中，当变量之间的函数关系呈现多项式形式时，即

$$y=a_0+a_1x+a_2x^2+a_3x^3+\cdots$$

且自变量 x 是等间距变化的，则可以采用逐差法处理数据.

逐差法是把实验测得的数据进行逐项相减，以验证函数是否是多项式关系；或者将数据按顺序分成前、后两半，后半与前半对应项相减后求其平均值，以得到多项式的系数. 由于测量准确度的限制，逐差法仅用于一次和二次多项式. 为了说明这种方法，仍用伏安法测电阻的实验数据，将其逐项相减及分半等间隔相减的结果列于表 1-6-4 中.

表 1-6-4　逐差法处理数据

次数 i	1	2	3	4	5	6	7	8	9	10
U_i/V	0.00	1.00	2.00	3.00	4.00	5.00	6.00	7.00	8.00	9.00
I_i/mA	0	24	48	70	94	118	141	164	187	209
$\delta_1 I(=I_{i+1}-I_i)$/mA	24	24	22	24	24	23	23	23	22	
$\delta_5 I(=I_{i+5}-I_i)$/mA	118	117	116	117	115					

　　表中 $\delta_1 I$ 一行是相邻两项逐项相减的结果,是一次逐差,其数值基本相等,说明电流 I 与电压 U 存在线性关系.$\delta_5 I$ 一行是间隔五项依次相减,也是一次逐差,其平均值为

$$\overline{\delta_5 I}=\frac{1}{5}(118+117+116+117+115)\ \text{mA}=117\ \text{mA}$$

那么电阻值为

$$R=\frac{5\delta U}{\overline{\delta_5 I}}=\frac{5\times1.00}{117\times10^{-3}}\ \Omega=42.7\ \Omega$$

与图解法处理数据所得结果基本相同.

　　函数式为 $I=\dfrac{1}{42.7}U$ 或 $U=42.7I$.

1. 验证多项式

　　如果函数值逐项相减,一次逐差结果是常量时,则函数是线性函数,即

$$y=a_0+a_1 x$$

成立.如前例伏安法测固定电阻,I 与 U 是线性函数.

　　如果函数值逐项相减后,再逐项相减,即二次逐差的结果是常量时,则

$$y=a_0+a_1 x+a_2 x^2$$

成立.如自由落体运动的路程 s 与时间 t 的关系为 $s=s_0+v_0 t+\dfrac{1}{2}gt^2$.

2. 求物理量的数值

　　用逐差法可以求出多项式中 x 的各次项的系数来.如前例伏安法测固定电阻,通过求自变量 U 的系数就可以得到电阻 R 的值.因为函数关系式为 $I=\dfrac{1}{R}U$,$R=\dfrac{1}{a_1}$.

　　需要指出,在用逐差法求系数值时,要计算逐差值的平均值,这时,不能逐项逐差,而必须把数据分成前后两半,后半与前半对应项逐差,故有对数据取平均的效果.如果逐项逐差以后再平均,则有

$$\overline{\delta_1 I}=\frac{1}{9}[(I_2-I_1)+(I_3-I_2)+\cdots+(I_{10}-I_9)]=\frac{1}{9}(I_{10}-I_1)$$

这里最终只用了第一个和最后一个数据,其余中间的数据均被正负抵消,相当于只测了两个数据,这显然是不合理的.不仅白白浪费了测量数据,而且会使计算结果的误差增大.

3. 逐差法的优点和局限性

　　逐差法的优点是简单、直观,计算方便.可以充分利用测量数据,具有对数据取平均和减小相对误差的效果,可以最大限度地保证不损失有效数字.可以绕过一些具有定值的未知量求出实验结果.可以发现系统误差或实验数据的某些变化规律.如果通过变量代换后能满足适用条件的要求,也可用逐差法,如本书光学实验部分中等厚干涉实验数据的处理.

　　逐差法的局限性是有较严格的适用条件:函数必须是一元函数,且可写成自变量的多项式形式,如二次逐差为 $y=a_0+a_1 x+a_2 x^2$.自变量 x 必须等间距变化,这个条件在实验中是容易满足的,只要使容易测量和控制的物理量呈等间距变化即可.一般测量偶数次.因求多项式的系数时,是先得出高次项系数再逐步推出低次项系数,由于误差的传递,使低

次项系数的准确度变差.另外,非线性函数线性化后,如果原来各数据是等权的,经过函数变换以后可能成为不等权的,这时,用逐差法处理数据时要考虑这个因素.

四、 最小二乘法与线性回归

1. 最小二乘法

最小二乘法是一种解决怎样从一组测量值中寻求最可靠值,也就是最可信赖值的方法.对于等精度测量,所得数据的测量误差是无偏的(无粗差,也排除了测量的系统误差),服从高斯分布,且相互独立,则测量结果的最可靠值是各次测量值相应的偏差平方和为最小时的那个值,即算术平均值.因为最可靠值是在各次测量值的偏差平方和为最小的条件下求得的,当时(18世纪初)把平方叫二乘,故称最小二乘法.最小二乘法是以误差理论为依据的严格、可靠的方法,有准确的置信概率.按最小二乘法处理测量数据能充分地利用误差的抵偿作用,从而可以有效地减小随机误差的影响.

2. 回归分析

相互关联的变量之间的关系可以分成两类.一类是变量之间存在着完全确定的关系,叫做函数关系;另一类是变量之间虽然有联系,但由于测量中随机误差等因素的存在,造成了变量之间联系的不同程度的不确定性,但从统计上看,它们之间存在着规律性的联系,这种关系叫做相关关系.相关变量间既有相互依赖性,又有某种不确定性.回归分析法是处理变量间相关关系的数理统计方法.回归分析就是通过对一定数量的观测数据所作的统计处理,找出变量间相互依赖的统计规律.如果存在相关关系,就要找出它们之间的合适的数学表达式.由实验数据寻找经验方程称为方程的回归或拟合,方程的回归就是要用实验数据求出方程的待定系数.在回归分析中为了估算出经验方程的系数,通常利用最小二乘法.得到经验方程后,还要进行相关显著性检验,判定所建立的经验方程是否有效.回归分析所用的数学模型主要是线性回归方程,因为其他形式的数学模型多数可以通过数学变换转化为线性回归方程.根据相关变量的多少,回归分析又可分为一元回归和多元回归.回归法处理数据的优点在于理论上比较严格,在函数形式确定后,结果是唯一的,不会像作图法那样因人而异.

3. 用最小二乘法进行一元线性回归(直线拟合)

(1) 回归方程系数的确定

一元线性回归方程为

$$y = a_0 + a_1 x \tag{1.6.5}$$

最小二乘法一元线性回归的原理是:若能找到一条最佳的拟合直线,那么各测量值与这条拟合直线上各对应点的值之差的平方和,在所有拟合直线中应该是最小的.利用最小二乘法就是要由一组实验数据 x_i、$y_i(i=1,2,\cdots,k)$ 找出一条最佳的拟合直线来,也就是要求出回归方程的系数 a_0 和 a_1 的值.

在经典的回归分析中,总是假定:

① 自变量 x_i 不存在测量误差,是准确的;

② 因变量 y_i 是通过等精度测量得到的只含有随机误差的测得值,误差服从高斯分布;

③ 在 y_i 的测得值中,粗大误差和系统误差已被排除.

在实际应用时,要把相对来说误差较小的变量作为自变量,实验过程中不要改变测量方法和条件,如果测量中存在粗差,首先进行剔除,存在系统误差要对测得值进行修正.这样就能满足上述假定的要求.

式(1.6.5)表示的是一条直线,如图 1-10 所示,由于 y_i 存在测量误差,实验点不可能全部重合在该直线上.对于与某个 x_i 相对应的测量值 y_i,与用回归法求得的直线式(1.6.5)在 y 方向上的偏差为

$$\varepsilon_i = y_i - y = y_i - (a_0 + a_1 x_i) \quad (i = 1, 2, \cdots, k) \quad (1.6.6)$$

ε_i 的正负和大小表示实验点在直线两侧的离散程度.ε_i 的值与 a_0、a_1 的取值有关.为使偏差的正值和负值不发生抵消,且考虑到全部实验值的贡献,根据最小二乘法原理,应当计算 $\sum\limits_{i=1}^{k} \varepsilon_i^2$ 的大小.如果 a_0 和 a_1 的取值使 $\sum\limits_{i=1}^{k} \varepsilon_i^2$ 最小,将 a_0 和 a_1 的值代入式(1.6.5),就得到这组测量数据所拟合的最佳直线.

图 1-10　线性拟合

由式(1.6.6)得

$$\sum_{i=1}^{k} \varepsilon_i^2 = \sum_{i=1}^{k} (y_i - a_0 - a_1 x_i)^2 \tag{1.6.7}$$

为求其最小值,把式(1.6.7)分别对 a_0、a_1 求一阶偏导数,并令其等于零,即

$$\left. \begin{array}{l} \dfrac{\partial}{\partial a_0}\Big(\sum\limits_{i=1}^{k} \varepsilon_i^2 \Big) = -2 \sum\limits_{i=1}^{k} (y_i - a_0 - a_1 x_i) = 0 \\[3mm] \dfrac{\partial}{\partial a_1}\Big(\sum\limits_{i=1}^{k} \varepsilon_i^2 \Big) = -2 \sum\limits_{i=1}^{k} (y_i - a_0 - a_1 x_i) x_i = 0 \end{array} \right\} \tag{1.6.8}$$

整理后写成

$$\left. \begin{array}{l} \bar{x} a_1 + a_0 = \bar{y} \\[2mm] \overline{x^2} a_1 + \bar{x} a_0 = \overline{xy} \end{array} \right\} \tag{1.6.9}$$

式(1.6.9)中

$$\left. \begin{array}{l} \bar{x} = \dfrac{1}{k} \sum\limits_{i=1}^{k} x_i \\[3mm] \bar{y} = \dfrac{1}{k} \sum\limits_{i=1}^{k} y_i \\[3mm] \overline{x^2} = \dfrac{1}{k} \sum\limits_{i=1}^{k} x_i^2 \\[3mm] \overline{xy} = \dfrac{1}{k} \sum\limits_{i=1}^{k} x_i y_i \end{array} \right\} \tag{1.6.10}$$

式(1.6.9)的解为

$$a_1 = \frac{\bar{x} \cdot \bar{y} - \overline{xy}}{\bar{x}^2 - \overline{x^2}} \tag{1.6.11}$$

$$a_0 = \overline{y} - a_1 \overline{x} \qquad (1.6.12)$$

可以证明，$\sum_{i=1}^{k} \varepsilon_i^2$ 对 a_0、a_1 的二阶偏导数均大于零，说明由式(1.6.11)和式(1.6.12)计算出的 a_1 和 a_0 对应于 $\sum_{i=1}^{k} \varepsilon_i^2$ 的极小值，也就是拟合的最佳直线的斜率和截距的估计值.

为了计算和书写方便，引入符号

$$L_{xx} = \sum_{i=1}^{k} x_i^2 - \frac{1}{k}\Big(\sum_{i=1}^{k} x_i\Big)^2$$

$$L_{yy} = \sum_{i=1}^{k} y_i^2 - \frac{1}{k}\Big(\sum_{i=1}^{k} y_i\Big)^2$$

$$L_{xy} = \sum_{i=1}^{k} x_i y_i - \frac{1}{k}\Big(\sum_{i=1}^{k} x_i\Big)\Big(\sum_{i=1}^{k} y_i\Big)$$

于是式(1.6.11)可表示为

$$a_1 = \frac{L_{xy}}{L_{xx}} \qquad (1.6.13)$$

由式(1.6.9)可以看出，最佳直线通过 $(\overline{x}, \overline{y})$ 点，因此，在用作图法画直线时，应将 $(\overline{x}, \overline{y})$ 坐标点标出，将作图用的直尺以此点为轴心来回转动，直到各数据点与直尺边线的距离最近，而且左右分布匀称为止.这时，沿此边线用铅笔画一直线，即为所求的最佳直线.

（2）a_1 和 a_0 的标准偏差

因为 y_i 含有较明显的随机误差，导致由式(1.6.11)和式(1.6.12)计算出的 a_1 和 a_0 也含有误差.y_i 的标准偏差 s 为

$$s = \sqrt{\frac{\sum_{i=1}^{k}(y_i - a_0 - a_1 x_i)^2}{k-2}} \qquad (1.6.14)$$

需要注意，式(1.6.14)根式中分母是 $k-2$，其意义是在两个变量 (x_i, y_i) 的情况下，有两个方程就可以解出结果，现在多了 $k-2$ 个方程，所以自由度是 $k-2$，有两个自由度受约束.也可以理解为有两个数据点就可以确定一条直线，这两点的 $\varepsilon_i = 0$，现在有 k 个数据点，其自由度当然是 $k-2$ 了.

由误差传递公式可以导出 a_1 和 a_0 的标准偏差 s_{a_1} 和 s_{a_0}

$$s_{a_1} = \frac{s}{\sqrt{k(\overline{x^2} - \overline{x}^2)}} = \frac{s}{\sqrt{L_{xx}}} \qquad (1.6.15)$$

由式(1.6.15)可知，s_{a_1} 不仅与 s 有关，还与 L_{xx} 的大小有关.L_{xx} 的大小反映了 x_i 间距的大小，L_{xx} 大，x_i 的间距大，取值分散范围较大；反之，x_i 取值比较集中，取值范围比较小.为了提高 a_1 的准确度，在实验条件允许的情况下，应当尽量增大 x_i 的取值范围.

$$s_{a_0} = \sqrt{\frac{\overline{x^2}}{L_{xx}}} \cdot s = \sqrt{\overline{x^2}} \cdot s_{a_1} = \sqrt{\frac{\sum_{i=1}^{k} x_i^2}{k}} \cdot s_{a_1} \qquad (1.6.16)$$

式(1.6.16)表明,a_1 的标准偏差直接影响 a_0 的标准偏差,且 x_i 的数值越大,这种影响越严重.就是说,在 s_{a_1} 相同时,x_i 离坐标原点越远,截距 a_0 的标准偏差越大.

如果 $s_{a_0} > a_0$,即 a_0 的标准偏差的数值大于截距的数值,便可以认为在一定程度上(对高斯分布置信概率为 68.3%)拟合的直线通过坐标原点.

(3)线性相关系数

为了定量描述 x、y 变量之间线性相关程度的好坏,引入相关系数 r,其定义为

$$r = \frac{L_{xy}}{\sqrt{L_{xx}L_{yy}}} \tag{1.6.17}$$

与式(1.6.13)比较,因 $\sqrt{L_{xx}L_{yy}} > 0$,故 r 与 a_1 的符号相同.即 $r > 0$,则 $a_1 > 0$,拟合直线的斜率为正;$r < 0$,则 $a_1 < 0$,其斜率为负.可以证明,$|r|$ 的值在 0 到 1 之间.若 $r = 0$,表示 x、y 之间完全没有线性相关的关系,即用线性回归不妥,应该换用其他函数重新试探.$|r| = 1$,表示 x_i 与 y_i 全部都在拟合直线上,即完全相关.

图 1-11 表示 r 取不同数值时数据点的分布情况.需要说明的是图 1-11(e)所示的情况,实验点呈开口向上的抛物线状,说明 y 是 x 的二次函数,但相关系数却为零.所以线性相关系数 r 只表示变量间线性相关的程度,并不表示 x、y 之间是否存在其他相关关系.

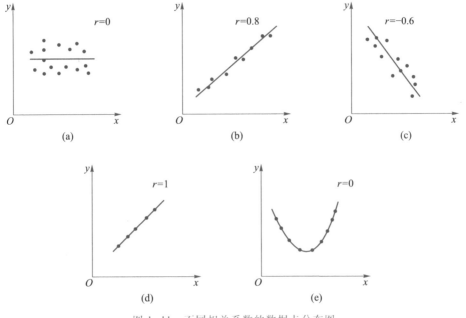

图 1-11 不同相关系数的数据点分布图

为了实际使用的方便,可导出

$$s = \sqrt{\frac{(1-r^2)L_{yy}}{k-2}} \tag{1.6.18}$$

$$\frac{s_{a_1}}{a_1} = \sqrt{\frac{\frac{1}{r^2}-1}{k-2}} \tag{1.6.19}$$

式(1.6.19)表示由 r 及 k 就可以方便地确定拟合直线斜率的相对偏差.

对于一个实际问题,只有当 $|r|$ 大于某一数值时,方能认为变量之间存在着线性相关关系.因而需要给出一个检验标准,记作 r_0.当 $|r|>r_0$ 时,变量间线性相关的程度是显著的.数理统计理论指出,r_0 的大小与实验数据的个数 k 和显著性水平 α 的值有关.$\alpha=0.05$ 表示将线性相关关系判断错误的概率为 5%.α 越小,显著性标准就越高,表 1-6-5 列出了 $\alpha=0.05$ 和 $\alpha=0.01$ 两种情况下 r_0 的数值.

表 1-6-5　相关系数检验表

$k-2$	$\alpha=0.05$	$\alpha=0.01$	$k-2$	$\alpha=0.05$	$\alpha=0.01$
1	0.997	1.000	16	0.468	0.590
2	0.950	0.990	17	0.456	0.575
3	0.898	0.959	18	0.444	0.561
4	0.811	0.917	19	0.433	0.549
5	0.754	0.874	20	0.423	0.537
6	0.707	0.834	25	0.381	0.487
7	0.666	0.798	30	0.349	0.449
8	0.632	0.765	35	0.325	0.418
9	0.602	0.735	40	0.304	0.393
10	0.576	0.708	50	0.273	0.354
11	0.553	0.684	60	0.250	0.325
12	0.532	0.661	70	0.232	0.302
13	0.514	0.641	80	0.217	0.283
14	0.497	0.623	100	0.195	0.254
15	0.482	0.606	200	0.138	0.181

（4）应用举例

例 1.9　在测定金属导体电阻温度系数的实验表 1-6-6 中,得到如下测量数据:

表 1-6-6

$t/℃$	24.8	37.0	40.9	45.2	49.0	56.1	61.0	65.8	70.0	74.9	80.6	85.4
R/Ω	38.83	40.83	41.42	42.26	42.63	43.74	44.44	45.10	45.79	46.45	47.44	48.11

用线性拟合法计算 a_1 和 a_0 的值;s_{a_1} 和 s_{a_0} 的值;电阻温度系数 α 和 0 ℃时的电阻 R_0 的值;相关系数 r 的值;写出直线方程,评价相关程度.

解　金属导体的电阻与温度的关系为

$$R=R_0(1+\alpha t)$$

式中,R_0 是 0 ℃时的电阻;α 是电阻温度系数.从测量数据可以看出,R 是四位有效数字,t 是三位有效数字,R 的测量准确度较高,根据回归分析的假定要求,R 应作为自变

量,上式改写为

$$t = -\frac{1}{\alpha} + \frac{1}{\alpha R_0} R$$

用 x_i、y_i 分别表示 R、t 的测量值,根据一元线性回归的计算方法,编制程序,由计算机运算处理,现将主要结果抄录如下:

$$\bar{x} = 43.92 \ \Omega, \qquad \bar{y} = 57.56 \ ℃, \qquad \overline{x^2} = 1\ 936 \ \Omega^2$$
$$L_{xx} = 87.67, \qquad L_{yy} = 3\ 843, \qquad L_{xy} = 580.1$$
$$a_1 = 6.618, \qquad a_0 = -233.1,$$
$$s_{a_1} = 0.063, \qquad s_{a_0} = 2.8, \qquad r = 0.999\ 5$$

所以

$$a_1 = 6.62 \pm 0.06, \qquad\qquad a_0 = -(233 \pm 3)$$
$$a = -\frac{1}{a_0} = 4.29 \times 10^{-3} \ ℃^{-1}, \qquad R_0 = -\frac{a_0}{a_1} = 35.2 \ \Omega$$

根据误差传递的"方和根"合成法,α 和 R_0 的标准偏差分别为

$$s_\alpha = \alpha \frac{s_{a_0}}{|a_0|} = 5.1 \times 10^{-5} \ ℃^{-1}$$

$$s_{R_0} = R_0 \sqrt{\left(\frac{s_{a_0}}{a_0}\right)^2 + \left(\frac{s_{a_1}}{a_0}\right)^2} = 0.53 \ \Omega$$

α 和 R_0 的测量结果为

$$\alpha = (4.29 \pm 0.05) \times 10^{-3} \ ℃^{-1}, \qquad E_\alpha = 1\%$$
$$R_0 = (35.2 \pm 0.5) \ \Omega, \qquad E_{R_0} = 1.4\%$$

直线方程为

$$R = 35.2 \ \Omega \times (1 + 4.29 \times 10^{-3} \ ℃^{-1} t)$$

取判断的显著性水平为 0.01,$k = 12$,查表 1-6-5 得 $r_0 = 0.708$,$r > r_0$,说明线性相关程度很高.

📖 习题

1. 下列各量的数值有几位有效数字?

(1) 地球平均半径 $R = 6\ 371.22$ km;

(2) 地球到太阳的平均距离 $s = 1.496 \times 10^8$ km;

(3) 真空中的光速 $c = 299\ 792\ 458$ m/s;

(4) $l = 0.000\ 4$ cm;

(5) $T = 1.000\ 5$ s;

(6) $E = 2.7 \times 10^{25}$ J;

(7) $\lambda = 339.223\ 140$ nm;

（8）$d = 0.080\ 80$ m.

2. 按有效数字运算规则计算下列各式：

（1）$343.37 + 75.8 + 0.638\ 6 =$

（2）$88.45 - 8.180 - 76.54 =$

（3）$6.92 \times 10^5 - 5.0 + 1.0 \times 10^2 =$

（4）$91.2 \times 3.715\ 5 \div 1.0 =$

（5）$(8.42 + 0.052 - 0.47) \div 2.001 =$

（6）$\pi \times 3.001^2 \times 3.0 =$

（7）$(100.25 - 100.23) \div 100.22 =$

（8）$\dfrac{50.00 \times (18.30 - 16.3)}{(103 - 3.0) \times (1.00 + 0.001)} =$

3. 单位变换：

（1）$m = (1.750 \pm 0.003)$ kg，写成以 g、mg、t(吨)为单位；

（2）$h = (8.54 \pm 0.04)$ cm，写成以 μm、mm、m、km 为单位；

（3）$t = (1.8 \pm 0.1)$ min，写成以 s 为单位.

4. 按照有效数字运算规则和误差理论改正错误：

（1）$2\ 000$ mm $= 2$ m；

（2）$1.25^2 = 1.562\ 5$；

（3）$V = \dfrac{1}{6}\pi d^3 = \dfrac{1}{6}\pi(6.00)^3 = 1 \times 10^2$；

（4）$\dfrac{400 \times 1\ 500}{12.60 - 11.6} = 600\ 000$；

（5）$d = (10.435 \pm 0.02)$ cm；

（6）$L = (12$ km $\pm 100)$ m；

（7）$T = (85.00 \pm 0.35)$ s；

（8）$Y = (1.94 \times 10^{11} \pm 5.79 \times 10^9)$ N/m^2.

5. 指出下列情况是系统误差还是随机误差.

（1）螺旋测微器零点不准；

（2）游标的分度不均匀；

（3）水银温度计毛细管直径不均匀；

（4）忽略空气浮力对称量的影响；

（5）非不良习惯引起的读数误差；

（6）电表的接入误差；

（7）电源电压不稳定引起的测量值起伏；

（8）磁电系电表永久磁铁的磁场减弱.

6. 计算下列数据的算术平均值、标准偏差及平均值的标准偏差，正确表达测量结果（包括计算相对误差）.

（1）l_i/cm：3.429 8，3.425 6，3.427 8，3.419 0，3.426 2，3.423 4，3.426 3，3.424 2，3.427 2，3.421 6；

（2）t_i/s：1.35，1.26，1.38，1.33，1.30，1.29，1.33，1.32，1.32，1.34，1.29，1.36；

（3）m_i/g：21.38，21.37，21.37，21.38，21.39，21.35，21.36.

7. 改写成正确的误差传递式（算术合成法）：

（1）$E=\dfrac{4\rho l^3}{\lambda ab^3}$，　　$\dfrac{\Delta E}{E}=\dfrac{\Delta\rho}{\rho}+\dfrac{\Delta l}{l^3}-\dfrac{\Delta\lambda}{\lambda}-\dfrac{\Delta a}{a}-\dfrac{\Delta b}{b^3}$；

（2）$V=\dfrac{1}{6}\pi d^3$，　　$\dfrac{\Delta V}{V}=\dfrac{1}{2}\pi\dfrac{\Delta d}{d}$；

（3）$N=\dfrac{1}{2}x-\dfrac{1}{3}y^3$，　　$\Delta N=\Delta x+3\Delta y$；

（4）$\eta=\dfrac{(\rho-\rho_0)gd^2}{18v_0}$，　　$\dfrac{\Delta\eta}{\eta}=\dfrac{\Delta\rho}{\rho}+\dfrac{\Delta\rho_0}{\rho_0}+\dfrac{\Delta g}{g}+2\dfrac{\Delta d}{d}+\dfrac{\Delta v_0}{v_0}$；

（5）$N=x^2-2xy+y^2$，　　$\Delta N=2\Delta x+2\Delta x\Delta y+2\Delta y$；

（6）$L=b+\dfrac{d}{D^2}$，　　$\Delta L=\Delta b+\Delta d+\dfrac{1}{2}\Delta D$；

（7）$R=\sqrt[n]{x}$，　　$\dfrac{\Delta R}{R}=n\dfrac{\Delta x}{x}$；

（8）$N=k\sin x$，　　$\Delta N=\Delta k+\tan x$.

8. 求出下列函数的算术合成法误差传递式（等式右端未经说明者均为直接测得量，绝对误差或相对误差任写一种）.

（1）$N=x+y-2z$；　　　　　　　　（2）$Q=\dfrac{k}{2}(A^2+B^2)$，　k 为常量；

（3）$N=\dfrac{1}{A}(B-C)D^2-\dfrac{1}{2}F$；　　　（4）$f=\dfrac{ab}{a-b}$，　$a\neq b$；

（5）$f=\dfrac{A^2-B^2}{4A}$；　　　　　　　（6）$I_2=I_1\left(\dfrac{r_2}{r_1}\right)^2$；

（7）$V_0=\dfrac{V}{\sqrt{1+\alpha t}}$，　α 为常量；　　（8）$n=\dfrac{\sin i}{\sin r}$.

9. 改正标准偏差传递式中的错误：

（1）$L=b+\dfrac{1}{2}d$，　　　　　　　　$s_L=\sqrt{s_b^2+\dfrac{1}{2}s_d^2}$；

（2）$L_0=\dfrac{L}{1+\alpha t}$，　α 为常量，　　$\dfrac{s_{L_0}}{L_0}=\sqrt{\left(\dfrac{s_L}{L}\right)^2+\left(\dfrac{\alpha s_t}{t}\right)^2}$；

（3）$v=\dfrac{1}{2L}\sqrt{\dfrac{mgl_0}{m_0}}$，　g 为常量，　　$\dfrac{s_v}{v}=\sqrt{\left(\dfrac{s_L}{L}\right)^2+\dfrac{1}{2}\left(\dfrac{s_m}{m}\right)^2+\dfrac{1}{2}\left(\dfrac{s_{l_0}}{l_0}\right)^2+\dfrac{1}{2}\left(\dfrac{s_{m_0}}{m_0}\right)^2}$.

10. 计算下列各式的结果，并用算术合成法估算误差.

（1）$N=A+B-\dfrac{1}{3}C$，　　　　　$A=(0.576\,8\pm0.000\,2)$ cm，

　　$B=(85.07\pm0.02)$ cm，　　　$C=(3.247\pm0.002)$ cm；

(2) $V=(1\,000\pm1)$ cm^3, 求 $\dfrac{1}{V}$;

(3) $R=\dfrac{a}{b}x$, $a=(13.65\pm0.02)$ cm, $b=(10.871\pm0.005)$ cm, $x=(67.0\pm0.8)$ Ω;

(4) $\nu=\dfrac{h_1}{h_1-h_2}$, $h_1=(45.51\pm0.02)$ cm, $h_2=(12.20\pm0.02)$ cm.

11. 用一级螺旋测微器(示值误差为 ±0.004 mm)测量某物体的厚度 10 次,数据为: 14.298,14.256,14.278,14.290,14.262,14.234,14.263,14.242,14.272,14.216(mm).求厚度及其不确定度,正确表示测量结果.

12. 利用单摆测定重力加速度 g,当摆角很小时有 $T=2\pi\sqrt{\dfrac{l}{g}}$ 的关系.式中 T 为周期,l 为摆长,它们的测量结果分别为 $T=(1.984\,2\pm0.000\,2)$ s,$l=(98.81\pm0.02)$ cm,求重力加速度及其不确定度,正确表示测量结果.

13. 已知某空心圆柱体的外径 $D=(3.800\pm0.004)$ cm,内径 $d=(1.482\pm0.002)$ cm,高 $h=(6.276\pm0.004)$ cm,求体积 V 及其不确定度,正确表示测量结果.

讨论题

1. 测量结果都存在误差的原因是什么?

2. 服从高斯分布的随机误差有哪些统计规律?

3. 单次测量结果如何表示?

4. 如何计算多次等精度测量的标准偏差及平均值的标准偏差?

5. 如何推导误差传递公式?

6. 如何发现实验中存在系统误差? 怎样消除或减小系统误差? 举例说明.

7. 什么是仪器的灵敏度?

8. 测量不确定度如何分类? 直接测量的不确定度如何估算? 怎样合成?

9. 间接测量不确定度的传递公式如何求得?

10. 如何正确、完整表示测量结果?

11. 什么是有效数字? 直接测量结果有效数字位数的多少与什么有关?

12. 使用有效数字要注意些什么?

13. 数字截尾的舍入规则是怎样规定的?

14. 列表法处理数据有哪些要求?

15. 实验作图有哪些要求? 怎样求直线的斜率和截距?

16. 如何用逐差法求物理量的数值? 举例说明.

17. 用最小二乘法进行一元线性回归的原理是什么?

18. 以 mm 为单位表示下列各值:

2.48 m, 0.01 m, 5 cm, 30 μm.

19. 下列测量记录中哪些是正确的?

(1) 用分度值为 mm 的钢直尺测量物体的长度:

3.2 cm，　40 cm，　78.86 cm，　80.00 cm，　4.05 cm.

（2）用分度值为 0.02 mm 的游标卡尺测量物体的长度：

40 mm，　31.05 mm，　50.6 mm，　23.06 mm，　40.00 mm.

（3）用分度值为 0.01 mm 的螺旋测微器测量物体的长度：

0.45 cm，　0.5 cm，　0.317 cm，　0.023 6 cm，　0.102 0 cm.

（4）用分度值为 0.1 ℃ 的温度计测量物体温度：

27 ℃，　40.0 ℃，　26.50 ℃，　18.73 ℃，　40.00 ℃.

（5）用分度值为 0.05 A 量程为 5 A 的 1.0 级电流表测量电流：

2.0 A，　1.45 A，　1.785 A，　0.601 A，　2.90 A.

20. 将下列各数据截取为四位有效数字：

（1）$\pi = 3.141\ 592\ 65$；

（2）$e = 1.602\ 177\ 33 \times 10^{-19}$ C；

（3）$1° = 0.017\ 453\ 29$ rad；

（4）1 rad $= 57.297\ 795$；

（5）$c = 299\ 792\ 458$ m/s；

（6）$l = 2.375\ 5$ m；

（7）$m = 1\ 470.0$ kg；

（8）$t = 6.281\ 59$ s；

（9）$\lambda = 1\ 799.501$ nm；

（10）$m = 0.732\ 249$ t；

（11）$U = 43.485$ V；

（12）$R = 21.495$ Ω.

21. 三人用同一游标卡尺分别测量一铜棒的直径，各人所得结果表达如下：

（1）$d = (2.380 \pm 0.002)$ cm；

（2）$d = (2.38 \pm 0.002)$ cm；

（3）$d = (2.4 \pm 0.002)$ cm.

哪个人表示的测量结果正确？用的是多少分度的游标卡尺？

22. 用螺旋测微器测量一钢球的直径，所得的结果表示为：$(1.283\ 2 \pm 0.000\ 2)$ cm，(1.283 ± 0.002) cm，$(1.28 \pm 0.000\ 2)$ cm，$(1.3 \pm 0.2 \times 10^{-3})$ cm，哪组结果表示正确？

23. 某棒长 1.674 m，截去 8.00 cm，剩下多长（以 mm 表示）？

24. 三个测量数据 5.83 cm、5.83 dm、5.83 mm 相加的结果等于多少？

25. 电阻 $R_1 = 5.10$ kΩ，$R_2 = 5.10 \times 10^2$ Ω，$R_3 = 51$ Ω，串联后总电阻 R 是多少？

26. 在 1.50 kΩ 电阻两端加电压 1.5 V，电流为多少安培？

27. 如有系统误差存在，测量值有什么特征？由于随机误差的存在，测量值又有什么特征？

28. 为什么在使用游标卡尺、螺旋测微器时首先要查看零点读数？为什么许多仪器在使用前要调整或检查水平、竖直状态？

29. 下述说法是否正确？为什么？

（1）有人说 8×10^{-5} g 比 8.0 g 测得准确；

（2）用天平称衡采用复称法是为了减小随机误差，所以取左称、右称质量的平均值作为测量结果，即

$$m = \frac{1}{2}(m_{左} + m_{右})$$

30. 比较下列三个量的误差哪个大.

（1）$l_1 = (54.98 \pm 0.02)$ cm；

(2) $l_2 = (0.498 \pm 0.002)$ cm;

(3) $l_3 = (0.009\,8 \pm 0.000\,2)$ cm.

31. 有人将测量结果表示为

$$\overline{D} = 2.345 \text{ m}, \qquad\qquad \Delta D = 0.123 \text{ m}$$
$$D = (2.345 \pm 0.123) \text{ m}, \qquad\qquad E = 5.25\%$$

有无错误？错在哪里？如何正确表达？

32. 读出图 1-12 中的测量值,写出包括不确定度的测量结果.

(a)   (b)

图 1-12 电表读数

33. 用物理天平称衡某物体的质量,多次读数均为 34.56 g,这是否说明此称衡不存在误差？

34. 测量钠光灯发出的黄光谱线的波长,多次测量后得到波长的平均值为 589.3 mm,与此谱线的标准值相同,能否说明此次测量结果的误差为零？为什么？

35. 用停表测量单摆的周期,每次累计 40 个周期,测量结果为:$(40T) = (36.04 \pm 0.02)$ s,求周期 T.

36. 有人用停表测量单摆的周期,测一个周期为 1.9 s,测连续 10 个周期累计时间为 19.3 s,测连续 100 个周期累计时间为 192.8 s.在分析周期的误差时,他认为用的是同一只停表,又都是单次测量,因此,上述各次测得的周期的误差均为 0.2 s,你的意见如何？理由是什么？

37. 某电阻的测量结果为

$R = (35.78 \pm 0.05)$ Ω,$E = 0.14\%$(置信概率 $p = 68.3\%$),下列各种解释哪些是正确的？

(1) 被测电阻值是 35.73 Ω 或 35.83 Ω;

(2) 被测电阻值在 35.73 Ω 到 35.83 Ω 之间;

(3) 被测电阻的真值包含在区间 $[35.73, 35.83]$ Ω 内的概率是 68.3%;

(4) 用 35.78 Ω 近似地表示被测电阻值时,测量误差的绝对值小于 0.05 Ω 的概率为 68.3%;

(5) 若对该电阻在同样测量条件下重复测量 1 000 次,有 683 次测量值落在 35.73~35.83 Ω 范围内.

38. 指出下列哪几个误差传递公式是正确的？$N = x - \dfrac{1}{2}y^3$,用误差的算术合成法计算.

(1) $\Delta N = \Delta x - \dfrac{1}{2}y^2 \Delta y$;　　　　　　　(2) $\Delta N = \Delta x + \dfrac{1}{2}y^2 \Delta y$;

（3）$\Delta N = \Delta x + \dfrac{3}{2} y^2 \Delta y$；　　　　　　（4）$\Delta N = \Delta x + \dfrac{3}{2} \Delta y$；

（5）$\dfrac{\Delta N}{N} = \dfrac{\Delta x}{x} + \dfrac{3}{2}\dfrac{\Delta y}{y}$；　　　　　　（6）$\dfrac{\Delta N}{N} = \dfrac{\Delta x}{x} + 3\dfrac{\Delta y}{y}$；

（7）$\dfrac{\Delta N}{N} = \dfrac{\Delta x + \dfrac{3}{2} y^2 \Delta y}{x - \dfrac{1}{2} y^3}$；　　　　　　（8）$\dfrac{\Delta N}{N} = \dfrac{\Delta x + \dfrac{3}{2} y^2 \Delta y}{x + \dfrac{1}{2} y^3}$.

39. 已知 $m = (2.000 \pm 0.002)$ g，求 $\dfrac{1}{m}$ 和 $\sqrt{m}$.

40. 图 1-13 所示的几幅图中在哪些地方不符合要求？请改正之.

  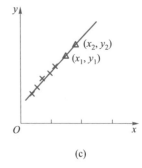

(a)　　　　　　　　　　　(b)　　　　　　　　　　　(c)

图 1-13　需改正的图线

41. 用一级螺旋测微器测量钢珠的直径 d 七次，数据如下：

d/mm　12.836　12.838　12.834　12.837　12.835　12.837　12.836

求钢珠的体积及其不确定度，正确写出测量结果.

42. 用流体静力称衡法测定一固体的密度，物体在空气中称得 $m = (26.77 \pm 0.02)$ g，物体在水中称得 $m_1 = (16.03 \pm 0.02)$ g，已知水在测量时的密度为 $\rho_0 = 0.998\,67$ g/cm^3，其误差可略去，试用 $\rho = \dfrac{m}{m - m_1}\rho_0$ 计算物体的密度及其不确定度.

43. 用伏安法测电阻数据如下：

I/mA	0.00	2.00	4.00	6.00	8.00	10.00	12.00	14.00	16.00	18.00	20.00	22.00
U/V	0.00	1.00	2.01	3.05	4.00	5.01	5.99	6.98	8.00	9.00	9.96	11.02

试分别用列表法、作图法、逐差法、线性回归法求出函数关系式及电阻值.

第 2 章
基础物理实验

§2.1　力学、热学物理量的测量与研究

基 本 知 识

　　力学和热学实验是大学物理实验的基础,是接受物理实验基本训练的开端.本章主要学习长度、质量、时间、温度等基本物理量的测量方法;学习测长仪器、测重仪器、计时仪器、测温仪器的工作原理、操作规程及使用注意事项;学习对实验仪器和装置的水平、竖直调节、零位校准等基本调整技术及比较法、放大法、替代法等基本测量方法.实验知识要重视经验的积累,对每一个实验、每一项操作都要认真对待,才能扎实理解和掌握这些基本知识.

　　本章还要着重学习和应用列表法、作图法、逐差法、线性拟合法等常用方法处理实验数据.在整个实验过程中,要重视有效数字和误差估算在各实验中的具体运用,学会基本的误差和不确定度的估算方法.深入了解误差分析对做好实验的作用,养成误差分析的习惯,为今后的学习和科研打好基础.

一、长度的测量

　　长度测量是物理实验的最基本的测量,它的操作虽然比较简单,但对如何正确使用基本量具和仪器、读取测量数据等都是重要的训练.且由于许多其他物理量的测量常可以转化为对长度量的测量,而不少测量仪器如气压计、球径仪、测高仪、约利弹簧秤、分光计等的读数系统都装有游标或螺旋测微装置,因此,熟练掌握游标卡尺和螺旋测微器的基本原理和使用方法,具有重要意义.

　　常用测量长度的量具和仪器有米尺、游标卡尺、螺旋测微器和移测显微镜等.表征这些仪器规格的主要指标是量程和分度值.一般来说,分度值越小,仪器的准确度越高.

　　1. 米尺

　　米尺的分度值一般为 1 mm,测量时,可准确读到毫米位,毫米以下的十分位靠视力估计,估读到分度值的 1/10,即 0.1 mm.

　　通常不用米尺端头作为测量起点,如图 2-1(a)所示,这是因为米尺的端头可能有磨

损.如果要考虑米尺刻度的不均匀,那么,可以由不同起点进行多次测量.

　　由于米尺具有一定厚度,测量时必须使米尺刻度线紧靠被测物体,以避免测量者视线方向的不同而导致读数的不同,出现视差,测量时视线一定要垂直被测物体,如图 2-1(b)所示.

(a) 紧靠物体　　　　　　　　　　(b) 垂直读数

图 2-1　米尺的使用

　　常用的米尺有钢直尺和钢卷尺.钢直尺有一个工作端面和两个工作端面两种.如图 2-2 所示,一般都具有一定的弹性.常用的钢直尺分度值为 1 mm,有的在起始部分或末端 50 mm 内加刻 0.5 mm 的刻线.

图 2-2　钢直尺

　　钢卷尺如图 2-3 所示.小钢卷尺的长度有 1 m 和 2 m 两种.大钢卷尺长度有 3、5、10、20、30、50 m 六种.钢卷尺的分度值是 1 mm.国家标准钢直尺和钢卷尺的允许误差如下表所示.

图 2-3　钢卷尺

钢直尺和钢卷尺的允许误差

允许误差/mm 规格/mm		在每毫米 分度上	在每厘米 分度上	在每米 分度上	全长
钢直尺	1～300	±0.05	±0.1		±0.1
	300～500				±0.15
	500～1 000				±0.2
钢卷尺	1 000	±0.2	±0.3	±0.8	±0.8
	2 000			±0.6	±1.2

2. 游标卡尺

游标卡尺的外形如图 2-4 所示.主尺 L 是一根毫米分度尺,在主尺上装有可以滑动的副尺 M(叫做游标).当外量爪 A 与 B 合拢时,游标的"0"线刚好与主尺的"0"线对齐,这时读数为"0".测量物体的外部尺寸时,将物体放在 A 与 B 之间,推动游标把手 G,外爪轻轻卡住物体,由主尺和游标读出被测物体的长度 l.同理,测量物体内部尺寸时用内量爪 C 与 D,测量物体的孔或槽的深度时用尾尺 E.

图 2-4 游标卡尺

游标原理

游标卡尺上的游标,有几种不同分度和长度,最简单的一种是在游标上刻有 10 个分格,长为 9 mm 或 19 mm,即游标的 10 分格的总长度等于主尺的 9 分格(即 9 mm)或 19 分格(即 19 mm)的长度.所以,游标的 1 分格与主尺的 1 分格(即 1 mm)或 2 分格(即 2 mm)相差 0.1 mm.这种游标卡尺的分度值就是 0.1 mm,叫做 0.1 mm(或 10 分度)游标卡尺.常用的还有 0.05 mm(或 20 分度)游标卡尺和 0.02 mm(或 50 分度)游标卡尺.可以看出,游标卡尺在结构上的特点是:游标上 n 个分格的总长与主尺上 $(kn-1)$ 个分格的总长相等,即

$$nl_n = (kn-1)l_m \tag{2.0.1}$$

式中,l_m 为主尺分度值;l_n 为游标分度值;n 为游标分度数;k 称为游标模(系)数,取值为 1 或 2.显然,对同一分度而长度不同的游标,应选取不同的 k 值.式(2.0.1)适用于各种分度的游标卡尺.

主尺上 k 个分度值 kl_m 与游标上 1 个分度值 l_n 之差为

$$\delta l = kl_m - l_n = kl_m - \frac{kn-1}{n}l_m = \frac{l_m}{n} \tag{2.0.2}$$

式中,δl 就是游标卡尺的分度值,它等于主尺分度值的 $1/n$.可见游标卡尺的分度值取决于主尺分度值和游标分度数.这就是说,使用 10 分度、20 分度和 50 分度游标卡尺可分别读到 0.1 mm、0.05 mm 和 0.02 mm 的最小长度,一般不再估计游标卡尺分度值的分数.

在测量中,被测物体的长度等于游标卡尺主尺"0"线和游标"0"线之间的距离 l,也就是读取游标"0"线处主尺的数值即为物体的长度,如图 2-5 所示.很明显,若主尺上整分度数为 m,这部分长度就为 ml_m,而不到 1 个 l_m 的长度 Δl,可利用游标来读数.这时,要先找到与主尺刻线最为对齐的一条游标刻线,比如说第 i 条游标刻线与主尺某刻线最对齐,那么根据式(2.0.2)可以断定

$$\Delta l = i\delta l$$

所以,物体的长度为

$$l = ml_m + \Delta l = ml_m + i\delta l$$

图 2-5　10 分度游标卡尺示意图

举两个例子.图 2-5 是用 10 分度游标卡尺测量物体的长度,在图中,主尺上的整分度数 $m = 12$,主尺分度值 $l_m = 1$ mm,游标的第 6 条线与主尺某刻线最对齐,所以 $i = 6$,游标的分度值 $\delta l = 0.1$ mm,因此得 $l = (12.0 + 6 \times 0.1)$ mm = 12.6 mm.

图 2-6 是用 20 分度游标卡尺测量物体的长度,在图中,$m = 8$,$l_m = 1$ mm,$i = 5$,$\delta l = 0.05$ mm,所以得 $l = (8.00 + 5 \times 0.05)$ mm = 8.25 mm.

图 2-6　20 分度游标卡尺示意图

在测量时,应该直接读出物体的长度.如果遇到相邻两条游标刻线与主尺某两条相邻刻线都很接近对齐时,也须确定一条为准.

应该注意,用游标卡尺测量前,先将量爪 A 和 B 合拢,检查游标的"0"线与主尺的"0"线是否重合,如不重合记下零点读数,以便对被测量进行修正.如未作零点修正前的读数值为 l_1,零点读数值为 l_0(l_0 可以是正值,也可以是负值),则被测量 $l = l_1 - l_0$.

有的游标卡尺在游标推手处有弹簧按钮,按下按钮游标便能被推拉着在主尺上滑动.有的游标卡尺在游标上边装一只紧固螺钉,要移动游标时,将紧固螺钉旋松,夹住物体测量时旋紧,以防游标滑动.游标应用广泛,如福丁气压计、落体仪、测高仪上都装有游标.

游标卡尺不分准确度等级.一般测量范围在 300 mm 以下的取其分度值为仪器的示

值误差,即本书中的 $\Delta_{仪}$.例如分度值为 0.1 mm 的游标卡尺,每次测量结果的仪器误差为 0.1 mm.我国使用的游标卡尺其分度值通常有 0.02 mm、0.05 mm 和 0.1 mm 三种.国家计量司规定的各种量程的游标卡尺的示值误差如下表所示.

3. 螺旋测微器

螺旋测微器又叫千分尺,是比游标卡尺更为精密的长度测量仪器.常见的螺旋测微器如图 2-7 所示,其量程为 25 mm,分度值为 0.01 mm.螺旋测微器是根据螺旋测微原理制成的.

(1)螺旋测微原理

螺旋测微器有一根装在固定螺母套管内的螺距为 0.5 mm 的测微螺杆与微分套筒固定连接.固定套管与尺架固接.当微分套筒旋转(测微螺杆也随之旋转)一周,测微螺杆沿轴线方向移动一个螺距(0.5 mm).微分套筒圆周上刻着 50 条等分格线,所以微分套筒转过 1 分格,螺杆在轴线方向移动 0.01 mm.

游标卡尺的示值误差

测量范围/mm	分度值/mm		
	0.02	0.05	0.1
	示值误差/mm		
0～300	±0.02	±0.05	±0.1
300～500	±0.04	±0.05	±0.1
500～700	±0.05	±0.075	±0.1
700～900	±0.06	±0.10	±0.15
900～1 000	±0.07	±0.125	±0.15

1—尺架;2—测砧测量面 E;3—螺杆测量面 F;4—测微螺杆;
5—锁紧手柄;6—固定套管;7—微分套筒;8—棘轮装置;9—螺母套管.

图 2-7   螺旋测微器

(2)读数方法

螺旋测微器固定套管上沿轴向刻一条细线,在其上方刻 25 分格,每分格为 1 mm,在其下方,从与上方"0"线错开 0.5 mm 开始,每隔 1 mm 刻一条线,这就使得主尺的分度值为 0.5 mm.测量时把物体放在两测量面 E 和 F 之间.在未放被测物之前要校对零点,即旋进微分套筒,使 E、F 轻轻吻合,此时读数应为"0".即微分套筒的前沿[图 2-8(a)中的 H]应与主尺"0"线重合,而微分套筒上的"0"线应与主尺上的轴向细线[图 2-8(a)中的 S]

对齐.然后旋退螺杆,放进被测物,使 E、F 与被测物轻轻吻合.读数时,从微分套筒露出来的主尺上读出整格数(每格 0.5 mm).小于 0.5 mm 的读数则以主尺上的轴向细线作为微分套筒圆周分度读数的准线从微分套筒上读出,并估读到 0.001 mm 这一位上.例如,图 2-8(a)的读数为 6.453 mm,图 2-8(b)为 6.953 mm.

（3）使用注意事项

① 在用螺旋测微器测量之前应先校对零点,若读数不为"0"时,应记下零点读数,如图 2-9(a)的零点读数为 +0.004 mm;(b)的零点读数为 -0.015 mm.物体实际长度应为测量时的读数值减去这个零点读数.

图 2-8　螺旋测微器的刻度　　　　　图 2-9　螺旋测微器的零点读数

② 因为螺旋测微器主尺分度值为 0.5 mm,所以,特别要留心微分套筒前沿是否过了半毫米线,如图 2-8(b)所示的读数是 6.953 mm 而不是 6.453 mm.但有时出现似过非过的情况,这时就要旋到零点,观察零点位置微分套筒与主尺的重合情况.

③ 在校对零点 E、F 将接触时,或在测量中 E、F 与被测物将接触时,不要再直接旋转微分套筒,而应旋转尾部的棘轮装置(也称摩擦帽),直至听到 3~5 个"得""得"声为止.这表示棘轮打滑,无法带动测微螺杆前进,就可防止测量压力过大,损伤螺旋测微器内部的精密螺纹或被测物体,也可避免附加的测量误差.

④ 测量完毕应将两测量面之间留出间隙,以免热膨胀时螺旋测微器内部精密螺纹受损.

螺旋测微的原理,在一些精密的测长仪器内得到了广泛应用,如测微目镜、移测显微镜、测量显微镜、一些光学干涉仪(如迈克耳孙干涉仪)中都有螺旋测微装置.

螺旋测微器的准确度分为零级和一级两类,物理实验通常使用的是一级,其示值误差与量程有关,如下表所示.

一级螺旋测微器的示值误差

测量范围/mm	0~100	100~150	150~200	200~300	300~400	400~500
示值误差/mm	±0.004	±0.005	±0.006	±0.007	±0.008	±0.010

零级螺旋测微器的示值误差为上表所列的一半.

二、 质量的测量

质量是物质的基本属性,测量宏观物体的质量,得到的是引力质量,测量仪器大多数是以杠杆定律为基础而设计的杠杆天平,其示值与观测地点无关.物理实验中常用物理天平和电子天平称衡质量.

1.物理天平

（1）物理天平的构造

物理天平的构造如图 2-10 所示.主要部分是横梁 A,在横梁中央垂直于它的平面固定一个三角钢质棱柱 F,棱柱 F 的刀口置于由坚硬材料(如玛瑙)制成并研磨抛光的小平板(刀承)上,小平板水平地固定在天平立柱 J 中央可上下调节的连杆顶端.另外横梁两端的两个刀口 F_1 和 F_2 是朝上的钢质三棱柱,与中央棱柱平行等距,它们被用来悬挂天平的载物盘 C_1 和砝码盘 C_2.在两秤盘的弓型挂篮上的吊耳内镶有玛瑙制成并研磨抛光的刀衬.整个横梁与秤盘的重心低于中央棱柱刀口 F 所在的水平面,也就是说横梁始终处于稳定平衡状态.垂直固定在横梁上的一根轻而细长的指针 G 和指针下端立柱上的标度尺 K,用来观察和确定横梁的水平位置.当横梁水平时,天平的指针应指在标度尺的中央刻度线上.两边还有两个横梁平衡调节螺母 B_1 和 B_2.立柱横架两端有两个支撑螺钉 M_1、M_2 可以托住横梁,立柱下端的制动旋钮 Q 可调节连杆上下升降,升起时横梁可以自由摆动,降下时由支撑螺钉托住.底座下有两个螺钉 L_1、L_2 用来调节天平水平,可由重垂线 N(或气泡)检验.D 是游码,E 是托架,H 为重心砣,改变 H 的位置,可在一定范围内调节天平的灵敏度.重心越高,灵敏度也越高.

图 2-10　物理天平

（2）物理天平的主要参量

① 灵敏度.天平的灵敏度是指在砝码盘中增加一个单位质量的负载时,天平指针所偏转的格数.天平的灵敏度与天平的结构有关.

② 分度值.天平的分度值是天平空载时指针从标度尺的平衡位置偏转一个最小分格时,天平两秤盘上的质量差.天平分度值是其灵敏度的倒数.一般天平的分度值的大小与天平游码读数的最小分格值相等.分度值越小灵敏度越高.

③ 最大称量.天平的最大称量是天平允许称衡的最大质量.一般天平所用砝码的总

质量等于或略大于天平的最大称量.天平超过最大称量使用时,性能将改变,甚至会被损伤.

（3）物理天平的调整和使用

① 水平调整.转动底座下的调节螺钉 L_1 和 L_2(见图 2-10),使底座上水准器的气泡移至中央或使立柱上悬挂的重锤线下端的重锤尖端与底座上的准尖对准,立柱即被调整到竖直方向.此时,立柱上部的刀承平面便处于水平面.

② 零点调整.将横梁上的游码 D 移至左边零刻线处,缓慢旋转制动旋钮 Q,将横梁支起,使其能自由摆动.当指针指在标度尺中线,或摆动相对标度尺中线幅度相等时,天平平衡.若不平衡,则应先制动横梁,即旋动 Q 使横梁降下,由支撑螺钉托住,然后调节平衡螺母 B_1 和 B_2,再支起横梁观察,如此反复调节,直至天平平衡.

③ 天平的称衡.用天平称衡物体的质量时,一般左盘放置被测物,砝码置于右盘中.砝码的取用必须使用专用镊子,选用砝码应由大到小,逐个试用,直至最后调节游码使天平平衡,这时被测物的质量等于右盘中砝码质量的总和加游码在横梁上所处位置的刻度示数.为消除天平不等臂误差可使用复称法、定载法、配称法等特定的称衡方法.

（4）使用物理天平的注意事项

① 在向秤盘中放入、取出砝码或物体,移动游码或调节平衡螺母时,都应该在降下横梁使其在支撑螺钉托住的情况下进行,以免损伤刀口、刀承.旋转制动旋钮使横梁升降或增减砝码时,动作要轻稳,尽量减少横梁摆动,避免因晃动使中央刀口移位.

② 取用砝码要用镊子夹,而不要用手直接拿.称衡完毕,砝码要全部归放入盒中.

③ 称衡完毕,降下横梁使其固定不动.为了保护横梁两端的棱柱刀口和弓型挂篮上吊耳内的刀衬,用完天平后,应将吊耳移离刀口.使用时,首先要将吊耳挂在刀口上.

④ 空载调零时,不要调换左右秤盘、挂篮和吊耳,这些零部件出厂时是对号入座的.否则,无法调准零点.

双臂天平是根据等臂杠杆原理制成的,天平分度值与最大称量之比定义为天平的级别,共分 10 级.砝码与天平配套使用,一定准确度级别的天平,要用等级相当的砝码与它配套来称衡质量.砝码准确度分为 5 个等级.新天平的仪器误差一般取分度值或分度值的二分之一,旧天平要由年检证书确定.

2. 电子天平

电子天平是由数字电路和压力传感器组成的一种测量质量的仪器.在使用之前,必须由标准砝码进行校准,以使电子天平能够准确地测得待测物体的质量,而不是重量.

在使用电子天平之前,应调节水平,然后检查零读数是否为"零",若不为"零",应校准到"零".测量过程中,结果显示时若最后一位数字出现 ±1 跳动属于正常现象.详细内容参见仪器的使用说明书.

三、 时间的测量

时间是一种特殊量,它是一去而不复返的.所以,时间的测量,实质上是测量从某一时刻开始的时间段.时间的测量对现代科学的各个领域都是十分重要的,在无线电广播、计量技术、雷达测距、测速、无线电导航、卫星发射和回收、相对论的验证等方面,都需要准确的时间标准.

随着科学技术的发展,在生产、科研和教学中,对时间的测量准确度的要求越来越高,只能测量到1/100 s的测时仪器远远不能满足要求.在物理实验中,为了准确测定重力加速度,对自由落体下落时间的测量应达到0.1 ms;在测量物体的速度和加速度或两物体的碰撞时间时,也需达到1 ms或0.1 ms.至于现代尖端科学研究中,需要测定更为短暂的时间,要求有更高准确度的时间测量仪器.例如,实验室中的电子示波器,就可以测量时间,测量高频电信号的周期可以用频率为几百兆赫兹的电子示波器测量到纳秒数量级的时间.

物理实验中常用的计时器有机械停表、电子停表、数字毫秒计等.

1. 机械停表

机械停表(也称机械秒表)有各种规格,它们的构造和使用方法略有不同,图2-11是一种机械停表的外形图.机械停表以上紧的弹性发条为动力,靠摆轮或摆作周期运动,由擒纵调速机构通过齿轮带动指针呈步进式转动来测量时间.表面上有两个指针,长针是秒针,一般每转一周为30 s;短针是分针,表盘上的刻度数字对应表示秒和分,这种停表的最小分度值为0.1 s,也就是说,秒针转过1小格,表示0.1 s的时间.由于秒针是跳跃式运动,所以估读到0.01 s这一位上是没有意义的,即最小刻度以下不再估读.

图 2-11   机械停表

停表上端有柄头,用以旋紧发条及控制停表的启动和停止,使用前先上紧发条.测量时用手握住停表,大拇指按在柄头上稍用力按下,停表立即启动,随即松手让柄头弹回.当需要停止时,再按一下,分针和秒针停走,所走过的时间即为所测时间.第三次再按时,分针、秒针都回至零位.有些停表的启动、停止与回零是用不同的柄头分别控制的.

机械停表是利用周期运动的等时性原理制成的,它的缺点是机械机构中的零件有很大惯性,因此,一般最短只能测0.1 s的时间间隔.仪器误差一般取0.1 s.

2. 电子停表

电子停表一般采用六位液晶数字显示器显示时间,它的机芯全部由电子元器件组成,利用石英振荡器固有振荡频率作为时间基准.因石英晶体振荡器稳定度较高,所以电子停表是一种较精密的电子计时器.而且功能比机械停表多,它不仅能显示分、秒,还可以显示时、日、月和星期.电子停表的功耗小,通常工作电流小于6 μA,若用容量为100 mAh的氧化银电池供电,可使用很长时间.一般使用的电子停表连续累计时间为59 min 59.99 s,可读到1/100 s.

电子停表配有三个按钮,如图2-12所示.主要功能分别为:S_1按钮:启动或停止,调整转换计时或计历;S_2按钮:时刻校对和调

图 2-12   电子停表

整;S₃ 按钮:选择状态,计时或复零.平时,电子停表具有手表的功能,正常显示"时、分、秒".当作为停表测量时段时,应先持续按住 S₃3 秒钟,即可呈现停表功能,数字显示全为零,如图 2-13(a)所示,然后,按一下 S₁,即开始自动计时,当再按一下 S₁ 时,停止计时,如图 2-13(b)所示,液晶显示器所显示的时间值 58 分 31.89 秒便是测量的时间.若需要恢复正常计时显示,则再持续按住 S₃3 秒即可,如图 2-13(c)所示时刻为 11 时 51 分 37秒.一般电子停表的分度值为 0.01 s,仪器误差就取分度值.

图 2-13　电子停表的清零、显示时间和时刻

3. 数字毫秒计

数字毫秒计是一种比较精密的电子计时仪器.它是以石英晶体振荡器的振荡频率作为时间基准,频率稳定,计时准确度高,若转换不同分频的分频器,还可改变量程.通过控制电路让计数脉冲由数码管显示,表示测量的时间.

数字毫秒计的计时原理以 JSJ 型数字毫秒计为例,用图 2-14 的框图简单加以说明.图中晶体振荡器产生一定频率的交流电,为了计数电路需要,要将交流电的正弦波形变换成脉冲波形.图中计数显示电路的作用是记录进入电路的电脉冲数,并以数字显示电脉冲累计数.如果将晶体振荡器与计数电路接通,由晶体振荡器输出的电脉冲被送到计数电路进行计数,直到晶体振荡器与计数电路断开才停止计数.所累计的脉冲数就代表两电路接通到断开之间的时间.例如,晶体振荡器的交流电频率为 10 kHz,即每秒产生 1 万个脉冲,那么,不难看出,记录到 1 个脉冲的时间为 0.1 ms,即为能测量的最短时间.如果再进行 10 分频和 100 分频,那么,记录到一个脉冲的时间就为 1 ms 和 10 ms.可见,记录到的脉冲频率越高,即周期越短,则最末 1 位数字所代表的时间就越短.图中控制电路因光电门遮光作用可产生控制电脉冲,用这个控制脉冲来控制电子开关的接通或断开,从而控制晶体振荡器与计数电路的接通或断开.光电门由光敏二极管和光源(小灯泡)组成,由于光敏二极管受光照与否促使其电阻发生变化,从而使控制电路中的触发电路产生控制脉冲,可产生两种不同的控制脉冲信号.一种如 S₂,当第一次遮住光电门的光产生一个控制脉冲使电子开关打开,等到第二次再遮住光电门的光产生第二个控制脉冲使电子开关断开.这时计数显示的是光电门两次遮光之间的时间.还有一种控制信号如 S₁,当光电门开始被遮光,电子开关被接通,直到遮光结束再次光照到光电门,电子开关才断开,这时计数显示的是一次遮光的时间.

JSJ-787 型数字毫秒计面板如图 2-15 所示.使用方法如下:

图 2-14　数字毫秒计原理框图

图 2-15　JSJ-787 型数字毫秒计面板图

① 电源开关扳向"开"表示电源接通,电源指示灯及各数码管全部点亮.

② 时基选择开关:时基值分别为 0.1 ms、1 ms、10 ms,根据被测时间的长短选用.

③ 手动复位按钮:当复位选择开关扳向"手动"时,计数停止后,按下复位按钮,数码管全部显示"0".

④ 复位延时旋转:当复位选择开关扳向"自动"时,调节复位延时旋钮,可控制计数停止后,数码管显示值的延续时间.超过该延续时间,数码管立即全部示"0".

⑤ 机控插座:将插座右侧的选择开关置于"机控"侧,机控插头插入该插座.当插头的二引出线接通时,毫秒计开始计数,断开时停止计数,所计时间是插头二引出线接通时间的长短.

⑥ 光控插座:将左侧的选择开关置于"光控"侧,用光控插头与光电门上的光电器件相连,由光电门上的挡光信号控制"计数"和"停止".

⑦ 光控方式选择开关:开关置 S_1 侧,毫秒计指示的是光电门挡光时间的长短.

两个光电门的任何一个被挡光时开始计时,停止挡光时停止计时.开关置 S_2 侧,记录的是两次相邻的挡光动作之间的时间长短.任意一个光电门每做一次短暂的挡光,毫秒计即改变一次工作状态.如毫秒计不在计时,对任一光电门做一次短暂挡光,则立即开始计时.再遮挡一下任一光电门,则立即停止计时.

四、 温度的测量

温度是表征处于热平衡的系统的一个状态参量,其微观本质是分子热运动的激烈程度,是物质分子平均平动动能的量度.从感觉上来说,温度表示物体的冷热程度.温度的测量是热学实验中最基本的测量.温度测量实际上测量的是温度差或温度间隔.表示物体温度的数值乃是两个温度的差值,也即物体的温度与作为起点的(假定为零度)温度之间的差.随着科学技术的发展,测温的方法和仪器不断增多,准确度也逐渐提高,所测范围不断地向更高和更低延伸.常用的温度计有气体温度计、液体温度计、电测温度计(电阻温度计、热电偶温度计、半导体温度计)、光学高温计等.温度的单位是 K 和℃,热力学温度 K 是水三相点热力学温度的 1/273.16.液体温度计的测温物质是液体,用的最多的是水银,其次是酒精.它是利用液体热胀冷缩性质来测量温度的.这种温度计下端是个贮液泡,内盛液体,上接一内径均匀的玻璃毛细管,如图 2-16 所示.液体受热后,毛细管内液柱升高,从管壁上的标度可读出被测物体的温度.在一定范围内,液体体积随温度变化的关系是线性的,所以温度标尺刻度是均匀的.实际上,当玻璃液体温度计受热时,测温物质和玻璃都要膨胀,但液体的体胀系数远大于玻璃的体胀系数,所以只要刻度作适当修正即可.

图 2-16　水银温度计

　　水银温度计有不少优点,如测温范围较宽,可应用于-38.9 ℃至 356.6 ℃,因为水银在这个温度范围内保持液态.另外,水银不浸润玻璃,随温度上升的膨胀均匀性好,热传导性好,且水银容易纯净.正因为水银作为测温物质有这些优点,所以较精密的玻璃液体温度计多为水银温度计.

　　物理实验常用的玻璃水银温度计的测温范围是-10~50 ℃,-10~100 ℃,-10~200 ℃,分度值为 0.1 ℃,0.2 ℃,0.5 ℃,1 ℃.多数采用局浸式读数.做物理实验时,一般只进行零点修正,不进行其他修正.这种温度计的仪器误差常取分度值的二分之一.

五、 实验装置的水平、竖直调整

1. 水平调整

　　一般情况,多数实验装置和仪器都要求在"水平"或者"竖直"条件下工作.例如调节天平的底座螺钉至天平水平,从而保证立柱上部的刀承平面处于水平面;而福丁气压计应在竖直状态下读数才正确.一般而言,仪器的水平和竖直状态往往是相互依存的,能够做到同时满足.如保证天平底座的水平也就满足了立柱竖直.但也有些仪器的竖直和水平是独立的,例如测高仪,立柱的竖直仅保证读数系统的正确,而望远镜本身的水平调节则与具体使用条件有关,这些在水平调节之前是应该明确的.

　　准备工作:选择一个具有一定强度、刚度和稳定度的实验桌(台)面或平滑的地面作为基础平面,这是非常重要的.为了防止旋转调整螺钉与桌面或地面有相对的移动,可在调整螺钉下面加一个有 V 型槽的垫片,或用有一定刚度的垫块将调整螺钉与台面隔开,这不仅可以保护工作台面不受损坏,而且可以保证调整工作稳定而灵活地进行.同时,应将各调节螺钉都调到适中位置,以便在调节时有足够的升降余地.

调节方法:根据不在同一直线上的三点决定一个平面的几何原理,所有的水平调节装置都由三个支承点构成,通常两个支承点可调就够用了.用来检测水平状态的仪器一般有水平尺或水平仪,前者是一维调节,必须分两步完成,后者是二维调节,可不动水平仪一次调节完成.下面以水平尺为例说明调节过程.如图 2-17 所示,被调整面 S 由 A、B、C 三点支承,设以 A 点(一般为不可调的一点)为参考点,先将水平尺沿 AB 方向(不一定和 AB 连线重合)放置,调节 B 螺钉,使气泡停在水平尺中点,此时说明 AB 线已处于水平状态,再

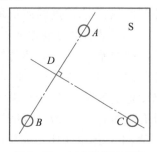

图 2-17   水平调节示意图

将水平尺沿 CD(或与 CD 平行)放置,调节 C 螺钉,使气泡停在水平尺中点,说明 CD 线也已水平.一般来说,此时 S 平面已调至水平状态,其标准是无论水平尺在 S 平面上任何方位放置,气泡均应在中点.否则,应再反复微调,直到平面水平为止.若使用的是水平仪,由于它是由一组同心圆表示水平状态,则最好将水平仪放在 D 点,先调 B 使气泡停在 AB 连线的中点,然后再调 C 使气泡停在同心圆的中心.如果技术熟练且思路清晰,可以同时调节 B、C 两点,使气泡停止在中心位置.

检测水平状态的装置,除了气泡水平仪外,还有其他装置,例如有的天平是用一根悬线吊一个圆锥体与底座的圆锥尖对准来指示水平状态的.这种装置的悬线一般固定在一个可调的支架上,要先用别的方法将天平调至水平,然后调节悬线,使上下两锥尖对准,再将悬线固定.以后再调节就以这个状态来判定水平与否.因而使用这种装置来判定水平,首先应检查悬线的状态是否在预调及固定的状态.如果悬线已松动且可以任意移动,再用它来判定水平与否就变得毫无意义了.

2. 竖直调整

对于具有一定高度且在垂直方向上放置测量部件或工件的仪器或装置,竖直调整是重要的.如自由落体仪、约利弹簧秤、杨氏模量仪、三线摆装置等.

这类装置的共同特点是常常由固定在一个可调底座上的一根或多根立柱构成.检测的标准大多用一根长的悬线看它是否与立柱的素线平行,如图 2-18 所示.调节底座螺钉,可以改变立柱的竖直角度,当悬线和立柱素线平行就可认为立柱已竖直.需要指出,判断立柱的素线和悬线平行,一定要从两个方向去观察,例如先从 A 方向观察,它已平行,然后再从 B 方向观察,直到如图 2-18(b)所示,即 A、B 两个方向均已平行,才能判定立柱已竖直.

图 2-18   竖直调节示意图

实验 2.1   物体密度的测定

物质的密度用来表征物质的成分或组织结构特性,其值与物质的纯度和温度有关,

工业上常用它来进行原料成分的分析和液体浓度的测定,本实验介绍几种固体和液体密度的测量原理和方法,并通过测量物体的密度,使学生熟悉和掌握对长度、质量这些基本物理量的测量方法.

一、实验目的

1. 掌握游标卡尺、螺旋测微器和物理天平的使用方法;
2. 学会用流体静力称衡法测定固体或液体的密度;
3. 了解用比重瓶测小块固体或液体密度的原理;
4. 掌握测量数据的列表计算处理方法.

二、实验仪器

游标卡尺,螺旋测微器,物理天平,温度计,待测固体和液体,玻璃烧杯,细线,比重瓶等.

三、实验原理

物质的密度是指单位体积中所含物质的量,如物体的质量为 m,体积为 V,则其密度 ρ 为

$$\rho = \frac{m}{V} \tag{2.1.1}$$

只要测出物体的体积和质量就可以求得密度 ρ.

1. 形状规则固体密度的测定

如圆柱体的高为 h、直径为 d,则其体积为

$$V = \frac{1}{4}\pi d^2 h \tag{2.1.2}$$

将式(2.1.2)代入式(2.1.1)可得密度为

$$\rho = \frac{4m}{\pi d^2 h} \tag{2.1.3}$$

2. 用流体静力称衡法测定固体的密度

如不计空气的浮力,物体在空气中称得的质量为 m,浸没在液体中称得的(视在)质量为 m_1,则物体在液体中所受的浮力为

$$F = (m - m_1)g \tag{2.1.4}$$

根据阿基米德定律,物体在液体中所受浮力等于它所排开液体的重量,即

$$F = \rho_0 Vg \tag{2.1.5}$$

式中,ρ_0 是实验条件下液体的密度;V 是物体全部浸入液体中时排开液体的体积,亦即物体的体积;g 是重力加速度.由式(2.1.1)、式(2.1.4)、式(2.1.5)得

$$\rho = \frac{m}{m - m_1}\rho_0 \tag{2.1.6}$$

如果待测物体的密度小于液体的密度,则可以采用如下方法:将物体拴上一重物,使重物浸于液体中,物体在空气中,如图 2-19(a)所示,称得质量为 m_2.再将物体连同重物全部浸于液体中,如图 2-19(b)所示,称得质量为 m_3,则物体在液体中所受浮力为

$$F = (m_2 - m_3)g \tag{2.1.7}$$

密度为

$$\rho = \frac{m}{m_2 - m_3}\rho_0 \tag{2.1.8}$$

只有当浸入液体中物体的性质不再发生变化时,才能用流体静力称衡法测定它的密度.

(a)   (b)

图 2-19   流体静力称衡法测密度

3. 用流体静力称衡法测定液体的密度

任选一质量为 m 的物体全部浸在密度为 ρ_0 的液体中,称得其质量为 m_1,又全部浸在待测液体中,称得其质量为 m_4,可推导出待测液体的密度为

$$\rho = \frac{m - m_4}{m - m_1}\rho_0 \tag{2.1.9}$$

4. 用比重瓶测定小块固体的密度

比重瓶是用玻璃制成的容积固定的容器,本实验用的比重瓶如图 2-20 所示.为了保证瓶中的容积固定,比重瓶的瓶塞用一个中间有毛细管的磨口塞子制成.使用比重瓶时用移液管注入液体到满为止,然后用塞子塞紧,多余的液体就会通过毛细管流出来,这样就可以保证比重瓶的容积是固定的.

本实验中,用比重瓶测定不溶于水的小块固体的密度 ρ,可先称出固体小块的总质量 m,再称出盛满纯水后比重瓶的质量 m_1,然后把所有固体小块都投入装满水的比重瓶内,称得比重瓶、水、固体小块三者的总质量为 m_2.这样,被小块固体排开的同体积水的质量是 $m + m_1 - m_2$,则小块固体的密度为

图 2-20   比重瓶

$$\rho = \frac{m}{m + m_1 - m_2}\rho_0$$

整个实验过程中,要保证比重瓶的体积不变.

5. 用比重瓶测定液体的密度

先称出空比重瓶的质量为 m_0,将比重瓶装满已知密度为 ρ_0 的液体,称出其总质量为 m_1,倒出已知密度的液体,并将比重瓶洗净晾干或烘干,再装满待测液体称其总质量为 m_2,则待测液体的密度为

$$\rho = \frac{m_2 - m_0}{m_1 - m_0}\rho_0 \tag{2.1.10}$$

6. 流体静力称衡法和比重瓶法测定固体密度的优点和条件

优点是将固体体积的测量转换为质量的测量,所以不受物体形状的限制,只要物体能放入比重瓶或烧杯中即可.因为校准的天平可以将物体的质量测得很准,一般来说,称质量比测长度的误差要小.条件是物体在所选用的液体中性质不发生变化.

四、 实验内容及步骤

1. 测量黄铜的密度

(1) 用游标卡尺测出铜圆柱体的高 h,用螺旋测微器测出铜圆柱体的直径 d,每个量在不同部位测 5 次(将数据填入表 2-1-1、表 2-1-2 中).

(2) 用物理天平分别称出铜圆柱体和不规则铜柱体的质量,各称 5 次(将数据填入表 2-1-3 中).

(3) 将不规则铜柱体用细线吊在天平左端的挂钩上,然后全部浸没水中,称 3~5 次质量.

(4) 测水温,从附录二中查出该温度下水的密度 ρ_0.

(5) 由式(2.1.3)和式(2.1.6)分别计算黄铜的密度及测量不确定度.

2. 测量塑料块的密度($\rho < \rho_{水}$)

具体步骤自拟.

3. 测量玻璃小球的密度

(1) 用天平称出全部玻璃小球的质量.

(2) 用移液管将水注入比重瓶中,注满为止,用玻璃塞子塞住,通过毛细管排出多余的水.在注水时应注意,不要使比重瓶内留有气泡,并用滤纸把瓶外面擦干.注意擦去瓶口和塞子间缝隙中的水,称出总质量.

(3) 将所有的玻璃小球都投入比重瓶中,称得水、小球及比重瓶的总质量.

(4) 测水温、查密度,利用式(2.1.10)计算玻璃小球的密度并估算误差.

4. 测量液体的密度

分别用流体静力称衡法和比重瓶测定待测液体的密度(称质量需用物理天平或电子天平),步骤自拟.用式(2.1.9)和式(2.1.11)计算密度.

五、 数据记录与处理

1. 黄铜圆柱体的密度

(1) 高度 h(mm)

表 2-1-1

次数 被测量	1	2	3	4	5	平均值
h/mm						
$\Delta h/\text{mm}$						

游标卡尺:零点读数_____,量程_____,示值误差_____.

（2）直径 $d(\text{mm})$

表 2-1-2

次数 被测量	1	2	3	4	5	平均值
d/mm						
$\Delta d/\text{mm}$						

螺旋测微器:零点读数_____,量程_____,示值误差_____.

（3）质量 $m(\text{g})$

表 2-1-3

次数 被测量	1	2	3	4	5	平均值
m/g						
$\Delta m/\text{g}$						

物理天平:分度值_____,最大称量_____.

（4）算出密度 $\bar{\rho}$,求出 ρ 的测量不确定度 $U(\rho)$,将结果表示成

$$\rho = \bar{\rho} \pm U(\rho); \qquad U_r = [U(\rho)/\bar{\rho}] \times 100\%$$

2. 用流体静力称衡法测不规则黄铜柱体的密度

数据表格自拟,计算密度及测量不确定度.如果是同一种黄铜,比较以上两种方法的测量结果.

3. 塑料块及玻璃小球密度的测量

数据表格自拟,根据仪器误差估算误差大小.

4. 液体密度的测量

用两种方法测同一种液体的密度,记录数据,比较测量结果.

六、 思考与讨论

1. 写出用流体静力称衡法测定液体密度的基本原理和实验方法,推导测量公式.

2. 若已知金、铜和水的密度分别为 ρ_{Au}、ρ_{Cu} 和 ρ_0,现有一镀金铜块,试说明如何测定

金、铜重量之比 W_{Au}/W_{Cu}？推导出测量公式.

3. "20 分度游标卡尺"和"50 分度游标卡尺"的读数都记录到毫米的百分位.对于同一物体,测得的有效数字位数相同,是否表示这两种游标卡尺测量的误差也相同？为什么？

七、 拓展实验

如果给定仪器和用具是:约利弹簧秤、金属块、烧杯、纯水、温度计、细线、待测液体.试设计测定液体密度的方案(包括测量公式、测量方法等).

附:约利弹簧秤(焦利秤)

该秤实际上是一台精细的弹簧秤,常用于微小力的测量,也可以用比较法来测量质量.

1. 基本结构

如图 2-21 所示,在直立、可上下移动的金属杆 A 的横梁上,悬挂一根塔形或柱形细弹簧 S,弹簧下端挂一根刻有水平刻线的指示杆(或一面刻有水平刻线的小镜)D,此水平刻线叫活动准线;指示杆(或小镜)下端有一小钩,可用来悬挂砝码盘 F 或其他物品.带毫米刻度的金属杆 A 装在金属套管 B 内,B 管上附有游标 I 和刻有水平刻线的小平面镜(或刻有水平环线的玻璃管)E 及可上下移动的水平台 C.E 上的水平刻线叫固定准线.平台 C 上可放置培养皿、烧杯等器皿,下端的螺钉可调节平台上下移动.转动旋钮 G 可使金属杆 A 上下移动,因而也就调节了弹簧的升降.底脚螺钉 H 用来调节金属杆 A 的竖直水平,即使杆与弹簧平行.

图 2-21　约利弹簧秤

2. 测量原理

(1) 测力

当弹簧受 F 力作用后,伸长量为 l,根据胡克定律,在弹簧弹性限度内

$$F = kl$$

式中,常量 k 为弹簧的弹性系数.若 k 已知,则只要测出弹簧的伸长量 l,就可算出力 F.约利秤就是为测定弹簧的伸长量而设计的.

当弹簧未受力时,旋转旋钮 G 使活动准线与固定准线对齐,因为两准线相隔一定距离,必产生很大的视差,使对齐有很大的任意性,为此要采用"三线对齐"的措施.根据刻在不同器件上的准线组合,"三线对齐"有下列三种情况.

① 活动准线刻在指示杆上,固定准线刻在小平面镜上(图中的情况),三线指活动准线、固定准线和活动准线在小平面镜中的像三者.

② 活动准线刻在指示杆上,固定准线刻在玻璃管圆周上,三线指活动准线及固定准线前后三者.

③ 活动准线刻在小镜上,固定准线刻在玻璃管的圆周上,三线指活动准线、固定准线及固定准线在小镜中的像三者.

"三线对齐"使活动准线与固定准线对齐是唯一的,因此,弹簧活动端的位置也是唯一的.从金属杆 A(主尺)和游标可读出唯一的位置 l_0.

弹簧受力后伸长,伸长量就是活动准线与固定准线之间的距离.旋转旋钮 G,再使活动准线与固定准线对齐(三线对齐).从杆 A 和游标读出这时的唯一位置 l_i,则弹簧的伸长量 $l = l_i - l_0$.

(2)测质量

根据上述方法测出加砝码(质量为 m)后的弹簧伸长量 l,则 $mg = kl$,再测出加待测物质量 m_x 后的弹簧伸长量 l_x,则 $m_x g = kl_x$,联立上两式,可得 $m_x = \dfrac{l_x}{l} m$.

实验 2.2　用落球法测量变温液体黏度

关于液体中物体运动的问题,19 世纪物理学家斯托克斯建立了著名的流体力学方程组,它较为系统地反映了流体在运动过程中质量、动量、能量之间的关系:一个在液体中运动的物体所受力的大小与物体的几何形状、速度以及内摩擦力有关.

当液体内各部分之间有相对运动时,接触面之间存在内摩擦力,阻碍液体的相对运动,这种性质称为液体的黏性,液体的内摩擦力称为黏性力.黏性力的大小与接触面面积以及接触面处的速度梯度成正比,比例系数 η 称为黏度(或黏滞系数).

对液体黏性的研究在流体力学、化学化工、医疗、水利等领域都有广泛的应用,例如,在用管道输送液体时要根据输送液体的流量、压力差、输送距离及液体黏度,设计输送管道的口径.测量液体黏度可用落球法、毛细管法、转筒法等方法,其中落球法(又称斯托克斯法)适用于测量黏度较高的液体.黏度的大小取决于液体的性质和温度,温度升高,黏度将迅速减小.例如,对于蓖麻油,在室温附近改变 1 ℃,黏度值改变约 10%.因此,测定液体在不同温度的黏度有很大的实际意义.要准确测量液体的黏度,必须精确控制液体温度.

本实验中采用落球法、PID 控温及秒表计时,通过测量小球在不同温度的液体中下落的时间来测出液体的黏度.

一、实验目的

1. 了解测量液体的变温黏度的意义;
2. 学习和掌握一些基本物理量的测量;
3. 了解 PID 温度控制的原理,掌握温度控制器的设置和使用方法;
4. 用落球法测量蓖麻油的黏度.

二、实验原理

在稳定流动的液体中,由于各层的液体流速不同,互相接触的两层液体之间存在相互作用,快的一层给慢的一层以阻力,这一对力称为流体的内摩擦力或黏性力.实验证明:

若以液层垂直的方向作为 x 轴方向,则相邻两个流层之间的内摩擦力 F_f 与所取流层的面积 S 及流层间速度的空间变化率 $\dfrac{d_v}{d_x}$ 的乘积成正比:

$$F_f = \eta \cdot \frac{d_v}{d_x} \cdot S \tag{2.2.1}$$

其中 η 称为液体的黏度,它决定于液体的性质和温度.黏性随着温度的升高而减小.如果液体是无限广延的,液体的黏性较大,小球的半径很小,且在运动时不产生旋涡,那么根据斯托克斯定律,小球受到的黏性阻力 F_f 为

$$F_f = 6\pi \cdot \eta \cdot r \cdot v \tag{2.2.2}$$

式中,η 为液体的黏度,r 为小球半径,v 为小球运动速度.若小球在无限广延的液体中下落,受到的黏性力为 F_f,重力为 $\rho \cdot V \cdot g$.这里 V 是小球的体积,ρ 和 ρ_0 分别为小球和液体的密度,g 为重力加速度.小球开始下降时速度较小,相应的黏性力也较小,小球做加速运动.随着速度的增加,黏性力也增加,最后球的重力、浮力及黏性力三力达到平衡,小球做匀速运动,此时的速度称为收尾速度,即为

$$\rho \cdot V \cdot g - \rho_0 \cdot V \cdot g - 6\pi \cdot \eta \cdot r \cdot v = 0 \tag{2.2.3}$$

小球的体积为

$$V = \frac{4}{3}\pi \cdot r^3 = \frac{1}{6}\pi \cdot d^3 \tag{2.2.4}$$

将式(2.2.4)代入式(2.2.3)得

$$\eta = \frac{(\rho - \rho_0) \cdot g \cdot d^2}{18v} \tag{2.2.5}$$

式中,v 为小球的收尾速度;d 为小球的直径.

由于式(2.2.2)只适合无限广延的液体,而在本实验中,小球是在直径为 D 的装有液体的圆柱形玻璃圆筒内运动,不是无限广延的液体,考虑到管壁对小球的影响,式(2.2.5)应修正为

$$\eta = \frac{(\rho - \rho_0) \cdot g \cdot d^2}{18\,v_0 \cdot \left(1 + K \cdot \dfrac{d}{D}\right)} \tag{2.2.6}$$

式中,v_0 为实验条件下的收尾速度,D 为量筒的内直径,K 为修正系数,这里取 $K=2.4$.收尾速度 v_0 可以通过测量玻璃量筒外事先选定的两个标号线 A 和 B 的距离 s 和小球经过 s 距离的时间 t 得到,即 $v_0 = \dfrac{s}{t}$.

三、 实验仪器

1. 落球法变温液体黏度测定仪如图 2-22 所示.
2. 恒温水循环控制系统前后面板如图 2-23 所示.

水位指示:指示水循环系统内水位.首次使用需从加水口对系统加水,直到水位指示上限灯亮起即可.加水前确保出水口和回水口与测试仪已对应相连,且排水口处于关闭状

(a) 实物装置   (b) 结构示意图

1—PT100 输出接口:与温度传感器输入接口相连,用于指示待测液体的温度;2—PT100 温度传感器:放置在待测液体中(如蓖麻油);3—玻璃管容器:双层结构,内层装待测液体,外层可以通入水循环系统;4—上出水口:与恒温水循环系统的回水口相连;5—下入水口:与恒温水循环系统的出水口相连;6—秒表(计时用);7—配件盒(含钢珠若干);8—取球杆:用于取出玻璃容器内钢球

图 2-22   落球法变温液体黏度测定仪

(a) 恒温水循环控制系统—前面板图

(b) 恒温水循环控制系统—后面板图

图 2-23   恒温水循环控制系统前后面板图

态,溢水口有接水容器(防止加水过多溢出).若开机低水位报警灯亮起并发出警报,请立即关闭电源,向系统注入足量水后再开启系统电源.正常工作时,推荐水位在下限与上限之间,水位不能低于下限.

水泵开关:开启水循环(开启前确保出水口与回水口与外部测试仪已连接).

风扇开关:实验完毕后,将温控表设置到室温以下,开启风扇开关进行水温散热.

传感器:传感器接口与外部 PT100 温度传感器相连,温度计窗口将显示温度值.

温度计:指示外部接入的 PT100 温度,显示分辨率 0.1℃,测量范围 0~200 ℃.

温控表:设置水循环系统内水温,并对水温进行控制,稳定度±0.2 ℃;注意设置温度不能超过 85 ℃;具体操作说明见附件.

回水口:循环水经过出水口流经被测对象后返回系统的接口.

溢水口:系统储水容器水位过高后的溢出口.

出水口:系统出水口.

排水口:用于排空系统储水.

空气开关:安全保护开关,正常工作时需手动开启.

四、 实验内容及步骤

1. 将恒温水循环控制系统机箱后面的"出水口"和"回水口"用硅胶管分别与测试仪"下入水口"和"上出水口"对应相连,连接好后循环水将从测试仪玻璃管下端进,上端出.

2. 在玻璃管中注入蓖麻油;将 PT100 温度传感器探头插入蓖麻油中,温度传感器的输出插座连接到测试架上的传感器输入端,测试架上的传感器输出连接到恒温水循环控制系统前面板上的传感器接口上,这样温度计将指示实际的油温.

3. 先将恒温水循环控制系统的水箱加满水,注意溢水口需放置接水容器,防止水满溢出;当水位上限指示灯亮起时停止加水;加水过程中确保"排水口"处于关闭状态.

4. 打开电源开关和空气开关,开启水泵开关,启动水循环.

5. 通过温控表将循环水温度设定在某一温度,蓖麻油将被水循环系统加热,循环水的温度设定值可自行更改,温控表使用说明参见附件.蓖麻油的实际温度由恒温水循环控制系统上的温度计指示(非温控表示值),当循环水的温度达到稳定后(波动±0.2 ℃),观察蓖麻油温度显示值,直到该温度显示稳定后记录此值,即可开展以下实验.

6. 测量并记录数据:

(1) 测量圆筒的内径 D,记录开始实验时的室温 T_0,测定或查表并记录液体的密度值.

(2) 记录下螺旋测微器的初读数 d_0,然后用螺旋测微器测量小钢球的直径 d,共测量 6 个钢球,将数据记录在表 2-2-1 中,求出钢球直径平均值 $\bar{d}$.

(3) 用镊子夹起小钢球,为了使其表面完全被所测的油浸润,可以先将小钢球在油中浸一下,然后放在玻璃圆筒中央,使小球沿圆筒轴线下落,观察小球在什么位置开始做匀速运动.

(4) 在小球开始进入匀速运动略低的位置选定上标记线 A,在下端合适位置选定下标记线 B,确定后记录 A、B 之间的距离 s,这样就可以进行正常测量.

（5）当小钢球下落经过标记线 A 时,立即启动秒表,使秒表开始计时,当小钢球到达标记线 B 时,再按一下秒表,停止计时,这样秒表就记录了小钢球从 A 下落到 B(即经过距离 s)所需的时间 t,把该数值记录到表 2-2-2 中.

（6）重复步骤(5),选取 3 个小球,测量其下落的时间,并记录在表 2-2-3 或表 2-2-4 中.

（7）改变温度设置值,在不同的温度下重复以上步骤,将数据记录在表 2-2-3 或表 2-2-4 中.

（8）实验结束后用磁铁取出小钢球,妥善存放.

五、 注意事项

1. 本实验温度设置不应高于 50 ℃,否则液体黏度太小,小球下落速度过快(甚至不出现匀速运动),将造成实验不能正常进行.

2. 当实验仪器长时间不用时,应把水循环系统和玻璃管里的水排空.

3. 若循环水太脏应及时更换干净的水,建议使用纯净水.

4. 当水循环系统未与测试仪连接时,禁止开启水泵开关.

5. 实验完成后,请将温控表设置在室温以下,并开启风扇开关使水温降到室温附近.

6. 水位下限指示灯熄灭后应及时补水;低水位报警后应立即关闭电源进行补水或检查仪器工作是否异常.

六、 数据记录与处理

量筒内直径 $D = $ ＿＿＿＿＿＿＿＿＿;A、B 间距离 $s = $ ＿＿＿＿＿＿＿＿＿.

蓖麻油的密度 $\rho_0 = 0.957\ 0$ g/cm^3;钢球的密度约为 7.8 g/cm^3(如需精确测量,则可用天平取一定数量的钢球称总重,求出单颗重量,用螺旋测微器测量这些钢球直径并取平均值,最后根据密度公式计算钢球密度).

室温 $T_0 = $ ＿＿＿＿＿＿＿＿＿;螺旋测微器初始读数 $d_0 = $ ＿＿＿＿＿＿.

表 2-2-1　小钢球直径测量数据

实验次数 项目	1	2	3	4	5	6
螺旋测微器读数 d/mm						
小钢球实际直径/mm $d_i = d - d_0$						
直径平均值 $\bar{d}$/mm						

表 2-2-2 小钢球直径记录表格

	钢球 1	钢球 2	钢球 3
直径/mm			

表 2-2-3 在不同温度下,不同直径小钢球从 A 到 B 匀速下落的时间记录及黏度计算

液体温度/℃		室温	25	30	35	40	45
时间/s	钢球 1/s						
	钢球 2/s						
	钢球 3/s						
黏度 $\eta/(\text{Pa}\cdot\text{s})$							

表 2-2-4 在不同温度下,同一种直径小钢球从标记 A 到标记 B 匀速下落的时间记录

液体温度/℃		室温	25	30	35	40	45
下落时间/s	第 1 次/s						
	第 2 次/s						
	第 3 次/s						
下落时间均值 $\bar{t_i}$/s							
收尾速度 $v_{0i}/(\text{m}\cdot\text{s}^{-1})$							

将 $v_0=\dfrac{s}{t}$ 代入式(2.2.6),得

$$\eta=\frac{(\rho-\rho_0)\cdot g\cdot d^2 t}{18s\cdot\left(1+K\cdot\dfrac{d}{D}\right)} \qquad (K=2.4) \qquad (2.2.7)$$

重复以上步骤,对不同温度 T,计算 η 值.作 η-T 关系曲线.

七、 思考与讨论

1. 试分析:若选用不同半径的小球做此实验,对实验结果有何影响?

2. 在特定的液体中,当小钢球的半径减小时,它的收尾速度如何变化?当小钢球的速度增加时,又将如何变化?

附：温度控制表操作说明

1. 改变设定温度

如图 2-24 所示,在基本显示状态下,如果参数锁没有锁上,可通过按◄、▼、▲键来修改下显示窗口显示的设定温度控制值.按▼键减小数据,按▲键增加数据,可修改数值位的小数点同时闪动(如同光标).按▲/▼键并保持不放,可以快速地增加/减少数值,并且速度会随小数点右移自动加快(2 级速度).而按◄键则可直接移动修改数据的位置(光标),按▲或▼键可修改闪动位置的数值,操作快捷.

按▼键可减小数据；按键并保持不放，可以快速地减少数值。　按▲键可增加数据；按键并保持不放，可以快速地增加数值。　按◄键则可直接移动修改数据的位置(光标)。

图 2-24

2. 自整定(AT)操作

采用 AI(人工智能)PID 方式进行控制时,可进行自整定(AT)操作来确定 PID 调节参数.如图 2-25 所示,在基本显示状态下按◄键并保持 2 s,将出现 At 参数,按▲键将下显示窗的 OFF 修改为 ON,再按◄键确认即可开始执行自整定功能.在基本显示状态下,仪表下显示窗将闪动显示"At"字样,此时仪表执行位式调节.经 2 个振荡周期后,仪表内部微处理器可自动计算出 PID 参数并结束自整定.如果要提前放弃自整定,可再按◄键并保持约 2 s 调出 At 参数,并将 ON 设置为 OFF,再按◄键确认即可.

按◄键保持2 s　　按▲键　　按◄键开始执行自整定功能

在基本显示状态下闪动显示"At"字样

图 2-25

注:系统在不同给定值下自整定得出的参数值不完全相同,执行自整定功能前,应先将给定值 SV 设置在最常用值或是中间值上,如果系统是保温性能好的电炉,给定值应设置在系统使用的最大值上,自整定过程中禁止修改 SV 值.不同系统,自整定需要的时间可从数秒至数小时不等.自整定刚结束时控制效果可能还不是最佳,由于有学习功能,因此使用一段时间后方可获得最佳效果.

实验 2.3　单 摆 实 验

一、实验目的

1. 用单摆测定重力加速度；
2. 研究随机误差的特点；
3. 学习电子停表的使用.

二、实验仪器

单摆装置,卷尺,游标卡尺,电子停表等.

三、实验原理

1. 单摆法测重力加速度

把一个金属小球拴在一根细长的线上,如图 2-26 所示.如果细线的质量比小球的质量小得多,小球的直径又比细线的长度小得多,则此装置可视为一个不计质量的细线系住一个质点,称为单摆.

当小球离开平衡位置时,受到指向平衡位置的切向分力 $mg\sin\theta$ 的作用,使小球围绕平衡位置做往返摆动,单摆的运动方程为

$$ml\frac{\mathrm{d}^2\theta}{\mathrm{d}t^2}=-mg\sin\theta \qquad (2.3.1)$$

当摆角 θ 很小(例如 $\theta<5°$)时,$\sin\theta\approx\theta$,则上式成为常见的简谐振动方程

$$ml\frac{\mathrm{d}^2\theta}{\mathrm{d}t^2}=-mg\theta$$

$$\frac{\mathrm{d}^2\theta}{\mathrm{d}t^2}=\frac{-g}{l}\theta=-\omega^2\theta$$

图 2-26　单摆法测重力加速度示意图

式中,$\omega^2=\dfrac{g}{l}$,ω 称为圆频率,ω 与周期 T 的关系为 $\omega=\dfrac{2\pi}{T}$;周期 $T=\dfrac{2\pi}{\omega}=2\pi\sqrt{\dfrac{l}{g}}$.

所以有
$$g=4\pi^2\frac{l}{T^2} \qquad (2.3.2)$$

式中,l 为单摆摆长,即悬点到球心的距离;g 为重力加速度.若测得 l 和 T,便可计算得 g,这是粗略测量重力加速度的简便方法.

2. 随机误差的研究

保持单摆的摆长与摆角不变,重复测量单摆启动后的第一个摆动周期,为了研究单

摆周期测量的随机误差的统计规律,除了保持实验条件不变外,测量值越多越好.将周期 T 的大量测量值按等间距法分组,以周期 T 为横坐标,以落入各组的周期测量次数为纵坐标,作数据分布的直方图.研究单摆周期测量值的直方图是否属于正态分布.

四、 数据记录与处理

1. 测量重力加速度

(1) 测量单摆摆长(数据记录表格自拟)

取单摆长 l 约为 100 cm,用卷尺测量悬点到小球处于悬垂态的最低点 A 的距离 l_1(重复测量 5 次),用游标卡尺测量小球直径 d(测量 1 次即可,这是为什么?).由图 2-27 可知摆长为

$$\bar{l} = \bar{l_1} - \frac{d}{2}$$

$$\Delta l = \Delta \bar{l_1} + \frac{1}{2}\Delta d$$

$$l = \bar{l} \pm \Delta l$$

$$E_l = \frac{\Delta l}{\bar{l}}$$

(2) 测量周期

使单摆振幅不要太大($\theta < 5°$),测量启动后摆动 20 次所需的时间 t,在测量周期时,选择摆球通过最低点开始计时,为了避免视差,在标尺中央位置设有平面反射镜(上有竖直红色刻线),每当摆线、刻线、镜中摆线像三者重合时开始计时,保持单摆起始条件不变,重复测量 5 次.

由式(2.3.2)计算 g 并估算误差,计算时不必求出周期 T,即

图 2-27   测量单摆摆长示意图

$$g = \frac{4\pi^2 l}{T^2} = \frac{4\pi^2 l}{\left(\frac{t}{20}\right)^2} = \frac{16\pi^2 l}{t^2} \times 10^2$$

$$E_g = E_l + 2E_t = \frac{\Delta l}{l} + 2\frac{\Delta t}{t}$$

$$g = \bar{g} \pm \Delta g$$

2. 随机误差的研究

(1) 测量周期(数据记录表格自拟)

保持单摆摆长、摆幅(角)不变,重复启动 200 次,每次测量启动后的第一个周期值.

(2) 数据分组

根据所测周期数据的情况,每隔 0.01 s 进行数据分组.

(3) 画统计直方图

按数据分组画出 n-T 直方图,例如 1.01 s 组为 7 次,则 $T = 1.01$,$n = 7$,画直方图时,以

1.01 s 为中值,上下界为±0.005 s,依此类推.

（4）研究统计规律

由统计直方图总结单摆周期测量的统计规律.

3. 作图求值

改变摆长 l,测量不同摆长的单摆周期 T(测第一个摆动周期),共测 10 对以上数据,作 l-T^2 图,由图线求出 g.

五、 思考与讨论

1. 为什么测量周期时,一般要测量多个周期的总时间 t,然后除以周期数?

2. 若要求 g 的测量误差 $E_g \leqslant 0.1\%$,摆长 $l \approx 1$ m 用钢卷尺测量(额定误差为±0.02 mm),周期 T 用电子秒表测量(额定误差为±0.01 s),测量者按按钮的误差假设为 0.2 s,问:一次计时应测多少周期才合适?

3. 单摆法测 g,若要进一步提高测量精度可能吗? 此法的测量精确度受哪些因素的限制?

附:单摆周期与摆幅的关系研究

一、 实验目的

1. 观测单摆周期与摆幅的关系;

2. 用差值法处理数据;

3. 学习精密测量的系统误差修正.

二、 实验仪器

单摆装置,数字毫秒计,物理天平,米尺,游标卡尺等.

三、 实验原理

1. 单摆周期与摆幅的关系

根据振动理论,摆长为 l 的单摆,其摆动周期 T 与摆角 θ 的关系为

$$T = 2\pi \sqrt{\frac{l}{g}} \left(1 + \frac{1}{4}\sin^2 \frac{\theta}{2} + \cdots \right) \tag{2.3.3}$$

式中,g 为当地的重力加速度,取零级近似为

$$T_0 = 2\pi \sqrt{\frac{l}{g}} \tag{2.3.4}$$

取二极近似为

$$T_2 = 2\pi\sqrt{\frac{l}{g}}\left(1+\frac{1}{4}\sin^2\frac{\theta}{2}\right) \quad\quad (2.3.5)$$

本实验通过二极近似公式的验证来研究单摆周期与摆幅的关系.为此,将式(2.3.5)改写为

$$T_2 = T_0 + \frac{T_0}{4}\sin^2\frac{\theta}{2}$$

对于摆幅 θ_i 有

$$T_{2i} = T_0 + \frac{T_0}{4}\sin^2\frac{\theta_i}{2}$$

对于摆幅 θ_k 有

$$T_{2k} = T_0 + \frac{T_0}{4}\sin^2\frac{\theta_k}{2}$$

略去二极近似的下标,将上面两式相减可得

$$T_k - T_i = \frac{T_0}{4}\left(\sin^2\frac{\theta_k}{2} - \sin^2\frac{\theta_i}{2}\right) \quad\quad (2.3.6)$$

式(2.3.6)中的 k、i 是任意的,只要通过实验证明

$$\frac{T_k - T_i}{\sin^2\frac{\theta_k}{2} - \sin^2\frac{\theta_i}{2}} = E(\text{常量})$$

且有关系

$$E = \frac{T_0}{4}$$

则式(2.3.5)成立.

2. 系统误差的修正

从测量公式本身往往看不出系统误差的存在,但从理论和方法方面考查却存在下述系统误差,需要逐项分析进行修正.

（1）复摆的修正

单摆公式(2.3.4)中,摆球假定为质点,即不计摆球体积和不计摆线的质量.实际上任何一个单摆都是复摆,见图2-28.在不计空气阻力和浮力时,由转动定理有

$$-mgl\sin\theta - \frac{m_0 g}{2}(l-r)\sin\theta = \left[\frac{2}{5}mr^2 + ml^2 + \frac{1}{3}m_0(l-r)^2\right]\frac{\mathrm{d}^2\theta}{\mathrm{d}t^2} \quad\quad (2.3.7)$$

式中,m 为摆球质量;m_0 为摆球悬线质量;l 为悬点 O 到球心的距离;$(l-r)$ 为悬线长度;$\frac{2}{5}mr^2 + ml^2$ 为摆球对 O 轴的转动惯量;$\frac{1}{3}m_0(l-r)^2$ 为悬线对 O 轴的转动惯量.当 θ 很小时,$\sin\theta \approx \theta$,式(2.3.7)可写为

$$\frac{\mathrm{d}^2\theta}{\mathrm{d}t^2} + \frac{mgl + \frac{m_0 g}{2}(l-r)}{ml^2\left[1 + \frac{2}{5}\frac{r^2}{l^2} + \frac{1}{3}\frac{m_0}{m}\frac{(l-r)^2}{l^2}\right]}\theta = 0 \quad\quad (2.3.8)$$

式（2.3.8）为简谐振动方程,此复摆做简谐振动,其周期

$$T = 2\pi \sqrt{\frac{l\left[1 + \frac{2}{5}\frac{r^2}{l^2} + \frac{1}{3}\frac{m_0}{m}\left(1 - \frac{2r}{l} + \frac{r^2}{l^2}\right)\right]}{g\left[1 + \frac{1}{2}\frac{m_0}{m}\left(1 - \frac{r}{l}\right)\right]}}$$

考虑 $r \ll l$, $m_0 \ll m$,利用多项式除法,略去高次项有

$$T \approx 2\pi \sqrt{\frac{l\left[1 + \frac{2}{5}\frac{r^2}{l^2} - \frac{1}{6}\frac{m_0}{m} - \frac{1}{6}\frac{m_0}{m}\frac{r}{l} - \frac{1}{12}\left(\frac{m_0}{m}\right)^2\right]}{g}} \qquad (2.3.9)$$

与式（2.3.4）比较,式（2.3.9）可看作对摆长 l 的修正,即

$$l' = l\left[1 + \frac{2}{5}\frac{r^2}{l^2} - \frac{1}{6}\frac{m_0}{m}\left(1 + \frac{r}{l} + \frac{m_0}{2m}\right)\right] \qquad (2.3.10)$$

将式（2.3.9）移项后,利用二项式展开,可得

$$T\left[1 - \frac{1}{5}\frac{r^2}{l^2} + \frac{1}{12}\frac{m_0}{m}\left(1 + \frac{r}{l} + \frac{m_0}{2m}\right)\right] = 2\pi\sqrt{\frac{l}{g}} \qquad (2.3.11)$$

与式（2.3.4）比较,式（2.3.11）可看作是对周期 T 的修正,即

$$T' = T\left[1 - \frac{1}{5}\frac{r^2}{l^2} + \frac{1}{12}\frac{m_0}{m}\left(1 + \frac{r}{l} + \frac{m_0}{m}\right)\right] \qquad (2.3.12)$$

考虑复摆的修正,重力加速度 g 的测量公式由式（2.3.9）变为

$$g = \frac{4\pi^2 l}{T^2}\left[1 + \frac{2}{5}\frac{r^2}{l^2} - \frac{1}{6}\frac{m_0}{m}\left(1 + \frac{r}{l} + \frac{m_0}{2m}\right)\right] \qquad (2.3.13)$$

图 2-28　单摆

（2）浮力的修正

若考虑空气浮力,式（2.3.7）左边应多一项 $\rho_0 V g l \sin\theta$,其中 ρ_0 为空气密度（近似为 $1.3 \times 10^{-3}\ \mathrm{g/cm^3}$）, $V = \frac{m}{\rho}$. ρ 为摆球物质的密度, V 为摆球体积,作浮力修正后,式（2.3.13）变为

$$g = \frac{4\pi^2 l}{T^2}\left[1 + \frac{2}{5}\frac{r^2}{l^2} - \frac{1}{6}\frac{m_0}{m}\left(1 + \frac{r}{l} + \frac{m_0}{2m}\right) + \frac{\rho_0}{\rho}\right] \qquad (2.3.14)$$

（3）摆角的修正

单摆以摆角 θ 摆动时,由式（2.3.5）有

$$T = 2\pi\sqrt{\frac{l}{g}}\left(1 + \frac{1}{4}\sin^2\frac{\theta}{2}\right)$$

$$g = \frac{4\pi^2 l}{T^2}\left(1 + \frac{1}{4}\sin^2\frac{\theta}{2}\right)^2$$

$$\approx \frac{4\pi^2 l}{T^2}\left(1 + \frac{1}{8}\theta^2\right) \qquad (2.3.15)$$

（4）阻尼的修正

单摆摆动时,由于空气具有黏性阻力,使其摆动周期增大,单摆实际上做阻尼振动,

但由于空气黏性阻力对单摆周期的影响从理论上难以估算,实验上也难以测定,因此不予讨论.

将上述三项修正合并,有

$$g = \frac{4\pi^2 l}{T^2}\left[1 + \frac{2}{5}\frac{r^2}{l^2} - \frac{1}{6}\frac{m_0}{m}\left(1 + \frac{r}{l} + \frac{m_0}{2m}\right) + \frac{\rho_0}{\rho} + \frac{1}{8}\theta^2\right] \tag{2.3.16}$$

例如,设测得 $m \approx 100$ g, $m_0 = 0.5$ g, $l \approx 100$ cm, $r = 2$ cm, $\theta = 3°$, $\rho \approx 7.8$ g/cm³, $\rho_0 \approx 1.3 \times 10^{-3}$ g/cm³,则根据式(2.3.16)有

$$g = \frac{4\pi^2 l}{T^2}\left[1 + 0.000\ 16 - 0.000\ 83(1 + 0.02 + 0.002\ 5) + 0.000\ 16 + 0.000\ 32\right]$$

$$= \frac{4\pi^2 l}{T^2}(1 - 0.000\ 21)$$

由此可见,修正项的总和为万分之几.若要求 g 达到 4 位有效数字,则应考虑修正项,要求的准确度越高,要考虑的修正项就越多,与此同时, l 和 T 的测量要求也更高.

四、 实验内容及步骤

1. 测量单摆周期与摆幅的关系

(1)周期用数字毫秒计测量,将光电门(做成狭缝形状)置于单摆小球挡光针处,让单摆自由摆动时,挡光针能使数字毫秒计计时.

(2)测量周期时,可以测量 1 个周期,也可以测量几个周期,但不宜太多,以免摆幅衰减太大.

(3)摆角可以直接读出,也可以通过摆球的最大水平位移 S 来换算,若测几个周期,因为有衰减,应以测量期间的平均值计算.

(4)测量 10 组数据,根据式(2.3.1),由于 T 与 θ 的关系不是线性的,而且很难使 θ 等间距变化,故将 10 组数据分成两大组,用差值法处理数据.例如,对应摆球最大水平位移 S_i 的摆角为 θ_i,周期为 T_i,令 $B_i = \sin^2\frac{\theta_i}{2}$, $C_j = B_{i+5} - B_i$, $D_j = T_{i+5} - T_i$,则 $E_j = \frac{D_j}{C_j}$.

(5)根据式(2.3.2)计算 E 并与理论值进行比较,说明产生偏离的原因.

2. 测量 g

用单摆测重力加速度,做复摆、浮力、摆角等修正.

五、 思考与讨论

挡光杆是否一定要装在摆球的正下方? 挡光杆的粗细对测量结果有无影响?

实验 2.4　用开特摆测量重力加速度

在历史上用开特摆测定重力加速度 g, 曾经是测 g 的一种最精确的方法. 波茨坦大学测量研究所曾用此法从 1896 年起花了 8 年时间测得当地重力加速度 g = (981.274 ± 0.003) cm/s^2. 以后, 许多对 g 的测量曾经都以波茨坦大学的数据作根据. 开特摆测 g 的方法在实验设计思想上有独到之处.

一、实验目的

1. 学习一种测定重力加速度的方法;
2. 掌握开特摆的调节方法.

二、实验仪器

开特摆, 周期测定仪, 刀口, 米尺等.

三、实验原理

在重力作用下绕固定水平转轴在竖直平面内摆动的刚体被称作复摆 (物理摆). 如图 2-29 所示, 设刚体质量为 m, 其重心 G 到转轴 O 的距离为 h, 绕 O 轴的转动惯量为 J, 当地重力加速度为 g. 当复摆离开平衡位置时, 受到指向平衡位置的重力分量 $mg\sin\theta$ 的作用而做周期性摆动, 其运动方程为

$$J\frac{\mathrm{d}^2\theta}{\mathrm{d}t^2}=-mgh\sin\theta \tag{2.4.1}$$

式中, 当摆角很小 (例如小于 5°) 时, 有 $\sin\theta \approx \theta$, 式 (2.4.1) 可简化为常见的简谐振动方程形式

$$\frac{\mathrm{d}^2\theta}{\mathrm{d}t^2}=-\frac{mgh}{J}\theta=-\omega^2\theta$$

式中, $\omega=\sqrt{\dfrac{mgh}{J}}$ 为圆频率, 又 $\omega=\dfrac{2\pi}{T}$, 于是可得复摆的振动周期为

$$T=2\pi\sqrt{\frac{J}{mgh}} \tag{2.4.2}$$

设复摆绕通过重心 G 平行于 O 轴的转动惯量为 J_c, 根据平行轴定理有 $J=J_c+mh^2$, 代入式 (2.4.2) 有

$$T=2\pi\sqrt{\frac{J_c+mh^2}{mgh}} \tag{2.4.3}$$

图 2-29　复摆

将式(2.4.3)与单摆周期公式 $T = 2\pi\sqrt{\dfrac{l}{g}}$ 比较,则有 $l = \dfrac{J_G + mh^2}{mh}$,称为复摆的等值单摆长(等值摆长).

在实验中,复摆的周期可以测得非常精确,但要测准等值摆长却相当困难,因为重心不易测准,所以 h 不易测准,求 J_G 更为困难.

但是,如果利用复摆的下述特性,便可以精确地测得 l,即在复摆上找到位于重心 G 两旁并和重心处在同一直线上的两个悬点 O、O',当 $\overline{OO'}$ 等于等值摆长 l 时,以 O 为悬点的周期 T_1 与以 O' 为悬点的周期 T_2 正好相同(保持 O 轴与 O' 轴平行),称 O 与 O' 为共轭点.根据复摆的这一性质,由 $T_1 = T_2$ 找到 O、O' 二悬点后,测出两点间距 $\overline{OO'}$ 便测得了 l.为了便于测出 l,使用了特殊形状的复摆——开特摆.

开特摆结构如图 2-30 所示,在长约 1 m 的金属杆上嵌有两个刀口 E 和 F,在杆的两端分别穿有金属大摆锤 A 及塑料大摆锤 B,两者大小、形状相同,另有塑料小摆锤 C 及金属小摆锤 D,大小、形状亦相同.就外形而言,开特摆的各部处于对称状态,从而可以抵消空气浮力和减少空气阻力的影响,摆上的刀口及各摆锤均可以移动,适当改变它们的位置,可以做到以两刀口分别悬挂在支架上,使摆动周期 T_1 与 T_2 相等.由于开特摆可以自支架上取下,能正挂,也能倒过来挂,因此又称为可倒摆.若较精确测定两刀口间的距离 $\overline{OO'}$ 及周期 T,便可求出 g.

实验中,要使周期 T_1、T_2 数值完全一样是较困难的,而且也并不必要,只需要 $T_1 \approx T_2$ 便可以了.对于 T_1、T_2,由式(2.4.3)应有

$$T_1 = 2\pi\sqrt{\frac{J_G + mh_1^2}{mh_1 g}}$$

$$T_2 = 2\pi\sqrt{\frac{J_G + mh_2^2}{mh_2 g}}$$

式中,h_1、h_2 各为悬点 O、O' 至重心 G 的距离,如图 2-30 所示,由以上二式中消去 I_G 可得

图 2-30　开特摆结构图

$$\begin{aligned}
\frac{4\pi^2}{g} &= \frac{h_1 T_1^2 - h_2 T_2^2}{h_1^2 - h_2^2} \\
&= \frac{T_1^2 + T_2^2}{2(h_1 + h_2)} + \frac{T_1^2 - T_2^2}{2(h_1 - h_2)} \\
&= A + B
\end{aligned}$$

式中,$A = \dfrac{T_1^2 + T_2^2}{2(h_1 + h_2)}$,$B = \dfrac{T_1^2 - T_2^2}{2(h_1 - h_2)}$,在 A 项中,$h_1 + h_2 = \overline{OO'}$ 及 T_1、T_2 可以精确测定,在 B 项中,h_1、h_2 不能被精确测定,因为要涉及对重心 G 的测定.不过当 $T_1 \approx T_2$ 时,B 项的分子很小,而分母可以比较大,所以 B 项的值很小.实际上,可以把 B 项当作是两悬点间距 $\overline{OO'}$ 不等于等值摆长 l 而作出的修正(当 $\overline{OO'} = l$ 时,$B = 0$).开特摆两个大摆锤,一取金属,一取塑料,正是为了使重心偏向一边,使得 $h_1 > h_2$,以减少 B 项的影响.

由于实验中要求测准周期,所以不用停表计时,而使用如图 2-31 所示的 J-T25 型周期测定仪,在计时显示的情况下,持续按 S_3(复零)按钮 2 s,显示器显示零,即可作为计时器而进入计时状态.此时,将测定仪与光电门连接,并接通 220 V 电源,使开特摆摆动,当其上挡光杆通过光电门时,可以控制计时器的启动、计时停止.调节周期选择开关,可分别连续测 5 次或 10 次振动周期.

计时完毕后,再持续按"S_3"按钮 2 s,计时器可恢复到电子表状态.

图 2-31　周期测定仪

四、 仪器调节

1. 将刀口、大摆锤及小摆锤固定于摆杆上,以上物件均按对称要求安置.

2. 将光电门安置在开特摆挡光杆能够挡光的适当位置,以防止摆动过程中计时不灵或挡光杆与光电门相碰.

3. 将开特摆摆动,调节大、小摆锤,使 $T_1 \approx T_2$,具体方法如下:

(1) 调节大摆锤,使周期 T-x 曲线和 T'-x 曲线相交,如图 2-32 所示.这时可将小摆锤调节到靠近刀口及摆杆中心附近两个端点位置,并测出相应的周期 T_1、T'_1 及 T_2、T'_2,若 $T_1 > T'_1$,$T_2 < T'_2$(或 $T_1 < T'_1$,$T_2 > T'_2$)则两曲线相交,否则,需要改变大摆锤的位置,重新进行上述调节.

(2) 调节小摆锤,这时可由刀口附近向摆杆中心方向移动小摆锤,测出若干组 T_i、T'_i 值,则 $T_1 > T'_1$,$T_2 > T'_2$,$T_3 > T'_3$,…(或 $T_1 < T'_1$,$T_2 < T'_2$,$T_3 < T'_3$,…),且一般 i 值越大,T_i、T'_i 值越接近,若出现 $T_i < T'_i$(或 $T_i > T'_i$),则小摆锤移动"过大",应向反方向移动,然后重复前面的操作,这是一种单向逼近的方法,最后调至 $T_i \approx T'_i$.我们也可以由摆杆中心向刀口方向做类似调节.

图 2-32　T-x 曲线

五、 实验内容及步骤

1. 在刀口固定后,调节大、小摆锤的位置、使周期 $T_1 \approx T_2$.(用周期测定仪计时,一次测量周期次数应根据测量的实际情况和要求决定.)

2. 测量 $(h_1 + h_2)$,即刀口间距 $\overline{OO'}$.

3. 将开特摆横置于一刀口上,用平衡法测定其重心 G 的位置,测出 h_1 和 h_2.

以上各量均需多次测量.

六、 思考与讨论

1. 在用式(2.4.4)测定 g 时,实验装置及测量中应注意保证满足哪些条件?
2. 为什么要调节摆锤? 如果调节不合适,其结果如何?
3. 在式(2.4.4)中,$B \ll A$,B 的测量误差是否比 A 的测量误差小?

实验 2.5   金属杨氏模量的测定

1807 年,托马斯·杨(Thomas Young,1773—1829)在专著《自然哲学与机械技术教程》一书中提到材料的弹性模量,故而弹性模量又被称为"杨氏模量".杨氏模量是表征固体材料抵抗形变能力的物理量,弹性模量越大,固体材料越不容易形变.杨氏模量是工程材料的重要参数,它只与材料性质有关,是工程技术中机械构件选材时的重要依据.本实验采用液压加力拉伸法及利用光杠杆的原理测量金属丝的微小伸长量,从而测定金属材料的杨氏模量.

一、 实验目的

1. 学会测量杨氏模量的一种方法;
2. 掌握光杠杆放大法测量微小长度的原理;
3. 学会用逐差法处理数据.

二、 实验仪器

近距离转镜杨氏模量仪,数字拉力计,光杠杆和标尺望远镜,钢卷尺,螺旋测微器,游标卡尺等.

三、 实验原理

1. 拉伸法测量钢丝的杨氏模量

任何物体在外力作用下都要产生形变,可分为弹性形变和塑性形变.弹性形变在外力作用撤除后能复原,而塑性形变则不能恢复原状.发生弹性形变时,物体内部产生的企图恢复物体原状的力叫做内应力.对固体来讲,弹性形变又可分为 4 种:伸长或压缩形变、切变、扭变、弯曲形变.本实验只研究金属丝沿长度方向受外力作用后的伸长形变.

取原长为 L、截面积为 S 的均匀金属丝,在两端加外力 F 相拉后,作用在金属丝单位面积上的力 $\dfrac{F}{S}$ 为正应力,相对伸长 $\dfrac{\Delta L}{L}$ 定义为线应变.根据胡克定律,物体在弹性限度范围内,应变与应力成正比,其表达式为

$$\frac{F}{S} = E \frac{\Delta L}{L} \tag{2.5.1}$$

式中,E 称为杨氏模量,它与金属丝的材料有关,而与外力 F 的大小无关.由于 ΔL 是一个微小长度变化,故实验常采用光杠杆法进行测量.

2. 光杠杆法测量微小长度变化

放大法是一种应用十分广泛的测量技术,有机械放大、光放大、电子放大等.如螺旋测微器是通过机械放大而提高测量精度的,示波器是通过将电子信号放大后进行观测的.本实验采用的光杠杆法属于光放大.光杠杆放大原理被广泛地用于许多高灵敏度仪表中,如光电反射式检流计、冲击电流计等.

图 2-33　光杠杆结构示意图

光杠杆法如图 2-33 所示,A、B、C 分别为三个尖状足,B、C 为前足,A 为后足(或称动足),实验中 B、C 不动,A 随着金属丝伸长或缩短而向下或向上移动,锁紧螺钉用于固定反射镜的角度.三个足构成一个等腰三角形,A 到前两足尖 B、C 连线的垂直距离为 b,称为光杠杆常量,b 可根据需求改变大小(一般固定不动).

测量时两个前足尖放在杨氏模量测定仪的固定平台上,后足尖则放在待测金属丝的测量端面上,该测量端面就是与金属丝下端夹头相固定连接的水平托板.当金属丝受力后,产生微小伸长,后足尖便随测量端面一起做微小移动,并使光杠杆绕前足尖转动一微小角度,从而带动光杠杆反射镜转动相应的微小角度,这样标尺的像通过光杠杆的反射镜反射到望远镜里,便把这一微小角位移放大成较大的线位移.这就是光杠杆产生光放大的基本原理.

图 2-34 为光杠杆放大原理示意图.开始时,望远镜对齐反射镜中心位置,反射镜法线与水平方向成一夹角,在望远镜中恰能看到标尺刻度 x_1 的像.动足足尖放置在夹紧金属丝的夹头的表面上,当金属丝受力后,产生微小伸长 ΔL,与反射镜连动的动足尖下降,从而带动反射镜转动相应的角度 θ,根据光的反射定律可知,在出射光线(即进入望远镜的光线)不变的情况下,入射光线转动了 2θ,此时望远镜中看到标尺刻度为 x_2.

实验中 $b \gg \Delta L$,所以 θ、2θ 会很小.从图 2-34 的几何关系中我们可以看出,当 2θ 很小时有

$$\Delta L \approx b \cdot \theta, \quad \Delta x \approx H \cdot 2\theta$$

故有

$$\Delta x = \frac{2H}{b} \cdot \Delta L \tag{2.5.2}$$

式中,$2H/b$ 称作光杠杆的放大倍数,H 是反射镜中

图 2-34　光杠杆放大原理图

心与标尺的垂直距离.仪器中 $H \gg b$,这样一来,便能把一微小位移 ΔL 放大成较大的容易测量的位移 Δx.将式(2.5.2)代入式(2.5.1)中,式(2.5.1)中 $S = \dfrac{\pi d^2}{4}$,可得杨氏模量的测量公式

$$E = \frac{8FLH}{\pi d^2 b} \cdot \frac{1}{\Delta x} \qquad (2.5.3)$$

式中,d 为金属丝的直径.式(2.5.3)中各物理量的单位采用国际单位制(SI).

四、 实验装置

本实验装置主要由实验架、光杠杆、数字拉力计、望远镜组成.

1. 实验架

实验架是待测金属丝杨氏模量测量的主要平台,如图 2-35(a)所示,金属丝一端穿过横梁被上夹头夹紧,另一端被下夹头夹紧,并与拉力传感器相连,拉力传感器再经螺栓穿过下台板与施力螺母相连.施力螺母采用旋转加力方式,加力简单、直观、稳定.拉力传感器输出拉力信号通过数字拉力计显示金属丝受到的拉力值.实验架含有最大加力限制功能,实验中最大实际加力不应超过 13.00 kg.

图 2-35   近距离转镜杨氏模量仪

2. 数字拉力计

数字拉力计如图 2-35(b)所示,其最小分辨力是 0.01 kg,含有显示清零功能(短按清零按钮显示清零),并含有直流电源输出接口:输出直流电,用于给背光源供电.

3. 测量工具

实验过程中需用到的测量工具及其相关参数、用途如表 2-5-1 所示.

表 2-5-1　测量工具及其相关参数

量具名称	量程	分辨力	误差限	用于测量
标尺/mm	80.0	1	0.5	Δx
钢卷尺/mm	3 000.0	1	0.8	L, H
游标卡尺/mm	150.00	0.02	0.02	b
螺旋测微器/mm	25.000	0.01	0.004	d
数字拉力计/kg	20.00	0.01	0.005	F

五、 实验内容与步骤

1. 打开数字拉力计电源开关,预热 5 min.将背光源点亮,标尺刻度清晰可见.数字拉力计面板上显示此时加到金属丝上的力.

2. 将望远镜正对实验架台板(望远镜前沿与平台板边缘的距离在 30 cm 左右范围内均可).调节望远镜使其正对反射镜中心,然后仔细调节反射镜的角度,直到从望远镜中能看到标尺背光源发出的明亮的光.

3. 调节目镜视度调节手轮,使得十字分划线清晰可见.调节调焦手轮,使得视野中标尺的像清晰可见.转动望远镜镜身,使分划线横线与标尺刻度线平行后再次调节调焦手轮,使得视野中标尺的像清晰可见.

4. 再次仔细调节反射镜的角度,使十字分划线横线对齐小于等于 2.0 cm 的刻度线(避免实验做到最后超出标尺量程).

注:下面步骤中不能再调整望远镜,并尽量保证实验桌不要有震动,以保证望远镜稳定.加力和减力过程一定要缓慢,施力螺母不能回旋.

5. 测量:

(1)在金属丝完全松弛的状态下,旋转施力螺母,先使数字拉力计显示小于 2.00 kg,使金属丝紧绷后点击数字拉力计上的"清零"按钮,开始记录第一组数据,然后缓慢旋转施力螺母,逐渐增加金属丝的拉力,每隔 1.00 kg 记录一次标尺的刻度,直至加到 9.00 kg,记录标尺的刻度后,再加 0.50 kg 左右(不超过 1.00 kg,且不记录数据).

(2)然后反向旋转施力螺母至 9.00 kg,开始记录标尺刻度,同样地,逐渐减小金属丝的拉力,每隔 1.00 kg 记录一次标尺的刻度,直到拉力为 0.00 kg,将以上数据记录于表 2-5-2中对应位置.

(3)用螺旋测微器分别测出钢丝在 0.00 kg 和 9.00 kg 时上、中、下 3 个部位的直径 d 并将数据记录于表 2-5-3 中(注意测量前记下螺旋测微器的零差 d_0);用钢卷尺测量金属丝的原长 L 和反射镜中心与标尺的垂直距离 H.(L, H 各测一次.)

(4)b 的测量方法:将光杠杆放在一张平铺的纸上,压出 3 个足痕,用游标卡尺量出足尖到两前足尖连线的垂直距离即为 b,b 也是一次测量.

6. 实验完成后,旋松施力螺母,使金属丝处于松弛的状态,并关闭数字拉力计电源.

六、 数据记录与处理

$b =$ _____ mm $L =$ _____ mm $H =$ _____ mm

表 2-5-2　标尺读数记录

拉力视值m_i /kg	0.00	1.00	2.00	3.00	4.00	5.00	6.00	7.00	8.00	9.00
加力时标尺刻度x_i^+ /mm										
减力时标尺刻度x_i^- /mm										
平均标尺刻度/mm $x_i = (x_i^+ + x_i^-)/2$										
标尺刻度改变量/mm $\Delta x_i = x_{i+5} - x_i$										

平均值:$\overline{\Delta x} = \sum (x_{i+5} - x_i)/5 =$ _____ $\overline{\Delta(\Delta x)} =$ _____

表 2-5-3　钢丝直径 d 的测量　　　　　　　　　单位:mm

0.00 kg		9.00 kg		平均值		$\overline{d}$	Δd	$\overline{\Delta d}$
$d'_上$		$d''_上$		$d_上$		$\frac{1}{3}(d_上 + d_中$		$\frac{1}{3}(|d_上 - \overline{d}| + |d_中 - \overline{d}| +$
$d'_中$		$d''_中$		$d_中$		$+ d_下) =$		
$d'_下$		$d''_下$		$d_下$				$|d_下 - \overline{d}|) =$

1. 根据表格数据,计算出钢丝的杨氏模量

$$E = \frac{8FLH}{\pi d^2 b} \cdot \frac{1}{\Delta x}$$

式中,$F = 5 \times 9.80$ N.

2. 计算各测得量 b、L、H、F、d、Δx 的相对误差,在小结里写出实验结果产生误差的主要原因.

3. 用算术合成法估算 E 的相对误差 E_E 和绝对误差 ΔE,并表示测量结果 $E = \overline{E} \pm \Delta E$,式中 E 的单位用 N/mm^2.

七、 思考与讨论

1. 杨氏模量测量数据 x 若不用逐差法而用作图法,如何处理?
2. 两根材料相同但粗细不同的金属丝,它们的杨氏模量相同吗? 为什么?
3. 利用光杠杆测量长度微小变化有何优点? 如何提高它的灵敏度?
4. 本实验使用了哪些测量长度的量具? 选择它们的依据是什么?

实验 2.6 物体转动惯量的研究

转动惯量是刚体转动时惯性大小的量度,是表征刚体特征的一个物理量.测量特定物体的转动惯量对某些研究设计工作具有重要意义.刚体的转动惯量与刚体的大小、形状、质量、质量的分布及转轴的位置有关.如果刚体是由几部分组成的,那么刚体总的转动惯量就相当于各个部分对同一转轴的转动惯量之和,即

$$J = J_1 + J_2 + \cdots$$

对于几何形状简单而有规则,且质量分布均匀的刚体绕定轴转动的转动惯量,可以通过数学方法直接计算.但对于形状比较复杂或不规则、质量分布不均匀的刚体,其转动惯量就难以计算,常常通过实验的方法来测量.刚体的转动惯量可以用扭摆、三线摆、转动惯量仪等仪器进行测量,本实验用扭摆法.

一、 实验目的

1. 熟悉扭摆的构造及使用方法,测定扭摆的设备常数(弹簧的扭转系数)K;
2. 用扭摆测量几种不同形状物体的转动惯量,并与理论值进行比较;
3. 验证转动惯量的平行轴定理.

二、 实验仪器

扭摆装置及其附件(塑料圆柱体等),数字式计时仪,数字式电子天平,钢直尺,游标卡尺等.

扭摆装置与光电探测器如图 2-36 所示.扭摆装置的垂直轴上装有一根薄片状的螺旋

1—支架底座;2—固定轴;3—紧固螺钉;4—短杆;5—光电门;6—扭摆底座;

7—扭摆底座水平调节螺栓;8—轴承;9—螺旋弹簧紧固结构件;10—螺旋形钢质弹簧;

11—垂直轴;12—托盘;13—测试样品紧固螺栓兼挡光杆

图 2-36 扭摆装置与光电探测器示意图

弹簧,用以产生恢复力矩.在轴上方可以装上各种待测物体.垂直轴与支座间装有轴承,使摩擦力矩尽可能降低.为了使垂直轴与水平面垂直,可通过底座螺栓 7 来调节,螺旋弹簧紧固结构件 9 上表面装有水平仪,用来指示系统调整水平.将套在轴上的物体在水平面内转过一角度 θ 后,在弹簧的恢复力矩作用下,物体就开始绕垂直轴做往返扭转运动.

三、 实验装置及原理

扭摆的结构如图 2-37 所示,在垂直轴 1 上,装有一个薄片状的螺旋弹簧 2,用以产生恢复力矩.在垂直轴 1 上方可以安装各种待测物体.为减少摩擦,在垂直轴和支座间装有轴承.3 为水准器,以保证轴 1 垂直于水平面.将轴 1 上方的物体转一角度 θ,由于弹簧发生形变将产生一个恢复力矩 M,则物体将在平衡位置附近做周期性摆动.根据胡克定律有

$$M = -K\theta \qquad (2.6.1)$$

式中,K 为弹簧的扭转系数.而由转动定律有

$$M = J\beta \qquad (2.6.2)$$

式中,J 为物体绕转轴的转动惯量;β 为角加速度,将式(2.6.1)代入式(2.6.2)即有

$$\beta = -\frac{K}{J}\theta \qquad (2.6.3)$$

令 $\omega^2 = \frac{K}{J}$,则有

$$\beta = -\omega^2\theta \qquad (2.6.4)$$

此方程表示扭摆运动是一种角谐振动.方程的解为

$$\theta = A\cos(\omega t + \varphi) \qquad (2.6.5)$$

式中,A 为谐振动的角振幅,φ 为初相位,ω 为角谐振动的圆频率.此谐振动摆动周期为

1—垂直轴;2—螺旋弹簧;3—水平仪

图 2-37 扭摆的结构

$$T = \frac{2\pi}{\omega} = 2\pi\sqrt{\frac{J}{K}} \qquad (2.6.6)$$

由此可见,对于扭摆,只要测定某一转动惯量已知的物体(如形状规则的匀质物体,可用数学方法求得其转动惯量)的摆动周期,即可求得扭转系数 K.对其他物体,只要测出摆动周期 T,就可根据式(2.6.6)求得转动惯量 J.在本实验中,是将待测物体放在载物圆盘上测量其转动惯量的,则由式(2.6.6)得

$$\frac{T_0}{T_1} = \frac{\sqrt{J_0}}{\sqrt{J_0 + J_1'}} \quad \text{或} \quad \frac{J_0}{J_1'} = \frac{T_0^2}{T_1^2 - T_0^2}$$

式中,J_0 为载物圆盘绕转轴的转动惯量,T_0 为其摆动周期,J_1' 为待测物体的转动惯量,它与载物圆盘一起转动的转动周期为 T_1,其单独绕转轴转动的转动周期为 $\sqrt{T_1^2 - T_0^2}$,因此

$$K = 4\pi^2 \frac{J_1'}{T_1^2 - T_0^2}$$

对于实验中所用的质量为 m_1、直径为 D_1 的匀质圆柱体,其转动惯量为 $J_1' = \frac{1}{8}m_1 D_1^2$,

由此可以求出弹簧的扭转系数 K. 若要测定其他形状物体的转动惯量,只要测其摆动周期 T,利用已知的 K 值,由式(2.6.6)得

$$J = \frac{K}{4\pi^2}T^2$$

根据刚体力学理论,若质量为 m 的物体绕通过质心轴的转动惯量为 J_0,则绕距其质心轴平移距离为 x 的轴旋转时,转动惯量为

$$J = J_0 + mx^2 \tag{2.6.7}$$

该定理称为转动惯量的平行轴定理.

四、 实验内容与步骤

1. 熟悉扭摆的结构及数字式计时仪的使用方法,调整扭摆基座底部螺钉,使水准器中的气泡居中.

2. 用数字式电子天平测量所有待测物体的质量.

3. 用游标卡尺及钢直尺分别测量各待测物体的几何尺寸.

4. 装上金属载物盘,测量其 10 次摆动所用的时间 3 次.

5. 将塑料圆柱、金属圆筒分别同轴地垂直放于载物盘上,测量其 10 次摆动所用的时间 3 次.

6. 取下载物盘,分别装上实心球及金属细杆,测量其 10 次摆动所用的时间 3 次(将数据记录于表 2-6-1 中).

7. 将两滑块对称地放置在细杆两边的凹槽内,滑块质心离转轴的距离分别为 5.00 cm,10.00 cm,15.00 cm,20.00 cm,25.00 cm,分别测量细杆 5 次摆动所用的时间(将数据记录于表 2-6-2 中),验证平行轴定理.

五、 数据记录与处理

1. 弹簧扭转系数及物体转动惯量的测定

$$K = 4\pi^2 \frac{J_1'}{T_1^2 - T_0^2} = \underline{\qquad\qquad} \text{N} \cdot \text{m}$$

表 2-6-1

物体名称	质量 /kg	几何尺寸 /cm	摆动周期 T /s	转动惯量理论值 /(10^{-4} kg · m^2)	实验值 /(10^{-4} kg · m^2)	百分误差
金属载物盘			$10T_0$		$J_0 = \dfrac{T_0^2 J_1'}{T_1^2 - T_0^2}$ =	
			$\overline{T}_0$			

物体名称	质量/kg	几何尺寸/cm		摆动周期 T/s		转动惯量理论值/$(10^{-4}\ \mathrm{kg \cdot m^2})$	实验值/$(10^{-4}\ \mathrm{kg \cdot m^2})$	百分误差
塑料圆柱		D_1		$10T_1$		$J_1' = \dfrac{1}{8} m_1 \overline{D}_1^2$ $=$		
		$\overline{D}_1$		$\overline{T}_1$				
金属圆筒		$D_内$				$J_2' = \dfrac{m_2}{8}(\overline{D}_内^2 + \overline{D}_外^2)$ $=$		
		$\overline{D}_内$		$10T_2$				
		$D_外$						
		$\overline{D}_外$		$\overline{T}_2$				
实心球		D_3		$10T_3$		$J_3' = \dfrac{1}{10} m_3 \overline{D}_3^2$ $=$		
		$\overline{D}_3$		$\overline{T}_3$				
金属细杆		l		$10T_4$		$J_4' = \dfrac{1}{12} m_4 \overline{l}^2$ $=$		
		$\overline{l}$		$\overline{T}_4$				

2. 验证转动惯量的平行轴定理

表 2-6-2

x/cm	5.00	10.00	15.00	20.00	25.00
摆动 5 个周期的时间/s					
摆动周期 T/s					
实验值/$(10^{-4}\ \mathrm{kg \cdot m^2})$，$J = \dfrac{K}{4\pi^2}\overline{T}^2 - J_0''$					
理论值 $\times 10^{-4}$/$(\mathrm{kg \cdot m^2})$ $J' = J_4' + 2mx^2 + J_5'$					
百分误差					

其中:

细杆夹具转动惯量 $J_0'' = 0.230 \times 10^{-4}$ kg·m^2;

球支座转动惯量 $J_0' = 0.178 \times 10^{-4}$ kg·m^2;

2 个滑块绕通过质心轴的转动惯量 $J_5' = 0.406 \times 10^{-4}$ kg·m$^2 = 0.812 \times 10^{-4}$ kg·m^2

单个滑块质量 $m = 239.7$ g.

六、 注意事项

1. 弹簧的扭转系数 K 不是固定常量,与摆动的角度有关,但在 40°~90°间基本相同.因此为了降低实验时由于摆角变化过大带来的系统误差,在测量时摆角应取 40°~90°,且各次测量时的摆角应基本相同.

2. 光电探头应放置在挡光杆的平衡位置处,且不能相互接触,以免增加摩擦力矩.

3. 在实验过程中,基座应始终保持水平状态.

4. 载物盘必须插入转轴,并将止动螺钉旋紧,使它与弹簧组成固定的体系.如果发现摆动数次之后摆角明显减小或停下,应将止动螺钉旋紧.

七、 思考与讨论

1. 在测定摆动周期时,光电探头应放置在挡光杆平衡位置处,为什么?

2. 在实验中,为什么称衡球和细杆的质量时,必须将安装夹具取下? 为什么它们的转动惯量在计算时可以不考虑?

3. 在验证转动惯量平行轴定理时,若两个滑块不对称放置,应采用什么方法验证此定理?

4. 数字式计时仪的仪器误差为 0.01 s,实验中为什么要测量 10T 的时间?

5. 如何估算转动惯量的测量误差或不确定度?

附:三线摆周期的研究

一、 实验目的

1. 学会测量长度、质量和时间的方法;

2. 了解曲线改直的数据处理方法,得出三线摆周期与转动惯量之间的经验公式.

二、 实验仪器

三线摆装置及样品,气泡水准器,停表,电子天平,游标卡尺,钢直尺等.

三、 实验装置与原理

三线摆实验装置如图 2-38 所示,由上、下两个圆盘用 3 条悬线连接而成,盘的线系点均构成等边三角形,可绕固定在支架上的转轴转动.扭转上盘给下盘一个扰动,则下盘会绕过二圆盘中心的轴线 OO' 做扭转摆动,若摆角甚小,则可视此摆动为角谐振动,因此可假定三线摆系统的摆动周期 T 与摆盘系统的转动惯量 J 及摆长 l 之间存在如下关系:

$$T = kl^{\alpha}J^{\beta}$$

式中,k 为常量,令 $kl^{\alpha} = A$,则有

$$T = AJ^{\beta} \tag{2.6.8}$$

式(2.6.8)说明 T 与 J 之间是非线性关系,而且只要求出 A 和 β,即可得出 T 与 J 的函数关系.

将式(2.6.8)两边取对数后得

图 2-38　三线摆装置图

$$\lg T = \lg A + \beta\lg J$$

即 $\lg T$ 与 $\lg J$ 为线性关系,如果作出 $\lg T$-$\lg J$ 图线,那么该直线的截距为 $\lg A$,斜率为 β,即可得到三线摆周期 T 与转动惯量 J 之间的函数关系.

根据刚体力学,对于质量为 m,内、外直径为 d、D 的均匀圆环,相对于通过其中心垂直轴线的转动惯量为

$$J_H = \frac{1}{8}m(d^2 + D^2)$$

四、 实验内容与步骤

1. 调节立柱竖直.旋转底脚两螺钉,从两个不同方向观察,使悬垂线与立柱平行.

2. 用气泡水准器调节摆线等长,使下盘水平.

3. 将样品分别放在下盘上,并使它们的中心对准下盘的中心,扭动上盘,通过悬线使下盘做扭转摆动,测出摆动 50 个周期的时间 t,并算出周期 T.

4. 用钢直尺测出上、下盘之间的距离 H,用来近似表示摆线的长度 l.

5. 用电子天平和游标卡尺分别测量各样品的质量和内、外直径.

6. 选做.在摆盘系统转动惯量 J 不变的情况下,改变摆线长度,分别测量周期 T_i,从而得到三线摆周期 T 与摆长 l 之间的经验关系式.

五、 数据记录与处理

表 2-6-3　三线摆系统的周期及转动惯量的测量

样品标号	系统周期 T			转动惯量 J				
	摆动周期数	时间 t /s	周期 T /s	质量 m /g	外径 D /cm	内径 d /cm	样品转动惯量 $J_i/(\text{kg}\cdot\text{m}^2)$	系统转动惯量 $J(=J_0+J_i)/(\text{kg}\cdot\text{m}^2)$
1								
2								
3								
4								
5								
6								

停表分度值_____,天平分度值_____,游标卡尺分度值_____

摆盘转动惯量 $J_0 = 6.983\times10^{-4}$ kg·m^2,$H=$

表 2-6-4　lg T-lg J 的数据

lg T					
lg J					

1. 用作图法找出三线摆系统的周期 T 与系统转动惯量 J 之间的具体函数关系式.

2. 若用计算机处理数据,可用最小二乘法进行线性拟合,然后得出 T 与 J 之间的经验公式.

六、 注意事项

1. 摆盘水平调整好后,应将绕线轴紧固.

2. 测量摆动周期时,必须使摆盘平稳扭动.

3. 摆盘的扭角不宜过大(一般在 5° 以内).

七、 思考与讨论

1. 在测量摆动周期时,计时起点应选在最大位移处还是平衡位置? 为什么?

2. 三线摆在摆动过程中受到空气阻尼,振幅越来越小,它的周期有没有变化? 请说明原因.

3. 加上样品后三线摆的摆动周期是否一定比空盘的摆动周期大? 为什么?

八、 拓展实验

1. 用三线摆测定规则物体的转动惯量.
2. 用三线摆验证转动惯量的平行轴定理.
3. 研究扭角对三线摆周期的影响.
4. 研究三线摆摆盘转动惯量与不同扭角的关系.
5. 用三线摆测定重力加速度 g.
6. 用三线摆测定不规则物体绕自身质心轴的转动惯量.

实验 2.7　固定均匀弦振动的研究

在自然界中,振动现象是广泛存在的,广义地说,任何一个物理量在某个定值附近做往复变化,都可称为振动.振动是产生波动的根源,波动是振动的传播.波动有自己的特征,首先它具有一定的传播速度,且伴随着能量的传播;另外,波动还具有反射、折射、干涉和衍射现象.本实验研究波的特征之一,干涉现象的特例——驻波.

固定均匀弦振动的传播,实际上是两个振幅相同的相干波在同一直线上相向传播时的叠加,在一定条件下便可形成驻波.

一、 实验目的

1. 了解固定均匀弦振动传播的规律;
2. 观察固定弦振动传播时形成驻波的波形;
3. 测定均匀弦线上的横波传播速度.

二、 实验仪器

固定均匀弦振动实验装置,砝码等.

三、 实验原理

设一均匀弦线,一端由劈尖 A 支撑(见图 2-39),另一端由劈尖 B 支撑.对均匀弦线扰动,引起弦线上质点的振动,于是波动就由 A 点沿弦线朝 B 点方向传播,称为入射波,再由 B 点反射沿弦线朝 A 点传播,称为反射波.一列持续的入射波与其反射波在同一弦线上沿相反方向传播时,将会相互干涉,移动劈尖 B 到适当位置,弦线上的波就能形成驻波.这时,弦线上的波被分成了几段,且每段波两端的点始终静止不动,而中间的点振幅最大.这些始终静止的点称为波节,振幅最大的点称为波腹.

驻波的形成如图 2-40 所示.设图中的两列波是沿 X 轴相向传播的振幅相同的相干波.向右传播的波用细实线表示,向左传播的波用虚线表示,它们的合成波是驻波,用粗实

1—接线柱；2—变频器；3—劈尖；4—滑把；5—磁铁；6—劈尖；7—砝码；8—接线柱

图 2-39　弦振动装置外形图

线表示.由图可见,两个波节间或两个波腹间的距离都等于半个波长,这可从波动方程推导出来.

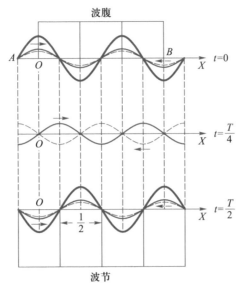

图 2-40　驻波的形成示意图

下面用简谐波表达式对驻波进行定量描述.设沿 X 轴正方向传播的波为入射波,沿 X 轴负方向传播的波为反射波,取它们振动相位始终相同的点作坐标原点,且在 $x=0$ 处,振动质点向上达最大位移时开始计时,则它们的波动方程分别为

$$y_1 = A\cos 2\pi\left(ft - \frac{x}{\lambda}\right)$$

$$y_2 = A\cos 2\pi\left(ft + \frac{x}{\lambda}\right)$$

式中,A 为简谐波的振幅,f 为频率,λ 为波长,x 为弦线上质点的坐标位置.

两波叠加后的合成波为驻波,其方程为

$$y = y_1 + y_2 = 2A\cos 2\pi\frac{x}{\lambda}\cos 2\pi ft \tag{2.7.1}$$

由式(2.7.1)可知,入射波与反射波合成后,弦上各点都在以同一频率做简谐振动,它们的

振幅为 $\left| 2A\cos 2\pi \dfrac{x}{\lambda} \right|$,即驻波的振幅与时间 t 无关,而与质点的位置 x 有关(见图2-40).

因为在波节处质点振幅为零,即

$$\left| \cos 2\pi \frac{x}{\lambda} \right| = 0$$

$$2\pi \frac{x}{\lambda} = (2k+1)\frac{\pi}{2} \quad (k = 0, 1, 2, \cdots)$$

所以可得波节的位置为

$$x = (2k+1)\frac{\lambda}{4} \tag{2.7.2}$$

而相邻两波节之间的距离为

$$x_{k+1} - x_k = \frac{\lambda}{2} \tag{2.7.3}$$

又因为波腹处的质点振幅为最大,即

$$\left| \cos 2\pi \frac{x}{\lambda} \right| = 1$$

$$2\pi \frac{x}{\lambda} = k\pi \quad (k = 0, 1, 2, \cdots)$$

所以可得波腹的位置为

$$x = k\frac{\lambda}{2} \tag{2.7.4}$$

同理可知,相邻两波腹间的距离也是半个波长.因此,在驻波实验中,只要测得相邻两波节或相邻两波腹间的距离,就能确定该波的波长.

由于固定弦的两端是用劈尖支撑的,故两端点必为波节,所以,只有当弦线的两个固定端之间的距离(弦长 l)等于半波长的整数倍时,才能形成驻波,这就是均匀弦振动产生驻波的条件.其数学表示式为

$$l = n\frac{\lambda}{2} \quad (n = 1, 2, 3, \cdots)$$

由此可得沿弦线传播的横波波长为

$$\lambda = \frac{2l}{n} \tag{2.7.5}$$

式中,n 为弦线上驻波的波段数,即半波数.

波动理论指出,弦线中横波的传播速度为

$$v = \sqrt{\frac{F_{\mathrm{T}}}{\rho}} \tag{2.7.6}$$

式中,F_{T} 为弦线中的张力;ρ 为线密度,即单位长度的质量.

根据波速、频率及波长的普遍关系式 $v = f\lambda$,将式(2.7.5)代入可得

$$v = f\frac{2l}{n} \tag{2.7.7}$$

由式(2.7.6)和式(2.7.7)可得

$$f = \frac{n}{2l}\sqrt{\frac{F_T}{\rho}} \quad (n = 1,2,3,\cdots) \quad\quad (2.7.8)$$

由式(2.7.8)可知,当给定 l、F_T、ρ 时,频率 f 只有满足该关系式才能在弦线上形成驻波.同理,当用外力(例如流过金属弦线中的交变电流在磁场中受到交变安培力的作用)去驱动弦线振动时,外力的频率必须与这些频率一致,才会促使弦振动的传播形成驻波.

四、 实验内容及步骤

实验装置如图 2-39 所示.实验时,将接线柱 8 上的导线与弦线连接,构成通电回路,然后接通电源.这样,通有电流的金属弦线在磁场的作用下就会振动.根据需要,可以旋转旋钮 2 以变换变频器输出的电流频率.拉动滑把 4,可移动磁铁位置,将弦振动调整到最佳状态(使弦振动的振动面与磁场方向完全垂直).移动劈尖 A、B 的位置,可以改变弦长.

1. 测定弦线的线密度 ρ

选取频率 $f = 100$ Hz,张力 F_T 由 40.0 g 砝码挂在弦线的一端产生.调节劈尖 A、B 之间的距离,使弦线上依次出现单段、两段及三段驻波,记录相应的弦长 l_i,由式(2.7.8)算出 ρ_i($i = 1,2,3$),求出平均值 $\bar{\rho}$.

2. 在频率 f 一定的条件下,改变张力 F_T 的大小,测量弦线上横波的传播速度 v_f

选取频率 $f = 75$ Hz,张力 F_T 仍由砝码挂在弦线的一端产生.以 30.0 g 砝码为起点,逐次增加 5.0 g 直至 55.0 g 为止.在各张力作用下调节弦长 l,使弦上出现 $n = 1$、$n = 2$ 个驻波段.记录相应的 F_T、n、l 值,由式(2.7.7)计算弦上横波速度 v_f.

3. 在张力 F_T 一定的条件下,改变频率 f,测量弦线上横波的传播速度 v_T

将 40.0 g 砝码挂在弦线一端,选取频率 f 分别为 75 Hz、100 Hz、125 Hz、150 Hz,调节弦长 l,仍使弦上出现 $n = 1$、$n = 2$ 个驻波段.记录相应的 f、n、l 值,由式(2.7.7)计算弦上横波速度 v_T.

五、 数据记录与处理

表 2-7-1   弦线线密度的测量

弦长 l		l_A /cm	l_B /cm	$l(=l_B-l_A)$ /cm	线密度 $\rho/(\text{kg}\cdot\text{m}^{-1})$
驻波段	$n = 1$				
	$n = 2$				
	$n = 3$				
$f=$ Hz;	$F_T=$ N;		$\bar{\rho}=$ kg/m		

表 2-7-2   频率不变时弦中波速的测定

砝码质量 /g	张力 $F_T=mg$ /N	$n=1$			$n=2$			$\bar{\lambda}$ /cm	$v_f=f\bar{\lambda}$ /(m·s^{-1})	$v=\sqrt{\dfrac{F_T}{\rho}}$ /(m·s^{-1})	$\Delta v=\|v-v_f\|$ /(m·s^{-1})	E_r/ %
		l_{1A} /cm	l_{1B} /cm	l_1 /cm	l_{2A} /cm	l_{2B} /cm	l_2 /cm					
30.0												
35.0												
40.0												
45.0												
50.0												
55.0												
		$f=$		Hz ;			$\rho=$			kg/m		

表 2-7-3   张力不变时弦中波速的测定

频率 f /Hz	$n=1$			$n=2$			$\bar{\lambda}$ /cm	$v_T=f\bar{\lambda}$ /(m·s^{-1})	$v=\sqrt{\dfrac{F_T}{\rho}}$ /(m·s^{-1})	$\Delta v=\|v-v_T\|$ /(m·s^{-1})	E_r/ %
	l_{1A} /cm	l_{1B} /cm	l_1 /cm	l_{2A} /cm	l_{2B} /cm	l_2 /cm					
75											
100											
125											
150											
	$F_T=$		N ;			$\rho=$			kg/m		

数据处理

1. 取表 2-7-1 中的数据,根据式(2.7.8)计算出弦线线密度 ρ_1、ρ_2、ρ_3,求出平均值 $\bar{\rho}$,作为本实验弦线的线密度.

2. 表 2-7-2、表 2-7-3 中的 $\bar{\lambda}=\dfrac{\lambda_1+\lambda_2}{2}$,其中 λ_1 和 λ_2 根据式(2.7.5)在 $n=1$ 和 $n=2$ 的情况下计算得到.表中的 $E_r=\dfrac{\Delta v}{v}\times100\%$.

六、 注意事项

1. 改变挂在弦线一端的砝码时,要使砝码稳定后再进行测量.

2. 在移动劈尖调整驻波段时,磁铁应在两劈尖之间,且不能处于波节位置;要等波形稳定后,再记录数据.

七、 思考与讨论

1. 什么是驻波？在本实验中,产生驻波的条件是什么？
2. 来自两个波源的两列波,沿同一直线做相向行进时,能否形成驻波？为什么？

八、 拓展实验

1. 用固定弦振动装置测量一未知砝码的质量,并估算误差.
2. 用弦驻波法测定未知交流电的频率.

实验 2.8　气体比热容比的测定

气体比热容比 γ 是气体比定压热容 c_p 与比定容热容 c_v 的比值,又称为气体的绝热系数,在热学过程特别是绝热过程中是一个很重要的参量.在描述理想气体的绝热过程时,γ 是联系各状态参量(p、V 和 T)的关键参量.气体的比热容比除了在理想气体的绝热过程中起重要作用之外,它在热力学理论及工程技术的实际应用中也有着重要的作用,例如热机的效率、声波在气体中的传播特性都与之相关.本实验采用振动法来测量,即通过测定物体在特定容器中的振动周期来推算出 γ 值.振动法测量具有实验数据一致性好,波动范围小等优点.

一、 实验目的

1. 了解振动法测量空气比热容比的原理;
2. 掌握智能计时器的使用方法;
3. 计算空气的比热容比及其不确定度.

二、 实验原理

实验基本装置如图 2-41 所示,以二口烧瓶内的气体作为研究的热力学系统,在二口烧瓶正上方连接直玻管,并且其内有一可自由上下活动的小球,由于制造精度的限制,小球和直玻管之间有 $0.01\sim0.02$ mm 的间隙.为了弥补从这个小间隙泄漏的气体,持续地从二口烧瓶的另一连接口注入气体,以维持瓶内压强.在直玻管上开有一小孔,可使直玻管内外气体联通.适当调节注入的气体流量,可以使小球在直玻管内在竖直方向来回振动;当小球在小孔下方并向下运动时,二口烧瓶中的气体被压缩,压强增加;而当小球经过小孔向上运动时,气体由小孔膨胀排出,压强减小,小球又落下.然后重复上述过程.只要适当控制

图 2-41　气体比热容
比测量基本装置

注入气体的流量,小球能在直玻管的小孔附近上下做简谐振动,振动周期可利用光电计时装置测得.

小球质量为 m,半径为 r,当瓶内压强 p 满足下述条件时小球处于力平衡状态:

$$p = p_0 + \frac{mg}{\pi r^2} \qquad (2.8.1)$$

式中 p_0 为大气压强.若小球偏离平衡位置一个较小距离 x,容器内的压强变化为 Δp,则小球的运动方程为

$$m \frac{\mathrm{d}^2 x}{\mathrm{d} t^2} = \pi r^2 \Delta p \qquad (2.8.2)$$

因为小球振动过程相当快,所以可以看作绝热过程,绝热方程为

$$p V^\gamma = C \qquad (2.8.3)$$

C 为常量.将式(2.8.3)求导数,近似得出

$$\Delta p = -\frac{p \gamma \Delta V}{V} \qquad (2.8.4)$$

其中 $\Delta V = \pi r^2 \Delta x$,$\Delta x$ 为任意位置与平衡位置的距离,记平衡位置为坐标原点,则

$$\Delta V = \pi r^2 x \qquad (2.8.5)$$

将式(2.8.4)、式(2.8.5)代入式(2.8.2)得

$$\frac{\mathrm{d}^2 x}{\mathrm{d} t^2} + \frac{\pi^2 r^4 p \gamma}{m V} x = 0 \qquad (2.8.6)$$

此式即为熟知的简谐振动方程,它的解为

$$\omega = \sqrt{\frac{\pi^2 r^4 p \gamma}{m V}} = \frac{2\pi}{T} \qquad (2.8.7)$$

$$\gamma = \frac{4 m V}{T^2 p r^4} = \frac{64 m V}{T^2 p d^4} \qquad (2.8.8)$$

式中各量均可方便测得(d 为小球直径),可算出 γ 值.由气体动理论可以知道,γ 值与气体分子的自由度数有关,常温条件下,对单原子分子气体(如氩)只有 3 个平动自由度,对双原子分子气体(如氢)除上述 3 个平动自由度外还有 2 个转动自由度.对多原子分子气体,则具有 3 个转动自由度,比热容比 γ 与自由度 i 的关系为 $\gamma = \frac{i+2}{i}$.理论上得出表 2-8-1.

表 2-8-1   气体比热容比对照表

气体类型	自由度 i	γ 理论值	举例
单原子分子气体	3	1.67	Ar, He
双原子分子气体	5	1.40	N_2, H_2, O_2
多原子分子气体	6	1.29	CO_2, CH_4

三、 实验仪器

仪器如图 2-42 所示,将气泵、储气瓶用橡皮管连接好,将装有钢球的玻璃管插入球

形储气瓶.将光电接收装置利用方形连接块固定在立杆上,固定在空芯玻璃管的小孔附近.

1—智能计数计时器;2—滴管;3—底板部件;4—二口烧瓶;5—立柱部件;6—储气瓶;
7—节流阀组件;8—气泵;9—直玻管;10—光电门部件;11—夹持爪;12—气管

图 2-42　ZKY-BRRB 气体比热容比测定仪示意图

1. 智能计数计时器操作:有三个操作按钮:模式选择/查询下翻按钮、项目选择/查询上翻按钮、确定/开始/停止按钮;四个信号源输入端,两个 4 孔输入端是一组,两个 3 孔输入端是另一组.通电开机后显示"智能计数计时器世纪中科"画面,延时一段时间后,显示操作界面.上行为测试模式名称和序号,例:"1 计时 ⇦",表示按"模式选择/查询下翻按钮"选择测试模式;下行为测试项目名称和序号,例:"1-2 多脉冲 ⇨",表示按"项目选择/查询上翻按钮"选择测试项目.

选择好测试项目后,按确定键,LCD 将显示"选 A 通道测量⇔",然后通过按"模式选择/查询下翻按钮"和"项目选择/查询上翻按钮"进入 A 或 B 通道,选择好后再次按下确认键即可开始测量.一般测量过程中将显示"测量中 * * * * *",测量完成后自动显示测量值,若该项目有几组数据,可按"查询下翻按钮"或"查询上翻按钮"进行查询,再次按下确定键退回到项目选择界面.如未测量完成就按下确定键,则测量停止,将根据已测量到的内容进行显示,再次按下确定键将退回到测量项目选择界面.模式种类:计时、速度、加速度、计数、自检五项功能,本实验中主要使用计时-多脉冲功能(即 1-2 多脉冲).

注意:有 A、B 两通道,每通道都各有两个不同的插件(分别为光电门 4 芯和光电门 3 芯),同一通道不同插件的关系是互斥的,禁止同时接插同一通道不同插件.

2. 滴管:用于向二口烧瓶注入气体.

3. 底板部件:用于承托相关物体.

4. 二口烧瓶:容纳待测定的气体,气体体积见瓶口标签.

5. 立柱部件:与底板部件配合使用,形成支架主体.

6. 储气瓶:起缓冲减压作用,消除气源不均匀带来的误差.

7. 节流阀组件:与气泵配合使用,用于精密调节气流量.

8. 气泵:用于提供小气压气流,气流量可调,电源 AC220 V.

9. 直玻管:限制小球做一维上下振动.玻管下部有一弹簧,阻挡小球继续下落,并起到一定的缓冲作用.直玻管以小孔为中心贴有对称透明标尺.直玻管顶端有防止小球冲出或滑出直玻管的管帽.

10. 光电门部件:配合智能计数计时器用于测量小球的振动时间和次数.

11. 夹持爪:用于固定玻璃件.

12. 气管:将气泵输出的气体经储气瓶导入二口烧瓶.

四、 实验内容与步骤

1. 按图 2-42 连接好仪器,调节光电门高度,使其与直玻管上的小孔等高.调节实验架,使直玻管竖直放置.

2. 记录数据:小球质量 m 见直玻管标签;烧瓶容量 V 见瓶身标签;大气压强 p_0 见大气压强计;小球直径 d 参考值 14.000 mm.

3. 检查确保气管、缓冲瓶、二口烧瓶无漏气.给智能计数计时器和气泵通电预热 10 min 后,气泵气量调至最大,然后旋转节流阀组件旋钮由小到大调节气量,直到观察到小球做等幅振动.光电门上的指示灯随着每次振动而有规律地闪烁.

4. 将智能计时器设置为"多脉冲"模式,待准备好后,按"确定"键,开始计时.等待计时完成,也就是状态显示灯停止闪烁,显示屏的数字为第一次挡光脉冲宽度(即 T01),挡光脉冲宽度理论上是等幅振动周期的一半,将数据向前翻一页,可以查看 99 次挡光脉冲的时间(即 T99),重复测量 6 次.将 T99 数据记录在下面.

记录:(1)大气压强 $p_0 =$ _____;(2)小球直径 $d = \underline{14.000}$ mm;

　　　(3)小球质量 $m =$ _____;(4)气体体积 $V =$ _____.

5. 记录大气压强计显示的大气压强 p_b 值.气体体积见二口烧瓶标签上的参考值.

6. 实验完成后将气泵气量调至最小,关闭电源,实验结束.

数据记录及数据处理

表 2-8-2　测量小球通过光电门 N 次的总时间

挡光次数 $N = 99$ 次

测量序号 i	1	2	3	4	5	6	算术平均值
测量时间 t/s							

注:小球振荡周期 $T = 2t/N$.

数据处理要求:根据测量表达式计算空气比热容比,并参考理论值计算百分误差.

五、 注意事项:

1. 气泵通电前,请将进气量调至最小(逆时针旋转到底).

2. 实验时请勿拉扯、挤压气管,否则气流不稳定,影响实验结果.

3. 仪器所含的玻璃件均为易碎品,应小心使用.

4. 直玻管内的小球属于精密器件,勿用手直接接触,勿摔勿跌落,防止变形.

5. 实验时请勿堵塞直玻管上部与小孔.

六、 思考与讨论

1. 入气量的大小对钢球的运动有何影响? 如何调节入气量的大小? 振幅的大小对实验结果有何影响?

2. 在实际测量时,钢球的震动过程并不是理想绝热过程,这时测量值偏大还是偏小? 为什么?

3. 试分析本实验的误差来源,并提出减少这些误差的措施和方法.

4. 能否用其他方法测定空气的比热容比,请说明实验原理.

实验 2.9　不良导体导热系数的测定

导热系数又称为热导率,是表征物质热传导性能的物理量,它与材料结构及杂质含量有关.同时,导热系数一般又随温度而变化.所以,材料的导热系数通常由实验测定.

导热系数的测量方法有稳态法和动态法.稳态法是指在待测样品内部最终形成稳定的温度分布;而动态法是指测量时样品内部的温度是随时间变化的.本实验利用稳态法测定不良导体的导热系数.

从 17 世纪末到 19 世纪中叶热学经历了早期发展.18 世纪初,英国化学家布莱克提出"热素说",认为热是一种没有质量、没有体积的流体物质,"热素"可以进入一切物体内部,物体含有"热素"越多,温度就越高,反之则越低.这显然是一种错误的解释,因为它不能解释摩擦生热现象.1736 年,法国科学院把热问题的求解作为悬赏课题,当时提出的问题是:"对于火的本质与传导的研究".法国著名数学家与物理学家傅里叶(1768—1830)从事热传导的研究可能与此悬奖课题有关.然而他对热学的研究并没有涉及热的本质,而是选择了热传导的数学理论研究,这是有深刻科学意义的.

1807 年傅里叶向法国科学院呈交了一篇题为《热的传播》的论文,得到科学界的高度重视.后来他对传热理论进行系统研究,历经了 15 年的艰苦奋斗,直到 1822 年形成了《热的解析理论》一书,成功地完成了创建导热理论的任务.他提出的导热定律,现称为傅里叶定律,正确解释了导热实验的结果,从而奠定了导热理论的基础.他推导的导热微分方程是导热问题正确的数学描写,成为求解大多数工程导热问题的出发点.因此,傅里叶被公认为导热理论的奠基人.

一、 实验目的

1. 学会用稳态平板法测定不良导体的导热系数;

2. 学会用作图法求散热速率.

二、 实验仪器

导热系数测定仪,待测样品,游标卡尺,停表等.

三、 实验原理

由傅里叶热传导方程可知,在物体内部垂直于导热方向上,取两个相距为 h、面积为 S、温度分别为 θ_1、θ_2 的平行平面($\theta_1 > \theta_2$),在 δt 时间内,从一个平面传到另一个平面的热量 δQ 满足下式

$$\frac{\delta Q}{\delta t} = \lambda S \frac{\theta_1 - \theta_2}{h_B} \tag{2.9.1}$$

式中,$\dfrac{\delta Q}{\delta t}$ 为热流量;λ 定义为该物质的导热系数,其数值等于两个相距单位长度的平行平面间,当温度相差 1 个单位时,在单位时间内,垂直通过单位面积的热量,其单位是 W/(m·K).

对于直径为 d_B、厚度为 h_B 的圆盘样品,在单位时间内通过待测样品 B 任一圆截面的热流量为

$$\frac{\delta Q}{\delta t} = \lambda \frac{\theta_1 - \theta_2}{4 h_B} \pi d_B^2 \tag{2.9.2}$$

式中,θ_1、θ_2、h_B 及 d_B 各值均容易测得;而 $\dfrac{\delta Q}{\delta t}$ 可用下述方法来测量.

本实验所用的样品为橡胶圆盘,将它夹在上下两个圆形铜盘之间,它们的面积基本相同.上铜盘 A 为加热盘,样品盘 B 为传热盘,下铜盘 C 为散热盘,它们组成了一个加热、传热、散热的系统.在稳定导热条件下,可以认为上、下铜盘 A 和 C 的温度为样品盘 B 上、下两个表面的温度,加热盘 A 通过样品盘 B 传递的热流量与散热盘 C 向周围环境散热量相等.因此,可以通过散热盘 C 在稳定温度 θ_2 时的散热速率来求出热流量 $\dfrac{\delta Q}{\delta t}$.

在实验中,设测得上、下铜盘的稳定温度分别为 θ_1、θ_2.此时即可将样品盘从两铜盘中间取出,并使上铜盘 A 与下铜盘 C 直接接触,对下铜盘 C 直接加热,使下铜盘 C 的温度升到比 θ_2 值高 15 ℃左右.然后将上铜盘 A 移开,使下铜盘 C 自然冷却,并记录其温度随时间变化的关系(冷却曲线).将测得的数据作 θ-t 图,图中曲线在温度 θ_2 处的斜率为 $\dfrac{d\theta}{dt}$,这即为铜盘 C 在 θ_2 时的冷却速率,而其散热速率应为

$$\frac{\delta Q}{\delta t} = mc \frac{d\theta}{dt} \tag{2.9.3}$$

式中,m 为散热铜盘 C 的质量;c 为其比热容.应该注意到,这个散热速率是铜盘 C 的表面全部暴露在空气中求得的,而样品盘 B 稳态传热时,铜盘 C 的上表面是被样品盘 B 覆盖着的,考虑到物体的冷却速率与它的表面积成正比,则稳态时,铜盘 C 的散热速率修正为

$$\frac{\delta Q}{\delta t} = mc\frac{\mathrm{d}\theta}{\mathrm{d}t}\frac{(\pi R_{\mathrm{C}}^2 + 2\pi R_{\mathrm{C}} h_{\mathrm{C}})}{2(\pi R_{\mathrm{C}}^2 + \pi R_{\mathrm{C}} h_{\mathrm{C}})} \tag{2.9.4}$$

式中，R_{C} 为铜盘 C 的半径；h_{C} 为其厚度.将式(2.9.4)代入式(2.9.2)，可得导热系数为

$$\lambda = mc\left|\frac{\mathrm{d}\theta}{\mathrm{d}t}\right|\frac{(R_{\mathrm{C}} + 2h_{\mathrm{C}})}{(R_{\mathrm{C}} + h_{\mathrm{C}})}\frac{2h_{\mathrm{B}}}{(\theta_1 - \theta_2)\pi d_{\mathrm{B}}^2} \tag{2.9.5}$$

图 2-43　导热系数测定仪装置图

导热系数测定仪主要由加热装置、散热装置、控温和测温装置组成，如图 2-43 所示.待测样品盘 B 应放在加热铜盘 A 和散热铜盘 C 之间，并保持紧密接触.加热盘 A 的温度是由单片机自动控制恒温的，温度可设定在室温至 80 ℃ 之间.当系统的加热功率等于散热功率时，系统的温度分布将处于一个相对稳定的状态.利用稳态法测量样品的导热系数，就是在温度场的分布不随时间变化时，测量样品盘上、下表面的温度.这两个温度可用与样品盘紧密接触的上、下铜盘的温度代替.在整个实验的进行中，为保持系统周围温度均匀和稳定，在散热铜盘下面有一个风扇加速空气的流动.本实验采用两个温度传感器分别测量上、下铜盘的温度，它们的一端插在上、下铜盘侧面的小孔内，另一端分别连接到仪器后面板的控温、测温端.测量到的温度将显示在前面板上的数码显示表头上.为了保证铜盘和温度传感器良好的热传导性，常在铜盘侧面的小孔内注入硅油.温度传感器的测量范围为 -55℃ 至 125 ℃，显示温度的分辨率为 0.1 ℃.

四、　实验内容与步骤

1. 将样品盘 B 放在加热盘 A 与散热盘 C 中间，调节底部的三个微调螺钉，使三盘接触良好，但不宜过紧或过松.

2. 开启电源后，左表头显示"b = =.=".通过"升温"键设定控制温度为 75 ℃，再按"确定"键，加热盘开始加热，此时左表头显示加热盘的温度.加热指示灯点亮.右表头显示散热盘 C 的温度.打开后面板上的风扇开关.

3. 加热盘 A 温度上升到设定温度时，每隔一分钟记录一次加热盘和散热盘的温度，如果在 2 min 内加热盘和散热盘的温度基本保持不变时，可认为系统达到稳态状态，记录

此时 θ_1、θ_2 的值.

4. 取出样品盘,调节底部的三个螺钉,使加热盘和散热盘直接接触,使散热盘温度上升到高于稳态时的 θ_2 值 15 ℃左右,按复位键停止加热.

5. 将加热盘移向一边,每隔 20 s 记录一次散热盘的温度,直至低于 θ_2 值 15 ℃左右为止.

6. 测量、记录样品盘的直径和厚度,抄录散热盘的质量、直径和厚度.

7. 根据测量得到稳态时的温度值 θ_1 和 θ_2,以及在温度 θ_2 时的冷却速率 $\left.\dfrac{\mathrm{d}\theta}{\mathrm{d}t}\right|_{\theta=\theta_2}$,由公式(2.9.5)计算样品盘的导热系数 λ.

五、 数据记录与处理

表 2-9-1　铜盘 C 在 θ_2 值附近冷却时的 θ 值

t/s	0	20	40	60	80	100	120	140	160	180	⋯
$\theta/℃$											

表 2-9-2　R_B、h_B 各量的测量

测量次数	样品盘 B	
	直径 $D_B=2R_B/\mathrm{cm}$	厚度 h_B/cm
1		
2		
3		
4		
5		
平均值		

$D_C=$ 　　cm;　　$h_C=$ 　　cm;　　$M_C=$ 　　g

1. 利用表 2-9-1 中的数据,作 θ-t 图,从图中求得 $\left.\dfrac{\mathrm{d}\theta}{\mathrm{d}t}\right|_{\theta=\theta_2}$ (曲线在 θ_2 处的切线斜率值).

2. 将 θ_1 和 θ_2、表 2-9-2 中的有关数据及 $\left.\dfrac{\mathrm{d}\theta}{\mathrm{d}t}\right|_{\theta=\theta_2}$ 的值代入式(2.9.5),计算 λ 值(铜的比热容 c 可由附录 2 查得).

六、 注意事项

1. 为使实验系统周围环境保持相对稳定,散热铜盘下的风扇要保持开启,直到实验结束.

2. 在移动加热装置时,应关闭电源,小心操作,以免烫伤,同时要注意防止传感器连接线的测量端从铜盘小孔中脱出.

七、 思考与讨论

1. 改变样品的形状,采取一些措施,能否利用本实验装置测量良导体的导热系数?为什么?

2. 测量 B 盘的厚度用游标卡尺.游标卡尺只有三位有效数字,为何不用螺旋测微器?

3. 试根据 λ 的计算式中各实验测量值的有效数字的位数,指出产生误差的主要因素是什么.

4. 室温不同,测得的 λ 值相同么? 为什么? 何时较大?

实验 2.10　波尔共振实验

因受迫振动而导致的共振现象具有相当的重要性和普遍性.在声学、光学、电学、原子核物理及各种工程技术领域中,都会遇到各种各样的共振现象.共振现象既有破坏作用,也有许多实用价值.许多仪器和装置的原理也基于各种各样的共振现象,如超声波发生器、无线电接收机、模拟频率计等.在微观科学研究中,共振也是一种重要的研究手段,例如利用核磁共振和顺磁共振研究物质结构等.

表征受迫振动性质的是受迫振动的振幅频率特性和相位频率特性(简称幅频特性和相频特性).本实验中,用波尔共振仪定量测定机械受迫振动的幅频特性和相频特性,并利用光电编码器测定动态物理量——相位差.

一、 实验目的

1. 观察扭摆的阻尼振动,测定阻尼系数;
2. 研究波尔共振仪中弹性摆轮受迫振动的幅频特性和相频特性;
3. 研究不同阻尼力矩对受迫振动的影响,观察共振现象;
4. 利用光电编码器测定动态物理量——相位差.

二、 实验仪器

波尔共振实验仪.

三、 实验原理

物体在周期外力的持续作用下发生的振动称为受迫振动,这种周期性的外力称为强迫力.如果外力是按简谐振动规律变化,那么稳定状态时的受迫振动也是简谐振动,此时,振幅保持恒定,振幅的大小与强迫力的频率、原振动系统无阻尼时的固有振动频率以及阻尼系数有关.在受迫振动状态下,系统除了受到强迫力的作用外,同时还受到回复力和阻尼力的作用,在稳定状态时物体的位移、速度变化与强迫力变化不是同相位的,存在一个相位差.当强迫力频率与系统的固有频率相同时产生共振,振幅最大,相位差为90°.

实验采用摆轮在弹性力矩作用下自由摆动,在电磁阻尼力矩作用下做受迫振动来研究受迫振动特性,可直观地显示机械振动中的一些物理现象.

当摆轮受到周期性强迫外力矩 $M = M_0 \cos \omega t$ 的作用,并在有空气阻尼和电磁阻尼的介质中运动时(阻尼力矩为 $-b\dfrac{\mathrm{d}\theta}{\mathrm{d}t}$),其运动方程为

$$J\frac{\mathrm{d}^2\theta}{\mathrm{d}t^2} = -k\theta - b\frac{\mathrm{d}\theta}{\mathrm{d}t} + M_0 \cos \omega t \tag{2.10.1}$$

式中,J 为摆轮的转动惯量,$-k\theta$ 为弹性力矩,M_0 为强迫力矩的幅值,ω 为强迫力的圆频率.

令 $\omega_0^2 = \dfrac{k}{J}$,$2\beta = \dfrac{b}{J}$,$m = \dfrac{M_0}{J}$,则式(2.10.1)变为

$$\frac{\mathrm{d}^2\theta}{\mathrm{d}t^2} + 2\beta\frac{\mathrm{d}\theta}{\mathrm{d}t} + \omega_0^2\theta = m\cos \omega t \tag{2.10.2}$$

当 $m\cos \omega t = 0$ 时,式(2.10.2)即为阻尼振动方程.

当 $\beta = 0$,即在无阻尼情况时,式(2.10.2)变为简谐振动方程,系统的固有频率为 ω_0.方程(2.10.2)的通解为

$$\theta = \theta_1 \mathrm{e}^{-\beta t}\cos(\omega_f t + \alpha) + \theta_2\cos(\omega t + \phi_0) \tag{2.10.3}$$

由式(2.10.3)可见,受迫振动可分成两部分:

第一部分,$\theta_1 \mathrm{e}^{-\beta t}\cos(\omega_f t + \alpha)$ 为减幅振动部分,其中 $\omega_f = \sqrt{\omega_0^2 - \beta^2}$,和初始条件有关,经过一定时间后衰减消失.

第二部分,说明强迫力矩对摆轮做功,向振动体传送能量,最后达到一个稳定的振动状态,振幅为

$$\theta_2 = \frac{m}{\sqrt{(\omega_0^2 - \omega^2)^2 + 4\beta^2\omega^2}} \tag{2.10.4}$$

它与强迫力矩之间的相位差为

$$\varphi = \arctan\frac{-2\beta\omega}{\omega_0^2 - \omega^2} = \arctan\frac{-\beta T_0^2 T}{\pi(T^2 - T_0^2)} \tag{2.10.5}$$

由式(2.10.4)和式(2.10.5)可看出,振幅 θ_2 与相位差 φ 的数值取决于强迫力矩 M、摆轮的转动惯量 J、频率 ω、系统的固有频率 ω_0 和阻尼系数 β 五个因素,而与振动初始状态无关.

由 $\dfrac{\partial}{\partial\omega}\left[(\omega_0^2 - \omega^2)^2 + 4\beta^2\omega^2\right] = 0$(或 $\dfrac{\partial\theta_2}{\partial\omega} = 0$)极值条件可得出,当强迫力的圆频率 $\omega =$

$\sqrt{\omega_0^2-2\beta^2}$ 时,产生共振,θ_2 有极大值.若共振时圆频率和振幅分别用 ω_r、θ_r 表示,则

$$\omega_r = \sqrt{\omega_0^2-2\beta^2} \tag{2.10.6}$$

$$\theta_r = \frac{m}{2\beta\sqrt{\omega_0^2-2\beta^2}} \tag{2.10.7}$$

式(2.10.6)、式(2.10.7)表明,阻尼系数 β 越小,共振时圆频率越接近于系统固有频率,振幅 θ_r 也越大.图 2-44 和图 2-45 为在不同 β 时受迫振动的幅频特性和相频特性.

图 2-44 幅频特性　　　　　图 2-45 相频特性

四、 实验装置

DH0306 型波尔共振仪由振动仪与电器控制箱两部分组成.振动仪如图 2-46 所示,铜质圆形摆轮 A 安装在机架上,弹簧 B 的一端与摆轮 A 的轴相连,另一端固定在机架支柱上.

1—摇杆 M;2—铜质摆轮 A;3—短凹槽 D;4—光电门 H;5—长凹槽 C;6—蜗卷弹簧 B;
7—阻尼线圈 K;8—连杆 E;9—角度盘 F;10—步进电机 G;11—偏心轮 I;12—有机玻璃转盘 L

图 2-46 波尔共振实验仪

在弹簧弹性力的作用下,摆轮可绕轴自由往复摆动.在摆轮的外围有一卷槽型缺口,

其中一个长型凹槽 C 比其他凹槽长出许多.机架上对准长型缺口处有一个光电门 H,该光电门有两路,居上方的一路对应短凹槽,居下方的一路对应长凹槽,它与信号源相连接,用来测量摆轮的振幅角度值和摆轮的振动周期.在机架下方有一对带有铁芯的线圈 K,摆轮 A 恰巧嵌在铁芯的空隙中,当线圈通过直流电流后,摆轮受到一个电磁阻尼力的作用,改变电流的大小即可使阻尼大小相应变化.为使摆轮 A 做受迫振动,在电动机轴上装有偏心轮,通过连杆机构 E 带动摆轮.在电动机轴上装有光电编码器,它随电机一起转动,由它可以计算出相位差 φ.电机转速可以在面板上精确设定,由于电路中采用特殊稳速装置,转速极为稳定.强迫力矩周期可以在面板上精确设定.

　　受迫振动时摆轮与外力矩的相位差是利用光电编码器来测量的.每当摆轮上长型凹槽 C 通过平衡位置时,光电门 H 接收光,触发控制器读取光电编码器的角度值,在稳定情况时,相邻两次读取值是一致的.(电机启动前,摇杆 M 处于竖直位置,铜质摆轮 A 处于静止状态,光电门 H 居箭头中心.)

　　摆轮振幅是利用光电门 H 测出一个周期中摆轮 A 上凹槽缺口通过光电门的个数而求得的,并在信号源液晶显示器上直接显示出此值.

　　波尔共振实验仪的前后面板示意图分别如图 2-47、图 2-48 所示.

1—液晶显示屏幕;2、3、5、6—方向控制键;4—确认键;7—复位键

图 2-47　波尔共振实验仪前面板示意图

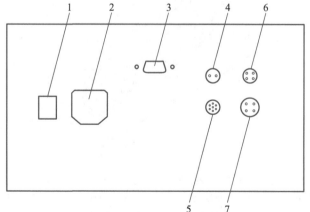

1—电源开关;2—电源插座(带保险);3—通信接口;4—阻尼线圈电源;

5—光电编码器接口;6—光电门接口;7—电机控制

图 2-48　波尔共振实验仪后面板示意图

五、 实验内容及步骤

1. 实验准备

按下电源开关后,屏幕上出现初始实验界面,初始界面有"自由振荡""阻尼振荡"和"强迫振荡"等三种选项.

2. 自由振荡——摆轮振幅 θ 与系统固有周期 T_0 对应值的测量

自由振荡实验的目的,是为了测量摆轮的振幅 θ 与系统固有振动周期 T_0 的关系.在初始实验界面按确认键,进入自由振荡实验界面,如图 2-49(a)所示.

(a)自由振荡实验界面　　　　　(b)控制箱记录实验数据　　　　　(c)查看实验数据

图 2-49　自由振荡实验

用面板上的方向控制键将光标移动到"测量"上,用手转动摆轮 160°左右,放开手后按"确认"键,控制箱开始记录实验数据,振幅的有效数值范围为:160°~50°(振幅小于20°测量自动关闭;数据量达 200 测量自动关闭;也可以按"确认"键停止计数).测量完成后光标自动置于"<"(光标移动至"<>"后,按"确认"键进入数据查询状态"<"),可使用面板上的"◀""▶"键查看实验数据.实验数据将保留直到关机,下次测量将覆盖上次保存的数据,或按下"清空"键清除保存的数据.

表 2-10-1　振幅 θ 与 T_0 的关系

振幅 $\theta/(°)$	固有周期 T_0/s	振幅 $\theta/(°)$	固有周期 T_0/s	振幅 $\theta/(°)$	固有周期 T_0/s	振幅 $\theta/(°)$	固有周期 T_0/s

3. 测定阻尼系数 β

返回初始界面状态,按"确认"键,选中阻尼振荡,进入"阻尼振荡"界面,如图 2-50(a)所示.阻尼分三个挡位,阻尼挡 1 最小,根据自己实验要求选择阻尼挡(光标移到"阻尼挡"上按确认键进入阻尼挡设置,按面板上的"▲"或"▼"键设置阻尼挡位).

首先将角度盘 F 指针放在 0°位置,用手转动摆轮 160°左右,放开手后按"确认"键,控制箱开始记录实验数据,振幅的有效数值范围为:160°~50°.测量完成后光标自动置于

(a) 阻尼振荡实验界面　　　　　(b) 控制箱记录实验数据　　　　　(c) 查看实验数据

图 2-50　阻尼振荡实验

"<"(光标移动至"<>"后,按"确认"键进入数据查询状态"<"),可使用面板上的"◀""▶"键查看实验数据.实验数据将保留直到关机,下次测量将覆盖上次保存的数据,或按下"清空"键清除保存的数据.读出摆轮做阻尼振动时的振幅数值 θ_1、θ_2、θ_3、$\cdots$、θ_n,利用公式

$$\ln \frac{\theta_0 e^{-\beta t}}{\theta_0 e^{-\beta(t+nT)}} = n\beta \overline{T} = \ln \frac{\theta_0}{\theta_n} \qquad (2.10.8)$$

求出 β 值,其中,n 为阻尼振动的周期数;θ_n 为第 n 次振动的振幅;$\overline{T}$ 为阻尼振动周期的平均值.测出 10 个摆轮振动周期值,取其平均值,一般阻尼系数需测量 2～3 次.用式(2.10.9)对所测数据按逐差法处理,求出 β 值.

$$5\beta \overline{T} = \ln \frac{\theta_i}{\theta_{i+5}} \qquad (2.10.9)$$

式中,i 为阻尼振动的周期数;θ_i 为第 i 次振动时的振幅.

4. 测定受迫振动的幅频特性和相频特性曲线

在进行强迫振荡前必须先做阻尼振荡.仪器在初始界面状态下,选中强迫振荡,按确认键进入强迫振荡实验界面,如图 2-50(a) 所示.将光标移动到电机开关处,默认情况下电机处于"关"状态,转动偏心轮使得角度盘 F 上的零度线和有机玻璃转盘 L 上的红色刻度线对齐,按下确认键启动电机,状态如图 2-51(c) 所示.待摆轮和电机的周期相同,振幅已稳定,相位差读数稳定,方可开始测量.光标移动到测量开关上,按确认键开始测量,自动测量 10 次,自动计算平均值.本次测量完成后,光标自动跳到"保存"上,可保存当前测量,"撤销"保存,"清空"所有保存数据,"打开"已经保存的数据.

表 2-10-2　振幅 θ 与 T 关系　　　　　　　　阻尼挡位＿＿＿＿

序号	振幅 $\theta/(°)$	周期 T/s	序号	振幅 $\theta/(°)$	周期 T/s	$\ln \frac{\theta_i}{\theta_{i+5}}$
θ_1			θ_6			
θ_2			θ_7			
θ_3			θ_8			
θ_4			θ_9			
θ_5			θ_{10}			
$\ln \frac{\theta_i}{\theta_{i+5}}$ 平均值						

$\overline{T} = $＿＿＿＿＿＿,$\beta = $＿＿＿＿＿＿

(a) 强迫振荡实验界面　　　　　　　(b) 控制箱记录实验数据

(c) 保存实验数据　　　　　　　　(d) 开打实验数据

图 2-51　强迫振荡实验

　　将光标移动到电机周期处,按确认键进入电机周期设置,按"◀""▶"改变数据位,按"▲"或"▼"改变周期值;电机转速的改变可按照将 $\Delta\varphi$ 控制在 10°左右来定,可进行多次这样的测量.

　　每次改变强迫力矩的周期都需要等待系统稳定,然后再进行测量.该实验建议做 10 组数据以上,其中应该包括电机转动周期与自由振荡实验时的自由振荡周期相同的数值.

表 2-10-3　幅频特性和相频特性测量数据记录表　　　　　阻尼挡位____

电机周期 T/s	摆轮振幅 θ/(°)	查表 2-10-1 得出的与振幅 θ 对应的 T_0/s	相位差 φ/(°)	$\varphi = \arctan \dfrac{-\beta T_0^2 T}{\pi(T^2 - T_0^2)}$	$\dfrac{\omega}{\omega_0} = \dfrac{T_0}{T}$

　　以 $\dfrac{\omega}{\omega_0}$ 为横轴,振幅 θ 为纵轴,作幅频特性曲线;以 $\dfrac{\omega}{\omega_0}$ 为横轴,相位差 φ 为纵轴,作相频特性曲线.

六、 思考与讨论

1. 共振峰对应的自变量 $\dfrac{\omega}{\omega_0}$ 是否为 1? 为什么?

2. 什么条件下强迫力的周期与摆轮的周期相同?

3. 摆轮上方的光电门为什么能同时测出摆轮转动的振幅与周期?

4. 如实验中阻尼电流不稳定,会有什么影响?

实验 2.11　多普勒效应综合实验

　　我们在日常生活和科学观测中,经常会遇到这样的情况:当一列高速行驶的火车从远处鸣笛驶来时,人耳听到的笛声较尖锐,即音调较高,而当火车鸣笛离去时,其笛声的音调较低沉,这种由于观察者或波源、或二者同时相对介质运动,而使观察者接收到的频率与波源发出的频率不同的现象称为多普勒效应,是由奥地利物理学家多普勒于 1842 年首次发现并解释的.

　　多普勒效应不仅仅存在于声波,具有波动性的光和电磁波也会出现这种效应,法国物理学家斐索 1848 年对来自恒星的波长偏移做了解释,提出了利用多普勒效应测量恒星相对速度的办法.光波与声波的不同之处在于,光波频率的变化使人感觉到的是颜色的变化.如果恒星远离我们而去,则光的谱线就向红光方向移动,称为红移;如果恒星朝向我们运动,光的谱线就向紫光方向移动,称为蓝移.1929 年,哈勃发现星系的红移和距离有关联性,也就是哈勃定律.根据哈勃定律和后来更多天体红移的测定,人们相信宇宙在长时间内一直在膨胀,物质密度一直在变小.1948 年伽莫夫提出了大爆炸宇宙模型,并逐渐被广泛接受.

　　多普勒效应为运动目标的测量提供了可行的测量方法和技术手段,在科学研究、工程技术、交通管理、医疗诊断、军事国防等各方面都有十分广泛的应用.例如:原子、分子和离子由于热运动使其发射和吸收的光谱线变宽,称为多普勒增宽,在天体物理和受控热核聚变实验装置中,光谱线的多普勒增宽已成为一种分析恒星大气及等离子体物理状态的重要观测和诊断手段.运动中的原子以多普勒频率吸收光子后,会以自发辐射的方式发出光子回到基态,得到与其运动方向相反的动量,原子因此被减速,以此"多普勒冷却"的基本机制,发展了激光冷却和捕陷中性原子技术.基于多普勒效应原理的雷达系统已广泛应用于导弹、卫星、车辆等运动目标速度的监测.在医学上利用超声波的多普勒效应来检查人体内脏的活动情况,血液的流速等.

　　本实验利用超声波装置观察声波的多普勒效应,验证声波的多普勒效应公式,在此基础上开展一系列多普勒效应的应用实验,将超声探头作为运动传感器,研究物体的运动状态,测量物体的运动速度.

一、实验目的

　　1. 测量超声接收器运动速度与接收频率之间的关系,验证多普勒效应公式,并由 f-v 关系直线的斜率求声速.

　　2. 利用多普勒效应测量物体运动过程中不同时刻的速度,并由 v-t 关系曲线,了解不同物体在运动过程中的速度变化情况,主要研究以下运动:

　　(1)阻尼振动,得出 v-t 关系曲线.

　　(2)自由落体运动,并由 v-t 关系求重力加速度.

（3）简谐振动,可测量简谐振动的周期等参量,并与理论值比较.

（4）匀加速直线运动,测量力、质量与加速度之间的关系,验证牛顿第二定律.

二、 实验仪器

多普勒效应综合实验仪.主要包括超声发射/接收器、红外发射/接收器,导轨,运动小车,支架,光电门,电磁铁,弹簧,滑轮,砝码及电机控制器等.

三、 实验原理

1. 超声波的多普勒效应

根据声波的多普勒效应公式,当声源与接收器之间有相对运动时,接收器接收到的频率 f 为

$$f = f_0 \cdot \frac{u + v_1 \cos \alpha_1}{u - v_2 \cos \alpha_2} \tag{2.11.1}$$

式中 f_0 为声源发射频率,u 为声速,v_1 为接收器运动速率,α_1 为接收器运动方向与声源、接收器连线之间的夹角,v_2 为声源运动速率,α_2 为声源运动方向与两者连线之间的夹角(如图 2-52 所示).

图 2-52 超声的多普勒效应示意图

若声源保持不动,接收器沿它与声源的连线方向以速度 v 运动,即 $v_2 = 0, \alpha_1 = \alpha_2 = 0$,则从式(2.11.1)可得接收器接收到的频率应为

$$f = f_0 \cdot \left(1 + \frac{v}{u}\right) \tag{2.11.2}$$

当接收器向着声源运动时,v 取正值,反之 v 取负值.若 f_0 已知且保持不变,则 f 与 v 成线性关系,我们可以通过实验的方式对此多普勒效应公式进行验证.

将接收器固定在物体上,一起做匀速运动,用光电门测量物体的运动速度 v,同时由接收器测量接收到的频率 f,当物体以不同的速度 v 匀速运动时,接收器应该接收到不同的频率 f,若作出的 $f\text{-}v$ 关系图呈直线,则可直观验证多普勒效应,其斜率应为 $k = f_0/u$,由此可计算出声速 $u = f_0/k$.

由式(2.11.2)还可解出

$$v = u \cdot \left(\frac{f}{f_0} - 1\right) \tag{2.11.3}$$

若声源频率 f_0 和声速 u 已知,借助此验证过的公式,即可对不同的运动物体进行运动学研究.实验时只需要将接收器绑定在物体上,通过接收器在不同时刻对接收到的频率 f 进行采样测量,由式(2.11.3)便可计算出接收器在不同时刻的运动速度,从而得到 $v\text{-}t$ 关

系图,即物体在运动过程中速度随时间的变化情况,进而对物体运动状况及规律进行研究.

2. 简谐振动

当质量为 m 的物体受到大小与位移成正比,而方向指向平衡位置的力的作用时,若以物体的运动方向为 x 轴,其运动方程为

$$m \frac{\mathrm{d}^2 x}{\mathrm{d} t^2} = -kx \tag{2.11.4}$$

由式(2.11.4)描述的运动称为简谐振动,当初始条件为 $t=0$ 时,$x=-A_0$,$v=\mathrm{d}x/\mathrm{d}t=0$,则方程(2.11.4)的解为

$$x = -A_0 \cos \omega_0 t \tag{2.11.5}$$

将式(2.11.5)对时间求导,可得速度方程:

$$v = \omega_0 A_0 \sin \omega_0 t \tag{2.11.6}$$

由式(2.11.5)、式(2.11.6)可见物体做简谐振动时,位移和速度都随时间做周期性变化,式中 $\omega_0 = (k/m)^{1/2}$,为振动系统的固有角频率.

3. 牛顿第二定律

质量为 M 的接收器组件,与质量为 m 的砝码组件悬挂于滑轮的两端($M>m$),以接收器、砝码和细绳为研究对象,系统的受力情况为:接收器组件所受重力为 Mg,砝码组件所受重力为 mg,滑轮对细绳摩擦阻力为 F_f,前者与系统的运动方向相同,后两者与系统运动方向相反,系统在这三个力的作用下,以加速度 a 运动,根据牛顿第二定律,可列出运动方程:

$$Mg - mg - f = a(M+m) \tag{2.11.7}$$

以滑轮为研究对象,细绳对滑轮的摩擦阻力为 F_f,它是使滑轮转动的驱动力,设滑轮的转动惯量为 J,滑轮绕线槽半径为 R,则滑轮转动的角加速度为 a/R,根据转动定律,可列出滑轮的运动方程:

$$F_f R = Ja/R \tag{2.11.8}$$

式(2.11.7)、式(2.11.8)联立求解得

$$Mg - mg = a(M + m + J/R^2) \tag{2.11.9}$$

实验时改变砝码组件的质量 m,即改变了系统所受的合外力和质量.对不同的质量 m,用超声接收器测量系统的运动情况,得到 v-t 关系,直线的斜率即为系统的加速度 a.

式(2.11.9)可以改写为

$$a = (M-m)g/(M+m+J/R^2) \tag{2.11.10}$$

令 $(M-m)/(M+m+J/R^2) = \lambda$,加速度 a 和 λ 之间为线性关系,若实验结果符合式(2.11.10)描述的规律,即验证了牛顿第二定律,且 a-λ 直线的斜率应为重力加速度.

4. 超声波的接收与红外调制原理

实验装置采用超声接收器接收—超声信号调制红外—红外发射—红外接收与解调的方式进行超声波频率探测.超声用于测量频率,红外用于传输数据.具体过程如下:超声发射器和接收器的核心是压电晶体,超声发射器利用逆压电效应(电能转化为机械能),将信号源发出的交变电信号转换成振动声信号在空气中传播,超声接收器在声波的作用下产生振动,利用正压电效应(机械能转化为电能)将振动的声信号转换成交变电信号,

交变电信号加载到红外发射器上,即用超声接收器信号对红外波进行调制后发射,调制后的红外光信号在空间进行传输,固定在运动导轨一端的红外接收器接收红外信号后,再将超声信号解调出来,之后再由后端电路给出超声接收器接收到的频率值.由于红外发射/接收的过程中信号的传输是光速,远远大于声速,它引起的多普勒效应可忽略不计.采用此技术将实验中运动部分的超声接收器的连接导线去掉,避免导线对物体的运动产生阻碍,使得测量更准确,操作更方便.信号的调制—发射—接收—解调,在信号的无线传输过程中是一种常用的技术.

四、 实验仪器介绍

多普勒效应综合实验仪由实验仪、超声发射/接收器、红外发射/接收器、导轨、运动小车、支架、光电门、电磁铁、弹簧、滑轮、砝码及电机控制器等组成.实验仪内置微处理器,带有液晶显示屏,图 2-53 为实验仪的面板图.

图 2-53 多普勒实验仪的面板图

实验仪采用菜单式操作,显示屏显示菜单及操作提示,由 ▲ ▼ ◄ ► 键选择菜单或修改参数,按"确认"键后仪器执行.可在"查询"页面,查询到在实验时已保存的实验数据.操作者只需按每个实验的提示即可完成操作.

1. 仪器面板上两个指示灯状态介绍

失锁警告指示灯:亮,表示频率失锁.即接收信号较弱(原因:超声接收器电量不足),此时不能进行实验,须对超声接收器充电,让该指示灯灭;

灭,表示频率锁定.即接收信号能够满足实验要求,可以进行实验.

充电指示灯:灭,表示正在快速充电;

亮(绿色),表示正在涓流充电;

亮(黄色),表示已经充满;

亮(红色),表示已经充满或充电针未接触.

2. 电机控制器功能介绍

（1）电机控制器可手动控制小车变换 5 种速度；

（2）手动控制小车"启动"，并自动控制小车倒回；

（3）5 只 LED 灯既可指示当前设定速度，又可根据指示灯状态反映当前电机控制器与小车之间出现的故障.

表 2-11-1　故障现象、原因及处理方法

故障现象	故障原因	处理方法
小车未能启动	小车尾部磁钢未处于电机控制器前端磁感应范围内	将小车移至电机控制器前端
	传送带未绷紧	调节电机控制器的位置使传送带绷紧
小车倒回后撞击电机控制器	传送带与滑轮之间有滑动	同上
5 只 LED 灯闪烁	电机控制器运转受阻（如：传送带安装过紧、外力阻碍小车运动），控制器进入保护状态	排除外在受阻因素，手动滑动小车到控制器位置，恢复正常使用

五、 实验内容及步骤

I　验证多普勒效应并由测量数据计算声速

实验装置如图 2-54 所示，所有需固定的附件均安装在导轨上，将小车置于导轨上，使其能沿导轨自由滑动，此时，水平超声发射器、超声接收器组件（已固定在小车上）、红外接收器在同一轴线上.

图 2-54　实验装置示意图

让小车以不同速度匀速通过光电门，仪器可记录小车的平均运动速度及与之对应的平均接收频率.由仪器显示的 Δf-v 关系图可看出速度与频率的关系，若测量点成直线，符合式（2.11.2）描述的规律，即直观验证了多普勒效应公式.

1. 测量准备

（1）实验前须要在每个速度下测试传送带松紧度是否合适，具体依据可参见下文或表 2-11-1，若存在过松或过紧的情况，那么需要根据测试结果调节传送带松紧度.

皮带过松，小车前进距离很不正常，因为带动皮带的主动轮与皮带之间打滑，小车自动返回后与控制器存在碰撞，有时甚至会出现较为剧烈的碰撞；当皮带过紧时，小车前进速度较慢，小车前进最大距离较短，小车后退时，运动吃力，容易使控制器进入保护状态（5 个发光二极管闪烁，电机停止转动），此时手动滑动小车到控制器位置，恢复正常使用.对于松紧度合适的系统，小车退回后车体后端磁钢距离控制器表面应该在 1~15 mm 之间.

（2）将组件电缆接入实验仪的对应接口.电磁铁组件放在轨道旁边，通过连接线给小车上的传感器充电，第一次充电时间约 6~8 s，充满后（仪器面板充电灯变黄色或红色）可以持续使用 4~5 min.充电完成后将连接线从小车上取下，以免影响小车运动.

（3）测试仪开机后，首先要求输入室温.因为计算物体运动速度时，要使用声速理论值，而声速是温度的函数.利用 ◄► 将室温 t_c 值调到实际值，按"确认"键.然后仪器将自动检测调谐频率 f_0，约数秒钟后将显示调谐频率即声源频率，将此频率 f_0 记录下来，按"确认"键进行后面实验.

2. 测量步骤

（1）在液晶显示屏上，选中"多普勒效应验证实验"，并按"确认"键.

（2）利用 ◄ ► 键修改测试总次数（选择 5 次，因为有 5 种可变速度），按 ▼，选中"开始测试"，但不要按"确认".

（3）用电机控制器上的"变速"按钮选定一个速度，准备好后，按"确认"键，再按电机控制器上的"启动"键，测试开始进行，仪器自动记录小车通过光电门时的平均运动速度及与之对应的平均接收频率.

（4）每一次测试完成，都有"存入"或"重测"的提示，可根据实际情况选择，"确认"后回到测试状态，并显示测试总次数及已完成的测试次数.

（5）按电机控制器上的"变速"按钮，重新选择速度，重复步骤（3）、（4）.

（6）完成设定的测量次数后，仪器自动存储数据，并显示 f-v 关系图及测量数据.

注意事项：小车速度不可太快，以防小车脱轨跌落损坏.

3. 数据记录与处理

由 Δf-v 关系图可看出速度与频率的关系，若测量点成直线，符合式（2.11.2）描述的规律，即直观验证了多普勒效应公式.用作图法计算 f-v 关系直线的斜率 k，由 k 计算声速 $u=f_0/k$，并与声速的理论值比较，计算其百分比误差.声速理论值由下式计算：

$$u_0 = 331.45 \sqrt{1+\frac{t_c}{273}}$$

其中 t_c 表示室温（摄氏温度，单位℃）.记录测量数据是仪器自动进行的.在测量完成后，只需在出现的显示界面上，用 ▼ 键翻阅数据并记入表 2-11-2 中，课后用作图法计算出相关结果并填入表格.

表 2-11-2   多普勒效应的验证与声速的测量 $t_c=$ ℃，$f_0=$ Hz

测量数据						直线斜率 k/m^{-1}	声速测量值 $u(=f_0/k)/(\mathrm{m\cdot s}^{-1})$	声速理论值 $u_0/(\mathrm{m\cdot s}^{-1})$	百分误差 $(u-u_0)/u_0$
速度挡	1	2	3	4	5				
$v_i/(\mathrm{m\cdot s}^{-1})$									
f_i/Hz									

II　阻尼振动运动速度测量

用图 2-55 所示水平谐振运动的装置可以实现阻尼振动运动速度的实时测量.用两根弹簧拉着小车(小车及支架上留有弹簧挂钩孔),给小车一定的初始位移,小车就会做水平阻尼振动.

水平谐振弹簧

图 2-55　水平谐振实验装置

1. 测量步骤

(1) 在液晶显示屏上,用▼选中"变速运动测量实验",并按"确认"键.

(2) 利用▶键修改测量点总数,建议选择采样数 130;▼选择采样步距,◀ ▶修改采样步距,建议选择 80 ms,选中"开始测试".

(3) 检查弹簧是否安装好,安装好后拉动小车给小车一个约 25 cm 的初始位移,放开小车,然后"确认"开始测试.测量完成后,显示屏上显示 v-t 图,用▶键选择"数据",阅读并记录测量结果在表 2-11-3 中.第 1 次采样数据的可靠性降低,从第 2 次采样点开始记录数据.

(4) 在结果显示界面中用▶键选择"返回","确认"后重新回到测量设置界面.可按以上程序进行新的测量.

注意事项:小车速度初始位移不要太大,以防小车脱轨跌落损坏.

2. 数据记录与处理

表 2-11-3　阻尼振动运动速度的测量

采样序号 i	2	3	4	5	6	7	8	9	10	11	…
$t_i[=0.08(i-1)]/\mathrm{s}$	0.08	0.16	0.24	0.32	0.40	0.48	0.56	0.64	0.72	0.80	
v_i											

注:表 2-11-3 中 $t_i=0.08(i-1)$,t_i 为第 i 次采样与第 1 次采样的时间间隔,0.08 表示采样步距为 80 ms.

将记录的数据画图得到 v-t 关系,并拟合速度振幅的衰减曲线,定性理解摩擦等因素对阻尼振动的影响.

Ⅲ　研究自由落体运动,求自由落体加速度

让超声接收器组件自由下落,利用多普勒效应测量物体运动过程中不同时刻的速度,查看 $v-t$ 关系曲线,并调阅记录有关测量数据,得到物体在运动过程中的速度变化情况,进而计算自由落体加速度 g.

1. 测量准备

装置如图 2-56 所示.为保证超声发射器与接收器在一条垂线上,可用细绳拴住接收器组件,检查从电磁阀下垂时,接收器是否正对发射器.若对准不好,可用底座螺钉加以调节.

让电磁阀吸住自由落体接收器组件,并让该接收器组件上充电部分和电磁阀上的充电针接触良好,开始对接收器组件充电.

充满电后,将接收器组件脱离充电针,下移吸附在电磁阀上.

2. 测量步骤

(1) 在液晶显示屏上,用▼选中"变速运动测量实验",并按"确认"键.

(2) 利用▶键修改测量点总数,建议选择采样点为 10 次;▼选择采样步距,◀ ▶修改采样步距,建议选择步距为 40 ms,选中"开始测试".(建议总测量时间不超过 400 ms.)

(3) 检查是否"失锁","锁定"后按"确认"按钮,电磁铁断电,接收器组件自由下落.

(4) 测量完成后,显示屏上显示 $v-t$ 图,用▶键选择"数据",阅读并记录测量结果.

在结果显示界面中用▶键选择"返回","确认"后重新回到测量设置界面.可按以上程序进行新的测量.

图 2-56　自由落体实验

3. 数据记录与处理

将测得的数据 v_i 记入表 2-11-4 中,可用逐差法求出重力加速度:$g=\dfrac{v_{i+4}-v_i}{t_{i+4}-t_i}$.为减小偶然误差,可作 3 次测量,将测量 g 所得到的平均值作为测量结果,并与理论值比较,求出百分误差;考虑到断电瞬间,电磁铁可能存在剩磁,第 1 次采样数据的可靠性降低,故从第 2 次采样点开始记录数据.

表 2-11-4　自由落体运动的测量

采样序号 i	2	3	4	5	6	7	8	9	$g/$ $(\mathrm{m\cdot s^{-2}})$	平均值 g $/(\mathrm{m\cdot s^{-2}})$	理论值 g_0 $/(\mathrm{m\cdot s^{-2}})$	百分误差 $(g-g_0)/g_0$
$t_i[=0.04(i-1)]/\mathrm{s}$	0.04	0.08	0.12	0.16	0.20	0.24	0.28	0.32				
v_i												
v_i											9.8	
v_i												

4. 注意事项

1. 须将"自由落体接收器保护盒"套于发射器上,避免发射器在非正常操作时受到冲击而损坏.

2. 接收器组件下落时,其自由下落方向不是严格的沿着声源与接收器连线方向(图2-57),此时式(2.11.2)不再严格成立,随着运动过程中夹角 α 增加,由式(2.11.3)计算的速度误差也会随之增大.故在数据处理时,可根据情况对最后2个采样点进行取舍.

图 2-57   运动过程中 α 角度变化示意图

Ⅳ   研究简谐振动

装置如图 2-58 所示,将质量为 M 的超声接收器组件,悬挂在弹性系数为 k 的弹簧上,给它一定的初始位移,超声接收器就会做垂直方向的简谐振动,振动系统的固有角频率 $\omega_0 = (k/M)^{1/2}$.

1. 测量准备

(1) 将弹簧悬挂于后方固定支架的挂钩孔中,悬挂质量为 50.0 g 的砝码之后,测量弹簧长度 x_0,读数时以弹簧下端为记录位置.分别改挂质量为 60.0 g、70.0 g、80.0 g 的砝码,测量并记录弹簧长度 $x_i(i=1,2,3)$,读数记入表 2-11-5 中,再计算弹簧的伸长量 $\Delta x_i = x_i - x_{i-1}$,进而由 m 及 Δx_i 就可求出弹簧弹性系数 $k_i(i=1,2,3)$ 及其平均值.

(2) 用天平称量超声接收器组件的质量 M,由 k 和 M 就可计算 ω_0,并与角频率的测量值 ω 比较.

(3) 让电磁阀吸住超声接收器组件,并让该接收器组件上充电部分和电磁阀上的充电针接触良好,开始对接收器组件充电.充满电后,将接收器组件脱离充电针,用弹簧悬挂在电磁阀的下面并保持静止.

图 2-58   简谐振动实验

2. 测量步骤

(1) 在液晶显示屏上,用▼选中"变速运动测量实验",并按"确认"键.

(2) 利用►键修改测量点总数,建议为150,▼选择采样步距,建议为100,选中"开始测试".

(3) 将接收器从平衡位置垂直向下拉约 15~20 cm,松手让接收器开始做垂直方向的自由振荡,然后按"确认"键.实验仪按设置的参数自动采样,测量完成后,显示屏上出现速度 v 随时间 t 变化的关系曲线;用►键选择"数据",阅读并记录测量结果.

(4) 在结果显示界面中用►键选择"返回","确认"后重新回到测量设置界面.可按以上程序进行新的测量.

注意事项:接收器自由振荡必须沿着竖直方向,不能有横向摆动,振荡开始后,再按"确认"键.

3. 数据记录与处理

查阅数据,记录第 1 次速度达到正向最大时的采样次数 $N_{1\max}$ 及第 11 次速度达到正向最大时的采样次数 $N_{11\max}$,在表 2-11-5 中计算实际测量的振动周期 T 及角频率 ω,并将 ω 与 ω_0 比较,求出百分误差.

表 2-11-5　简谐振动的测量

$x_0 =$		$x_1 =$		$x_2 =$		$x_3 =$		$M =$	kg
Δx_i /m	$k(=mg/\Delta x_i)$ /(kg·s^{-2})	$\omega_0 [=(k/M)^{1/2}]$ /s^{-1}	$N_{1\max}$	$N_{11\max}$	$T[=0.01(N_{11\max}-N_{1\max})]$/s	$\omega(=2\pi/T)$ /s^{-1}	百分误差 $(\omega-\omega_0)/\omega_0$		

$(i=1,2,\cdots,11)N_{i\max} =$

V　研究匀变速直线运动,验证牛顿第二运动定律(选做)

装置如图 2-59 所示,将质量为 M 的超声接收器组件,悬挂在细绳的一端,滑轮砝码 m 挂在另一端,释放后接收器组件将带动砝码,做匀变速直线运动,利用多普勒效应可研究物体在运动过程中的速度变化情况,进而得到系统的加速度 a.

1. 测量准备

(1)用天平称量接收器组件的质量 M,将它和砝码 m 分别系在细绳的两端,悬挂在滑轮两侧,m 可分别取 60.0 g、70.0 g、80.0 g 进行实验.

(2)随后让电磁阀将接收器组件吸住,开始对接收器组件充电.充满电后,将接收器组件脱离充电针,下移吸附在电磁阀上,准备下落.

2. 测量步骤

(1)在液晶显示屏上,用▼选中"变速运动测量实验",并按"确认"键.

(2)利用►键修改测量点总数,推荐总数为 15,▼选择采样步距,推荐为 50 ms,选中"开始测试".

(3)按"确认"键后,电磁铁断电,接收器组件拉动砝码做垂直方向的运动.采样结束后,会显示 v-t 直线,用►键选择"数据",将显示的采样次数及相应速度记入表 2-11-6 中.

(4)在结果显示界面用►键选择"返回","确认"后重新回到测量设置界面.改变砝码质量,按以上程序进行新的测量.

3. 数据记录与处理

由实验记录的 t、v 数据,用作图法求出 v-t 直线的斜率,就是此次实验的加速度 a.改变砝码质量 m,会得到不同的实验结果,研究加速度 a 与 $(M-m)/(M+m+J/R^2)$ 之间的数

垂直滑轮

绳

砝码组件

图 2-59　验证牛顿第二定律实验

值关系,就可以验证牛顿第二运动定律.本实验装置中,滑轮的等效质量 $J/R^2 = 0.014$ kg.

4. 注意事项

(1)安装滑轮时,滑轮支杆不能遮住红外接收和自由落体组件之间的信号传输.

(2)当砝码组件质量较小时,加速度较大,可能没几次采样后接收器组件已落到底部,此时可将后几次的速度值舍去.

(3)砝码组件质量较小时,加速度较大,由于惯性,砝码组件将高过并碰撞滑轮,从上方抛出,为避免这种情况发生,可系绳一端于砝码组件底部,另一端系于底座调平螺钉上,绳长略小于滑轮与底座螺钉之间的距离.

(4)当砝码组件质量较大时,加速度较小,短时间内环境影响较大,导致前期采样数据的可靠性偏低,故可从中间某适当值开始记录,且不同的砝码组件下均连续记录 8 个数据点.

表 2-11-6 匀变速直线运动的测量

$$M_v = \qquad \text{kg}; J/R^2 = 0.014 \text{ kg}$$

采样序号 i	2	3	4	5	6	7	8	9	10	11	12	13	14	加速度 $a/(\text{m}\cdot\text{s}^{-2})$	m/g	$(M-m)/(M+m+J/R^2)$
$t_i [= 0.05(i-1)]/\text{s}$	0.05	0.1	0.15	0.20	0.25	0.30	0.35	0.40	0.45	0.50	0.55	0.60	0.65			
v_i															60.0	
v_i															70.0	
v_i															80.0	

六、 思考与讨论

1. 根据物体在水平方向的阻尼运动曲线,利用计算机得到阻尼振动曲线的包络线公式,并解释.

2. 查找资料,了解利用多普勒效应的诸多应用.

小   结

在本节实验中,学习了长度、质量、时间、温度等基本物理量的直接测量,通过这些量的测量,又可间接测量密度、杨氏模量、转动惯量、比热容比、导热系数等物理量.在实验方法上,学习了光杠杆的放大测量法,这种放大是一种间接放大,将很难直接测量的微小伸长量通过光杠杆放大后进行测量.另外,水银(酒精)温度计的测温过程也是把很小的体积变化放大为足够长的长度变化,既便于读数,又减小了误差.类似的还有机械放大法,在螺旋测微器中也得到了应用,它是将螺距通过螺母的圆周进行放大.

在本节中还学习了通过实验建立理论模型的方法,三线摆实验就是根据实验数据建立起转动周期和转动惯量及摆长之间的函数关系,这种方法是科学研究过程中经常用到的方法.

在固定均匀弦振动实验中,研究了波的干涉现象的特例——驻波.驻波是一种很重要的振动过程,它广泛存在于各种振动现象中,如弹性波在有限大小物体内传播,便会产生各式各样的驻波.在声学、无线电学和光学等学科中,它可以用来确定振动系统的固有频率和测定波长等.

在测量变温液体黏度实验中,学习了如何根据实验环境与条件修正流体动力学的斯托克斯定律并完成实验;在导热系数测量实验中,应学会如何使系统达到稳定状态和如何用热电偶准确测温,而我们得到的导热系数实际上是平均值.

§2.2　电磁学物理量的测量与研究

基　本　知　识

电磁学是经典物理学的一部分.它主要研究电荷、电流产生电场、磁场的规律,电场和磁场的相互联系,电磁场对电荷、电流的作用,以及电磁场对物质的各种效应等.在电磁学的发展过程中,实验起了决定性的作用.通过无数次的实验,科学家们发现了问题,找到了规律,并结合数学知识使规律达到了完美的理论水平;而这些理论又得到了实验的验证,从而创建了宏伟的电磁学"大厦".今天电磁学实验已成为认识世界、改造世界、创造美好生活不可缺少的手段.

测量电阻依据的是欧姆定律,然而实际的测量却没那么简单.科技高速发展对一切测量的要求是高精度、极端化.高精度要求测量误差尽可能小.在许多仪器设备中,精密电阻被广泛应用,它们对仪器设备的正常运转起着关键的作用.极端化是要求测量数值非常大或非常小的电阻.比如,超导材料的电阻到底有多大? 因此在这些测量中所用到的仪器、方法、原理已远远超出了欧姆定律的范畴,是值得我们很好地学习和研究的.

电流和电压的测量有着和电阻测量相同的要求.而另一方面,由于电磁学测量的广泛性、简便性和容易控制等诸多特点,在测量绝大多数其他物理量时,经常将其转化为电学量(电流、电压、电阻等)进行测量.所以这就要求电学量测量要具备多样性和灵活性,而由此研制的许多测量仪器中包含着人类丰富的智慧和经验.

法拉第提出场的概念,并认为它是的的确确存在于空间的物质,然而人类凭自己的感官却无法感知它.通过物理实验,使用一定的仪器设备我们就能感知它、描绘它.其中由电磁感应原理制作的霍尔元件成为人类测量磁场的主要工具.

电子示波器是科研、生产中广泛应用的电子设备,学习电子示波器的原理,可以了解电子束在电磁场中的行为,实实在在感受电子的存在.电子示波器在电磁学领域的应用很广,是观测变化信号的有力工具,需要我们很好地学习.

本节所涉及的电磁学实验,都是很经典、很成熟的,很难从中有所发现和创新,因此在学习过程中要注意的是实验思想、方法和技巧,经验积累和相关仪器设备的熟练使用,这些都是很难从书本中学到的知识.下面着重介绍电磁学实验中常识性的内容.

一、　电磁学常用仪器设备

电测设备和电测仪表,主要是利用"电"和"磁"这两个互相联系着的物理现象来工作的.在物理实验中,电磁学常用设备和仪器有电源、开关、电阻器、直流电表等,如果对它们缺乏认识,不了解使用方法,那么不仅在实验时不会正确使用,而且还容易损坏它们,甚至会造成事故.因此,在电磁学实验开始以前,学习和掌握它们的性能及使用方法很有必要.

1. 电源

电源是能够产生和维持一定电动势的设备,即是使电路产生电流的设备.除标准电池外,电源主要用来提供能量,输出电能.电源可分为直流电源和交流电源两类.

（1）直流电源

物理实验常用的直流电源有干电池、蓄电池和直流稳压电源等.干电池和蓄电池是化学电源,蓄电池可以充电,使用时根据需要可多个串联获得高电压.直流稳压电源用时需将插头接到220 V的交流电源上,它能输出连续可调的直流电压,并能从仪表上直接读出输出的电压和电流值.

直流电源上标有"+"号(或红色)的接线柱为正极,标有"-"号(或黑色)的接线柱为负极.习惯上规定,直流电流总是由电源的正极流出,经过外电路后,再由负极流回电源.

使用直流电源时应注意以下几点:

① 在正极和负极之间,绝对不能直接用导线连接(称为电源短路),以免损坏或烧毁电源.

② 蓄电池内装有酸性或碱性溶液,有强烈的腐蚀性,故不能将其倾斜,更不能翻倒.

③ 使用直流稳压电源时,要注意它能输出的电压值及最大允许电流值,切不可超载;实验时,应先将输出电压置于较小值(或将输出旋钮置"0"),然后再逐步加大,观察电路及电表等均正常后,再将电压加大到规定值,以免损坏仪器或仪表.

④ 实验时,操作者必须注意电压高低.一般讲电压24 V以下对人体是安全的,但当电压大于24 V时,人体就不能随便触及,以免发生危险.

（2）交流电源

常用的交流电源为供电电网,物理实验中大多使用单相220 V、50 Hz交流电源.交流电表上的读数都是有效值,它与峰值的关系为

$$交流量的峰值=\sqrt{2}倍的交流量有效值$$

例如我们常说的220 V交流电压,实际上指的就是交流电压的有效值,其峰值为

$$\sqrt{2}\times220\ V\approx310\ V$$

使用交流电源时,同样要注意不能使电源短路,人体的任何部位严禁与它直接接触!另外,交流电有零线(地线)与相线(火线)之分,绝对不能把火线接到仪器的接地端,否则将造成电源短路.

为获得0~250 V连续可调的交流电压,通常使用调压变压器(也称自耦变压器),如图2-60所示,调压器主要指标有容量和最大输出电流.使用前手柄A的指针应指示零(输出电压为零),接线时要分清输入端与输出端,严防接反,否则会使电源短路或烧坏仪表.使用时转动手柄A至所需电压.使用完毕时,应将指针调回零位.

2. 开关(或称电键、闸刀)

用来接通、切断电源或变换电路.实验室常用的有下列几种:

（1）单刀单掷开关:是一种最简单的开关,按下时电路接通;拉开时,电路切断.

（2）双刀单掷开关:这种开关实际上是并联的两把刀,它一般可以同时连接或切断两条电路.

（3）单刀双掷开关:当开关倒向某一边时,该边的电路接通,另一边电路就被切断,

图 2-60　调压变压器外形及原理图

所以也被称为选择开关.

（4）双刀双掷开关：分为两种，一种用作选择开关；另一种将它的对角接线端用导线连接在一起，当双刀开关由一边倒向另一边时，电路中的电流方向就随之而反向，起到了改变电流流向的作用，所以也被称为换向开关.

（5）按键开关：是一种具有弹性的开关，当手指压下时，电路接通；松开时它就自动弹回，切断电路.还有一种按钮式开关，带有锁定机构，第一次按下，电路接通，再按一次，电路切断.

3. 电阻器

电阻器是电学实验中必不可少的电器元件，是许多电路的组成部分，可分为固定电阻和可变电阻两类.在物理实验中，除了用到具有固定值的电阻外，常用的电阻器是电阻箱和滑线变阻器，它们都属可变电阻器，现分述如下.

（1）电阻箱

电阻箱是一种箱式结构的变阻器，它是由若干个标准的固定电阻，按一定结构组合而成的，可分成插头式和转盘式两类.由于插头式电阻箱使用不方便，采用的较少，大多采用转盘式电阻箱调节电路中的电阻值，准确度等级高的电阻箱还可用作电阻值的标准量具.物理实验中常用的是四转盘和六转盘的电阻箱，转盘越多，电阻值可调整的范围就越宽.例如四转盘电阻箱的阻值可调范围一般为 $1\sim9\,999\ \Omega$，而六转盘电阻箱的阻值可调范围为 $0.1\sim99\,999.9\ \Omega$.若电路中只需"$0\sim9.9\ \Omega$"或"$0\sim0.9\ \Omega$"的阻值变化，则分别由"0"与"9.9"或"0"与"0.9"两接线柱引出.

六转盘电阻箱的面板图如图 2-61 所示，它是由一系列校准的固定电阻，通过 6 个转盘式开关将这些电阻组合起来，在每个转盘边缘上都标有 0，1，2，3，…，9 数字，在每个转盘的下方有一个指示读数的标记（图中用"▲"表示），还分别标有"×0.1""×1"…"×10 000"等字样，以表示各转盘电阻的数量级.各转盘开关之间的电阻是串联在一起的，根据需要可由接线柱引出.从图2-61 中可以看出，六转盘电阻箱有 4 个接线柱分

图 2-61　六转盘电阻箱面板图

别标有"0""0.9 Ω""9.9 Ω""99 999.9 Ω"字样，它们表示接线柱"0"与另外 3 个接线柱之

间引出的电阻值范围各不相同.因此,当电路中导线与"0"和"99 999.9 Ω"两接线柱相连时,表示电路接入的电阻可在 0.1~99 999.9 Ω 范围内调整,如果各转盘调至图 2-61 所示的位置,则它的电阻值是 98 765.4 Ω.若电路中导线接的是"0"和"9.9 Ω"两个接线柱,那么,图 2-61 所示的电阻值是 5.4 Ω.(为什么?)

电阻箱的主要指标是总电阻、额定电流(额定功率).使用电阻箱时,为确保其准确度,不得超过其额定功率或最大允许电流.电阻箱的误差主要包括电阻箱的基本误差和零电阻误差两个部分.零电阻值包括电阻箱本身的接线、焊接、接触等产生的电阻值.

(2)滑线变阻器

滑线变阻器是电学实验中常用的可以连续改变电阻值的电阻器,其外形见图 2-62. 它将一根涂有绝缘膜的电阻丝密绕在绝缘瓷管上,电阻丝的两端固定在引出端接线柱 A 和 B 上.与密绕电阻丝紧贴着的滑动触头 C′(C′与电阻丝相接触处的绝缘膜已被刮掉)通过瓷管上方的铜条与接线柱 C 相连,称作滑动端.这样,当滑动触头在铜条上来回滑动时,就改变了 AC 和 BC 之间的电阻.

滑线变阻器的具体用法有 3 种:

① 作固定电阻——只用 A、B 两个接线柱即可.

② 作可变电阻——用 A、C 或者 B、C 两个接线柱均可,只要改变滑动触头的位置,就可达到改变电阻大小的目的.在电学实验中,常用这种可变电阻作限流器使用,具体接法如图 2-63 所示.图中将可变电阻串联在电路中,使电路电流控制在一定的范围内变化.当滑动触头 C′(C)移向 A 端时,C、B 间电阻就增大;反之移向 B 端时,C、B 间电阻就减小.因此,只需改变滑动触头的位置,就能达到改变电路中电流大小的目的.

图 2-62 滑线变阻器

图 2-63   滑线变阻器用作限流器

③ 作分压器——A、B、C 3 个接线柱都要接线,具体接法如图 2-64 所示.先将滑线变阻器的固定端 A 和 B 分别与电源的正、负极相接,再将滑动端 C 和固定端 B 接进电路中,开关 S 合上前,滑动触头应处于铜条的中间部位;S 合上后,电流就从 A 端经由 C 端流到 B 端.因此,A 点电势高于 C 点,C 点电势又高于 B 点,并且 C、B 间的电势差(电压)U_{CB}小于 A、B 间的电压(总电压)U_{AB}.我们可以认为电压 U_{CB} 是从总电压 U_{AB} 中分出来的,故这种接法的滑线变阻器称作分压器.由图 2-64 可见,若 C 向 A 端移动,则电压 U_{CB} 将逐渐增大,若 C 向 B 端移动,则电压 U_{CB} 将逐渐减小,因此,分压器输出的电压 U_{CB} 可以在 0~U_{AB} 之间连续变化,可以取这电压范围内的任何值.这种接法在以后的实

图 2-64   滑线变阻器用作分压器

验中要经常用到,必须牢牢记住它的接法和分压原理.

滑线变阻器的主要指标有:额定电流——允许通过变阻器的最大电流;全电阻——A、B 间电阻丝的总阻值.

使用电阻箱与滑线变阻器时,应注意以下几点:

① 使用前,应先察看电阻器铭牌上标明的最大电阻值和最大允许电流值,以免电流过大而烧坏电阻器.

② 电路接通前,作限流用的电阻器应具有较大的电阻值,以保护仪器.

③ 电阻器接入电路时,应拧紧接线柱,以免产生附加接触电阻.

④ 将滑线变阻器作分压器使用时,滑动触头的初始位置应置于分出电压最小的位置或铜条的中间位置.

4. 直流电表

直流电表按照测量机构工作原理的不同可分为磁电系、电磁系、电动系、静电系、感应系等多种类型.每一种类型的电表有其各自的特性,因而具有不同的用途.物理实验中常用的是磁电系电表.

（1）磁电系电表的工作原理

磁电系电表工作原理是以永久磁铁间隙中的磁场与其中的载流线圈（称动圈）相互作用为基础的.这种仪表的作用是将被测量——电流——以电表指针的偏转角位移来表示.其测量机构如图 2-65 所示,主要由固定的永久磁铁和活动的线圈构成,指示被测电流大小的指针和可转动的线圈装在同一个轴上.测量机构有 3 个功能,现分述如下.

1—产生均匀辐射磁场的永久磁铁;2—铝框;
3—铁芯;4—可转动线圈;5—转动轴;
6—固定螺旋弹簧;7—指针;8—刻度盘
图 2-65 磁电系电表的测量机构

① 产生偏转力矩.当电流表串入电路中,动圈中有电流流过时,在永久磁铁磁场中受到偏转力矩的作用,指针就随之偏转,其偏转力矩的大小为

$$M = BINA$$

式中,B 为磁铁空气隙中的磁感应强度;I 为通过动圈的电流;N 为动圈匝数;A 为动圈的有效面积.

② 产生反作用力矩.为了获得特定的指示,当偏转力矩作用在电表的活动部分使它发生偏转时,活动部分还必须受反作用力矩作用,并且这个反作用力矩还必须随偏转角的增大而增大.当偏转力矩和反作用力矩大小相等时,指针就停下来,指示出被测电流的数值.反作用力矩可以用游丝产生,其大小为

$$M' = C\theta$$

式中,C 是反作用力矩系数,它取决于游丝的材料、几何形状;θ 为指针偏转角度.偏转力矩与反作用力矩平衡,即其大小相等,$M = M'$.则有

$$\theta = \frac{BNA}{C} \cdot I$$

可见电表动圈（亦即指针）偏转角 θ 与动圈面积 A、匝数 N、磁感应强度 B 和电流 I 成正比,与游丝的反作用力矩系数 C 成反比.当电表一经制成,A、N 和 C 都是定值.又因为磁铁

极掌与圆柱形铁芯之间的气隙中的磁场是均匀辐射状的,如图 2-66 所示,因此动圈的偏转角仅与动圈中所通过的电流成正比,这样,刻度标尺是均匀的,这就是磁电系电表的基本工作原理.如用 S_L 代替 BNA/C,则

1—磁铁;2—动圈;3—铁芯
图 2-66 均匀辐射磁场

$$\theta = S_L \cdot I$$

一般把 S_L 叫做电流灵敏度,表示每单位电流的偏转角度.

③ 产生阻尼力矩.实际上,因为电表活动部分有转动惯量 J,所以当偏转角速度变化时,将产生加速力矩 $J \cdot \mathrm{d}^2\theta/\mathrm{d}t^2$,导致指针在平衡位置左右摆动,不能很快停下来,为了防止输入电流变化引起过度振荡,必须提供阻尼力矩 $D\mathrm{d}\theta/\mathrm{d}t$,让它在活动部分运动时发挥阻尼作用,$D$ 为阻尼系数.一般利用绕制线圈的铝框架形成涡流来产生阻尼力矩.

（2）检流计、电流表和电压表

上述测量机构称为磁电系表头,只允许通过较小的电流,直接用表头制成的电表为检流计.

① 检流计（电流计）:用来测量微小电流或检查电路中有无电流的电表,可直接测量的电流范围在几十微安到几毫安之间.

常用的检流计有指针式和光斑反射式两类.指针式检流计的"零点"在刻度尺中央,没有电流通过时,指针指"零",有微弱电流通过时,则指针随电流的流向而偏转.有一种检流计有按键,按键松开时,检流计处于断开状态,压紧按键时,它才接入电路工作,因此,用它来检验电路中有无微弱电流很方便.光斑反射式检流计有墙式和台式两种,它没有指针,靠线圈吊丝上装的反光镜反射的光标来读数,它的灵敏度高,一般每格示值在 10^{-7}A 量级.

② 电流表:电流表是专门用来测量电路中电流大小的电表,它是由表头并联一个电阻（称为分流电阻）组成的.分流电阻越小电流表的量程就越大.

③ 电压表:它是用来测量电路中某两点间电压大小的电表,一般由表头或小量程的电流表串联一个高电阻（称为倍压电阻）组成,倍压电阻越大电压表的量程就越大.

（3）使用直流电表的注意事项

① 电流表必须串联在电路中,并注意使电流从电流表的正极流入,从负极流出.电压表则必须与电路并联,其正极应接在电势高的一端,负极接在电势低的一端.

② 电路中的电流或某两点间的电压,不能超过电表上所规定的量程,以免损伤或烧坏电表.一般在使用电表时,先用较大量程的电表粗估被测量的大小,然后再选用合适量程的电表进行测量.

③ 对于多量程电表,它有两个以上的接线柱,一般在一个公共接线柱上标明"+"或"-"极,另一极的各接线柱上标有不同的量程.在使用时,必须慎重考虑量程的选择,切勿乱接.可先从最大量程接起,在确定被测量大小的范围后,再换接相应的合适量程,这样可以得到较准确的测量值.

④ 电流表不允许直接与电源连接,使用时,电路中必须串有适当的电阻.

⑤ 读数时,目光应正视指针且垂直于电表度盘.若电表度盘上有镜面,则必须使镜中

的指针像与指针重合后才能进行读数.

（4）电测量指示仪表的准确度等级

根据国家标准规定,电测量指示仪表的准确度分为 0.1、0.2、0.5、1.0、1.5、2.5、5.0 七个等级.仪表准确度等级的数字表示仪表本身在正常工作条件(安放位置正确,周围温度为 20℃,几乎没有外界磁场影响)下的最大相对误差,即可能发生的最大绝对误差与仪表的额定值(即满偏)的百分比.

对于单向标度尺的指示仪表,在规定的条件下使用时,示值的最大绝对误差为

$$\Delta_{仪} = \pm X_m \cdot a\%$$

X_m 为仪表的量程,a 是准确度等级.测量时,某一示值 X 的最大相对误差为

$$E = \frac{\Delta_{仪}}{X} = \frac{X_m}{X} a\%$$

由此可见,在选用仪表时要尽量使所测数值接近仪表的量程,其示值的准确度才接近仪表的准确度.电表的仪器误差用 $\Delta_{仪}$ 估算.

（5）常用电气测量指示仪表度盘上的标记符号

根据国家标准规定,电气仪表的主要技术性能都用一定的符号标记在仪表的度盘上.下表是指示仪表度盘上常见的一些标记符号.

指示仪表度盘上的标记符号

名称	符号	名称	符号
安培表	A	磁电系仪表	⊓̲
毫安表	mA	电磁系仪表	⌇
微安表	μA	电动系仪表	⊟
伏特表	V	静电系仪表	⊥
毫伏表	mV	正端钮(正极)	+
千伏表	kV	公用端钮	*
欧姆表	Ω	接地端钮	⊥
兆欧表	MΩ	与机壳或底板连接端钮	⊥̲
负端钮(负极)	−	调零器	⌒
感应系仪表	Ⓘ	以指示值的百分数表示的准确度等级,例如 1.5 级	⑴.⑸
直流	—	仪表垂直放置,标度尺位置为垂直的	⊥

续表

名称	符号	名称	符号
交流(单相)	~	仪表水平放置,标度尺位置为水平的	⊏
交流和直流	≃	绝缘强度试验电压为 2 kV	☆
以标度尺上量限百分数表示的准确度等级,例如 1.5 级	1.5	Ⅱ级防外磁场及外电场	Ⅱ　Ⅱ

二、　电路图和线路的连接

1. 电路图的认识

在电学实验中,必须画出电路图,以表明实验所依据的原理及所使用的仪表等.而表示各种仪表、元件等连接关系的示意图,就叫电路图.例如图 2-67 所示的是伏安法测电阻的电路图,它是由一些电气仪表及元件的电气符号用直线连接起来的,直线就是导线的符号.

在物理实验中,电路图大部分是由教材或实验室给出的,因此,在做实验前,必须认真看懂电路图,搞清图中每一个符号的意义及作用,这样有助于对电路进行分析.

图 2-67　伏安法测电阻电路图

2. 仪表、元件的布局

在看懂电路图的基础上,仪表和元件的合理布局就显得十分重要,它是顺利进行实验的一个重要环节.该环节如处理不当,就会出现接线混乱、查线不方便、实验不顺手的被动局面.

一般情况下,按电路图的要求,将仪表、元件等整齐地安排在适当的位置,但不必完全按照电路图中的相应位置一一对应,而应将经常要调整或读数的元件、仪表及开关放在靠近身边易操作和观察的地方,电源则适当远放.

3. 线路连接

电磁学实验中,正确接线是顺利完成实验的关键.这里建议采用回路接线法,这种接线方法科学合理.它可以使导线分布均匀,不会过多地集中于一个接线柱上,而且,在接好的线路中便于查线及排除故障.现介绍如下:

(1) 将电路中所需用的开关全部断开,电阻器取适当阻值.

(2) 从电路图的电源正极出发,将电路图分成若干个闭合回路,并标上各回路的序号.例如图 2-67 中,分成了 3 个闭合回路,图中的 Ⅰ、Ⅱ、Ⅲ 即为回路的序号.

(3) 从电源正极出发开始接线,按图中箭头方向走线,依顺序接完一个回路再接下个回路.如图 2-67 所示的情况,即先接完回路 Ⅰ,再接回路 Ⅱ 与 Ⅲ,终止于电压表负极则接线完毕.应注意,图中每个闭合回路的箭头出发点,都是该回路的高电势端.

4. 故障排除

当电路发生故障时,如能观察出故障发生在哪个回路,就不必拆线,可直接用万用电表的电压挡在电路通电的情况下查找.从故障发生的所在回路查起,逐点查向电源.常用等电势法查导线的通断,导线完好,其两端电压为零;导线断开,其两端就出现电压.用这种方法可以较快判定故障所在,但不适合检查电压太小的部位.如无法确定故障发生的部位,则可从电源出发查找,用电压法检查.把万用电表直流电压挡的"-"表笔接于电源负极,"+"表笔接到电路各点,观察各点相对于电源负极的电压,看是否正常,从而判断故障所在.

三、电磁学实验的一般程序

1. 结合实验要求,研究、分析电路图,将电路图划分成若干个独立的闭合回路,并标上回路的顺序号.

2. 根据电路图将仪表、元件等合理、整齐地布局,按"操作顺手,读数方便,实验安全"的原则安排仪器.

3. 接线前断开所有开关,将电阻器调到一定的阻值,采用回路接线法接线.

4. 线路接好后,对照电路图进行自查.主要检查电源和电表的正负极是否接对,电表量程是否合适,接线柱是否拧紧等.然后,请教师复查无误后,才能接通电源,合上开关,进行实验操作.如发现不正常现象(如指针反偏等)应立即切断电源,查找原因.

5. 实验完毕,先切断电源,检查所测数据是否合理、是否有遗漏、是否达到了预期目的,然后将数据交给教师审核,经教师认可签字后再做实验结束工作.切记! 切断电源后,再拆线,并整理好仪器用具.

电学实验中一些常用电气元件符号如下表所示.

电学实验中常用电气元件符号

名称	符号	名称	符号
原(干)电池或蓄电池		单刀单掷开关	
电阻器的一般符号 (固定电阻)		按键开关	
变阻器(可变电阻) (1)一般符号		双掷转换开关 (选择开关)	
(2)可断开电路			
(3)不断开电路		换向开关	

续表

名称	符号	名称	符号
电容器的一般符号		指示灯泡	
可变电容器		交叉导线	
极性电容器		半导体二极管	
电感器线圈		稳压二极管	
有铁芯的电感器线圈		半导体三极管（PNP 型）	
铁氧体芯不可调线圈			
有铁芯的单相变压器		检流计	

四、 电磁学测量方法

1. 测量方法的分类

对于同一被测量可能有不同的测量方法,由于电磁测量方法很多,用科学的归纳法可把直接测量或间接测量分为偏转法和指零法两大类.被测量靠指示电表偏转示值,直接或间接得到结果都称为偏转法;被测量与标准量比较过程中,通过补偿或平衡原理并通过灵敏的指零仪表来检查是否达到平衡,靠标准量示值的称为指零法.

进一步分析,上述两类方法还可以分为各种专用方法,如图 2-68 所示.图中,箭头所示是分类的分支,偏转法和指零法都可以分为相同的几个分支.

直接测量中的直读偏转法是最常用的方法.例如,用电压表测量电压,用电流表测量电流,用欧姆表测量电阻等.这些仪表是预先经过标准仪表校对过的,它们的偏转值直接代表被测量的值.用伏安表法测量未知电阻是间接测量中的直读偏转法.

比较偏转法可以比较两个相同类别的电阻等电路参数,用偏转指示仪表来实现.比较过程在同一时刻或尽可能快地测完被比较的两个量,这样可以避免比较过程中由于非同

图 2-68   测量方法及分类示意图

一时刻而出现电源波动或外界因素变化所带来的影响.例如,可以用一个可调节的已知电阻与一个未知电阻比较它们的电压降,若两电压相等,则未知电阻就等于已知电阻的值.

替代偏转法实质上也是一种比较法,它是用一个已知的标准量去替代一个未知的被测量,而在替代前后测量装置(系统)的状态(电压和电流等)保持不变.测量装置的仪表是起监视或检测作用的,偏转读数本身并无意义.替代偏转法电路有电流偏转和电压偏转两类,它要求电源稳定,开关换位和测量应尽可能快地完成.替代法只是利用了装置的灵敏度而排除了装置本身的准确度,因而测量准确度大为提高.

差值偏转法是将同一类型的被测量和标准量进行比较,通过偏转仪表测出它们的差值从而得到被测量.如将两个电源的极性相对比较它们电动势的差值可得被测电动势值,只要两个比较的量差值越小,这种方法的准确度也就越高.如果标准量可调,使两者差值为零,则差值法变成替代法.差值法的另一个特点是可用小量程仪表测量两个各自都很大的量之间的差值,相当于把仪表量程扩展了.

直读指零法,用电桥测量电阻等电路参数就是直读指零法,要求指零仪表具有相适应的足够灵敏度.比较指零法是将相同类型的被测量与标准量直接或间接地进行比较,在比较过程中调节标准量使指零仪表指零,从而得到被测量的值.替代指零法,如直流单臂电桥,其测量臂经单刀双掷开关分别与被测量和可调标准量相接,使电桥平衡,标准量的值即为被测量,替代指零法最突出的优点是替代前后对测量装置状态保持不变的要求大为降低.差值指零法是替代指零法的延伸,如上述电桥例中,标准量不能连续变化,在替代过程中标准量的数值和被测量的数值不能做到完全相等,两次电桥平衡在另一微调桥臂上会有一增量,即是被测量与标准量的差值.显然,由于差值的存在,使电桥装置本身的误差影响了最终结果,为了减小差值指零法的误差,应尽可能减小差值.

还有其他的测量方法,读者可自行补充,或按其他归纳方法进行分类,比较它们的科学性和优缺点.

2. 测量方法选择的原则

(1) 足够的灵敏度;

(2) 适当的准确度;

(3) 对被测电路状态的影响要尽可能小;

(4) 测量简便可靠;

(5) 测量前的准备工作和测量后的数据处理应尽可能简便;

(6) 对被测对象的性质要了解清楚.如参数是否线性? 数量级如何? 对波形和频率有无要求? 对测量过程的稳定性有无要求?

根据以上要求综合考虑,合理地选择测量方法及有关的仪器设备.

通过本节实验的学习仅能为今后所从事的科研生产等工作打下一个基础,在真正的科学研究和生产实践中所进行的实验与教学中的实验虽有较大的不同,但扎实的基本训练是复杂实验的基础,这仍是很重要的.

在科学研究领域,理论的发展远远超过了实验,也就是说科学家们想到的,实验中却往往做不到或很难做到.当今物理学已进入到实证物理阶段,所涉及的实验大都是大规模、高投入.例如,在探索反物质的研究中,美籍华人物理学家丁肇中领导研制的阿尔法磁谱仪(AMS),于 1998 年 5 月 29 日由美国"发现者"号航天飞机送上太空,并最终在 2001

年被安装在太空中的国际空间站上,用于寻找太空中的反物质和暗物质.它主要是依靠巨大的有多种磁化方向的磁铁去观察各种离子的行为,从而发现反物质和暗物质.2011 年 5 月 16 日,奋进号航天飞机搭载阿尔法磁谱仪 AMS-02,从肯尼迪发射中心升空,安装到宇宙空间站太阳能桁架右侧.为了和空间站至少"共存共荣"到 2024 年,AMS-02 放弃了强度高 5 倍的超导磁铁而改用了寿命更长的永久磁铁.阿尔法磁谱仪几年间获取的宇宙线数据,远远超过了 100 年间积累的总和.能抓住反物质氦核吗? 能检出"超中性子"碰撞产生的带电粒子,从而让暗物质初现端倪吗? 寄望等到 2024 年以后,会有新的重大发现揭晓.

　　在工业生产中,建立在理论基础上通过实验总结出的经验被广泛应用,如飞机外形在风洞中的实验.这些实验重视在多因素环境中的综合实验结果,而不研究细节物理过程.

　　由上述可见,同学们应清醒地认识到本节所学内容在物理学中的定位,把它作为知识"大厦"的一块基石,为今后的发展创造条件.

实验 2.12　自组电桥的设计和应用

　　电桥是一种采用桥式电路并利用电势比较法进行测量的仪器,具有测试灵敏、准确度高、使用方便等特点,被广泛用来精确测量许多电学量(如电阻、电容、电感等)和非电学量(如温度、压力、形变等),是自动控制测量中常用的仪器之一.本实验将从最基本的惠斯通单臂电桥入手,学习平衡电桥和非平衡电桥的工作原理,掌握相关物理量的测量方法,并进一步利用测试平台自组设计温度传感器.

一、实验目的

　　1. 学习直流单臂电桥(或惠斯通电桥)的工作原理,了解电桥灵敏度的概念及计算方法,掌握中值电阻的测量方法;

　　2. 学习非平衡电桥测量电阻的工作原理,了解非电学量传感器的工作原理;

　　3. 了解铂热电阻的温度特性,自主设计并搭建实验部件模块,组合出一个温度计,并利用其测量人体手掌心温度.

二、实验仪器

　　自组电桥实验仪,电阻箱,金属电阻,温度计,导线,收纳盒等.

三、实验原理

　　电桥是将电阻、电容、电感等电参数变化量变换成电压或电流值的一种电路.电桥电路在检测技术中应用非常广泛,根据激励电源性质的不同,可把电桥分为直流电桥和交流电桥两种;根据桥臂阻抗性质的不同,可分为电阻电桥、电容电桥和电感电桥三种;根据电桥工作时是否平衡来区分,可分为平衡电桥和非平衡电桥两种.平衡电桥用于测量电阻、电容和电感,而非平衡电桥在传感技术和非电学量测量技术中广泛用作测量信号的转换.

电阻按其阻值可分为高、中、低三类,$R<1\ \Omega$ 的电阻叫做低值电阻,$R>10^6\ \Omega$ 的电阻叫做高值电阻,电阻值在 $1\sim10^6\ \Omega$ 的电阻叫做中值电阻.对于上述三类阻值的电阻,为了提高测量的准确度,一般需采用不同的方法和仪器进行测量.

在现代测量技术中常常需要将非电学量(温度、力、压力、加速度、位移等)利用传感器转变成电学量后再进行测量.由于这些信号通常很小,用一般的测量仪表很难直接检测出来,通常把它转换成电压变化后再用电测仪来进行测定.电桥电路正是进行这种变换的一种最常用的方法,由于电桥的灵敏度和准确度都很高,并且具有很大的灵活性,传感器可以放在桥路内,工作臂的数目可以从 1 个到 4 个任选,这些都可以提高精度改进性能.

1. 平衡电桥

(1) 单臂电桥平衡原理

电桥法测电阻是将待测电阻和标准电阻进行比较来确定其值的.由于标准电阻本身误差很小,因此电桥法测电阻可以达到很高的准确度.

直流单臂电桥(或惠斯通电桥)的原理如图 2-69 所示.图中的标准电阻 R_1、R_2、R_S 及待测电阻 R_x 构成四边形,每一边称作电桥的一个"臂".对角点 A、C 与 B、D 分别接电源 E 支路和检流计 G 支路.所谓"桥"就是指 BD 这条对角线而言,而检流计在这里的作用是将"桥"的两个端点 B、D 的电势直接进行比较.当接通电桥电源开关 B_0 和开关 G_0 时,检流计中就有电流流过,但当调节 4 个桥臂电阻到适当值时,使检流计中无电流通过,这时称为"电桥平衡".于是 B、D 两点的电势相等,亦即流过电阻 R_x 和 R_S 的电流一样,设为 I_1;流过 R_1 和 R_2 的电流也一样,设为 I_2,从而有如下关系式:

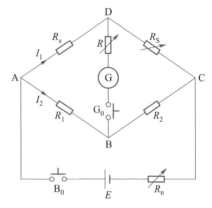

图 2-69　直流单臂电桥原理图

$$U_{AD}=U_{AB}\quad 即\quad I_1R_x=I_2R_1 \tag{2.12.1}$$

$$U_{DC}=U_{BC}\quad 即\quad I_1R_S=I_2R_2 \tag{2.12.2}$$

将式(2.12.1)除以式(2.12.2)得

$$\frac{R_x}{R_S}=\frac{R_1}{R_2} \tag{2.12.3}$$

式(2.12.3)就是电桥的平衡条件.它说明电桥平衡时,电桥的 4 个桥臂成比例.因此,待测电阻 R_x 的阻值为

$$R_x=\frac{R_1}{R_2}\times R_S \tag{2.12.4}$$

式中,R_1/R_2 称作比率.这样,就把待测电阻的阻值用 3 个标准电阻的阻值表示出来了.可见,电桥的平衡与通过电阻的电流大小无关.

(2) 单臂电桥的测量误差

单臂电桥在规定的使用条件下,如温度为(20 ± 5)℃,相对湿度为 40 %~70 %,电源电压偏离额定值不大于 10 %,绝缘电阻符合要求等,电桥各量程的允许基本误差为

$$E_{\lim} = \pm \frac{a}{100}\left(R_x + \frac{R_n}{10}\right) \tag{2.12.5}$$

式中 a 为准确度等级,对于本仪器,$a = 0.05$;R_x——标度盘示值,单位为 Ω;R_n——基准值,单位为 Ω.取该量程内最大的 10 的整数幂.对于不同的待测电阻,取不同的值,如实验待测电阻 R_{x1} 的大小为几十欧姆,则 $R_n = 10^2$ Ω,实验待测电阻 R_{x2} 的大小为几百欧姆,则 $R_n = 10^3$ Ω.物理实验可不考虑实验条件偏离使用条件所附加的误差,通常可把 $E_{\lim}$ 的绝对值作为测量结果的仪器误差.

（3）电桥灵敏度

在实际操作时,通常是通过观察检流计指针有无偏转来判断电桥是否平衡,但检流计的灵敏度总是有限的.为了能够定量反映这一误差的大小,我们引入了电桥灵敏度 S 的概念,它的定义式为

$$S = \frac{\Delta n}{\Delta R_x / R_x} \tag{2.12.6}$$

式中,ΔR_x 为在电桥平衡后,使电桥略失平衡时 R_x 的微小改变量;Δn 为由于电桥偏离平衡而引起的电流计偏转的格数(一般允许偏转 1 格左右).

因此 S 在数值上等于电桥臂有单位增量 $\Delta R_x / R_x$ 时,所引起的检流计的相应偏转格数.由于待测电阻 R_x 值是不能改变的,因此实际改变的是比较臂 R_s,所以式(2.12.6)可改写为

$$S = \frac{\Delta n}{\Delta R_s / R_s} \tag{2.12.7}$$

S 越大,说明电桥灵敏度越高,带来的误差就越小.实验和理论证明,电桥灵敏度 S 与检流计的电流灵敏度 S_i 成正比,与比例臂 R_1/R_2 和检流计内阻 R_g 等有关.

注意:减小电桥测量误差的方法:

① 由电桥灵敏度而引入的误差,可采用下面的方法减小测量误差.

a. 选择合适的比例臂 R_1/R_2,如果条件许可,R_x 值恰在 R_s 调节范围内,一般采用

$$\frac{R_1}{R_2} = 1 \tag{2.12.8}$$

的比例臂,因为这时 $\Delta R_s / R_s$ 最小.

b. 增大电源电压 E(本实验中是增大 AC 端电压,即减小 R_n 值),但要注意各元件允许的功率.

c. 选择灵敏度稍高的检流计,但不要太高,否则操作起来不太方便.

② 由桥臂元件及 R_1、R_2 和 R_s 的准确度等级而引起的误差.为了减小这类误差,可在比例臂 $R_1/R_2 = 1$ 的情况下,将测量臂 R_x 与比较臂 R_s 互易位置,分别测量互易前后电桥平衡时比较臂的指示值 R_s 和 R_s'.由式(2.12.1),考虑到 R_s 和 R_s' 相差甚微,利用近似关系可得

$$R_x = \sqrt{R_s \cdot R_s'} = \frac{1}{2}(R_s + R_s') \tag{2.12.9}$$

这样,就可消除由于电阻元件值的偏差引入的系统误差.

2. 非平衡电桥

(1) 非平衡电桥工作原理

非平衡电桥的基本原理是通过桥式电路来测量电阻,根据电桥输出的不平衡电压,经过计算可以得到相应电阻的变化.再进行运算处理,从而得到引起电阻变化的其他物理量,如温度、压力、形变等.非平衡电桥在构成形式上与平衡电桥相似,但在测量方法上有很大差别.我们可以对照平衡电桥来学习.

非平衡电桥与平衡电桥有什么异同呢?

非平衡电桥的电路与平衡电桥电路相似;非平衡电桥的原理如图 2-70 所示.

不同在于:平衡电桥需要调节电桥平衡,$I_g = 0$,利用平衡时 D、B 点电势相等的关系求电阻;非平衡电桥,不需要调节电桥平衡,即不需要 $I_g = 0$,而是通过 D、B 两点的电势差求电阻.为了测量和阐述方便,我们将平衡电桥电路中

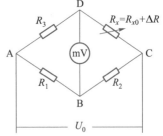

图 2-70　非平衡电桥原理图

的检流计、电阻等换成可直接测量 B、D 两点电压差的毫伏表.如图 2-70 所示,非平衡电桥是使 R_1、R_2、R_3 保持不变,R_x 变化时则 U_{BD} 变化.根据 U_{BD} 与 R_x 的函数关系,通过检测 U_{BD} 的变化从而测得 R_x,由于可以检测连续变化的 U_{BD},所以可以检测连续变化的 R_x,进而检测连续变化的非电学量.

现在我们来看一下电桥 D、B 间的输出电压:当电桥平衡时 $U_D = U_B$,即 $U_{DB} = 0$,有 $R_1 : R_3 = R_2 : R_x$ 或 $R_1 R_x = R_2 R_3$,若把 R_x 的阻值由原来的 R_{x0} 变化为 $R_{x0} + \Delta R$,则有非平衡电压输出.即电桥不平衡时 $U_D \neq U_B$,即 $U_{DB} \neq 0$,则

$$U_{DB} = U_D - U_B = \left(\frac{R_{x0} + \Delta R}{R_{x0} + \Delta R + R_3} - \frac{R_2}{R_1 + R_2} \right) U_0 = \frac{R_1 \times \Delta R \times U_0}{(R_{x0} + \Delta R + R_3)(R_1 + R_2)} = \frac{\Delta R \times U_0}{R_{x0} \left(1 + \frac{R_3}{R_{x0}} + \frac{\Delta R}{R_{x0}} \right) \left(1 + \frac{R_2}{R_1} \right)}$$

$$(2.12.10)$$

设 $R_1 / R_2 = K$,则 U_{DB} 可以化简成如下形式:

$$U_{DB} = \frac{\dfrac{\Delta R}{R_{x0}}}{(1 + K) + \dfrac{\Delta R}{R_{x0}}} \times \frac{K}{1 + K} U_0 \qquad (2.12.11)$$

(2) 非平衡电桥的桥路形式,及其桥路电压输出

非平衡电桥一般有四种桥路形式:

第一种,等臂非平衡电桥,$K = 1$ 且 $R_1 = R_3$,即 $R_1 = R_2$ 且 $R_1 = R_3$,这时桥路电压输出可以简化成如下形式:

$$U_{DB} = \frac{\dfrac{\Delta R}{R_{x0}}}{2 + \dfrac{\Delta R}{R_{x0}}} \times \frac{U_0}{2} \qquad (2.12.12)$$

第二种,卧式非平衡电桥,$K = 1$ 且 $R_1 \neq R_3$,即 $R_1 = R_2$ 且 $R_1 \neq R_3$,这时桥路电压输出

可以简化成如下形式：

$$U_{DB} = \frac{\dfrac{\Delta R}{R_{x0}}}{2+\dfrac{\Delta R}{R_{x0}}} \times \frac{U_0}{2} \qquad (2.12.13)$$

这个形式与等臂非平衡电桥形式相同.

第三种,立式非平衡电桥, $K \neq 1$ 且 $R_1 = R_3$,即 $R_1 \neq R_2$ 且 $R_1 = R_3$,这时桥路电压输出可以简化成如下形式：

$$U_{DB} = \frac{\dfrac{\Delta R}{R_{x0}}}{(1+K)+\dfrac{\Delta R}{R_{x0}}} \times \frac{K}{1+K} U_0 \qquad (2.12.14)$$

第四种,一般比例的非平衡电桥, $K \neq 1$ 且 $R_1 \neq R_3$,即 $R_1 \neq R_2$ 且 $R_1 \neq R_3$,这时桥路电压输出可以简化成如下形式：

$$U_{DB} = \frac{\dfrac{\Delta R}{R_{x0}}}{(1+K)+\dfrac{\Delta R}{R_{x0}}} \times \frac{K}{1+K} U_0 \qquad (2.12.15)$$

这个形式与立式非平衡电桥形式相同.

当 $\Delta R \ll R_{x0}$ 时,等臂非平衡电桥与卧式非平衡电桥的电压输出可以简化成如下形式：

$$U_{DB} = \frac{1}{4} \frac{\Delta R}{R_{x0}} U_0 \qquad (2.12.16)$$

当 $\Delta R \ll R_{x0}$ 时,立式非平衡电桥与一般非平衡电桥的电压输出可以简化成如下形式：

$$U_{DB} = \frac{K \Delta R}{(1+K)^2 R_{x0}} U_0 \qquad (2.12.17)$$

从这两个式子可以看出,无论是哪一种非平衡电桥的形式,当 $\Delta R \ll R_{x0}$ 时, U_{DB} 与 ΔR 成线性关系.

（3）非平衡电桥的测试方法

用非平衡电桥测量电阻的方法正是利用桥电压与被测电阻的关系得到的.测量方法如下：

首先将被测电阻(传感器)接入非平衡电桥,并进行初始平衡,这时电桥输出为0.改变被测的非电学量,则被测电阻也发生变化.这时电桥也有相应的电压 U_{DB} 输出.测出这个电压后,可根据这两个方程计算得到 ΔR .

对于 $\Delta R \ll R_{x0}$ 的情况,可按它们的化简形式计算得到 ΔR .

其次根据测量结果求得 $R_x = R_{x0} + \Delta R$,并可作 $U_{DB} - \Delta R$ 曲线,曲线的斜率就是电桥的测量灵敏度.所绘出的 $U_{DB} - \Delta R$ 曲线可以作为该测量电路中 U_{DB} 和 ΔR 工作曲线,可由 U_{DB} 的值根据曲线得到 ΔR 的值,也就是可根据电桥的输出 U_{DB} 来得到被测电阻 R_x .

若被测电阻是某种与电阻相关联的传感器,根据其非平衡电桥输出电压与传感器电阻的变化,经过运算处理可以得到引起电阻变化的其他物理量,如温度、压力等.最常见的实例有数字体温计、血压计等.

3. 金属导体的电阻与温度的关系

一般用纯金属制成的电阻,其阻值都有规则地随着温度的升高而增大,它们有以下关系:

$$R_t = R_0(1 + \alpha t + \beta t^2 + \cdots) \tag{2.12.18}$$

式中,R_t 为金属在温度 $t(\text{℃})$ 时的电阻值,R_0 为金属在 0℃ 时的电阻值,α、β 是与金属材料有关的常量.对于纯金属,平方以上的项常数很小,一般可以忽略不计,且在温度不太高的情况下,金属电阻值与温度的关系是近似线性关系,于是式(2.12.6)可简化为

$$R_t = R_0(1 + \alpha t) \tag{2.12.19}$$

式中 α 称为电阻温度系数,其物理意义表示所论金属的温度相对 0℃ 升高 1℃ 时,其电阻对于 R_0 的相对变化量,α 与金属材料及其纯度有关.

根据式(2.12.19),只要测出一组不同温度 $t(\text{℃})$ 时的金属电阻 R_t 的值,作出 R_t-t 图,根据作图所得直线的斜率和截距,便可求得被测金属材料的电阻温度系数 α,及温度为 0℃ 时的电阻值 R_0.

Pt100 温度传感器介绍

当温度变化时,导体或半导体的电阻值随温度而变化,这称为热电阻效应.根据电阻与温度的对应关系,通过测量电阻值的变化可以检测温度的变化,由此可制成热电阻温度传感器.一般将金属材料的电阻温度传感器称为热电阻,半导体材料的则称为热敏电阻.

通常金属材料的电阻值随温度升高而增大.这是因为温度越高,晶格振动越剧烈,从而使电子和晶格的相互作用越强,因此金属热电阻一般具有正温度系数.常用的热电阻材料有铜和铂.

工业用铂热电阻(Pt10、Pt100、Pt1000)广泛用来测量 $-200 \sim 850\ \text{℃}$ 范围的温度.在少数情况下,低温可测至 $-272\ \text{℃}(1\ \text{K})$,高温可测至 $1\ 000\ \text{℃}$.标准铂电阻温度计的准确度最高,可作为国际温标中 $961.78\ \text{℃}$ 以下内插用标准温度计.它具有准确度高、灵敏度高、稳定性好等优点.工业铂热电阻温度特性如下:

在 $-200 \sim 0\ \text{℃}$ 时,有

$$R_T = R_0 \left[1 + \alpha T + \beta T^2 + \gamma(T-100)T^3 \right] \tag{2.12.20}$$

在 $0 \sim 850\ \text{℃}$ 时,有

$$R_T = R_0(1 + \alpha T + \beta T^2) \tag{2.12.21}$$

式中,R_T 为温度 T 时的铂电阻阻值,R_0 为 0℃ 时铂电阻的阻值.式中,$\alpha = 3.908\ 3 \times 10^{-3}\text{℃}^{-1}$,$\beta = -5.775 \times 10^{-7}\text{℃}^{-2}$,$\gamma = -4.183 \times 10^{-12}\text{℃}^{-4}$.

在 $-200 \sim 850\ \text{℃}$,B 级工业铂热电阻有关技术参数如下:

测温允许偏差/℃:$\pm(0.30 + 0.005\,|\,T\,|)$

电阻比 $W_{100}(R_{100}/R_0)$:1.385 ± 0.001

对于 Pt100,当 $T = 0\ \text{℃}$ 时,$R_0 = 100\ \Omega$;当 $T = 100\ \text{℃}$ 时,$R_{100} = 138.5\ \Omega$.

在 $0 \sim 100\ \text{℃}$ 范围内,式(2.12.13)可近似为

$$R_T = R_0(1 + \alpha T) \tag{2.12.22}$$

式中,α 为正温度系数,约为 $3.85 \times 10^{-3}\text{℃}^{-1}$.

使用铂电阻测温时,可根据需要将其封装成不同形状的温度传感器.实验用铂电阻封装在不锈钢管中,位于前端约 $1\ \text{cm}$ 处.

电阻通过电流会发热,当然就会影响温度测量的准确性.为减小误差就要减少自身发热,希望通过 Pt100 的电流尽量小.一般要求流经 Pt100 的电流不能超过 5 mA.

Pt100 温度传感器就是利用 Pt100 的该项性质做成的传感器,将 Pt100 作为电桥的一个臂设计成电路,就可将温度信号转换成电信号输出.

四、 实验内容及步骤

1. 直流单臂电桥测量未知电阻的阻值

用单臂直流电桥测量 R_x 在不同比例臂下的电桥灵敏度;及在比例臂为 1 的情况下测量三个未知电阻(数量级分别为几十欧姆、几百欧姆和几千欧姆)的大小.

(1)单臂电桥调平衡的方法

电桥的各个端口按照图 2-69 连接.通过仪器上的丝印确认待测电阻的数量级,然后将比例臂调整为同数量级最大电阻值,然后合上电源开关,再将检流计开关 S_g 拨向"粗测",在合上 S_g 的瞬间观察检流计偏转情况,适当调节 R_S 使偏转减小,使检流计指针趋向零位.减小检流计保护电阻 R 的阻值(拨向"细测")以提高检流计灵敏度,进一步调节 R_S,使检流计无偏转,直到检流计指针无微小颤动为止,此时电桥达到平衡.

(2)不同比例臂下电桥灵敏度

按照面板上"直流单臂电桥"电路连接实验线路,"R_S"是比较臂上的电阻,"R_x"为被测电阻(建议选待测电阻 R_{x2}).将待测电阻 R_{x2} 接在"R_x"接线端钮之间,连接接线端口,接好实验线路.分别选取比例臂 R_1/R_2 为 10、1、0.1 时,在电桥达到平衡后,测量并记录 R_S,然后将 R_S 值增加 ΔR_S,使检流计指针偏转 1 格.根据式(2.12.7),计算对应比例臂下电桥的灵敏度 S.

表 2-12-1   不同比例臂下电桥灵敏度

R_1/R_2	R_S/Ω	$\Delta R_S/\Omega$	S
10			
1			
0.1			

(3)测量三个未知电阻

取 $R_1 : R_2 = 1 : 1$,测量待测电阻 R_{xi},并用交换法作一次完整的测量.当电桥达到平衡后,记录下对应的 R_S 值.互易比率臂 R_1 和 R_2(或者互易比较臂 R_S 和测量臂 R_x),用同样的方法测出 R'_S,就可用公式(2.12.9)计算出 R_{xi} 的值.

表 2-12-2   三个待测电阻的阻值

R_{xi}	R_S/Ω	R'_S/Ω	测量结果/Ω
R_{x1}			
R_{x2}			
R_{x3}			

2. 数字温度计的设计

自主设计数字温度计,精确测量范围:0~100 ℃.

(1)利用实验部件模块,采用平衡电桥法或非平衡电桥法,测量 25~85 ℃ 温度范围内 Pt100 的电阻值(平衡法)或电压值(非平衡法).

(2)拟合 Pt100 电阻值与温度的关系曲线,并计算 Pt100 的温度系数 α 和 0 ℃ 时 Pt100 的电阻值.

(3)将 PT100 冷却至室温,利用上述电路及 Pt100 的电阻值(平衡法)或电压值(非平衡法)与温度的关系曲线测量手掌心温度.

注意:由于 Pt100 电阻内部电流不宜超过 5 mA,故在该实验中一般将供电电压调在 1 V即可.

附:非平衡电桥制备温度传感器的步骤

1. 预调电桥平衡

选等臂电桥或卧式电桥做一组 U_0、ΔR 数据,先测出 $R_{x0} =$ _____ Ω,可用单桥测量,调节桥臂电阻,使 $U_0 = 0$,并记下初始温度 $t_0 =$ _____ ℃.

2. 测量 Pt100 温度与电桥电压的关系

将 Pt100 置于加温装置,用温度计读温度,并读取相应的电桥输出 U_0,每隔一定温度测量一次,记录于表 2-12-3 中.

利用式(2.12.12)或式(2.12.13)可以导出电压与电阻的关系式,求出各个温度下对应的电阻值,填入表 2-12-3 中.

表 2-12-3　Pt100 温度与电桥输出电压的关系(等臂电桥)

温度/℃	室温	30	35	40	45	50	55	60	65	70	75	80	85
U_{DB}/mV													
R_t/Ω													

3. 利用表 2-12-3 数据,画出电压与温度的关系曲线.

4. 利用表 2-12-3 数据,画出 Pt100 传感器的工作曲线(R_x-t 曲线),根据作图所得直线的斜率和截距,便可求得被测金属材料的电阻温度系数 α,及温度为 0 ℃ 时的电阻值 R_0.

5. 手心紧握 Pt100 传感器探头,记录此时对应的电压值,利用电压与温度的关系曲线读出人体手掌心温度.

6. 分析以上测量的误差大小,并讨论原因.

五、　思考与讨论

1. 为什么单臂惠斯通电桥不能测量太小或太大阻值的电阻?

2. 在实验中为了提高电桥灵敏度是否可以无限提升电源电压?

3. 非平衡电桥与平衡电桥有什么异同?

六、 扩展应用——非平衡电桥与应变测力传感器

1. 利用本实验的基本原理和方法学习测定应变测力传感器输出特性

（1）研究单臂、双臂和全臂输入时电桥的电压输出特性及灵敏度.

（2）测量应变测力传感器电源电压 E 与电桥输出电压 U_0 的关系.

（3）用应变测力传感器测量物体的重量.

2. 压力传感器

压力传感器是一种把非电学量（力）转换成电信号的传感器.弹性体在压力（重量）作用下产生形变（应变），导致（按电桥方式连接）黏贴于弹性体上的应变片产生电阻变化.

压力传感器的主要指标是它的最大载重（压力量程）、灵敏度、输出输入电阻值、工作电压（或激励电压 E）、输出电压（U_0）范围.

压力传感器是由特殊工艺材料制成的弹性体、电阻应变片、温度补偿电路组成的；并采用非平衡电桥方式连接，最后密封在弹性体中.

（1）弹性体

弹性体一般由合金材料冶炼制成,加工成 S 型、长条型、圆柱型等.为了产生一定弹性,挖空或部分挖空其内部.

（2）电阻应变片

金属导体的电阻 R 与其电阻率 ρ、长度 L、截面 A 的大小有关,即

$$R = \rho \frac{L}{A} \tag{2.12.23}$$

导体在承受机械形变过程中,电阻率、长度、截面都要发生变化,从而导致其电阻变化,有

$$\frac{\Delta R}{R} = \frac{\Delta \rho}{\rho} + \frac{\Delta L}{L} - \frac{\Delta A}{A} \tag{2.12.24}$$

这样就把所承受的应力转变成应变,进而转换成电阻的变化.因此,电阻应变片能将弹性体上应力的变化转换为电阻的变化.

（3）电阻应变片的结构

电阻应变片一般由基底片、敏感栅、引线及覆盖片用黏合剂黏合而成,结构如图 2-71 所示.

1—敏感栅（金属电阻丝）；2—基底片；3—覆盖层；4—引出线

图 2-71　电阻丝应变片结构示意图

① 敏感栅：敏感栅是感应弹性应变的敏感部分.敏感栅由直径约 0.01 ~ 0.05 mm 的高电阻系数的细丝弯曲成栅状,它实际上是一个电阻元件,是电阻应变片感受弹性体应变

的敏感部分.敏感栅用黏合剂固定在基底片上.$b \times l$ 称为应变片的使用面积(应变片工作宽度为 b,应变片标距为 l),应变片的规格一般用使用面积和电阻值来表示,如 3×10 mm^2,350 Ω.

② 基底片:基底片将弹性体上的应变准确地传递到敏感栅上去,因此基底片必须做得很薄,一般为 0.03～0.06 mm,使它能与弹性体及敏感栅牢固地黏结在一起.另外,它还具有良好的绝缘性、抗潮性和耐热性.基底片材料包括纸、胶膜和玻璃纤维布等.

③ 引出线的作用是将敏感栅电阻元件与测量电路相连接,一般由 0.1～0.2 mm 低阻镀锡钢丝制成.覆盖层起保护作用.

④ 黏合剂:将应变片用黏合剂牢固地黏贴在被测试件的表面上,随着试件受力形变,应变片的敏感栅也获得同样的形变,从而使其电阻随之发生改变,通过测量电阻值的变化可反映出外力作用的大小.

实验中使用的应变测力传感器是将电阻应变片贴于双孔平行梁式结构 A 上,该传感器具有抗偏载的力学特性,弹性体的应变量只与作用在弹性体平面、且与轴线垂直的力分量有关,与其他方向的力分量无关.

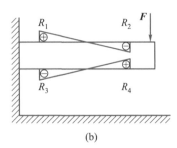

图 2-72　双孔平行梁式应变测力传感器示意图

如图 2-72 所示,对于双孔结构,应变梁悬臂端在向下的力作用下,电阻片 R_1 电阻增大,R_2 电阻减小,同时 R_3 电阻减小,R_4 电阻增大.

若弹性梁所受外力反向,传感器各电阻值的变化与上述变化也完全相反.电阻片 R_1 电阻减小,R_2 电阻增大,同时 R_3 电阻增大,R_4 电阻减小.

应变片可以把应变的变化转换为电阻的变化,为了显示和记录应变的大小,还需把电阻的变化再转换为电压或电流的变化.最常用的测量电路为电桥电路.

3. 实验内容

（1）单臂输入时电桥的电压输出特性

图 2-73 是惠斯通电桥的基本电路.当电桥平衡时,$R_1 : R_2 = R_3 : R_4$,电路中 A、B 两点间的输出电势差 $U_0 = 0$,若此时使一个桥臂的电阻(如 R_1)增加很小的电阻 ΔR,即 $R_1 = R_0 + \Delta R$,则电桥失去平衡,电路中 A、B 两点间存在一定的电势差 U_0,该电势差即为电桥不平衡时的输出电压.

若电桥供电电源的电压为 E,根据串联电阻分压原理,图 2-73 中的电路若以 C 点为零电势参考点,

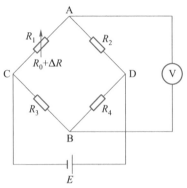

图 2-73　单臂原理

则电桥的输出电压为

$$U_0 = V_A - V_B = \left(\frac{R_0 + \Delta R}{R_0 + \Delta R + R_2} - \frac{R_3}{R_3 + R_4} \right) E = \frac{R_4 \Delta R}{(R_0 + \Delta R + R_2)(R_3 + R_4)} E = \frac{\Delta R}{R_0 \left(1 + \frac{\Delta R}{R_0} + \frac{R_2}{R_0} \right) \left(1 + \frac{R_3}{R_4} \right)} E$$

令电桥比率 $K = \dfrac{R_3}{R_4}$，根据电桥平衡条件 $\dfrac{R_0}{R_2} = \dfrac{R_3}{R_4}$，且当 $\Delta R \ll R_0$ 时，略去分母中的微小项 $\dfrac{\Delta R}{R_0}$，有

$$U_0 \approx \frac{K \Delta R E}{(1+K)^2 R_0} \tag{2.12.25}$$

定义 $S_u = \dfrac{U_0}{\Delta R}$ 为电桥的输出电压灵敏度，则有

$$S_u = \frac{KE}{(1+K)^2 R_0} \tag{2.12.26}$$

由式(2.12.25)可知，当 $\dfrac{\Delta R}{R_0} \ll 1$ 时，非平衡电桥输出电压与 ΔR 呈线性关系.由式 (2.12.26)可知，电桥的输出电压灵敏度由选择的电桥比率 K 及供电电源电压决定.电桥 供电电压一定，当 $K = 1$ 时，电桥输出电压灵敏度最大，且为

$$S_{max} = \frac{E}{4 R_0} \tag{2.12.27}$$

若 $\dfrac{\Delta R}{R_0}$ 不能略去，则式(2.12.24)应为

$$U_0 = \frac{\Delta R / R_0}{(1+K) + (\Delta R / R_0) K} \cdot \frac{K}{1+K} \cdot E \tag{2.12.28}$$

（2）双臂输入时电桥的电压输出特性

在惠斯通电桥电路中，若在相邻臂内接入两个变化量的大小相等、符号相反的可变 电阻，这种电桥电路称为半桥差动电路，如图 2-74 所示.

对于半桥差动电路，若电桥开始时是平衡的，则 $R_1 : R_2 = R_3 : R_4$.若平衡时 $R_1 = R_2 = R_3 = R_4 = R_0$，在加 力的情况下，$\Delta R_1 = \Delta R_2 = \Delta R$，则半桥差动电路的输出 电压为

$$U_0 = \frac{\Delta R}{2 R_0} E \tag{2.12.29}$$

电桥的输出电压灵敏度为

$$S = \frac{E}{2 R_0} \tag{2.12.30}$$

可见，半桥差动电路的输出电压灵敏度比单臂输入时 的最大电桥电压灵敏度提高了一倍.

（3）四臂输入时电桥的电压输出特性

图 2-74　半桥差动电路

在惠斯通电桥电路中,若电桥的四个臂均采用可变电阻,即将两个变化量符号相反的可变电阻接入相邻桥臂内,而将两个变化量符号相同的可变电阻接入相对桥臂内,这样构成的电桥电路称为全桥差动电路.

为了消除电桥电路的非线性误差,通常采用非平衡电桥进行测量.传感器上的电阻 R_1、R_2、R_3、R_4 接成如图 2-75 所示的直流桥路,CD 两端接稳压电源 E,AB 两端为电桥电压输出端 U_0,可得

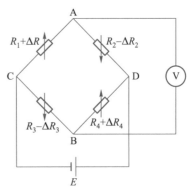

$$U_0 = E\left(\frac{R_1}{R_1+R_2} - \frac{R_3}{R_3+R_4}\right) \quad (2.12.31)$$

当电桥平衡时,$U_0 = 0$,于是可得

$$\frac{R_1}{R_2} = \frac{R_3}{R_4} \quad (2.12.32)$$

图 2-75 全桥差动电路

式(2.12.32)就是我们熟悉的电桥平衡条件.若在传感器上贴的电阻片是四片相同的电阻片,其电阻值相同,即有

$$R_1 = R_2 = R_3 = R_4 = R \quad (2.12.33)$$

所以当传感器不受外力作用时,电桥满足平衡条件,AB 两端输出的电压 $U_0 = 0$.

当梁受到载荷 F 的作用时,R_1 和 R_4 增大,R_2 和 R_3 减小,如图 2-75 所示,这时电桥不平衡,并有

$$U_0 = E\left(\frac{R_1+\Delta R_1}{R_1+\Delta R_1+R_2-\Delta R_2} - \frac{R_3-\Delta R_3}{R_3+\Delta R_3+R_4-\Delta R_4}\right) \quad (2.12.34)$$

假设

$$\Delta R_1 = \Delta R_2 = \Delta R_3 = \Delta R_4 = \Delta R \quad (2.12.35)$$

将式(2.12.33)、式(2.12.35)带入式(2.12.34)得全桥差动电路的输出电压为

$$U_0 = E \cdot \frac{\Delta R}{R} \quad (2.12.36)$$

输出电压灵敏度为

$$S = \frac{U_0}{\Delta R} = \frac{E}{R} \quad (2.12.37)$$

由式(2.12.36)可知,电桥输出的不平衡电压 U_0 与电阻的变化 ΔR 成正比,如测出 U_0 的大小即可反映外力 F 的大小.由式(2.12.36)还可说明电源电压 E 不稳定将给测量结果带来误差,因此电源电压一定要稳定.另外,若要获得较大的输出电压 U_0,可以采用较高的电源电压,但电源电压的提高受两方面的限制,一是应变片的允许温度,一是应变电桥电阻的温度误差.

由式(2.12.37)可知,全桥差动电路在半桥差动电路的基础上输出电压的灵敏度提升了一倍.

实验 2.13 直流电势差计及其应用

直流电势差计是一种根据补偿原理制成的用途十分广泛的高准确度和高灵敏度的

比较式电测仪器.它主要用来测量直流电动势和电压,在配合标准电阻时也可测量电流和电阻,还可以用来校准直流电桥和精密电表等直读式仪表.电势差计中所利用的补偿原理还常用在一些非电学量(如压力、温度、位移等)的测量中及自动检测和控制系统中,其准确度可达 0.001%.

一、 实验目的

1. 了解补偿、平衡、比较的测量方法;
2. 掌握电势差计的构造、工作原理及使用方法;
3. 了解热电偶的测温原理和方法,并熟悉灵敏电流计和标准电池的使用.

二、 实验仪器

UJ31 型低电势直流电势差计,直流复射式检流计,直流电源,标准电池,温度计,镍铬-康铜热电偶,电热器,保温瓶,电路板,标准电阻箱等.

三、 实验原理

电势差计是根据补偿原理并应用比较法,将待测电动势(或电压)与标准电动势(或电压)相比较来进行测量的仪器.

1. 补偿原理

在使用各种系列的指针式直读仪表进行测量时,由于测量仪器进入被测系统后,使该系统的状态发生变化,从而不能得到被测量的客观值.如用伏安法测量电阻 R 的大小,如第 1 章图 1-4(a)所示,无论采用电流表内接还是电流表外接,仪表工作时都要从被测电路中吸收一部分能量,使测量值电流或电压总有一个是不真实的,从而造成"系统误差".

如果采用补偿法测量电压,就可以消除这种误差.将图 1-4(a)的电路补充一些仪器和元件,变成图 1-4(b)所示的电路,即组成一个"可调的标准电压箱",并调节它的电压 U_N,使它的大小与被测电阻 R 上的压降 U_x 相等,这时,检流计 G 指"0",G 支路中没有电流流过,于是有 $U_x = U_N$,这时称 U_x 与 U_N 互相补偿.这种测量方法称为补偿法,图 2-76 所示为其原理图.

由以上讨论可知:要用补偿法对电动势(或电压)进行高准确度的测量,除补偿原理外,还要有高准确度的可调标准电源,高准确度的读数装置及灵敏度足够高的检流计,直流电势差计就是根据这些原理及要求制成的.

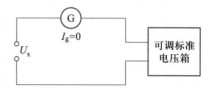

图 2-76　补偿法原理图

按获得可变标准电压的方法不同,直流电势差计可分为两大类.

第一类是定流变阻式,原理性电路如图 2-77 所示.图中,电流 I_P 固定不变,改变 R_0

上分出电压的数值使标准电压 $U_0 = I_P R_0'$ 发生变化.当 $U_x = U_0$ 时,检流计 G 指零,U_x 的数值可以从 $I_P R_0'$ 得到.又因为 I_P 的值固定不变,用 R_0' 的值可以代表 U_x 的大小,R_0' 可以直接用 U_x 标度.

第二类是定阻变流式,原理性电路如图 2-78 所示.图中,电阻 R_0 的数值保持不变,通过改变 R_P 的大小使电流 I_P 的数值发生变化,从而改变标准电压 U_0 的数值,当 $U_x = U_0$ 时,检流计 G 指零,U_x 的数值可以从 $I_P R_0$ 得到.由于 R_0 值固定,U_x 的值可以从电流表直接读出,I_P 可直接用 U_x 来标度.

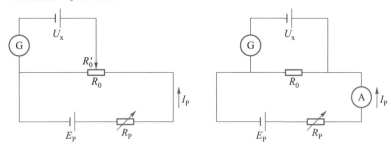

图 2-77　定流变阻式电势差计原理　　图 2-78　定阻变流式电势差计原理

2. 定流变阻式直流电势差计的工作原理及使用方法

定流变阻式直流电势差计的基本原理如图 2-79 所示,图中各符号的含义是:

E_s—标准电池,它是标准量具,提供准确的电动势;E_x—待测电动势;E—电势差计的工作电源,由它提供工作电流 I_P,要求输出的电压稳定;R_s—s、o 两点间的电阻,称为标准电阻;R_x—x、o 两点间的电阻,称测量电阻,也称补偿电阻,要求其数值连续可调,而且准确、稳定;R_P—工作电流调节电阻,要求它有一定的调节细度;G—检流计;S—工作电源开关;S_1—检流计按钮开关;S_2—选择开关.

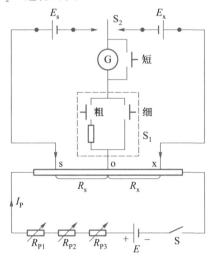

图 2-79　电势差计基本工作原理

直流电势差计的原理图可分为三个回路:

（1）工作电流（I_P）调节回路.由工作电源 E、调节电阻 R_P、标准电阻 R_s 及补偿电阻 R_x 组成.

（2）校准工作电流回路.由标准电池 E_s、标准电阻 R_s 及检流计 G 组成.

（3）测量电压回路（也称补偿回路）.由补偿电阻 R_x、被测电动势 E_x 及检流计 G 组成.

本实验使用 UJ31 型低电势直流电势差计,它的测量范围有两挡;1 μV ~ 17.1 mV 和 10 μV ~ 171 mV.其面板如图 2-80 所示,它与工作原理图 2-79 对照如表 2-13-1 所示.

图 2-80   UJ31 型直流电势差计面板图

表 2-13-1   原理图与面板图对照表

原理图 （图 2-79）	面板图（图 2-80）
R_s	标有 R_s 的旋钮,用来调节 R_s 两端电压,使与标准电动势 E_s 补偿
R_x	标有 Ⅰ、Ⅱ、Ⅲ 的三个测量转盘,用来调节 R_x 两端电压,使与未知电动势 E_x 补偿
R_P	标有 R_{P1}、R_{P2}、R_{P3} 的三个旋钮,用来调节工作电流
S	标有 S 的旋钮,"断"的位置为切断工作电源,两个接通位置中"×10"比"×1"的量程大 10 倍
S_1	标有 S_1 的两个按钮,其中"粗"按钮串有保护电阻,应先按它,以保护标准电池和检流计
S_2	标有 S_2 的旋钮,与标准电动势补偿时,应指"标准";与未知电动势补偿时,应指"未知 1"或"未知 2";S_2 是选择开关

图 2-80 中左下方"短路"按钮单独按下时,可使检流计两端直接接通,因而可使摆动的检流计的光标很快停下来.图 2-80 中上边一排接线柱分别用来连接标准电池 E_s、检流计 G、工作电源 E（6 V 左右）、待测未知电动势 E_{x1} 或 E_{x2}.

3. UJ31 型电势差计的使用方法

（1）用标准电池校准工作电流

先根据标准电池 20 ℃时的电动势数值和室温,由式（2.13.4）算出室温下标准电动势 E_s 的值,然后,调节 R_s 旋钮到相应值.将 S_2 拨至"标准",接通 S,在按下 S_1（先粗后细）的同时调节 R_P,以改变工作回路中的电流 I_P,使 R_s 两端的电压与 E_s 值完全补偿而达到平衡（检流计指"0"）.这时电势差计的工作电流就被"校准"到规定值,用 $I_{规}$ 表示.则

$$E_s = I_{规} R_s \quad 或 \quad I_{规} = \frac{E_s}{R_s} \tag{2.13.1}$$

（2）测量未知电动势

将 S_2 与 E_x 接通，R_p 值不变.按下 S_1，调节 R_x 的阻值，使其两端的电压与 E_x 值完全补偿而达到平衡，此时有

$$E_x = I_{规} R_x \tag{2.13.2}$$

由式（2.13.1）和式（2.13.2）可得

$$E_x = \frac{R_x}{R_s} E_s \tag{2.13.3}$$

这样，未知电动势就可由式（2.13.3）求得.

为了测量方便，工艺上已将 $E_x = I_{规} R_x$ 值直接标在 R_x 处.且在 R_s 处标以 E_s 值（即 $E_s = I_{规} \cdot R_s$ 值）.因此，不用计算便能直接读出未知电动势的测量值.

可见，电势差计是通过电阻 R_s 和 R_x 把被测量 E_x 与标准 E_s 进行比较的，只要电阻 R_s 和 R_x 制造得足够准确，电势差计就可得到比较准确的测量结果.同时，在比较过程中，必须保证工作电流 I_P 不变，因此，调节 R_s 和 R_x 时不能改变电势差计回路的总电阻.

4. 热电偶测温原理

用两种金属组成一个闭合回路如图 2-81 所示，当两接触点的温度不同时，便在回路中有电流流过，说明回路中存在电动势，我们称此电动势为温差电动势，这一对金属为热电偶.温差电动势的大小取决于金属材料和温差，其极性只与热电偶材料有关.本实验用的镍铬-康铜热电偶，镍铬为"+"极，康铜为"-"极.

一般将热电偶的一端（称为自由端）置于 0 ℃ 冰水共存的容器中，使其温度保持不变，用 t_2 表示其温

图 2-81　实验用的热电偶装置

度.另一端（称为工作端）置于待测的高温区中，使其温度变化，用 t_1 表示待测区的温度.这两端产生的温差电动势 ε 与工作端温度 t_1 有一定的关系，可以用实验方法作出 $\varepsilon\text{-}t_1$ 的关系曲线.

若要用热电偶测定某待测区的温度，只需保持自由端的温度 t_2 不变，将工作端放在待测区，然后用电势差计测出此时的温差电动势 ε，再从 $\varepsilon\text{-}t_1$ 曲线上找到对应的 t_1 值，或由相应的热电偶温差电动势与工作端温度的关系表查出待测温度值.

四、 仪器结构、工作原理及使用方法

1. 标准电池

标准电池的结构如图 2-82 和图 2-83 所示.

标准电池是电动势和电压的标准量具，它是一种汞镉化学电池.一种是 H 形结构，化学物质密封在 H 形的玻璃容器内（图 2-82），两极为汞及镉汞齐（镉汞合金）.铂丝和两电极接触，作为电极的引出线.汞上放有硫酸镉和硫酸亚汞的混合糊状物，电解液为硫酸镉溶液.另一种是单管同心圆结构，如图 2-83 所示，负极由镉汞齐组成，正极由汞及硫酸亚汞组成，电解液为饱和硫酸镉溶液及过剩的硫酸镉结晶体，电极引出线由铂制成.按电解

液的浓度可分为饱和式与不饱和式两类.饱和式的电动势非常稳定,但随温度变化比较显著,每个电池标有 20 ℃时的电动势 E_{20} 值.温度为 $t(℃)$ 时的电动势 $E_s(V)$ 可由下面简化式算出

$$E_s = E_{20} - 4 \times 10^{-5}(t-20) - 10^{-6}(t-20)^2 \qquad (2.13.4)$$

图 2-82　H 形结构的标准电池　　　图 2-83　单管结构的标准电池

不饱和式则不必作温度修正,但其电动势的稳定性较差.

　JJG153-86 规定的各级标准电池的主要技术性能如表 2-13-2 所示.

表 2-13-2　标准电池的主要技术性能

类型	等级指数	20℃时电动势实际值允许范围/V	一年期间电动势允许变化值/μV	内阻值/Ω	
				新生产	使用中
饱和式	0.000 2	1.018 590 0～1.018 680 0	≤2	≤700	≤1 000
	0.000 5	1.018 590～1.018 680	≤5	≤700	≤1 000
	0.001	1.018 590～1.018 680	≤10	≤1 000	≤1 500
	0.002	1.018 550～1.018 680	≤20	≤1 000	≤1 500
	0.005	1.018 55～1.018 68	≤50	≤1 000	≤2 000
	0.01	1.018 55～1.018 68	≤100	≤1 000	≤3 000
不饱和式	0.002	1.018 800～1.019 300	≤20	≤1 000	≤2 000
	0.005	1.018 80～1.019 30	≤50	≤1 000	≤3 000
	0.01	1.018 80～1.019 30	≤100	≤1 000	≤3 000
	0.02	1.018 6～1.019 6	≤200	≤1 000	≤3 000

　标准电池的准确度和稳定性与使用和维护情况有很大关系,因此在使用和存放时必须注意以下几点:a.标准电池只能作为电动势或电压的比较标准,不能作为电源使用,也不能用电压表测量其电压,更不能短路.b.不能摇晃、震荡、更不能倒置.c.应防止阳光照射及其他光源、热源、冷源的直接作用或侧向辐射.d.通入或流出电池的电流应严格控制在 1 μA 以下,并应间歇断续使用.e.使用和长期存放应防止环境温度的骤变.f.将它和电势差计等相连时,极性不可接错.g.物理实验中常用 0.005 级饱和式标准电池,其工作温度范围为 0～40 ℃,相对湿度<80%.

2. 标准电阻

标准电阻是电阻单位(欧姆)的实物样品,是电阻的标准量具.

标准电阻用锰铜丝或锰铜条双线并绕制成,以消除感抗.绕组一般浸泡在油内,以保证温度稳定.锰铜是一种铜、镍和锰的合金材料,它具有很高的电阻率,很小的电阻温度系数,因此可以制成准确度很高、稳定性很好的标准电阻.

标准电阻可以做成单个的,也可组合成电阻箱.

(1) 单个的标准电阻

单个的标准电阻的阻值一般做成 10^n Ω,n 为从 -5 到 $+5$ 的整数,即从 0.000 01 Ω 到 100 000 Ω.

低值标准电阻为了减小接线电阻和接触电阻的影响,设有四个端钮,C_1、C_2 为电流端钮,P_1、P_2 为电压端钮.P_1、P_2 间的电阻为标准值.

使用单个标准电阻时应注意:a.使用温度 t(℃)下的电阻值 R_t 的计算公式为 $R_t = R_{20}[1+\alpha(t-20)+\beta(t-20)^2]$,其中 R_{20} 为标准电阻在温度为 20 ℃ 时的实际电阻值; α 和 β 为电阻温度系数,一般附在电阻出厂时的产品说明书中.b.在小于额定功率下使用.c.电流接头和电压接头不可接错.d.需放置在温度变化小的环境中.

(2) 电阻值

为了满足测量中需要可调节的标准电阻的要求,常将若干标准电阻装置在一个箱内,电阻各级做成十进位,如第一级为×0.1,第二级为×1,……,一直做到六或七级.利用转换开关的旋转得到不同数值的电阻.

五、 实验内容及步骤

1. 用电势差计和镍铬-康铜热电偶测定本地区水的沸点

(1) 测量前的准备工作

① 根据图 2-79 和图 2-80,将电势差计的接线柱与相应的实物相连.

② 将热电偶的工作端插入放有电热器的盛水容器中,自由端放入冰水共存的保温瓶中,并将热电偶的镍铬端接在电势差计的"未知+"(未知 1 或未知 2)接线柱上,康铜端接在相应的"未知-"接线柱上.

③ 由标准电池(或实验室)的温度计指示值 t,用式(2.13.4)计算出标准电池的电动势 E_s 的值,并将 R_s 旋钮拨到与 E_s 相应的位置.

④ 将直流复射式检流计面板上的"分流器"旋到"×0.1"挡,然后"调零".

⑤ 接通电热器的电源,对水加热.

(2) 校准工作电流

① 将 S_2 旋到"标准"挡,S 置"×1"挡.

② 按下 S_1 的"粗"按钮,观察光标偏转情况,断开 S_1,调节 R_{P1} 转盘,再按下 S_1"粗"观察,使检流计的光标趋向"0",依次调节 R_{P2}、R_{P3} 转盘,使检流计光标指"0".然后按 S_1 的"细"按钮,进一步调节 R_{P2}、R_{P3} 转盘,使检流计的光标又指"0".此时,工作电流就校准到 $I_{规}$ 了.

(3) 测量未知电动势 E_x

将 S_2 旋到"未知"挡(未知 1 或未知 2,应与热电偶连接处相对应),检流计仍用

"×0.1"挡.待水沸腾后,按下 S_1 的"粗"按钮,光标发生偏转,断开 S_1 依次调节 R_x 的 Ⅰ、Ⅱ、Ⅲ 转盘,再按下 S_1,最后使检流计的光标指"0".然后,按下"细"按钮,调节 R_x 的 Ⅱ、Ⅲ 转盘,使检流计的光标再次指"0".此时,R_x 上的数值就表示待测电动势 E_x 的值.

根据镍铬-康铜热电偶在自由端(t_2)温度为 0 ℃时的温差电动势与工作端温度的关系的数值表(见附录二)或图线,查出本地区水的沸点.

2. 用电势差计测量电阻

用电势差计测量电阻的原理如图 2-84 所示.图中 R_2 为外接的标准电阻箱,其他元件均安装在实验电路板上,R_1 为待测电阻,直流电源 E 为 1.5 V 干电池,$R_限$ 为限流电阻.

图 2-84 用电势差计测电阻

用电势差计分别测出 R_1 和 R_2 两端的电压 U_1 和 U_2,由于流经 R_1 和 R_2 的电流相等,故有

$$\frac{U_1}{R_1}=\frac{U_2}{R_2} \quad 或 \quad R_1=\frac{U_1}{U_2}R_2$$

为使所测电压大小在电势差计的测量范围内,并使 U_1 和 U_2 的值尽量接近,应根据 R_1 的大致数值,选择电阻箱 R_2 的数值与 R_1 相近,并应注意,旋钮"S"是否应旋到"×10"挡.(为什么?)

六、 误差分析

电势差计在校准和测量时,检流计支路电流均为零,这保证了电势差计不从标准电池和被测电源中吸收能量,既保证了标准电池电动势值的稳定可靠,又使电势差计具有极高的等效输入阻抗,消除了由被测量的内阻、连接导线和端钮处接触电阻引起的测量误差.

根据量限可将电势差计分为两类:第一类称为高电势电势差计,它的测量上限在 2 V 左右;测量高于 2 V 的电压时,需要用分压器把被测电源分压.高电势电势差计中的 R_x 值最高可达 2×10^4 Ω,工作电流 I_P 为 0.1 mA.第二类称为低电势电势差计,它的测量上限在 20 mV 左右,R_x 在 20 Ω 左右,工作电流是 1 mA.

电势差计的测量误差可按下式计算

$$E_{lim}=\pm\frac{a}{100}\left(\frac{U_n}{10}+U_x\right)$$

式中,E_{lim}——误差的允许极限值(V);

a——电势差计的准确度等级指数,国家标准规定其数值为 0.2、0.1、0.05、0.02、0.01、0.005、0.002 和 0.001 八种,UJ31 型为 0.05 级;

U_n——基准值(V),由生产厂家给出;

U_x——测量转盘的示值.

七、 注意事项

1. 电势差计使用完毕,工作电源开关 S 和选择开关 S_2 应指在"断"处,按钮开关 S_1

应全部松开.

　　2. 接线时,应注意各处的极性不要接错.

　　3. 标准电池不能作电源使用,不能用电压表测量其电压,更不可短路;使用时不能摇晃,不能颠倒.

　　4. 电势差计在每次测量前,必须先校准工作电流,按钮开关的接通时间应尽可能地短,千万不可一开始就按下"细"按钮.

　　5. 热电偶的两根金属导线不能接触.

八、 思考与讨论

　　1. 为什么用电势差计测电动势比用电压表测得准确?

　　2. 实验中,若发现检流计指针总是偏向一边,无法调平衡,试分析可能有哪些原因?

　　3. 如果热电偶的自由端温度 t_2 不是 0℃(如将其置于冷水或室温的空气中),而工作端仍处在高温区(温度为 t_1),你将如何进行测量?

九、 拓展实验

1. 用电势差计测量直流电流

　　测量原理如图 2-85 所示,图中 R_s 为标准电阻.用电势差计测量出 R_s 两端的电压降 U_s,则被测电流 I_s 值为

$$I_s = \frac{U_s}{R_s}$$

2. 用电势差计校准电流表和电压表

　　校准电流表和电压表的原理如图 2-86 和图 2-87 所示.

图 2-85　用电势差计测电流

图 2-86 中,Ⓐ为被校电流表,R 为限流电阻,R_s 为标准电阻.用电势差计测出 R_s 两端的电压 U_s,则流过 R_s 的准确电流值为

$$I_s = \frac{U_s}{R_s}$$

图 2-86　校准电流表　　　图 2-87　校准电压表

若电流表上的指示值为 I,则 I 与 I_s 的差值称为电流表指示值的绝对误差,即 $\Delta I = I - I_s$,若最大绝对误差为 ΔI_m,则电流表等级 a 为

$$a = \frac{\Delta I_m}{量限} \times 100$$

要使被校电流表校正后有较高的准确度,电势差计与标准电阻的准确度等级必须比被校电表的级别至少高 2 级.

图 2-87 中,Ⓥ 为被校电压表,R_1 为分压标准电阻,R_2 为被测标准电阻.用电势差计测出 R_2 两端的电压为 U_2,则被校电压表两端的准确电压值为

$$U_x = \frac{R_1 + R_2}{R_2} U_2$$

同样,将电压表指示值 U 与 U_x 相比较,即可确定电压表的等级.

实验 2.14   用电流场模拟静电场

静电场是静止电荷周围的一种特殊物质.在现代科研或生产中,常常需要确定带电体周围的电场分布情况,如对各种示波管、显像管、电子显微镜的电子枪等多种电子束管内电极形状的设计和研究,都需要了解各电极间的静电场分布.但静电场的分布是由电荷分布决定的,由于带电体形状一般比较复杂,很难用理论方法进行计算.用实验方法直接测绘静电场也很困难,因为静电场中无电流,除静电式仪表外,对一般仪表不起作用.如果将测量探头或仪表引入静电场,会使待测电场的分布发生改变.因此,常采用模拟法来观测静电场的分布.

模拟法本质上是用一种易于实现、便于测量的物理状态或过程模拟不易实现、不便测量的状态或过程.只要这两种状态或过程有一一对应的两组物理量,并且它们所满足的数学关系的形式及边值条件相似.模拟法是在有些试验和测量难于直接进行,尤其是在理论上难于计算时常采用的方法.

一、 实验目的

1. 了解模拟实验法及其适用条件;
2. 加深对电场强度和电势概念的理解;
3. 学会用模拟法测量和研究二维静电场;
4. 学习用图示法表达实验结果.

二、 实验原理

1. 描述静电场的物理量及其相互关系

描述静电场的两个基本物理量是电场强度矢量 E 和电势 U.为了形象地描述静电场的分布情况,引入了电场线和等势面的概念,电场线是一些带方向的线,起于正电荷(或无穷远处),止于负电荷(或无穷远处),其上任一点的切线方向就是该点电场强度的方向,任意两条电场线不相交.等势面是电场中电势相等的点构成的面,可以证明电场线和等势面处处正交.为了使电场线和等势面能表示电场中各点电场的强弱,一般规定:穿过垂直于某点电场强度 E 单位面积的电场线的条数等于该点处电场强度的大小.画等势面

时,使任意两个相邻的等势面间的电势差都相等.按照这样的规定画出的电场线和等势面图,就可以直观地反映电场的空间分布,电场线和等势面密的地方电场强度大,相反,疏的地方电场强度就小,而电场线的方向又描述了电场强度的方向.

空间各点的电场强度 E 和电势 U 满足关系式

$$E = -\frac{\mathrm{d}U}{\mathrm{d}n}\boldsymbol{e}_n \qquad\qquad (2.14.1)$$

或

$$E = -\nabla U \qquad\qquad (2.14.2)$$

其中,$\boldsymbol{e}_n$ 是等势面法线方向的单位矢量,指向电势升高的方向,$\dfrac{\mathrm{d}U}{\mathrm{d}n}$ 是 $\boldsymbol{e}_n$ 方向的电势增加率.式(2.14.1)说明,电场强度的大小等于等势面法线方向上的电势增加率,其方向指向电势降落的方向,也说明电场线和等势面处处正交.式(2.14.2)和式(2.14.1)表示相同的意义,只是式(2.14.2)是一种更普遍的写法,称作电势梯度的负值.由于电场强度 E 是矢量,而电势 U 是标量,在实验中测定电势 U 比测定电场强度 E 要容易得多,因此,通常先测定电势的分布,再根据电场强度和电势的关系来确定电场强度的分布.

然而,直接测量静电场中各点的电势仍然十分困难.因为:对静电场测量,测量仪器只能采用静电式仪表.而实验中一般采用磁电式仪表,有电流才有反应,而静电场不会有电流,对这些仪表不会起作用;况且仪表本身总是导体或电介质,一旦把仪器引入静电场中,探针上会产生感应电荷.这些电荷又产生电场与原静电场叠加起来,使原电场发生畸变.为了解决上述问题,通常采用一种间接方法——用恒定电流场来模拟静电场进行测量.

2. 模拟的理论依据:恒定电流场和静电场的相似性

根据模拟法的适用条件,我们可以用恒定电流场来替代静电场,因为电流场与静电场虽是两种不同性质的场,但由电磁场理论可知,均匀导电介质中恒定电流的电流场与均匀电介质中(或真空中)的静电场具有相似性,这是由于这两种场遵循的物理规律具有相同的数学形式.它们都可以引入电势 U,而且电场强度 $E = -\nabla U$,它们都遵守高斯定理.对于静电场,当介质内无自由电荷时,电场强度矢量 E 满足方程

$$\oint_s E \cdot \mathrm{d}S = 0, \qquad \oint_l E \cdot \mathrm{d}l = 0$$

对于恒定电流场,当介质内无电流源时,电流场中电流密度矢量 J 满足方程

$$\oint_s J \cdot \mathrm{d}S = 0, \qquad \oint_l J \cdot \mathrm{d}l = 0$$

由此可见,E 和 J 在各自区域中满足同样的数学规律.若恒定电流场空间均匀充满了电导率为 σ 的不良导体,不良导体内的电场强度 E' 与电流密度矢量 J 之间遵循欧姆定律

$$J = \sigma E'$$

因而,E' 和 J 在各自的区域中也满足同样的数学规律.在相似的边界条件下,它们的解具有相同的数学形式.因此,我们可以用恒定电流场来模拟静电场,通过测量恒定电流场的电场分布来求得所模拟的静电场的电场分布.

3. 模拟长同轴圆柱形电缆的静电场

(1)同轴电缆的静电场分布

如图 2-88 所示,在真空中有一半径为 r_a 的长圆柱体 A 和一个内径为 r_b 的长圆筒形

导体 B，它们同轴放置，分别带等量异号电荷.由高斯定理可知，在垂直于轴线的任一个截面 S 内，都有均匀分布的辐射状电场线，这是一个与坐标 z 无关的二维场.在二维场中电场强度 $\boldsymbol{E}$ 平行于 xy 平面，其等势面为一同轴圆柱面.因此，只需研究任一簇垂直横截面上的电场分布即可.可以证明电场分布函数为

$$U_r = U_a \frac{\ln \dfrac{r_b}{r}}{\ln \dfrac{r_b}{r_a}} \qquad E_r = \frac{U_a}{\ln \dfrac{r_b}{r_a}} \cdot \frac{1}{r}$$

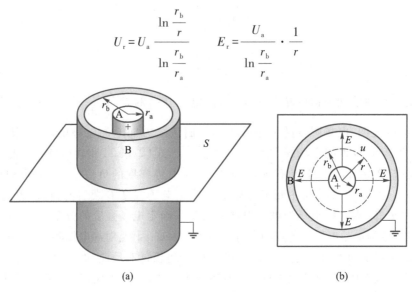

(a)   (b)

图 2-88   同轴电缆及其静电场分布

（2）同轴电缆两电极间的电流分布

若上述圆柱形导体 A 与圆筒形导体 B 之间不是真空，而是均匀地充满了一种电导率为 σ 的不良导体，且 A 和 B 分别与直流电源的正负极相连，如图 2-89 所示，则在 A、B 间将形成径向电流，建立起一个恒定电场.恒定电流场分布函数为

$$U'_r = U_a \frac{\ln \dfrac{r_b}{r}}{\ln \dfrac{r_b}{r_a}} \qquad E'_r = \frac{U_a}{\ln \dfrac{r_b}{r_a}} \cdot \frac{1}{r}$$

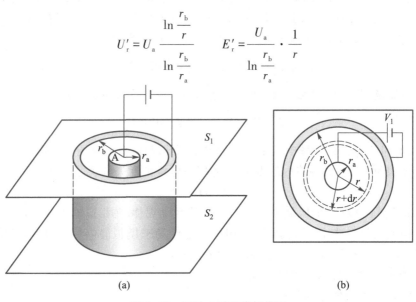

(a)   (b)

图 2-89   同轴电缆的模拟模型

综上所述,U_r 与 U'_r,E_r 与 E'_r 的分布函数完全相同.为什么这两种场的分布相同呢?我们可以从电荷产生场的观点加以分析:在导电介质中没有电流通过时,其任一体积元内正负电荷数量相等,没有净电荷,介质呈电中性.当有电流通过时,单位时间内流入和流出该体积元的正或负电荷数相等.这就是说,真空中的静电场和有恒定电流通过时导电介质中的电场都是由电极上的电荷产生的.事实上,真空中电极上的电荷是不动的,在有电流通过的导电介质中,电极上的电荷一边流失,一边由电源补充,在动态平衡下保持电荷的数量不变.所以这两种情况下电场分布是相同的.因此可以用同心的圆柱电极产生的电流场来模拟同轴的圆柱形的电极所产生的静电场.当然通过理论分析可知,其他形状的电极产生的电流场也可以模拟相同形状的电极产生的静电场.

在实验室中,电流场很容易建立,模拟法的适用条件也较容易满足,例如,导电介质的均匀性及电导率远小于电极;导体的表面是等势面等.因此,用恒定电流场来模拟静电场是了解和研究静电场的最方便的方法之一.

4. 模拟条件

模拟方法的使用有一定的条件和范围,不能随意推广,否则会得到荒谬的结论.用恒定电流场模拟静电场的条件为:

(1) 恒定电流场中电极形状应与被模拟的静电场中的带电体几何形状相同.

(2) 恒定电流场的导电介质应是不良导体,且满足电阻率分布均匀和电极的电导率远远大于导电介质的电导率.这样才能保证电流场中的电极(良导体)的表面近似是一个等势面.

(3) 模拟所用电极系统与被模拟电极系统的边界条件相同.

三、实验仪器

GVZ-4 型箱式导电微晶静电场描绘仪,静电场描绘仪专用电源,连接导线,测量笔等.

如图 2-90 所示,右边为 GVZ-4 型箱式导电微晶静电场描绘仪,左边为静电场描绘仪专用电源.静电场描绘仪(包括导电微晶两种电极板,在箱体内固定的单笔探针等)同心圆采用极坐标,其他电极采用直角坐标,电极已直接制作在导电微晶上,并将电极引线接到外接线柱上,电极间制作有导电率远小于电极且各向均匀的导电介质.接通直流电源(10 V)就可以进行实验.在导电微晶上用测试笔找到测点后,在坐标纸上记录下一个对应的坐标点.移

图 2-90　静电场描绘仪

动测试笔在导电微晶上找出若干电势相同的点,由此即可描绘出等势线.

四、实验内容及步骤

静电场描绘仪实验原理示意图如图 2-91 所示.

1. 描绘一个劈尖电极和一个条形电极形成的静电场分布

（1）将静电场描绘仪专用电源（GVZ-4 型）的指示选择开关打向校正，用电压调节旋钮将直流电压调到 10 V，再将此开关打向测量.

（2）用 GBZ-4 型电场描绘仪中的劈尖和条形电极装置，将接到外接线柱上的两电极引线与直流电源接通.

（3）将专用电源的控制线与测试笔相连.

（4）用测试笔在导电微晶上找到测试点后，在坐标纸上记录对应的标记，在导电微晶上移动测试笔，测出一系列等势点.

图 2-91 实验原理示意图

要求：共测量 9 条等势线，相邻两等势线之间的电势差为 1.00 V，每条等势线找 10 个以上的等势点，尤其在电极两端点附近应多找几个等势点.用曲线板将等势点连成 9 条光滑的等势线（画实线），然后画出 10 条以上的电场线（画虚线），电场线的画法应遵循静电场的一些基本性质：电场线与等势线正交；导体表面是等势面；电场线垂直于导体表面；电场线发自正电荷而终止于负电荷；疏密度要表示出电场强度的大小；根据电极正负画出电场线方向.

2.（选做）描绘同轴电缆的静电场分布

（1）上述步骤（1）、（3）保持不变.

（2）用 GVZ-4 型电场描绘仪中的同心圆电极装置，将接到外接线柱上的两电极引线与直流电源接通.

（3）移动测试笔，按上述步骤（4）的方法及要求测出一系列等势点.描绘出同心圆电极的电场分布.

（4）在坐标纸上作出相对电势 U_r/U_a 和 $\ln r$ 的关系曲线，并与理论结果比较，再根据曲线的性质说明等势线是以内电极中心为圆心的同心圆.

五、 注意事项

1. 由于导电玻璃边缘处电流只能沿边缘流动，因此等势线必然与边缘垂直，使该处的等势线和电场线严重畸变，这就是用有限大的模拟模型去模拟无限大的空间电场时必然存在的"边缘效应"的影响.为了减小这种影响，可以人为地将导电玻璃的边缘切割成电场线的形状.

2. 用测试笔在导电微晶上找测试点时要轻微移动，以免划伤导电微晶表面.

3. 保持导电微晶表面清洁，保证导电微晶具有很好的导电性和均匀性.

4. 在导体的端点处（等势线发生弯曲的地方）应多找几个等势点，即探测点应取密些.

六、 思考与讨论

1. 如果电源电压增加 1 倍或减小一半，等势线、电场线的形状是否变化？电场强度和电势的数值是否变化？

2. 实验中对电极和导电微晶有何要求？

3. 靠近导体处的电场线如何分布？为什么？

4. 什么是模拟实验？它的适用条件是什么？

七、 拓展阅读

在实际测量中，限于条件，有许多现象是不可能直接测量的．例如，一个大的水利工程，在论证和设计阶段，要做一定的实验，像洪水冲击、地震的影响等，这些现象不仅不能按实验要求随时出现，就是有一定手段再现，其后果也不堪设想．还有一些剧烈的气候现象，如狂风暴雨、雷电灾害等都无法直接试验．还有一些比较抽象的现象，例如，某些场的性质，一则仪器难于引入，再则引入检测仪器就很难消除这些装置对原始状态的影响，达不到测量的目的．为了解决这一类问题，通常用模拟的方法进行研究．

1. 物理模拟

仅仅改变被测实物的线度，按一定的比例将实物缩小或放大，仍保持其原来的属性，制成样品，对该样品在相应的条件下进行测试，再按比例算出原件的结果来．这一类属于物理模拟，它在流体的研究中被广泛应用．如按一定的比例将水工建筑（坝体、河床、水流）缩小；制成一定形状的管道，以大的风机在管道内形成一定流量和速度的气流，让试件在其中运动——这就是常说的"风洞"试验．

模型与原型按一定比例缩小（或放大），严格保持性质、形状及过程相似，物理模拟才能成立，这就是模型相似定律．

综上所述，对于物理模拟我们可以得出如下结论：

① 原理依据为相似原理或模型相似定律．

② 模型与实物原型有相同的物理过程和相同的物理性质．有相同的量纲和相同的函数关系．

2. 数学模拟

一个被测量可以找到另一个与之有相同的函数表达式且遵循同样的数学规律的物理量，因而可以用该物理量及其函数关系相似地表征被测量，叫做数学模拟．电流场模拟静电场就是数学模拟．

对于数学模拟，可以归纳以下几点：

① 模拟量和被模拟量可以是不同的物理量，可以有不同的量纲；

② 必须有相似的数学表达式及边界条件．

利用 comsol 软件来模拟电流场分布，电流场模拟静电场的原理是通过电场强度的计算和分析来预测和分析静电场的特性．具体来说，它是通过数值计算的方法，将空间中的电场分割为许多小的单元，然后对每个单元进行电场强度的计算和分析，最终得到整个空间中的电场分布情况．电流场模拟静电场的步骤：

（1）建立模型：首先需要建立一个静电场的模型，包括电荷的位置、大小和分布情况等参数．

（2）离散化：将模型中的空间分割为许多小的单元，每个单元的大小和形状可以根据需要进行调整．

（3）计算电场强度：对于每个单元，计算其内部和周围的电场强度，这可以通过库仑定律等公式来计算.

（4）叠代计算：对于整个模型，进行多次叠代计算，直到得到收敛的结果.

（5）分析结果：最后，对计算结果进行分析，包括电场强度的分布情况、电势的分布情况等.

实验 2.15　数字示波器及其应用 I

示波器是一种用途十分广泛的电子测量仪器.它能把肉眼看不见的电信号变换成看得见的图像，便于人们研究各种电现象的变化过程.目前大量使用的示波器有两种：模拟示波器和数字示波器.模拟示波器发展较早，技术也非常成熟，其优点主要是带宽宽、成本低.但是随着数字技术的飞速发展，数字示波器拥有了许多模拟示波器不具备的优点：不仅具有可存储波形、体积小、功耗低、使用方便等优点，而且还具有强大的信号实时处理分析功能，具有输入输出功能，可以与计算机或其他外设相连实现更复杂的数据运算或分析.随着相关技术的进一步发展，数字示波器的频率范围也越来越高，其使用范围更为广泛并已逐渐替代传统模拟示波器，因此，学习数字示波器的使用具有重要意义.当前，高端数字示波器主要依靠美国技术，对于 300 MHz 带宽之内的示波器，目前国内品牌的示波器在性能上已经可以和国外品牌抗衡，且具有明显的性价比优势.

一、实验目的

1. 了解数字示波器的工作原理；
2. 学习使用数字示波器观察波形.

二、实验原理

数字存储示波器与模拟示波器不同在于信号进入示波器后立刻通过高速 A/D 转换器将模拟信号前端快速采样，存储其数字化信号.并利用数字信号处理技术对所存储的数据进行实时快速处理，得到信号的波形及其参数，并由示波器屏幕显示，从而实现模拟示波器功能.不仅测量精度高，而且还可以存储和调用显示特定时刻信号.

一个典型的数字存储示波器原理框图如图 2-92 所示，模拟输入信号先适当地放大或衰减，然后再进行数字化处理.数字化包括"取样"和"量化"两个过程，取样是获得模拟输入信号的离散值，而量化则是使每个取样的离散值经模拟/数字（A/D）转换成二进制数字，最后，数字化的信号在逻辑控制电路的控制下依次写入到存储器（RAM）中，中央处理器（CPU）从存储器中依次把数字信号读出并在显示屏上显示相应的信号波形.GPIB 为通用接口总线系统，通过它可以程控数字存储示波器的工作状态，并且使内部存储器和外部存储器交换数据成为可能.

由此可见，数字示波器必须要完成波形的取样、存储和波形的显示，另外为了满足一般应用的需求，几乎所有微机化的数字示波器都提供了波形的测量与处理功能.

图 2-92 典型数字存储示波器原理框图

1. 波形的取样和存储

由于数字系统只能处理离散信号,所以必须对模拟连续波形先进行取样,再进行 A/D 转换.根据奈奎斯特(Nyquist)定理,只有采样频率大于要处理信号频率的两倍时,才能在显示端理想地复现该信号.

模拟输入信号先经过适当地放大或衰减,随后该连续信号通过如图 2-93 所示的取样方法完成离散化过程,把每一个模拟量进行 A/D 转换,就可以得到相应的数字量,如果把这些数字量按序存放在存储器中,就相当于把一幅模拟波形以数字量存储起来.

图 2-93 连续模拟波形的离散化

2. 波形的显示

数字存储示波器必须把上面存储器中的波形显示出来以便用户进行观察、处理和测量.存储器中每个单元存储了一个抽样点的信息,在显示屏上显示为一个点,该点 Y 方向的坐标值决定于数字信号值的大小、示波器 Y 方向电压灵敏度设定值、Y 方向整体偏移量,X 方向的坐标值决定于数字信号值在存储器中的位置(即地址)、示波器 X 方向电压灵敏度的设定值、X 方向的整体偏移量.

为了适应对不同波形的观测,智能化的数字存储示波器有多种灵活的显示方式:存储显示、双踪显示、插值显示、流动显示等.存储显示是示波器最基本的显示方式.它显示的波形是由一次触发捕捉到的信号片段,即制下稳定地显示在显示器上.存储显示还有连续捕捉显示和单次捕捉显示之分,在连续捕捉显示方式下,每满足一次触发条件,屏幕上原来的波形就被新存储的波形更新,而单次捕捉显示只保存并显示一次触发形成的波形.

如果需要显示两个电压波形并保持两个波形在时间上的原有对应关系,可采用交替存储技术以达到双踪显示.这种交替存储技术利用存储器写地址的最低位 A_0 来控制通道开关,使取样和 A/D 转换轮流对两通道输入信号进行取样和转换,其存储方式如图 2-94 所示,当 A_0 为

图 2-94   双踪显示的存储方式

1 时,对通道 1 的信号 Y^1 进行采用和转换,并写入技术存储器单元中,读出时,先读偶数地址,再读奇数地址,Y^1 和 Y^2 信号便在显示器上交替显示.

示波器屏幕显示的波形由一些密集的点构成,当被观察的信号在一周期内采样点数较少时会引起视觉上的混淆,一般认为当采样频率低于被测信号频率的 1/2.5 时,点显示就会造成视觉混淆.为了有效地避免视觉混淆的现象,同时又不降低带宽指标,数字示波器往往采用插值显示,即在波形上两个测试点数据间进行估值.估值方式通常有矢量插值法和正弦插值法两种,矢量插值法是用斜率不同的直线段来连接相邻的点,当被测信号频率为采样频率的 1/10 以下时,采用矢量插值可以得到满意的效果;正弦插值法是以正弦规律用曲线连接各数据点的显示方式,它能显示频率为采样频率的 1/2.5 以下的被测波形,其能力已接近奈奎斯特极限频率.

3. 信号的触发

为了实时稳定地显示信号波形,示波器必须重复地从存储器中读取数据并显示.为使每次显示的曲线和前一次重合,必须采用触发技术.信号的触发也叫整步或同步,一般的触发方式为:输入信号经衰减放大后分送至 A/D 转换器的同时也分送至触发电路,触发电路根据一定的触发条件(如信号电压达到某值并处于上升沿)产生触发信号,控制电路一旦接收到来自触发电路的触发信号,就启动一次数据采集与 RAM 写入循环.

触发决定了示波器何时开始采集数据和显示波形,一旦触发被正确设定,它可以把不稳定的显示或黑屏转换成有意义的波形.示波器在开始收集数据时,先收集足够的数据用来在触发点的左方画出波形.示波器在等待触发条件发生的同时连续地采集数据.当检测到触发后,示波器连续地采集足够的数据以在触发点的右方画出波形.

触发可以从多种信源得到,如输入通道、市电、外触发等.常见的触发方式有自动触发、正常触发、单次触发和滚动扫描.自动触发指即使没有触发,自动模式也能引起示波器的扫描,如果没有信号的输入,示波器中的定时器触发扫描,有信号显示信号,没有信号显示水平基线.正常触发指当输入信号不能满足触发条件时,不扫描,示波器没有任何显示,只有当输入信号满足设置的触发点条件时,才进行扫描,并将最后捕获到的信号冻结显示在屏幕上,如符合触发条件,再次进行捕获,清除上次信号,保留冻结此次的波形.单次触发指当输入的单次信号满足触发条件时,进行捕获扫描,将波形存储和显示在屏幕上,此时再有信号输入,示波器将不予理会,需要进行再次捕获必须重新进行单次设置.滚

动扫描模式是一种可以应用于全连续显示的方式,可以用示波器来代替图标记录仪来显示满变化的现象,如化学过程、电池的充放电周期或温度对系统性能的影响等.

三、 实验仪器

SDS1000X 型数字示波器,变压器,电阻,电容,晶体二极管,导线等.

四、 数字示波器功能概述

1. 按钮和旋钮的功能

SDS1000X 型数字示波器的面板如图 2-95 所示,面板上各控制按钮及旋钮的功能见表 2-15-1,大体上可以分为 A、B、C、D、E 五个功能区.

表 2-15-1　SDS1000X 型数字示波器功能

	编号	功能说明
A 区 功 能 控 制	Intensity/Adjust	多功能旋钮,菜单操作时,按下某个菜单软键,若旋钮上方指示灯被点亮,此时转动该旋钮可选择该菜单下的子菜单,按下该旋钮可选中当前选择的子菜单,指示灯也会熄灭.另外,该旋钮还可用于修改 Math、Ref 波形挡位和位移、参数值、输入文件名等
	Cursors	按下该按钮进入光标测量菜单,示波器提供手动和追踪两种光标模式,另外还有电压和时间两种光标测量类型
	Acquire	按下该按钮进入采样设置菜单.可设置波形的获取方式(普通/峰值检测/平均值/增强分辨率)、内插方式(Sin x/x 和线性插值)、采集模式(快采和慢采)和存储深度
	Save/Recall	按下该键进入文件存储/调用界面.可存储/调出的文件类型包括设置文件、二进制数据、参考波形文件、图像文件、CSV 文件、Matlab 文件和 default 键预设
	Wave Gen	按下该键打开内置信号发生器功能菜单
	Measure	按下该按钮进入测量菜单,可设置各项测量参数和统计功能.还可设置门限测量和全部测量.可选择并同时显示最多四种测量参数,统计功能则统计当前显示的测量参数的当前值、平均值、最小值、最大值、标准值和统计次数.全部测量可同时显示所有电压参数和时间参数
	Display/Persist	按下该按钮快速开启余晖功能.同时进入显示设置菜单.可设置波形显示类型、色温、余辉、网格类型、波形亮度、网格亮度、透明度等参数.透明度指屏幕弹出信息框的透明程度
	Utility	按下该按钮进入系统辅助功能设置菜单.设置系统相关功能和参数,例如接口、声音、语言等.此外还支持一些高级功能,例如 Pass/Fail 测试、打印设置、自校正和固件升级等

编号		功能说明
A区功能控制	Decode	解码功能按键,按下该按键打开解码功能菜单.本仪器支持 I^2C、SPI、UART、CAN 和 LIN 等串行总线解码
	Default	按下该键快速恢复至用户自定义状态
	CLear Sweeps	按下该键快速恢复至默认状态.系统默认设置下的电压挡位为 1 V/div,时基挡位为 1 μs/div
	History	按下该按钮快速进入历史波形菜单.历史波形模式最大可录制 80 000 帧波形.当分段存储模式开启时,只录制和回放设置的帧数,最大可录制 1 024 帧
	Digital	数字通道按键.按下该键打开数字通道功能菜单.本示波器支持 16 路集成数字通道选键功能
	Run Stop	按下该键可将示波器的运行状态设置为"运行"或"停止". "运行"状态下,该键黄灯被点亮; "停止"状态下,该键红灯被点亮
	Auto Setup	按下该键开启波形自动显示功能.示波器将根据输入信号自动调整垂直挡位、水平时基及触发方式,使波形以最佳方式显示
B区垂直控制	①②	模拟输入通道,两个通道标签用不同颜色标识,且屏幕中波形颜色和输入通道连接器的颜色相对应.按下通道按键可打开相应通道及其菜单,连续按下两次则关闭该通道
	V↔mV	修改当前通道的垂直挡位,顺时针转动减小挡位,逆时针转动增大挡位.修改过程中波形幅度会增大或减小,同时屏幕右方的挡位信息会相应变化.按下该按钮可快速切换垂直挡位调节方式为"粗调"或"细调"
	▲▼Position	修改对应通道波形的垂直位移.修改过程中波形会上下移动,同时屏幕中下方弹出的位移信息会相应变化.按下该按钮可将垂直位移恢复为 0
	Math	按下该键打开波形运算菜单.可进行加、减、乘、除、FFT、积分、微分、平方根运算
	Ref	按下该键打开波形参考功能.可将实测波形与参考波形相比较,以判断电路故障
C区水平控制	S↔nS	修改水平时基挡位.顺时针旋转减小时基,逆时针旋转增大时基.修改过程中,所有通道的波形被扩展或压缩,同时屏幕上方的时基信息相应变化.按下该按钮快速开启 Zoom 功能
	◀Position▶	修改触发位移.旋转旋钮时触发点相对于屏幕中心左右移动.修改过程中,所有通道的波形同时左右移动,屏幕上方的触发位移信息也会相应变化.按下该按钮可将触发位移恢复为 0
	Roll	按下该键快进入滚动模式,滚动模式的时基范围为 50 ms/div ~ 100 s/div
	EXT	外触发信号输入端

	编号	功能说明
D区触发控制	Setup	按下该键打开触发功能菜单,本示波器提供边沿、斜率、视频、窗口、间隔、超时、欠幅、码型和串行总线(I2C/SPI/URAT/CAN/LIN)等丰富的触发类型
	Auto	按下该键切换触发模式为 AUTO(自动)模式
	Normal	按下该键切换触发模式为 Normal(正常)模式
	Single	按下该键切换触发模式为 Single(单次)模式
	Level	设置触发电平,顺时针转动旋钮增大触发电平,逆时针转动减小触发电平.修改过程中,触发电平线上下移动,同时屏幕右上方的触发电平值相应变化.按下该按钮可快速将触发电平恢复至对应通道波形中心位置
E区其他	$E_1 E_2 E_3$ $E_4 E_5 E_6$	菜单功能选择按钮,从左到右六个按钮,分别用以改变和选择屏幕显示区下侧六个菜单显示框中的内容
	Print	按下该键保存界面图像到 U 盘中

图 2-95　SDS1000X 型数字示波器面板图

图 2-96　SDS1000X 型数字示波器屏幕显示区

2. 屏幕显示区

数字示波器的显示区与模拟示波器相比有很大的不同,它的下侧从左到右有六个菜单显示框,每个框内显示的功能由对应的按钮 E_1、E_2、E_3、E_4、E_5、E_6(如图 2-95 所示)控制,中间是波形显示区,左右和上侧还显示出许多有关波形和控制设定值的信息,如图 2-96所示,图 2-96 中各编号示意详见表 2-15-2.

表 2-15-2   SDS1000X 型数字示波器屏幕各功能

编号	功能	功能说明
2	通道标记/波形	不同通道用不同颜色表示,通道标记和波形颜色一致
3	运行状态	可能的状态包括:Arm(采集预触发数据)、Ready(等待触发)、Trig'd(已触发)、Stop(停止采集)、Auto(自动)
4	水平时基	表示屏幕水平轴上每格所代表的时间长度.使用水平挡位旋钮可以修改该参数,可设置范围为 2 ns/div~50 s/div
5	触发位移	使用水平 Position 旋钮可以修改该参数.向右旋转旋钮使得箭头(初始位置为屏幕正中央)向右移动,触发位移(初始值为 0)相应增大;向左旋转旋钮使得箭头向左移动,触发位移相应减小.按下按钮参数自动被设为 0,且箭头回到屏幕正中央
6	触发位置	显示屏幕中波形的触发位置
7	硬件频率值	显示当前触发通道波形的硬件频率值
8	采样率/存储深度	显示示波器当前使用的采样率及存储深度.使用水平挡位旋钮可以修改该采样率/存储深度
9	触发设置	触发源:显示当前选择的触发源.选择不同的触发源时标志不同,触发参数区的颜色也会相应改变 触发耦合:显示当前触发源的耦合方式.可选择的耦合方式有:DC、AC、LF Reject、HF Reject 触发电平值:显示当前触发通道的电平值.按下按钮将参数自动设为 0 触发类型:显示当前选择的触发类型及触发条件设置.选择不同的触发类型时标志不同
10	通道设置	探头衰减系数:显示当前开启通道所选的探头衰减比例、可选择的比例有:0.1×,0.2×,0.5×,…,1 000×,2 000×,5 000×,10 000×(1-2-5 步进),自定义 A,自定义 B,自定义 C,自定义 D 通道耦合:显示当前开启通道所选的耦合方式.可选择的耦合方式有:DC、AC、GND 电压挡位:表示屏幕垂直轴上每格所代表的电压大小,可设置范围为 50 μV/div~10 V/div 带宽限制:若当前带宽为开启,则显示对应标志 输入阻抗:显示当前开启通道的输入阻抗

编号	功能	功能说明
11	触发电平位置	显示当前触发通道的触发电平在屏幕上的位置.按下按钮使电平自动回到屏幕中心
12	接口状态	该设备支持 USB Host、网口设备、WIFI 接口连接
13	菜单	显示示波器当前所选功能模块对应菜单.按下对应菜单软键即可进行相关设置

五、 实验内容及步骤

1. 练习用三种方法测量待测信号的周期 T 和峰峰值 U_{PP}

将示波器的 CH1 输入探头接到变压器的"6 V"与"地"接线柱上,将垂直控制区中 CH1 键按下,扫描方式选为 Auto,扫描灵敏度置于适当位置,可在屏幕上观察到正弦波形,在坐标纸上画出两个周期的波形,并用以下三种方式测出正弦波的周期 T 和峰峰值 U_{PP}.

(1)估测法

在显示屏上读出水平方向格数和垂直方向格数,估测正弦波信号的周期 T 和电压峰峰值 U_{PP}.

(2)光标法测量

使用光标测量功能,测量 T 和 U_{PP},电压光标测量 U_{PP},时间光标测量周期 T.

(3)自动测量

使用自动测量功能"Measure"键,从有关菜单框中直接读出 T 和 U_{PP} 的数值.

记录以上数据,并按照作图法在坐标纸上绘出两个周期的波形图.

2. 整流滤波波形的测量

按图 2-97 所示整流滤波电路正确接线,然后将示波器输入探头分别接到 4 种电路的输出端(即负载电阻 R 两端),设置示波器相关参数,使显示器上呈现出整流或滤波波形.在坐标纸上画出各电路的输出波形,要求在坐标轴上标出垂直挡位和水平时基.

六、 思考与讨论

1. 数字示波器和模拟示波器有何区别?

2. 为什么数字示波器能捕获单次或瞬变信号?

(a) 半波整流电路   (b) 半波整流电容滤波电路

(c) 半波整流阻容滤波电路   (d) 半波整流π型滤波电路

图 2-97 整流滤波电路图

实验 2.16 数字示波器及其应用 II

数字示波器与模拟示波器相比,具有很多优点.由于模拟示波器要用数格子的方法测量波形的各项参数,聚焦问题和取点位置的不同会存在较大的误差.数字存储示波器在示波器屏幕上除了显示波形外,同时还显示有关参数.数字存储示波器中应用了微处理器,使波形测量的精确度提高了.可以采用直接测量法或者光标法(参考实验"数字示波器 I")测量时间和幅度,直接读出测量结果,省去了烦琐的数格子和考虑比例因子的工作,并且减少了测量误差.

一、 实验目的

1. RC 电路的暂态特性测量,计算时间常数 τ 和电容 C 的值;
2. 用数字示波器测量两交流信号的相位差;
3. 用数字示波器观察信号的傅里叶变换(FFT).

二、 实验原理

RC 电路是最基本的一阶动态电路,是电阻 R 和电容 C 组成的一种动态电路.RC 电路在电子电路中作为信号的一种传输电路,根据需要的不同,实现了耦合、相移、滤波等功能,并且在阶跃电压作用下,还能实现波形的转换、产生等功能.RC 电路广泛应用于模拟电路、脉冲数字电路中,对它的研究非常必要.

1. RC 并联电路暂态过程

在 RC 电路中,当电路的输入信号发生突变时,电容上的电压不会瞬时突变,电路中的电流或电压出现非稳定的过渡变化,这个过渡的变化过程称为暂态过程;而描述暂态变化快慢的特性参数就是充电或放电过程的时间常量 $\tau(\tau=RC)$.时间常量 τ 不仅可以度量电路充电或放电的快慢,还可以间接测量电容或电感的大小.

如图 2-98 所示,开关 S 先闭合,使电容器充电到 $U_c = E$. 当切断电容和电源的连接后,电容和电阻组成串联回路,即电容通过电阻进行放电,两极板之间的电压将会逐渐下降,电容两端电压随时间的变化关系如式(2.16.1)所示:

$$U_C(t) = E\mathrm{e}^{-\frac{t}{RC}} \tag{2.16.1}$$

由式(2.16.1)可知,电容的放电曲线满足指数衰减规律,如图 2-99 所示.当电容放电为 1 个时间常量 $t = \tau = RC(\mathrm{s})$ 时,$U_C(\tau) = 0.368E$,电容器上的电压下降为初始值的 36.8%.因此,时间常量 τ 可以看成是电容器放电过程中端电压下降到 36.8%E 时所需的时间.

据此,通过示波器显示 RC 并联电路的暂态过程曲线图如图 2-99 所示,从放电曲线上找到对应 0.368E 时间轴的对应点,即可测出时间常量 τ,进而根据 $\tau = RC$ 可以求出电路中电容 C.

图 2-98 RC 并联电路图

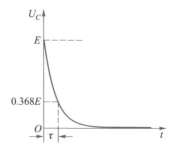
图 2-99 RC 并联电路放电曲线图

2. 两个相互垂直同频率的交流信号相位差的测量

在一个电路网络中,只要有电流元件,其输入交流信号与输出交流信号之间就会产生相位差,图 2-100 为一简单的阻容移相电路.

(1) 电工学法测量相位差

测量两个相互垂直、同频率、不同相位振动的相位差 φ.从电工学中可以知道,电阻两端的电压 U_{AB} 的相位比电容两端的电压 U_{BD} 的相位超前 90°,而它们的总电压 U_{AD} 可用矢量合成图表示,如图 2-101 所示.由图可见,总电压 U_{AD} 与电容两端的电压 U_{BD} 之间有一相位差 φ,并且有如下关系:

$$\tan\varphi = \frac{U_{AB}}{U_{BD}} = \frac{IR}{I \cdot \frac{1}{\omega C}} = 2\pi fCR \tag{2.16.2}$$

所以

$$\varphi = \arctan(2\pi fCR) \tag{2.16.3}$$

式中 C 为电容值,R 为电阻值,f 为频率.

图 2-100 阻容移相电路

图 2-101 电压矢量合成图

（2）双踪显示法测量相位差

按照图 2-100 所示连接电路，显示器上出现如图 2-102 所示波形，则相位差为

$$\varphi = \frac{x}{x_T} * 360° \qquad (2.16.4)$$

（3）李萨如图形法测量相位差

从示波器的 Y 轴和 X 轴同时输入两个正弦交流电压，如图 2-100 所示，示波器选择"XY"模式，则显示器会显示两个方向的合成图，即李萨如图形.当相位差 φ 值在 $0 \sim \frac{\pi}{2}$ 之间时，两振动合成的轨迹是斜椭圆，如图 2-103 所示.

图 2-102　双踪显示法测相位差

$$\varphi = \arcsin \frac{B}{A} \qquad (2.16.5)$$

式中，B 为椭圆与纵（横）轴相截的距离，A 为纵（横）方向的最大偏转距离.

3. 信号的傅里叶变换（FFT）

（1）方波的 FFT

任何周期为 T 的连续函数 $f(t)$ 均可展成傅里叶级数，以方波为例，如图 2-104 所示的方波可表示为式（2.16.6）：

图 2-103　李萨如合成图

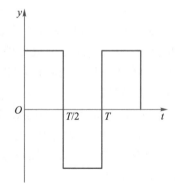

图 2-104　方波波形

$$f(t) = \begin{cases} -h\left(-\dfrac{T}{2} \leq t \leq 0\right) \\ h\left(0 \leq t \leq \dfrac{T}{2}\right) \end{cases} \qquad (2.16.6)$$

此方波为奇函数，数学上可以证明此方波表示为

$$f(t) = \frac{4h}{\pi}\left(\sin \omega t + \frac{1}{3}\sin 3\omega t + \frac{1}{5}\sin 5\omega t + \frac{1}{7}\sin 7\omega t + \cdots\right) = \frac{4h}{\pi}\sum_{n=1}^{\infty}\left[\left(\frac{1}{2n-1}\right)\sin(2n-1)\omega t\right] \qquad (2.16.7)$$

它的频谱图则如图 2-105 所示.

（2）正弦波的 FFT

如图 2-106 所示的正弦波可表示为如下公式(2.16.8):

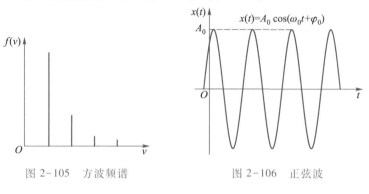

图 2-105　方波频谱　　　　　　图 2-106　正弦波

$$x(t) = A\cos(\omega_0 + \varphi_0) \tag{2.16.8}$$

上述正弦信号只有单一频率,因此其频谱只包含一根谱线,人们称其为"单色"信号.

三、 实验仪器

SDS1000X 型数字示波器,变压器,电阻,电容,晶体二极管,导线等.

四、 实验内容及步骤

1. 时间常量 τ 的测量及电容值 C 的计算

如图 2-107 所示连接电路,示波器设置为直流耦合,触发类型为"边沿触发"中的"下降沿触发",触发电平设置为电压最大值的 10%～20%,扫描时基设置为 500 ms,触发方式为单次"Single",关闭变压器开关,待示波器显示 RC 放电曲线后,用光标测量并记录时间常量 τ.

图 2-107　RC 并联电路测时间常量

计算电路中的电容值 C,并与已知理论值比较.

2. 两交流信号相位差的测量

按图 2-100 所示接好电路,这是一个阻容移相电路,A、D 间的电压 U_{AD} 与 B、D 间的电压 U_{BD} 之间存在相位差.这个相位差的大小与信号频率的大小有关,低频时,相位差趋近于 0;高频时,相位差趋近于 $\dfrac{\pi}{2}$.

将示波器的 X 轴和 Y 轴探极的信号端分别接到图 2-100 的 A、B 端,探极的接地端与 D 端连接.

(1)电工学法测量相位差

如图 2-100 所示连接电路,根据公式求出相位差,即

$$\varphi = \arctan(2\pi fCR)$$

这是从电工学知识得到的两个相互垂直、同频率、不同相位振动的相位差,可作为理论值.

（2）双踪显示法测量相位差

如图 2-100 所示连接电路,示波器选择"YT"模式,屏幕显示图 2-102 所示波形,用光标法测出 x 及 x_T,用式(2.16.4)计算相位差,并与相位差的理论式(2.16.3)值进行比较,计算两者的百分误差.

（3）李萨如图形法测量相位差

如图 2-100 所示连接电路,示波器选择"XY"模式,屏幕上显示如图 2-103 所示的李萨如波形图,用光标法测量出 A、B 的值,用式(2.16.5)计算出相位差,并与相位差的理论式(2.16.3)值进行比较,计算两者的百分误差.

3. 方波的傅里叶变换

用示波器的信号端连接示波器的"Cal"端,选择"Math"功能中的"FFT"选项,最大采样率选择"16384",得到方波的频谱图.

4. 交流电信号的傅里叶变换

将变压器的"6 V"端接入示波器的 X 通道,选择"Math"功能中的"FFT"选项,最大采样率选择"16384",得到交流信号的频谱图.

实验 2.17 *RLC* 谐振电路特性研究

RLC 谐振电路广泛应用于广播、电视和电磁测量中对信号进行选频.*RLC* 谐振电路由电阻、电容、电感等元件组成,除线性电阻之外,电容与电感的阻抗会随着电路中信号频率的改变发生变化,从而导致不同元件的分压信号强度和相位也会随着信号频率而发生改变,所以 *RLC* 谐振电路与机械振动、光学谐振等一样,也具有鲜明的共振特性,是一种电磁振荡.平衡状态发生变化时,电路会从一个稳态转变到另一个稳态,转变过程中元件上信号发生的变化规律称为电路的暂态特性.

一、 实验目的

1. 了解 *RLC* 串联、并联电路的相频特性和幅频特性;
2. 观察和研究 *RLC* 电路的串联谐振和并联谐振现象;
3. 观察 *RLC* 串联电路的暂态过程及其阻尼振荡规律.

二、 实验仪器

低频功率信号源,十进制电阻器,可调电容器,可调电感器,电感,开关,短接桥和连接导线,九孔板,数字示波器.

三、 实验原理

1. *RLC* 串联电路的谐振特性

（1）*RLC* 串联电路的稳态特性

在电路中如果同时存在电感和电容元件，那么在一定条件下会产生某种特殊状态，能量会在电容和电感元件中产生交换，我们称之为谐振现象.

在如图 2-108 所示的 *RLC* 串联电路中，电路的总阻抗为 $|Z|$，电流 i 和相位差 φ 满足以下关系：

$$|Z| = \sqrt{R^2 + \left(\omega L - \frac{1}{\omega C}\right)^2} \tag{2.17.1}$$

$$i = \frac{U_E}{\sqrt{R^2 + \left(\omega L - \frac{1}{\omega C}\right)^2}} \tag{2.17.2}$$

$$\varphi = \arctan \frac{\omega L - \dfrac{1}{\omega C}}{R} \tag{2.17.3}$$

其中 ω 为电源输入电压的角频率，可见以上参数均与 ω 有关，它们与频率的关系称为频响特性. 在频率 f_0 处阻抗 $|Z|$ 值最小，且整个电路呈纯电阻性，而电流 i 达到最大值，我们称 f_0 为电路的谐振频率（$\omega_0 = 2\pi f_0$ 为谐振角频率），由图 2-109、图 2-110、图 2-111 还可知，在 $f_1 \sim f_0 \sim f_2$ 的频率范围内 i 值较大，我们称为通频带.

图 2-108　*RLC* 串联电路

图 2-109　*RLC* 串联电路的阻抗特性

图 2-110　*RLC* 串联电路的幅频特性

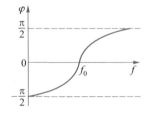

图 2-111　*RLC* 串联电路的相频特性

从公式还可以看出，当 $\omega L = \dfrac{1}{\omega C}$ 时，电路振荡频率为

$$\omega = \omega_0 = \frac{1}{\sqrt{LC}} \qquad (2.17.4)$$

此时频率为

$$f = f_0 = \frac{1}{2\pi\sqrt{LC}} \qquad (2.17.5)$$

此时阻抗最小 $|Z| = R$，相位差为 $\varphi = 0$，电流值最大 $i_m = \dfrac{u_E}{R}$，如图 2-109、图 2-110、图 2-111 所示.

同时，电感和电容两端的电压分别可以表示为

$$u_L = i_m |Z_L| = \frac{\omega_0 L}{R} \cdot u_E \qquad (2.17.6)$$

$$u_C = i_m |Z_C| = \frac{1}{R\omega_0 C} \cdot u_E \qquad (2.17.7)$$

谐振电路的品质因子 Q 是 u_L 或 u_C 与 u_E 的比值：

$$Q = \frac{u_L}{u_E} = \frac{u_C}{u_E} = \frac{\omega_0 L}{R} = \frac{1}{R\omega_0 C} = \frac{1}{R}\sqrt{\frac{L}{C}} \qquad (2.17.8)$$

并且可以证明，在幅频曲线中品质因子还可以表示为

$$Q = \frac{f_0}{\nabla f} \qquad (2.17.9)$$

所以可以测量得到谐振电路的幅频曲线以后，再结合式(2.17.9)即可测得电路的品质因子 Q.

（2）RLC 串联电路的暂态过程

在图 2-112 所示的电路中，先将开关 S 打向"1"，待稳定后再将 S 打向"2"，这称为 RLC 串联电路的放电过程，这时电路方程为

$$LC\frac{\mathrm{d}^2 u_C}{\mathrm{d}t^2} + RC\frac{\mathrm{d}u_C}{\mathrm{d}t} + u_C = 0 \qquad (2.17.10)$$

该方程的初始条件为：$t = 0$，$u_C = u_E$，$\dfrac{\mathrm{d}u_C}{\mathrm{d}t} = 0$，图 2-113 为这三种情况下的 u_C 变化曲线，其中 1 为欠阻尼，2 为过阻尼，3 为临界阻尼.

根据 R 值的不同，u_C 的解分为以下三种情况：

① 当 $R < 2\sqrt{L/C}$ 时，为欠阻尼过程，有

$$u_C = \frac{1}{\sqrt{1 - \dfrac{C}{4L}R^2}} u_E \mathrm{e}^{-\frac{t}{\tau}} \qquad (2.17.11)$$

图 2-112　RLC 串联电路的暂态过程

其中 $\tau = \dfrac{2L}{R}$.

② 当 $R > 2\sqrt{L/C}$ 时，为过阻尼过程，有

$$u_C = \frac{1}{\sqrt{\dfrac{C}{4L}R^2 - 1}} u_E e^{-\frac{t}{\tau}} \mathrm{sh}(\omega t + \varphi) \tag{2.17.12}$$

其中 $\tau = \dfrac{2L}{R}$，$\omega = \dfrac{1}{\sqrt{LC}}\sqrt{\dfrac{C}{4L}R^2 - 1}$．

③ 当 $R = 2\sqrt{L/C}$ 时，为临界阻尼过程，有

$$u_C = \left(1 + \frac{t}{\tau}\right) u_E e^{-\frac{t}{\tau}} \tag{2.17.13}$$

如果当 $R \ll 2\sqrt{L/C}$ 时，则曲线 1 的振幅衰减很慢，能量的损耗较小．能够在 L 与 C 之间不断交换，可近似为 LC 电路的自由振荡，这时 $\omega \approx \dfrac{1}{\sqrt{LC}} = \omega_0$，$\omega_0$ 为 $R = 0$ 时 LC 回路的固有频率．对于充电过程，与放电过程相类似，只是初始条件和最后平衡的位置不同．图 2-114 给出了充电时不同阻尼的 u_C 变化曲线图．

2. RLC 并联电路的谐振特性

图 2-114 所示为 RLC 并联电路，电路中的阻抗和相位差为

$$|Z| = \sqrt{\frac{R^2 + (\omega L)^2}{(1 - \omega^2 LC)^2 + (\omega RC)^2}} \tag{2.17.14}$$

$$\varphi = \arctan \frac{\omega L - \omega C [R^2 + (\omega L)^2]}{R} \tag{2.17.15}$$

可以求得并联谐振角频率为

$$\omega_0 = 2\pi f_0 = \sqrt{\frac{1}{LC} - \left(\frac{R}{L}\right)^2} \tag{2.17.16}$$

图 2-113　RLC 串联电路暂态特性　　　图 2-114　RLC 并联电路

可见并联谐振频率与串联谐振频率不相等（当 Q 值很大时才近似相等）．图 2-115 给出了 RLC 并联电路的阻抗、相位差和电压随频率的变化关系．和 RLC 串联电路类似，品质因数 $Q = \dfrac{\omega_0 L}{R} = \dfrac{1}{R\omega_0 C}$．

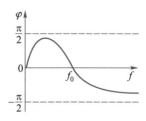

图 2-115   *RLC* 并联电路的谐振特性

综上分析可知 *RLC* 串联、并联电路对交流信号具有选频特性,在谐振频率点附近,有较大的信号输入,其他频率的信号被衰减.这在通信领域的高频电路中得到了非常广泛的应用.

四、 实验内容及步骤

1. *RLC* 串联电路的稳态特性

(1) 幅频特性.保持信号源电压 u_E 不变(可取 $U_{PP} = 5$ V),根据所选的 L、C 值,估算谐振频率,以选择合适的正弦波频率范围.从低到高调节频率,当 u_R 的电压为最大时的频率即为谐振频率,记录下不同频率时的 u_R 大小.

(2) 相频特性.用示波的双通道观测,将信号源电压 u_E 和 u_R 分别接到示波器的两个通道,从低频到高频逐渐调节信号源的频率,观察示波器上两个波形相位差的变化情况,记录下某一频率时的相位差值.(可用李萨茹图形法观测.)

2. *RLC* 串联电路的暂态特性

(1) 先选择合适的 L、C 值,根据选定参数,调节 R 值大小.观察三种阻尼振荡的波形.如果欠阻尼时振荡的周期数较少,则应重新调整 L、C 值.

(2) 用示波器测量欠阻尼时的振荡周期 T 和时间常量 τ.τ 值反映了振荡幅度的衰减速度,从最大幅度衰减到最大幅度的 0.368 倍处的时间即为 τ 值.

3. *RLC* 并联电路的稳态特性

按图 2-114 进行连线,注意此时 R 为电感的内阻,随不同的电感取值而不同,它的值可在相应的电感值下用直流电阻表测量(例如可选取 L = 10 mH、C = 0.022 μF、R′ = 1 kΩ,也可自行设计选定).注意 R′ 的取值不能过小,否则会由于电路中的总电流变化过大而影响 $U_{R'}$ 的大小.分别研究电路的幅频特性和相频特性曲线.

五、 数据记录与处理

1. 根据测量结果作 *RLC* 串联电路、*RLC* 并联电路的幅频特性和相频特性.并计算电路的 Q 值.

2. 根据不同的 R 值作出 *RLC* 串联电路的暂态响应曲线,分析 R 值大小对充放电的影响.

六、　思考与讨论

查阅文献说明品质因子的物理意义.

实验 2.18　用磁聚焦法测定电子荷质比

1897 年,约瑟夫·约翰·汤姆孙(Joseph John Thomson,1856—1940)在剑桥大学的卡文迪什实验室研究阴极射线的时候发现了电子,并计算出了电子电荷 $-e$ 和电子质量 m 的比值 $-e/m$,即电子荷质比.1913 年,罗伯特·安德鲁·密立根(Robert Andrews Millikan,1868—1953)在美国芝加哥大学通过著名的密里根油滴实验测得了电子电荷的数值.电子荷质比是描述电子性质的重要物理量,历史上就是首先测出了电子的荷质比,又测定了电子的电荷量,从而得出了电子的质量,证明原子是可以分割的.

测定电子荷质比可使用不同的方法,如磁聚焦法、磁控管法、汤姆孙法等.作为基础实验,为了对电子荷质比有一个感性认识,因此介绍一种简便测定 e/m 的方法——纵向磁场聚焦法.它是将示波管置于长直螺线管内,并使两管同轴安装.当偏转板上无电压时,从阴极发出的电子,经加速电压加速后,可以直射到荧光屏上打出一亮点.若在偏转板上加一交变电压,则电子的运动轨迹将随之偏转,连续不间断的电子打在荧光屏上将形成一条亮直线.此时,若给长直螺线管通以电流,使之产生一轴向磁场,那么,运动电子处于该磁场中,因受到洛伦兹力作用而做圆周运动,在荧光屏上再度会聚成一亮点,这就叫做纵向磁场聚焦.由加速电压、聚焦时的励磁电流值等有关参量,便可计算出 e/m 的数值.

一、　实验目的

1. 加深对电子在电场和磁场中运动规律的理解;
2. 了解电子射线束磁聚焦的基本原理;
3. 学习用磁聚焦法测定电子荷质比 $-e/m$ 的值.

二、　实验仪器

长直螺线管,阴极射线示波器,电子荷质比测定仪电源,直流稳压电源(励磁用),直流电流表,装有选择开关及换向开关的接线板,导线等.

三、　实验原理

由电磁学可知,一个带电粒子在磁场中运动要受到洛伦兹力的作用.设带电粒子是质量和电荷分别为 m 和 e 的电子,则它在均匀磁场中运动时,受到的洛伦兹力 F 的大小为

$$F = evB\sin(\boldsymbol{v}, \boldsymbol{B}) \tag{2.18.1}$$

式中,v 是电子运动速度的大小;B 是均匀磁场中磁感应强度的大小;$(\boldsymbol{v}, \boldsymbol{B})$ 则是电子速度

方向与磁感应强度方向(即磁场方向)间的夹角.下面对式(2.18.1)进行讨论:

1. 当 $\sin(\boldsymbol{v},\boldsymbol{B})=0$ 时,$F=0$,表示电子速度方向与磁场方向平行(即 $\boldsymbol{v}$ 与 $\boldsymbol{B}$ 方向一致或反向)时,磁场对运动电子没有力的作用.说明电子沿着磁场方向做匀速直线运动.

2. 当 $\sin(\boldsymbol{v},\boldsymbol{B})=1$ 时,$F=evB$,表示电子在垂直于磁场的方向运动时,受到的洛伦兹力最大,其方向垂直于由 $\boldsymbol{v}$、$\boldsymbol{B}$ 组成的平面,其指向由右手螺旋定则决定.由于洛伦兹力 $\boldsymbol{F}$ 与电子速度 $\boldsymbol{v}$ 方向垂直,所以,洛伦兹力只能改变电子速度的方向,而不能改变电子速度的大小,它促使电子做匀速圆周运动,为电子运动提供了向心加速度,即

$$F=evB=m\frac{v^2}{R}$$

由此可得电子做圆周运动的轨道半径为

$$R=\frac{v}{\frac{e}{m}B} \tag{2.18.2}$$

式(2.18.2)表示,当磁场的 B 一定时,R 与 v 成正比,说明速度大的电子绕半径大的圆轨道运动,速度小的电子绕半径小的圆轨道运动.

电子绕圆轨道运动一周所需的时间为

$$T=\frac{2\pi R}{v}=\frac{2\pi}{\frac{e}{m}B} \tag{2.18.3}$$

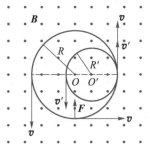

式(2.18.3)表示电子做圆周运动的周期 T 与电子速度的大小无关.也就是说,当 B 一定时,所有从同一点出发的电子尽管它们各自的速度大小不同,但它们运动一周的时间却是相同的.因此,这些电子在旋转一周后,都同时回到了原来的位置.如图 2-116 所示.

图 2-116　电子在磁场中的圆周运动

3. 当 $\sin(\boldsymbol{v},\boldsymbol{B})=\theta$,且 $0<\theta<+\frac{\pi}{2}$ 时,$F=evB\sin\theta$,表示电子运动方向与磁场方向斜交.这时可将电子速度 $\boldsymbol{v}$ 分解成与磁场方向平行的分量 $v_{/\!/}$ 及与磁场方向垂直的分量 $v_{\perp}$,如图 2-117 所示.这时 $v_{/\!/}$ 就相当于上面 1 的情况,它使电子在磁场方向做匀速直线运动.而 $v_{\perp}$ 则相当于上面 2 的情况,它使电子在垂直于磁场方向的平面内做匀速圆周运动.因此,当电子运动方向与磁场方向斜交时,电子的运动状态实际上是这两种运动的合成,即它一面做匀速圆周运动,同时又沿着磁场方向做匀速直线运动向前行进,形成了一条螺旋线的运动轨迹.这条螺旋轨道在垂直于磁场方向的平面上的投影是一个圆,如图 2-118 所示.与上面 2 的情况同理,可得这个圆轨道的半径为

$$R_{\perp}=\frac{v_{\perp}}{\frac{e}{m}B} \tag{2.18.4}$$

周期为

$$T_{\perp}=\frac{2\pi R_{\perp}}{v_{\perp}}=\frac{2\pi}{\frac{e}{m}B} \tag{2.18.5}$$

图 2-117　电子运动方向与磁场斜交

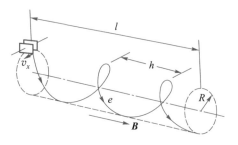

图 2-118　电子在磁场中的螺旋运动

这个螺旋轨道的螺距,即电子在一个周期内前进的距离为

$$h = v_{//} T_{\perp} = \frac{2\pi v_{//}}{\frac{e}{m}B} \tag{2.18.6}$$

由以上三式可见,对于同一时刻电子流中沿螺旋轨道运动的电子,由于 $v_{\perp}$ 的不同,它们的螺旋轨道各不相同,但只要磁场的 B 一定,那么,所有电子绕各自的螺旋轨道运动一周的时间 $T_{\perp}$ 却是相同的,与 $v_{\perp}$ 的大小无关.如果它们的 $v_{//}$ 相同,那么,这些螺旋轨道的螺距 h 也相同.这说明,从同一点出发的所有电子,经过相同的周期 $T_{\perp}$、$2T_{\perp}$、… 后,都将会聚于距离出发点为 h、$2h$、… 处,而 h 的大小则由 B 和 $v_{//}$ 来决定.这就是用纵向磁场使电子束聚焦的原理.

根据这一原理,我们将阴极射线示波管安装在长直螺线管内部,并使两管的中心轴重合.在实验 2.15 中已经知道示波管内部的结构,当给示波器灯丝通电加热时,阴极发射的电子经加在阴极与阳极之间直流高压 U 的作用,从阳极小孔射出时可获得一个与管轴平行的速度 v_1,若电子质量为 m,根据功能原理有

$$\frac{1}{2}mv_1^2 = eU$$

则电子的轴向速度大小为

$$v_1 = \sqrt{\frac{2eU}{m}} \tag{2.18.7}$$

实际上电子在穿出示波管的第二阳极后,就形成了一束高速电子流,射到荧光屏上就打出一个光斑,为了使这个光斑变成一个明亮、清晰的小亮点,必然将具有一定发散程度的电子束沿示波管轴向会聚成一束很细的电子束(称为"聚焦"),这就要调节聚焦电极的电势,以改变该区域的电场分布.这种靠电场对电子的作用来实现聚焦的方法,称为静电聚焦,可调节"聚焦"旋钮来实现.

若在 Y 轴偏转板上加一交变电压,则电子束在通过该偏转板时即获得一个垂直于轴向的速度 v_2.由于两极板间的电压是随时间变化的,因此,在荧光屏上将观察到一条直线.

由上述可知,通过偏转板的电子,既具有与管轴平行的速度 v_1,又具有垂直于管轴的速度 v_2,这时若给螺线管通以励磁电流,使其内部产生磁场(近似认为长直螺线管中心轴附近的磁场是均匀的),则电子将在该磁场作用下做螺旋运动.这与前面 3 的情况完全相同,这里的 v_1 就相当于前面的 $v_{//}$,v_2 相当于 $v_{\perp}$.

将式(2.18.7)代入式(2.18.6),可得

$$\frac{e}{m}=\frac{8\pi^2 U}{h^2 B^2} \qquad (2.18.8)$$

式中,B 为载流长直螺线管轴线处的磁感应强度,计算公式为

$$B=\frac{\mu_0 N I}{\sqrt{L^2+D^2}}$$

将 B 代入式(2.18.8),得

$$\frac{e}{m}=\frac{8\pi^2 U(L^2+D^2)}{(\mu_0 N I h)^2}=\frac{8\pi^2(L^2+D^2)}{(\mu N h)^2}\cdot\frac{U}{I^2} \qquad (2.18.9)$$

式中,μ_0 为真空磁导率,$\mu_0=4\pi\times10^{-7}\,\mathrm{H/m}$;$N$ 为螺线管线圈的总匝数;L、D 分别为螺线管的长度和直径;h 为螺距.这里 N、L、D、h 的数值由实验室给出.因此测得 I 和 U 后,就可求得电子荷质比 $\frac{e}{m}$ 的值.

四、 实验内容及步骤

1. 实验装置

图 2-119 是本实验的实验装置及线路图,该图可分成两部分来讨论:一是示波管的线路连接,另一是螺线管的线路连接.

图 2-119 纵向磁场聚焦法测 e/m 实验装置及线路图

（1）图中上部是示波管及长直螺线管,将示波管管座引出的标有 K、G、A_2、A_1、F 的

引线与"电子荷质比测定仪电源"面板上的接线柱对应相接,示波器标有 X、Y 的引出线与开关 S_1 相接,A_2 接在面板上的"⊥"处.再按图另用导线将 X 与"⊥"接通.S_1 下面两个接线柱与"测定仪电源"的"测试"接线柱连线.螺线管的两根引出线,接到开关 S_2 一侧的接线柱上,再将直流稳压电源(0~30 V)、电流表和 S_2 的中间两个接线柱串联在一起.

(2) 图中左下部的电路均在"电子荷质比测定仪电源"内部.而开关 S_1 和 S_2 及显示励磁电流的电流表安装在接线板上.右下部的 S_2 连接的直流电源(0~30 V)是励磁用的.

2. 实验内容及操作步骤

(1) 将螺线管方位调整到与当地的地磁倾角相同(西安地区为 50°29′),使管内轴向磁场和地球磁场方向一致,按图 2-119 接线,细心检查无误后,开始操作.

(2) 将选择开关 S_1 扳到接"地"一边,电流换向开关 S_2 断开.接通"电子荷质比测定仪电源"开关,加速高压 U 调至 600 V,适当调节亮度和聚焦旋钮,使荧光屏上出现一明亮的细点.

(3) 将选择开关 S_1 扳向另一边,Y 偏转板接通交流电源.由于电子获得了垂直于轴向的速度而发生偏转,荧光屏上出现一条直线.

(4) 将电流换向开关 S_2 扳向任一边,接通直流稳压电源(即励磁电源),从零逐渐增加螺线管中的电流强度 I,使荧光屏上的直线光迹一面旋转一面缩短,当磁场增强到某一程度时,又聚焦成一细点.第一次聚焦时,螺旋轨道的螺距 h 恰好等于 Y 偏转板中点至荧光屏的距离.记下聚焦时电流表的读数.

(5) 调节高压 U 为 700 V、800 V、900 V、1 000 V,分别记录每次聚焦时螺线管中的电流值.

(6) 将高压从 1 000 V 逐次降到 600 V,重复上述步骤.

(7) 将电流换向开关 S_2 扳到另一边,重复上述操作,记下聚焦时的电流表读数.

(8) 断开电流换向开关 S_2 及选择开关 S_1,关断励磁电源及测定仪电源.

(9) 记录螺线管的 N、L、D 及螺距 h 的值.

五、 数据记录与处理

1. 设计记录数据的表格,记录数据.

2. 求出在各不同高压下电子束聚焦时电流强度 I 的平均值,用式(2.18.9)计算各 e/m 值,并求出 e/m 的平均值及其绝对误差 $\Delta\dfrac{e}{m}$.测量结果表示为 $\dfrac{e}{m}=\left(\overline{\dfrac{e}{m}}\right)\pm\left(\overline{\Delta\dfrac{e}{m}}\right)$.

3. 将求得的 e/m 值与公认值(见附录二)进行比较,求出相对百分误差.

六、 注意事项

1. 实验线路中因有高压,操作时需加倍小心,以防电击.

2. 为了减小干扰,各种铁磁物体应远离螺线管.

3. 螺线管应南高北低放置.聚焦光点应尽量细小,但不要太亮,以免难以判断聚焦的好坏.

4. 在改变螺线管电流方向以前,应先调节励磁电源输出为"零"或最小,然后再扳动换向开关 S_2,使电流反向.

5. 改变加速高压 U 后,光点亮度会改变,这时应重新调节亮度,若调节亮度后加速高压有变化,再调到规定的电压值.

七、 思考与讨论

1. 调节螺线管中的电流强度 I 的目的是什么?

2. 实验时螺线管中的电流方向为什么要反向? 聚焦时电流值有何不同? 为什么?

3. 静电聚焦($B=0$)后,加偏转电压时,荧光屏上呈现的是一条直线而不是一个亮点,为什么?

4. 加上磁场后磁聚焦时,如何判定偏转板到荧光屏间是一个螺距,而不是两个、三个或更多?

小　　结

电磁学实验是物理实验中最重要的一部分.一是由于其内容丰富,仪器众多;二是因为随着科学技术的发展,物理学科各分支的物理量及所有工程技术类学科的实验技术都要用到电磁学实验方法,比如现代物理实验的发展方向是高度数字化,数字化的核心要素就是通过传感器将待测物理量转化为电压、电流来测量并自动化采集,而电磁学实验则是其实验技术基础.

在本节中,实验内容非常丰富,我们学习了各类电阻的多种测量方法,交直流电压的测量方法,频率、相位、阻抗的测量方法,电磁场的测量方法,还研究了电子束在电磁场中的聚焦和偏转,电子荷质比测定仪就是利用这种原理制作的仪器.学习了使用磁电系电表、数字电表、电桥、数字示波器、各类电源等电磁学仪器.本节中还学习了很多实验方法,例如补偿法、模拟法、平衡法、示波法等,这些都是电磁学实验最基本的知识,在工程技术领域应用广泛.

§2.3　光学、声学物理量的测量与研究

基 本 知 识

光学实验是大学物理实验的一个重要部分,它所使用的仪器,所运用的实验技能,以及对元件和仪器的维护等,均有别于其他物理实验,有其特殊性.因此,在做光学实验以前,了解有关光学元件和仪器的使用、维护要求,基本调节技术和实验中常用的光源等有关知识是十分重要,初学者应认真阅读和学习这些内容.

一、 光学元件和仪器的使用和维护

组成光学仪器的各种光学元件,如透镜、棱镜、反射镜、光栅等,大多数是用光学玻璃制成的,其光学表面都经过研磨和抛光,有些还镀有一层或多层薄膜.光学仪器的机械传动部分也都经过精密加工.所以光学元件和仪器的特点是精密度高、容易损坏,因此在使用和维持上有其特殊要求,使用时一定要注意下列事项:

1. 使用光学元件和仪器时,要轻拿轻放,勿使它们受到冲击或震动,特别要防止光学元件跌落.暂时不用的或用毕应放在安全的地方或放回原处,不可随便乱放.

2. 切忌用手触摸元件的光学表面,取用时只能拿磨砂面,即阻止光线通过的毛面,如透镜、光栅的边缘,棱镜的上下面等.

3. 光学表面如有灰尘,要用洁净的镜头纸或软毛刷轻轻拂去,或用橡皮球吹掉,切勿用嘴吹或用手指抹,以防沾污或损伤抛光表面.

4. 光学表面如有指印或污痕,应由实验室人员用脱脂棉花和丙酮、乙醇擦拭.所有镀膜面均不能触碰或擦洗;避免金属等坚硬物体或各类腐蚀性溶液接触光学器件表面.

5. 光学仪器使用前必须了解操作规程、使用方法和注意事项.调整光学仪器时,要耐心细致,轻拿轻放.止动螺钉未拧松前,不能用力硬扳,微动装置在使用到极限位置时不可强行转动,严禁盲目及粗鲁操作.

二、 光学系统的基本调节方法

1. 共轴等高调节

在光学系统中,各光学元件的主光轴重合即为共轴.若光学元件均在光具座上,必须使主光轴与光具座导轨表面相平行,即为等高.在光学系统的基本调节中,光学元件的共轴等高调节是最基本的,调节方法如下:

粗调:利用目测判断,将各光学元件和光源的中心调成等高,并使各元件所在平面基本上相互平行且竖直.若各元件在光具座上,可先将它们靠拢,目测调节,使它们的中心连线重合,与导轨表面平行.

细调:利用光学系统本身或借助其他光学元件的成像规律来判断和调节,使得沿光轴移动元件时不发生像的偏移.不同的装置可能有不同的具体调节方法,如自准法、二次成像法等.

2. 消除视差

视差是指观察两个静止物体,当观察者的观察位置发生变化时,一个物体相对于另一个物体的位置有明显的移动.在用米尺测长度及指针式电表读数时都存在视差问题.

光学实验中经常要用目镜中的十字叉丝或标尺准线来测量像的位置和大小.当像平面与十字叉丝不在同一平面上时,就会产生视差.通过调焦使像平面与十字叉丝所在平面相重合,这时眼睛上下左右移动,两者没有相对位移,即视差消除.在光学实验中"消视差"常常是测量读数前必不可少的操作步骤,否则,测量就会引入误差.

三、 物理实验常用光源

通常把自己能够发光的物体称为光源,光源可分为天然光源和人造光源.人造光源又可分为电光源、激光光源和固体发光光源等.其中最常用的是电光源,它是将电能转化为光能的装置,大致可分为两类:a.热辐射光源,它是利用电能将物体加热使其温度升高而发光,例如白炽灯、卤钨灯等.b.气体放电光源,它利用电能使气体或金属蒸气放电而发光,例如日光灯、汞灯、钠灯、氢灯等.

1. 热辐射光源

(1) 白炽灯.它是由钨丝装在抽成真空的玻璃泡内构成的.它的光谱是连续光谱,从红外、可见光到少量紫外范围,以近红外成分居多,其光谱成分和光强与灯丝的温度有关.日常用的普通灯泡,除照明外,还可作白色光源.在白炽灯前加滤色片或色玻璃可得到单色光,其单色性决定于滤色片的性能.

(2) 卤钨灯.利用卤素元素和钨的化合物容易挥发的特性制成,主要是碘钨灯和溴钨灯,常用作强光源.在灯泡内充入卤族元素后,蒸发沉积在玻璃壳壁的钨与卤素原子化合,生成卤化钨,卤化钨很快挥发成气体反过来向灯丝扩散.由于灯丝附近温度高,卤化钨分解,钨又重新沉积在钨丝上,形成卤钨循环,所以卤钨灯能获得较高的发光效率,光色和稳定性也较好.

(3) 标准灯泡.一种经过严格设计的特制钨丝灯或卤钨灯,使用前都要经过校准.作为标准光源的卤钨灯要按规定的电压值(或电流值)和规定的方向使用才能得到正确的结果.

2. 气体放电光源

(1) 汞灯

利用汞蒸气弧光放电而发光.因为汞灯在常温下要用很高的电压才能点燃,因此在管内充有辅助气体,如氖、氩等.通电时辅助气体首先被电离而开始放电,使灯管温度升高,随后才产生汞蒸气的弧光放电.弧光放电的伏安特性有负阻现象,因此,需要在电路中接入一定的阻抗以限制电流,否则电流急剧增加会把灯管烧坏,一般在交流 200 V 电源和灯管的电路中串入一个扼流圈用来镇流.不同的汞灯,电流的数值不同,所需镇流器的规格也不同,不能互换.汞灯辐射的紫外线较强,不要直视,以防眼睛受伤.汞灯按其工作时的汞蒸气气压的高低,分为低压(10^5 Pa 以下)、高压($10^5 \sim 10^6$ Pa)和超高压(10^6 Pa 以上)三种.① 低压汞灯:实验室中常用,点燃稳定后发出青紫色光,在可见光和近紫外区产生五条强谱线,波长分别为 579.1 nm、577.0 nm、546.1 nm、435.8 nm 和 404.7 nm.② 高压汞灯:它在紫外、可见和近红外光区都有辐射,是光谱分析比较理想的标准光源.③ 超高压汞灯:因汞的蒸气压很高,原子激发到高能级的概率增大,可见光区域发射的谱线增多,而且光强大增,可作为高亮度光源,比如街上的路灯.

(2) 钠灯

钠灯也是热电极弧光放电型光源,点燃后发出橘黄色光.在可见光区有两条波长为589.0 nm 及 589.6 nm 的黄色强谱线,通常以平均值 589.3 nm 作为钠黄光的标准波长,许多光学参数常以它作为基准,称为 D 线.钠灯是一种较好的单色光源.

钠灯是将金属钠封闭在特种玻璃泡内,并且充以辅助气体氖,发光过程类似汞灯,依灯管的额定功率串入相应的镇流器.钠为难熔金属,冷时蒸气压很低,工作时钠蒸气压约为 0.1 Pa,通电 3~4 分钟后才能正常工作.使用时要注意,不可频繁启动和关闭,熄灭后须待冷却方可再次点燃或搬动,否则会影响使用寿命.

（3）辉光灯

辉光灯也叫做辉光放电管,是一种冷电极气体放电光源,如霓虹灯、辉光指示灯、氖灯、氢灯等.氢灯如图 2-120 所示,在一根弯曲的与两个大玻璃管相通的毛细管内充以氢气,放电时发出粉红色的光,含有原子光谱和分子光谱,根据需要,采取适当措施可突出一种,实验室常用于氢原子光谱实验.管内氢气约为 10^3 Pa,发出的较强谱线的波长为 656.3 nm、486.1 nm、434.0 nm、410.2 nm四条.启辉电压约 5~8 kV,工作电压约 1~1.5 kV,工作电流 8~15 mA,所以要用高压(如霓虹灯)变压器.

图 2-120　氢放电管

3. 氦氖激光器

激光器是受激辐射而发光的.它具有单色性好、方向性强、功率密度大和空间相干性好等特点,是极好的单色和定向光源.物理实验最常用的是氦氖激光器,它是一种气体激光器,如图 2-121 所示,它由激光管和直流高压电源组成.对直流高压电源的要求与激光管长度和毛细管截面有关,实验室常用管长为 200~300 mm、功率为 2~7 mW 的激光管,它发出波长为 632.8 nm 的橙红色完全偏振光.

激光管两端是多层介质膜片,管体中间有一毛细管,它们组成光学谐振腔.使用时必须保持激光管清洁,点燃时应控制辉光电流的大小,不得超过额定值,也不能低于阈值,否则激光会闪烁或熄灭.激光管的电极不能接反.由于激光管两端加有直流高压(2~8 kV),使用时严防触电.激光发散角小,光能高度集中,所以不能迎着激光束的方向观看,未扩束的激光束会对眼睛造成伤害.

激光器的种类很多,还有氦镉激光器、氩离子激光器、二氧化碳激光器、红宝石激光器、半导体激光器等.

图 2-121　氦氖激光管及其电源

实验 2.19 透镜成像规律的研究

透镜是光学仪器最基本的元件.由于光学仪器的性能和用途不同,也就需要选择不同的透镜.现代精密光学仪器,都是采用多种透镜组成透镜组来满足要求的.因此,在制作或挑选单个透镜时,就要准确测定其各项参数,而最主要的参数就是焦距和像差.厚透镜和透镜组的参数比较复杂,本实验只通过对薄透镜的成像规律的研究来确定其参数,并通过实验学习正确进行光学系统的共轴调节.

透镜典型的应用就是设计显微镜与望远镜.目前,透射电子显微镜在材料科学和生命科学中得到极为广泛的应用,对于材料进行形貌和结构分析,对于生命科学用于保真性探测和生化物质定位.透射电子显微镜的分辨率为 0.1~0.2 nm,放大倍数为几万~几百万倍.主要是通过电磁透镜设计的.

"地球"2.0 计划,我国将发射自己的太空望远镜,该望远镜的口径为 1.2 m,具有非常高的分辨率.就是寻找地球周围 32 光年内的类地行星.寻找宇宙中的第二个地球.

中国"天眼"——射电望远镜,2016 年 9 月 25 日,"中国天眼"落成启用,它是我国自主研制、世界最大单口径、最灵敏的射电望远镜,综合性能是著名的阿雷西博射电望远镜的十倍.自运行以来,它已成功发现 44 颗新脉冲星,将在中国乃至世界的天文研究领域中发挥无可替代的作用.

一、 实验目的

1. 了解薄透镜的成像规律;
2. 掌握光学系统的共轴调节;
3. 测定薄透镜的焦距;
4. 了解透镜设计的前沿应用.

二、 实验仪器

光具座,薄透镜,光源,狭缝,观察屏,物屏,平面反射镜等.

三、 实验原理

1. 薄透镜成像公式

透镜是具有两个折射面的简单共轴球面系统,所谓薄透镜,是指它的厚度远比两折射面的曲率半径和焦距小得多的透镜.

在满足薄透镜和近轴光线的条件下,物距 u、像距 v 和焦距 f 之间的关系为

$$\frac{1}{u}+\frac{1}{v}=\frac{1}{f} \tag{2.19.1}$$

这就是薄透镜成像的高斯公式.并且规定实物 u 取正值,虚物 u 取负值;实像 v 取正值,虚

像 v 取负值;对凸透镜 f 为正值,对凹透镜 f 为负值.如果已知透镜焦距,根据式(2.19.1)就可求出成像位置和大小,反之也可求出透镜焦距.

2. 凸透镜焦距的测定

凸透镜的成像规律为:像的大小和位置是依照物体离透镜的距离而决定的,当 $u \gg f$ 时,极远处的物体经过透镜在后焦点附近成缩小的倒立实像;当 $u > f$ 时,物体越靠近前焦点,像逐渐远离后焦点且逐渐变大;当 $u = f$ 时,物体位于前焦点,像存在于无穷远处;当 $u < f$ 时,物体位于前焦点以内,像为正立放大的虚像,与物体位于同侧,由于虚像点是光线反方向延长线的交点,因此不能用像屏接收,只能通过透镜观察.测量凸透镜焦距的方法有以下几种.

(1) 近似测量

由透镜成像公式可知,当 $u \gg v$(或 f)时,$f \approx v$,因此用此法可以估测出 f 的值.

(2) 自准法(平面镜法)

如图 2-122 所示,若物 AB 正好位于透镜 L 的前焦面上,则物上任一点发出的光束经 L 后成为平行光,由平面镜 M 反射后仍为平行光,再经 L 必仍会聚于前焦平面上,得到与原物等大的倒立实像 A′B′.此时,物距就等于透镜的焦距 f,设物体 AB、透镜 L 在光具座上的位置分别为 x_1、x_2,则 $f = |x_2 - x_1|$,此法常用于粗测凸透镜的焦距.

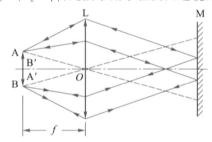

图 2-122　自准法测凸透镜焦距

(3) 物距像距法

只要 $u > f$,就可得到一个倒立实像,在光具座上分别测出物体、透镜 L 及像的位置,就可得到 u、v,从而求出 f.那么在测量中,u 究竟取多大时,误差才会最小呢? 根据式(2.19.1)推导出的 f 的相对误差传递公式可知,当 $u = v$ 时,f 的相对误差最小(自己推导),这时,$u = v = 2f$.为消除透镜的光心位置估计不准带来的误差,可以将透镜转180°再进行测量,取两次测量的平均值.

(4) 共轭法(贝塞尔法,位移法)

此方法必须固定物与像屏的间距,设为 s,而物与像屏可以互换,透镜位置与像的大小一一对应,移动透镜可以成两次像,一大一小,这就是物像共轭,根据

$$\frac{1}{u} + \frac{1}{v} = \frac{1}{f}, \quad u + v = s$$

联立求解得

$$u = \frac{s \pm \sqrt{s(s-4f)}}{2} \tag{2.19.2}$$

若要 u、v 有实解,必须使 $s>4f$,其光路如图 2-123 所示.

图 2-123   共轭法测凸透镜焦距

设透镜两次成像时的位移为 l,则由图 2-123 可看出 $s-l=u_1+v_2=2u_1$,$u_1=\dfrac{s-l}{2}$,$v_1=s-u_1=\dfrac{s+l}{2}$,则可求得

$$f=\frac{s^2-l^2}{4s} \tag{2.19.3}$$

由这种方法测 f,只需确定物到像屏的间距 s,以及透镜移动的距离 l,避免了物距像距法估计光心位置不准带来的误差,也不必将透镜转动 $180°$ 测量.

3. 凹透镜焦距的测量

凹透镜是发散透镜,无法成实像,因而无法直接测量其焦距,往往采用一凸透镜作辅助透镜来测量.

（1）物距像距法（二次成像法）

如图 2-124 所示,物体 A 经一凸透镜 L_1 成 A' 像,放入凹透镜 L_2 后,A' 对 L_2 而言是虚物,它又成实像 A'',在光具座上分别求出对 L_2 而言的虚物的物距 $u=|x_1-x_2|$,像距 $v=-|x_3-x_2|$,就可由式(2.19.1)求得 f.

图 2-124   物距像距法测凹透镜焦距

（2）自准法（反射成像法）

如图 2-125 所示,M 为平面反射镜,调节 L_2 的相对位置,直到物屏上出现和物大小相等的倒立实像,记下 L_2 的位置 x_2.再拿掉 L_2 和平面镜,则在某点处成实像(此时物、L_1

不能移动),记下这一点的位置 x_3,则 $f=-|x_3-x_2|$.

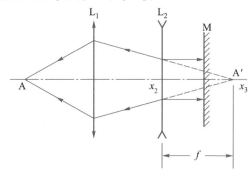

图 2-125　自准法测凹透镜焦距

四、 实验内容及步骤

1. 光学系统的共轴调节

构成透镜的两个玻面的中心连线称为透镜的光轴,所有光学元件构成光学系统,而对光学系统进行共轴调节是光学测量的先决条件,也是减小误差,确保实验成功的十分重要的步骤,必须反复、仔细地调节,本实验中还要求光轴与光具座的导轨平行.调节分两步进行:

(1)粗调.将安装在光具座上的所有光学元件沿导轨靠拢在一起,用眼睛观察,使镜面、屏面等相互平行、中心等高,且与导轨垂直,这样各光学元件的光轴也大致重合.

(2)细调.对单个透镜,可以采用图 2-123 所示的光路图.在成像的两个透镜位置处,把透镜转 180° 后,像的位置不变,说明其光轴与导轨平行;若转 180° 后像的位置有变动,对透镜进行上下、左右调节,直到透镜转 180° 后像的位置不变为止.对于多个透镜组成的光学系统,则应先调节好与一个透镜的共轴,不再变动;再逐个加入其余透镜进行调节,这样调节后,系统的光轴将与最初调好的系统光轴一致.

2. 用自准法测凸透镜焦距

按图 2-122 放置物屏、凸透镜及平面镜,先对光学系统进行共轴调节,然后移动凸透镜,使在物屏上看到一清晰的倒像,如果前后移动平面镜,此像不变,则此时物屏与透镜间距就是透镜的焦距.重复测量 3 次(将数据记录于表 2-19-1 中),求平均值.

3. 用共轭法测凸透镜焦距

如图 2-123 所示,使物屏和像屏距离 $s>4f$,固定物屏、像屏,对光学系统进行共轴调节.移动凸透镜,当屏上成清晰放大实像时,记录凸透镜位置 x_1;移动凸透镜,当屏上成清晰缩小实像时,记录凸透镜位置 x_2,$l=|x_2-x_1|$.由式(2.19.3)求出 f,重复测量 3 次(将数据记录于表 2-19-2 中),求平均值.

4. 用物距像距法测凹透镜焦距

如图 2-124 所示,调节光学系统共轴.取下凹透镜,用凸透镜成缩小像,记录像的位置 x_1;然后在凸透镜和像屏之间放上凹透镜,向后移动像屏成清晰像,记录凹透镜的位置 x_2 及像屏位置 x_3,由式(2.19.1)求出 f.重复测量 3 次(将数据记录于表 2-19-3 中),求平均值.

五、 数据记录与处理

1. 用自准法测凸透镜焦距

物屏位置 $x_0 = $ _____ cm

表 2-19-1

次数	透镜位置 x_1/cm	$f_i(=|x_1-x_0|)$/cm	$\Delta f(=|f_i-\bar{f}|)$/cm
1			
2			
3			
平均		$\bar{f}=$	标准偏差 $s_{\bar{f}}=$

$f=\bar{f} \pm s_{\bar{f}} = $ _____ cm, $E_f = $ _____ %.

2. 用共轭法测凸透镜焦距

物屏位置 $x_0 = $ _____ cm,像屏位置 $x_3 = $ _____ cm,$s=|x_3-x_0| = $ _____ cm

表 2-19-2

次数	透镜位置/cm		透镜位移/cm	$\Delta l(=|l_i-\bar{l}|)$/cm	f/cm
	x_1	x_2	$l_i=|x_2-x_1|$		
1					
2					
3					
平均					$\bar{f}, s_{\bar{f}}$

$f=\bar{f} \pm s_{\bar{f}} = $ _____ cm, $E_f = $ _____ %,要求推导出 $s_{\bar{f}}$ 计算公式.

3. 用物距像距法测凹透镜焦距

透镜所成实像位置 $x_1 = $ _____ cm

表 2-19-3

次数	x_2/cm	x_3/cm	$u(=-|x_1-x_2|)$/cm	$v(=|x_3-x_2|)$/cm	f/cm
1					
2					
3					
平均					$\bar{f}, s_{\bar{f}}$

$f=\bar{f} \pm s_{\bar{f}} = $ _____ cm, $E_f = $ _____ %,要求推导出 $s_{\bar{f}}$ 计算公式.

六、 注意事项

1. 透镜不可用手摸、嘴吹,如果不洁,请用镜头纸擦拭.

2. 光具座上标尺读数有顺、有倒,记录读数时,只记对应数值,不考虑倒顺关系,计算时取绝对值.

七、 思考与讨论

1. 用共轭法测凸透镜的焦距时,为什么物像之间的距离 s 一定要选择 $s>4f$?

2. 在测量凹透镜焦距时,凸透镜起什么作用?

3. 如果用不同的滤光片加在光源前面,那么所测得的某一透镜的焦距是否一样?

4. 如果进行单凸透镜成像的共轴调节时,放大像和缩小像的中心在像屏上重合,是否意味着共轴? 为什么?

八、 实际应用及相关设计性实验

1. 用不同的滤光片加在光源前面,使光源发出不同波长的光,测量某一透镜的焦距,并讨论所得结果.

2. 激光束的发散角很小,在应用时常需扩束.现有氦氖激光器一台,一个短焦凸透镜,一个长焦凸透镜,试安排光路,对氦氖激光束进行扩束,准直为平行光,并测量扩束后平行光的直径.

3. 透镜的色差是由于玻璃对不同波长的光折射率不同而引起的,如图 2-126 所示,色差 H 的大小常以红色像 A' 与紫色像 A'' 至透镜距离之差表示,即 $H=s''-s'$.试按照物距像距法测凸透镜焦距的光路测量透镜的色差.

4. 透镜的球差是由于透镜的焦距对透镜的各部分不同而引起的,如图 2-127 所示,常以近轴光线的像点和边缘光线的像点至透镜距离之差表示,即 $Q=|s'-s'''|$.试按照物距像距法测凸透镜焦距的光路来测量球差.注意先用光阑遮住透镜边缘部分,让近轴光线成像,然后用光阑遮住透镜中心部分,让边缘光线成像.

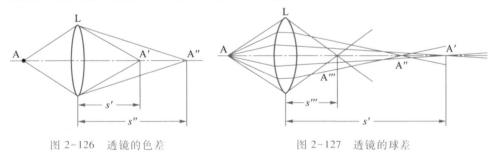

图 2-126　透镜的色差　　　　　　　图 2-127　透镜的球差

5. 在物与透镜之间加一挡光片,挡光片就会挡住一部分光线,而使像的亮度有所减弱,可以用光电池来检测像的亮度,以此来反映挡光片挡住多少物发出的光线.如图 2-128 所示,用此光路来检验像的亮度与挡光片深入程度的关系.

6. 如图 2-129 所示,某物发出的光线经一凹面镜 M 反射后,会在其曲率中心 O 点成像,利用这一原理可粗测任一透镜的两个玻面的曲率半径,但由于透镜材料折射率的影响,所测结果与真实值有一定差别.

图 2-128   挡光实验   图 2-129   粗测透镜玻面曲率半径

7. 用透镜成像法测定狭缝宽度.所给仪器用具有:钠光灯,光具座(不允许用上面的标尺读数),滑座,薄凸透镜($f \approx 16$ cm),狭缝,测微目镜.要求:画出光路图,推出测量公式,进行测量并求出狭缝宽度.

附:用激光散斑技术高精度测量透镜焦距

焦距是表征透镜成像性质的重要参量.测定焦距是为光学系统的设计提供依据.学习透镜焦距的测量,不仅可以加深对几何光学中透镜成像规律的理解,而且有助于训练光路分析方法、掌握光学仪器调节技术.高精度透镜焦距的测量既是物理专业学生综合物理实验望远镜和显微镜设计的基础;也是光信息科学与技术学生进行激光全息实验和傅里叶光学实验的设计基础.最常用凸透镜焦距测量方法有物距相距法、自准直法及共轭法等;而凹透镜焦距测量常用方法有物距相距法和自准直法.这些测量方法很难精确判断清晰像的位置,使得凸透镜和凹透镜焦距测量误差过大.激光散斑是指激光在散射体表面的漫反射或通过一个透明散射体(如毛玻璃)时,在散射表面或附近的光场中可以观察到一种无规分布的亮暗斑点.20 世纪 60 年代,随着激光的出现,激光散斑现象受到越来越多的关注.一系列的研究表明,散斑并非是单纯的光学噪声,除此之外它也是信息媒介,能够表征漫射体的表面形变和运动的规律.激光散斑计量技术不但具有传统光学计量技术的特征(非接触等),并且还实现了其他优势,例如自动化程度高、数据处理快、对环境要求较低、能够计量粗糙表面物体的形变、位移和振动等,因此在生产领域中具有越来越大的应用价值.基于激光散斑高精度测量凹透镜、凸透镜焦距实验,是依据透镜成像规律和激光散斑传输规律设计的,大大减小了凸透镜和凹透镜焦距测量误差,提高了透镜焦距测量的灵敏度.

一、实验目的

1. 了解激光散斑现象;
2. 掌握激光散斑技术测量凸透镜的原理与方法;
3. 掌握激光散斑技术测量凹透镜的原理与方法.

二、 实验仪器

激光器,激光器调整架,短焦距凸透镜,待测焦距的凸透镜,待测焦距的凹透镜,一维精密光学导轨(有标尺),白屏,毛玻璃与像屏及刚性的连接体.实验装置如图 2-130 所示,根据惠更斯原理,当光透过粗糙毛玻璃后,其后表面各点由于相位是随机的,可看作子波源,各子波源在空间相互叠加,将产生相消或相长干涉.因为子波源相位是随机的,在空间各点上的强度也是随机的,所以就形成了颗粒状结构随机分布的斑点,称为散斑.来自粗糙表面上直径为 D 的圆形照明区域的散射光,在与该表面相距为 L 的观察面上形成的客观散斑颗粒的大小 S 可按下式估计:

$$S = 1.22\lambda L/\pi D \tag{2.19.4}$$

其中,λ 为激光波长,从上式不难看出,当 λ、L 一定时,散斑表观颗粒的大小只与物体表面被照射的圆形区域的直径 D 有关,并且被照明的圆形区域越小,散斑表观颗粒越大,L 越长,散斑放大倍率越高.

1—光学导轨;2—固定架;3—激光光源;4—短焦距凸透镜;5—待测焦距的凸透镜;
6—待测焦距的凹透镜;7—白屏;8—毛玻璃;9—像屏;10—连接体
图 2-130　激光散斑测量透镜焦距实验装置示意图

激光散斑精细测量凸透镜、凹透镜焦距实验设计的思路:

在透镜成像实验中,为了准确测量透镜成像的"物"和"像"的位置,在实验中,为了像屏与毛玻璃在测量中距离 L 不变,把毛玻璃和像屏用刚性的架子固定起来.像屏上散斑颗粒的大小只与毛玻璃漫射屏表面光照的圆形区域直径成反比.基于激光散斑技术精确测量凸、凹透镜焦距的实验设计,用短焦距透镜的会聚点作为待测凸透镜的"物",移动待测透镜与其"物"的距离,使其成缩小实像.基于激光散斑技术精确测量凹透镜焦距的实验设计,用短焦距透镜的会聚点作为待测凹透镜的"虚物",把待测透镜放置在短焦距透镜与待测透镜"虚物"之间,改变待测透镜与短焦距透镜之间距离,使待测凹透镜成缩小实像.待测透镜的"物"和"像"处光斑都是"物"附近和"像"附近光斑最小的位置,像屏散斑最大时毛玻璃粗糙表面对应的位置是待测透镜的"物"和"像"的位置.

三、 实验内容及步骤

1. 基于激光散斑技术测量凸透镜焦距

(1) 激光光源固定在光学导轨左端,像屏放置在光学导轨上,利用"近远场"法调节激光束与光学导轨中心轴线平行.光学导轨上靠近激光光源放置短焦距透镜,调节镜架,使透镜与激光共轴,激光通过短焦距透镜会聚点作为被测凸透镜的物.

（2）光学导轨上靠近短焦距透镜放置毛玻璃与屏连接体,毛玻璃在物附近从左向右缓慢移动,像屏散斑最大时毛玻璃前表面对应的位置是待测透镜的物的位置.记下待测透镜的物的位置对应标尺刻度 x_1.图 2-131 为通过激光散斑测量光束通过短焦距透镜会聚点位置(也是待测凸透镜成像物的位置)的光路图.

图 2-131   激光散斑测量短焦距透镜会聚点位置光路示意图

（3）光学导轨上靠近待测凸透镜的物的右侧位置放置待测透镜,调节共轴,导轨上靠近待测透镜放置毛玻璃与像屏连接体,毛玻璃在待测凸透镜像附近从左向右缓慢移动,像屏散斑最大时毛玻璃前表面对应的位置是待测透镜的像的位置.分别在表 2-19-4 中记下待测透镜中心对应的标尺刻度 x_2 和待测透镜的像的位置对应的标尺刻度 x_3.图 2-132 是通过激光散斑测量光束通过待测凸透镜像位置的光路图.图 2-133 是激光散斑测量凸透镜焦距实验装置示意图.

图 2-132   激光散斑测量光束通过待测凸透镜像位置的光路图

图 2-133   激光散斑测量凸透镜焦距实验装置示意图

2. 基于激光散斑技术测量凹透镜焦距

（1）激光光源固定在光学导轨左端,像屏放置在光学导轨上,利用"近远场"法调节激光束与光学导轨中心轴线平行.光学导轨上靠近激光光源放置短焦距透镜,调节镜架,使透镜与激光共轴,激光通过短焦距透镜会聚点作为被测凹透镜的虚物.

（2）光学导轨上靠近待测凹透镜的虚物左侧位置放置待测透镜,调节共轴,导轨上靠近待测透镜放置毛玻璃与像屏连接体,毛玻璃在待测凹透镜像附近从左向右缓慢移动,像屏散斑最大时毛玻璃前表面对应的位置是待测透镜的像的位置.分别在表 2-19-4

中记下待测透镜中心对应的标尺刻度 x_2 和待测透镜的像的位置对应的标尺刻度 x_3. 图 2-134 为激光散斑光束通过待测凹透镜像位置光路图, 图 2-135 为激光散斑测量凹透镜焦距实验装置示意图.

图 2-134　激光散斑测量光束通过待测凹透镜像位置的光路图

图 2-135　激光散斑测量凹透镜焦距实验装置示意图

四、 数据记录与处理

表 2-19-4　待测凸透镜和凹透镜焦距测量数据

	x_1	x_2	x_3	物距/mm	像距/mm	焦距/mm	理论焦距/mm
凸透镜							
凹透镜							

五、 思考与讨论

1. 简述激光散斑技术测量透镜焦距的原理与方法？
2. 如何提高激光散斑技术测量透镜焦距的精度？

实验 2.20　分光计的调整和折射率的测定

折射率是物质的重要光学参数. 光通过透明物质(固体、液体或气体)时, 会在不同介质的分界面处发生反射和折射. 日光通过棱镜要发生色散现象, 分解为红、橙、黄、绿、青、蓝、紫等色光. 从发光本质知道, 光的频率由发光体决定, 数值恒定不变, 而光速和波长则因光与所通过的介质相互作用而发生改变. 折射率 n 可以表征光速的变化, 它等于光在真

空中的传播速度 c 和在介质中的传播速度 v 的比值,即 $n=c/v$.色散就是因为不同频率的光在棱镜中的传播速度不同,折射率不同,导致复色光按不同的折射角偏转.用分光计准确测量某些有关角度,就可以确定物质对各色光的折射率.通常所说的物质的折射率,是对钠黄光(波长 $\lambda=589.3$ nm)而言的.

　　分光计是一种准确测量光线偏转角度的光学仪器,如测量反射角、折射角和衍射角等.通过有关角度的测量可以确定材料的折射率、色散率和光波波长等.分光计、单色仪和摄谱仪等光学仪器在结构上有许多相似之处,掌握分光计的调整和使用是学习操作光学仪器的一项基本训练.光学测量仪器一般比较精密,操作使用都必须严格地按规程进行.

一、 实验目的

1. 了解分光计的结构,熟悉分光计的调整和作用;
2. 掌握角游标原理和用分光计测角度的方法;
3. 观察复色光的色散现象;
4. 使用分光计测定三棱镜的顶角和最小偏向角,从而确定棱镜玻璃的折射率.

二、 实验仪器

分光计,汞灯,玻璃三棱镜,平行平面镜.

三、 实验原理

　　图 2-136 中的等边三角形表示三棱镜的主截面.主截面与折射面垂直.折射面 AB 和 AC 是透光的光学表面,其夹角 α 称为三棱镜的顶角.棱脊 A 所对的底面 BC 通常为毛玻璃面.设一束单色平行光入射到三棱镜的 AB 面上,i 和 φ 分别表示入射角和出射角,出射线和入射线之间的夹角 δ 称为偏向角.根据图 2-136 中的几何关系,$\delta=\angle 3+\angle 4=(i-\angle 1)+(\varphi-\angle 2)$,又因 $\alpha=\angle 1+\angle 2$(为什么?),故有

$$\delta=i+\varphi-\alpha \qquad (2.20.1)$$

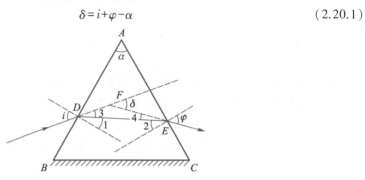

图 2-136　光线入射角任意时棱镜的折射(俯视图)

对于给定的棱镜,顶角 α 是固定的,所以 δ 是 i 和 φ 的函数,但 φ 又是 i 的函数,因此,归

根到底 δ 只是 i 的函数.对 δ 求导,并令 $\dfrac{\mathrm{d}\delta}{\mathrm{d}i}=0$,可得 δ 的极小值对应的 i.计算可得(请读者自行推导),当 δ 为极小值时,$i=\varphi$(如图 2-137 所示),代入式(2.20.1)得

$$\delta_{\min}=2i-\alpha$$

即

$$i=\frac{1}{2}(\delta_{\min}+\alpha) \tag{2.20.2}$$

当 $i=\varphi$ 时,$\angle 1=\angle 2$,于是 $\alpha=2\angle 1$

即

$$\angle 1=\frac{1}{2}\alpha \tag{2.20.3}$$

所以,玻璃三棱镜对单色光的折射率为

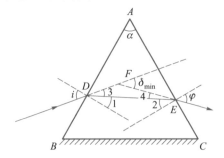

图 2-137　光线入射角为最小偏向角时棱镜的折射(俯视图)

$$n=\frac{\sin i}{\sin\angle 1}=\frac{\sin\dfrac{1}{2}(\delta_{\min}+\alpha)}{\sin\dfrac{1}{2}\alpha}$$

这样,只要用分光计测出三棱镜的顶角 α 和最小偏向角 $\delta_{\min}$,即可求得三棱镜对单色光的折射率.这就是用最小偏向角法测定三棱镜折射率的原理.

四、分光计的结构及调整

常用的 JJY 型分光计的结构如图 2-138 所示.分光计一般由望远镜、平行光管、载物台、读数装置和底座五部分组成.分光计的下部是三脚底座,其中心的竖轴称为分光计的旋转主轴,轴上装有可绕轴转动的望远镜、载物台、刻度圆环和游标盘,在一个底脚的立柱上装有平行光管.望远镜由物镜、分划板和目镜等组成.常用的目镜"阿贝"游标盘的旋转轴线应与分光计中心轴线重合,但在制造时难免存在一些误差,为了消除刻度圆环与分光计中心轴线之间的偏心差,在游标盘同一直径的两端各设置一个角游标,角游标的读法见后附说明.

为了正确测量棱镜的顶角和最小偏向角,分光计平行光管光轴(即入射平行光线)和望远镜光轴(即出射平行光线)都应与刻度盘盘面和载物台台面(即棱镜主截面)严格平行,即都应严格垂直于旋转主轴.因此,分光计在使用前必须进行严格调整,具体步骤

1—三脚底座；2—望远镜微调螺钉；3—刻度圆环；4—载物台紧固螺钉；5—望远镜光轴水
平向调节螺钉；6—望远镜光轴倾斜度调节螺钉；7—光源小灯（在内部）；8—分划板（在内
部）；9—目镜调焦轮；10—目镜筒紧固螺钉；11—望远镜筒；12—载物平台；13—平行光管
筒；14—狭缝装置紧固螺钉；15—狭缝宽度调节螺钉；16—平行光管光轴水平向调节螺钉；
17—平行光管光轴倾斜度调节螺钉；18—载物台调节螺钉（三个）；19—游标盘紧固螺钉；
20—游标盘微调螺钉；21—望远镜紧固螺钉（在背面）；22—刻度圆环紧固螺钉

图 2-138 JJY 型分光计结构图

如下：

1. 目测粗调.利用水平测试仪调节分光计刻度平台及载物台水平.通过调节望远镜和平行光管的倾斜度调节螺钉和载物台下的三个调节螺钉,目视观察,使它们大致垂直于旋转主轴.

目镜和"高斯"目镜两种,JJY 型分光计用的是"阿贝"目镜,其望远镜的结构如图 2-139 所示.小灯发出的光通过绿色滤光片后,经直角三棱镜反射,转向 90°,将分划板下部照亮,因此在分划板下方可见一绿色亮框.分划板上有三个十字刻线,下部有一个小十字,当绿光透过分划板和物镜,再从外置的平面镜反射回来时,从目镜中可以看到一个绿十字.分划板与目镜及物镜间的距离可以调节.望远镜用来观察和确定光线行进方向.平行光管由狭缝、消色差透镜组构成,狭缝装置可沿光轴移动和转动,缝宽和狭缝与透镜组间的距离可以调节.平行光管的作用是产生平行光.载物台可以绕中心轴旋转和沿轴升降,平台下方有三个螺钉,用来调节载物台的高度和水平.载物台用来放置光学元件.读数装置由刻度圆环和游标盘组成,都可绕中心轴转动,刻度圆环分为 360°,最小分度为半度(30′),半度以下用角游标读数,游标分为 30 个小格,每小格为 29′,因此最小读数为 1′.平行光管和望远镜的光轴应与分光计中心轴线正交.

2. 用自准直法调整望远镜聚焦于无限远处.接通电源,点亮目镜下方的小灯,缓慢旋转目镜调焦轮,即调整目镜与分划板间的距离,直到从目镜中观察分划板上的十字线最清楚为止,这时分划板已处于目镜的焦平面上,下方绿色亮框中的十字也清晰可见.将平行平面镜(它的两面可认为是非常平行的)放于载物台的中央,使镜面前正对一个螺钉,如图 2-140(a)中的 a 螺钉.也可按图(b)放置.转动载物台或望远镜,使望远镜光轴与镜面法线在水平面内有一小角度,眼睛置于望远镜旁,高度大致与望远镜光轴相同,观察从

1—小灯;2—滤色片;3—目镜;4—目镜调焦轮;5—十字分划板;
6—紧固螺钉;7—物镜;8—直角棱镜;9—目镜筒
图 2-139　望远镜的结构示意图

平面镜反射的望远镜中的绿色亮十字像,调节载物台调平螺钉 a 和望远镜倾斜度螺钉 6,使亮十字像处在望远镜光轴水平面附近.然后转动载物台或望远镜,使望远镜光轴与平面镜镜面垂直,即可从目镜中观察到亮十字的像,若像不清晰,松开目镜筒紧固螺钉,前后移动目镜筒,即调整物镜与分划板间的距离,使亮十字像清晰.眼睛上下左右移动,若观察到亮十字像相对于分划板十字有位移,这叫有视差,应微微前后移动目镜筒,直到无视差为止.这时分划板也位于物镜的焦平面上.拧紧目镜筒紧固螺钉.

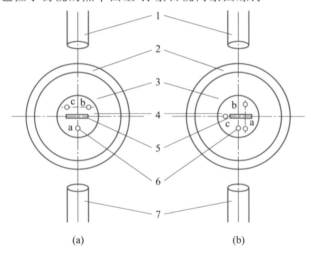

1—平行光管;2—刻度圆环;3—游标盘;4—载物台;5—平行平面镜;6—调平螺钉;7—望远镜
图 2-140　载物台上放置平行平面镜的位置图

　　自准直法也称平面镜法.按透镜成像原理,如果发光体位于透镜的焦平面上,则通过透镜后就成为平行光束,如果用与主光轴垂直的平面镜将此平行光束反射回来,则通过透镜又成像于焦平面上(试画出光路图).通过上述调节,分划板同时位于目镜和物镜的焦平面上,望远镜已聚焦于无限远处,适合观察平行光.
　　3. 调整望远镜光轴与旋转主轴严格垂直.转动望远镜可使亮十字像与分划板上方十字的竖线重合,用"各减一半"调法可使亮十字像与分划板上方十字的横线重合,即根据亮十字像与分划板上方十字的垂直距离,调节 a 使亮十字像移近一半距离而靠近分划板上方十字,再调 6 使亮十字像与分划板上方的十字(不是中心十字,为什么?)重合.将载物台或游标盘转过 180°,即使平面镜另一面对准望远镜,仍用转动望远镜和"减半"调法使亮十字像与分划板上方的十字重合.若观察不到亮十字像,仍稍微转动望远镜,使其光轴与平面镜法线在水平面内有一夹角,从望远镜旁观察平面镜中的亮十字像,调节 a 和6,使其靠近光轴平面.再使望远镜垂直平面镜,亮十字即可进入望远镜视野.用"减半"调法,只要经过几次调节,就可使平面镜两个面反射回来的亮十字像都与分划板上方十字重合得很好,这时望远镜光轴已与旋转主轴严格垂直.用上述逐次逼近的方法是迅速调好分光计的关键.此后,望远镜光轴倾斜度调节螺钉 6 切记不要再动,以保持望远镜光轴与旋转主轴相垂直的状态.

4. 调分划板十字线成水平、垂直状态.左右微微转动载物台,观察亮十字像的横线与分划板上方十字的横线是否始终重合,若不始终重合,说明分划板方位不正.松开目镜筒紧固螺钉,稍微旋转目镜筒(不能前后移动,以免破坏望远镜的聚焦状态),直到左右转动载物台时,亮十字像的横线与分划板上方十字的横线始终重合为止.拧紧目镜筒紧固螺钉,从载物台上取下平行平面镜.

5. 调整平行光管.接通汞灯电源,将平行光管狭缝旋开,望远镜旋转到对准平行光管的位置,拧松狭缝装置的紧固螺钉,前后移动狭缝装置,使从调好的望远镜中观察到最清晰的狭缝像,此时狭缝已处于平行光管透镜组的焦平面上.调狭缝像宽为 1 mm 左右.然后转动狭缝成水平状态,并调节平行光管光轴倾斜度调节螺钉.使狭缝像的中心线与分划板中间十字的横线重合,这时平行光管的光轴即与旋转主轴垂直.再将狭缝转为竖直方向,调节平行光管光轴水平向调节螺钉或转动望远镜,使狭缝像的中心线与分划板的竖线重合.再微微前后移动狭缝,使狭缝像与分划板竖线无视差地重合,这样,光源照亮狭缝的光通过平行光管即成为平行光.最后拧紧狭缝装置紧固螺钉.关断汞灯电源.至此,分光计已调整到正常使用状态.

五、 实验内容及步骤

1. 按分光计的调整步骤,调节分光计至正常使用状态

2. 调节三棱镜的主截面与分光计的旋转主轴垂直,即将载物台调水平

如图 2-141(a)所示,将三棱镜平置于载物台上,使底面正对 a 螺钉[也可按图 2-141(b)放置].转动载物台,使 AB 面对准望远镜,通过调节载物台的 c 螺钉,使 AB 面反射回的亮十字像与分划板上方黑十字重合(注意:此时不能再调望远镜的螺钉 6,否则前功尽弃!).若当望远镜光轴垂直于 AB 面时,从目镜中观察不到亮十字像,则可将平行平面镜紧靠在 AB 面上(注意勿碰动三棱镜),仍在望远镜旁观察镜面中的亮十字像,调 c 使像靠近光轴平面,再将望远镜转至垂直于镜面,亮十字即可进入视野,然后拿下平行平面镜,从 AB 面也可观察到亮十字像,但较暗淡.同样,将 AB 面正对望远镜,调 b 使亮、黑两十字重合.再转至 AB 面,观察是否仍重合,若不重合,重复前述调节,如此反复进行几次,直到 AB 面和 AC 面均严格垂直于望远镜光轴为止.

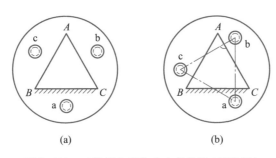

图 2-141　三棱镜在载物台上的位置(俯视图)

3. 测三棱镜顶角 α

顶角的测量方法有反射法和自准法.自准法不需要光源(如汞灯),也不使用平行光管,是利用阿贝自准直望远镜测量的.反射法的光路如图 2-142 所示.将三棱镜置于载物台上,顶角 α 对准平等光管,棱脊 A 靠近并盖住载物台中心,即棱镜离平行光管远些(为什么?).调游标盘左(A)、右(B)二游标位于平行光管左右两侧.拧紧游标盘、载物台及刻度环紧固螺钉,松开望远镜紧固螺钉,使载物台及游标盘不动,刻度环同望远镜一起转动.点亮汞灯,由平行光管射出的平行光照在三棱镜的两光学表面上,测出两反射光线的角位置即可得到 α.

图 2-142　反射法测量棱镜的顶角

将望远镜向右侧旋转,使望远镜中的黑竖线靠近狭缝像的中心,紧固望远镜,用望远镜微调螺钉仔细调节,使两者很好地重合,用游标盘上左右两个游标分别读取角位置 θ_A^+、θ_B^+;再将望远镜转至左侧,作同样的调节,读取角位置 θ_A^-、θ_B^-(均记入表 2-20-1),则

$$\Phi_A = \theta_A^- - \theta_A^+, \qquad \Phi_B = \theta_B^- - \theta_B^+$$

$$\Phi = \frac{\Phi_A + \Phi_B}{2}$$

由图 2-142 的几何关系,可以证明

$$\Phi = 2\alpha$$

故 $$\alpha = \frac{\Phi}{2} = \frac{\Phi_A + \Phi_B}{4}$$

4. 测最小偏向角 $\delta_{\min}$

汞灯发出的谱线在可见光范围有紫、蓝、绿、黄等数条,因三棱镜对不同波长的光折射率不同,所以最小偏向角也不同.如图 2-143 所示,将三棱镜放于载物台上,使 AC 面的法线与平行光管光轴约成 60°角,即 $i \approx 60°$,旋转望远镜至图示位置附近就可以观察到一

条条单色的狭缝(谱线),这就是棱镜光谱.这里只测量棱镜对绿光的折射率.

图 2-143   最小偏向角的测量

松开载物台紧固螺钉,如图示箭头方向缓慢转动载物台,使 i 减小,偏向角 δ 也随之减小,这时谱线向左移动,用望远镜黑竖线对准绿谱线,继续顺时针旋转载物台,使望远镜黑竖线跟踪对准绿谱线,当载物台转至某一位置时,可看到谱线将反向移动,谱线移动方向发生逆转时的偏向角就是最小偏向角.利用游标盘微调螺钉,使分划板黑竖线对准刚好停在最小偏向角位置的绿谱线中心,用左右两个游标测出这时的角位置 θ_A 和 θ_B.从载物台上取下三棱镜,转动望远镜,对准平行光管,微调望远镜使分划板上黑竖线与狭缝像的中心线重合,测出角位置 θ_A^0 和 θ_B^0(均记入表 2-20-2),则

$$\delta_{Am} = \theta_A^0 - \theta_A , \qquad \delta_{Bm} = \theta_B^0 - \theta_B$$

$$\delta_{min} = \frac{1}{2}(\delta_{Am} + \delta_{Bm})$$

六、 数据记录与处理

1. 数据记录表格

表 2-20-1   三棱镜顶角 α 的测量

游标	分光计读数		$\Phi_A = \theta_A^- - \theta_A^+$	$\Phi_B = \theta_B^- - \theta_B^+$	$\Phi = \dfrac{\Phi_A + \Phi_B}{2}$	$\alpha = \dfrac{\Phi}{2}$
	望远镜在右边时	望远镜在左边时				
左	θ_A^+	θ_A^-				
右	θ_B^+	θ_B^-				

表 2-20-2   绿光最小偏向角 δ_{min} 的测量

游标	分光计读数		$\delta_{Am} = \theta_A^0 - \theta_A$	$\delta_{Bm} = \theta_B^0 - \theta_B$	$\delta_{min} = \dfrac{\delta_{Am} + \delta_{Bm}}{2}$
	谱线逆转时	入射光方向			
左	θ_A	θ_A^0			
右	θ_B	θ_B^0			

2. 计算三棱镜的顶角 α

3. 计算三棱镜对绿光的最小偏向角 $\delta_{\min}$ 和折射率 n

注:玻璃三棱镜的折射率是随波长变化的函数,因此在计算折射率后,应标出入射光的波长,汞灯的绿光谱线波长见附录二.

七、 注意事项

1. 不要用手触摸光学元件的光学表面.

2. 分光计上的各个螺钉在未搞清其作用前,不要随意扭动.

3. 当发现分光计的某些部件不能转动时,不可用力硬扳,以免损坏.

4. 汞灯的紫外光较强,不可直视,以免损伤眼睛.

八、 思考与讨论

1. 在调整望远镜时,为什么要消除视差?

2. 试画出自准法测量三棱镜顶角的光路图,说明其测量方法.

3. 用分光计测量角度时,如果刻度环上的"0"点越过游标上的"0"刻线,从角位置的读数计算角度(末初读数之差)时应如何进行?

4. 由图 2-142 的几何关系,试证明顶角 $\alpha = \Phi/2$.

九、 拓展实验

1. 任意偏向角法测折射率

如图 2-136 所示,当一束单色光以入射角 i 照射已知顶角为 α 的三棱镜时,若测量出此时入射角 i 与偏向角 δ,利用折射定律及几何关系,可以推导出计算三棱镜折射率的公式为

$$n = \frac{1}{\sin \alpha} \sqrt{\sin^2(\delta+\alpha-i) + \sin^2 i + 2\sin(\delta+\alpha-i)\cos\alpha \cdot \sin i}$$

利用此法可以消除原实验中对最小偏向角临界位置判断不准而引入的误差,缺点是计算比较烦琐.

2. 利用极限法测量固体折射率

如图 2-144 所示,① 按本实验要求调节分光计至正常使用状态.② 放上已知顶角为 α 的三棱镜,调节望远镜与三棱镜两个侧面正交.③ 点亮钠光灯,在光源前加上毛玻璃.④ 先用眼睛靠近三棱镜 AC 面寻找"半影视场",再调节望远镜分划板十字线与半影分界线重合,记录此时角度值 θ_1.⑤ 转动望远镜,找到棱镜 AC 面的法线,记录此时角度值 θ_2.

⑥ 利用公式 $n = \sqrt{1 + \left[\dfrac{\sin(\theta_2 - \theta_1) + \cos\alpha}{\sin\alpha}\right]^2}$ 可计算出三棱镜材料的折射率.

利用极限法测量折射率的光源应为散射光,并保证有入射光平行于棱镜 AB 面入射进入三棱镜,而不应使用经平行光管产生的平行光.

图 2-144　极限法测 n 原理图

3. 测量透明液体的折射率

将待测液体盛在样品池(形状规则的透明小盒)中,利用偏向角法即可测出待测液体的折射率.

4. 掠入法测棱镜折射率

使用分光计设计一种不测最小偏向角而能测棱镜玻璃折射率的方案(掠入射法,如图 2-145 所示).

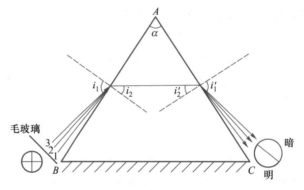

图 2-145　掠入射法实验示意图

5. 其他方法

如果给分光计目镜配置光电接收装置,就可以测量一些分光光谱的相对光强.

对分光计稍加改进,如在平行光管及望远镜筒上加上偏振片及旋转角度测量装置,就可以进行薄膜厚度的测量.

总之,分光计的用途非常广泛,与其他仪器相配合,可以进行许多方面的测量工作,所以熟悉和掌握分光计的调节和使用,对以后的科研工作会有很大帮助.

附:角游标

角游标的原理与直线游标的原理是一样的.有的分光计如 JJY 型分光计,刻度盘的最小分度为 30′,游标盘是在 14°30′(29 个刻度盘分度)范围内分成 30 等分,即每一等分为 29′,与刻度盘最小分度差 1′,这就是角游标的分度值,也就是最小读数.有的分光计刻度盘的最小分度为 20′,角游标在 13°(39 个刻度盘分度)范围内分成 40 等分,即每一等分为 19′30″,与刻度盘最小分度差 30″,这就是角游标最小读数或分度值.与直线游标类似,

可以写出角游标的普遍公式

$$\beta_n \cdot n = \beta_l(n-1)$$

式中,β_l 和 β_n 分别表示刻度盘和游标的分度值(以角量表示);n 为游标的分度数,游标的总弧长等于刻度盘$(n-1)$个分度弧长.刻度盘与游标分度的差值为

$$\beta_l - \beta_n = \frac{\beta_l}{n}$$

使用角游标读数时要注意,角度是以度、分和秒表示的,不是十进制! 另外,在读数和计算角度的过程中还须注意两点:

① 读数时,不要漏读半度(30′),如图 2-146 所示的读数是 150°46′,而不是 150°16′.

② 在测量角位置的过程中,注意游标 0 线是否经过刻度盘的 360°刻度线(亦即 0 刻度线),如果经过 360°刻度线,计算角度(末初读数之差)时,要考虑末读数+360°的问题.

图 2-146　角游标读数示例

角游标分度值非常小,直接用眼睛进行读数比较困难,一般用放大镜放大观看.

实验 2.21　用阿贝折射仪测量折射率

阿贝折射仪是利用全反射原理来测量光学样品折射率的一种专用仪器.通过测量透明、半透明液体或固体的折射率 n_D 及平均色散 $n_F - n_C$(又称中部色散),可以了解物质的光学性能、纯度、浓度及色散的大小.同时,该仪器利用糖溶液浓度与折射率的关系可测量出该溶液中糖量浓度的百分数.在利用阿贝折射仪测量样品折射率时,不需要单色光源,使用普通白光光源就能进行,因而使用方便,操作简单,测量速度快.它不仅在光学测量及光学仪器生产中经常使用,而且在其他工业部门如石油、食品、日用化工等行业中也得到了广泛的应用.

一、 实验目的

1. 了解阿贝折射仪的测量原理;
2. 利用阿贝折射仪测量透明固体和液体的折射率;
3. 测量糖溶液的折射率及糖量浓度.

二、 实验仪器

2W 型阿贝折射仪,标准玻璃块,溴代萘,待测样品,待测糖溶液等.

三、 实验原理

阿贝折射仪是根据全反射原理设计的,有透射(掠入射法)和反射(全反射法)两种使用方法.

1. 全反射原理

如图 2-147 所示,由几何光学原理可知,当光线从折射率大的介质(光密介质)进入折射率小的介质(光疏介质)时,改变入射光线的入射角可以使出射光线折射角为 90° (如光线 1 所示),此时的光线入射角称为全反射临界角,如 i_0,有

$$i_0 = \arcsin(n_1/n_2) \tag{2.21.1}$$

阿贝折射仪就是基于这种思想而设计制造的,同时也限定了待测物质的折射率一定要小于仪器中折射棱镜的折射率.

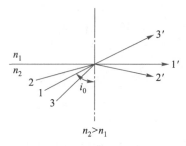

图 2-147 全反射原理图

2. 测量原理

如图 2-148 所示,一束光沿 S 方向入射待测样品,由于待测样品折射率小于折射棱镜折射率,光线折射,折射角为 i_0,折射光线经棱镜 BC 面出射.注意,因为待测样品的折射率不同,所以折射角 i_0 也不同.折射率大的样品(一般为固体),出射光线 EF 通常在 BC 面法线逆时针方向,而折射率较小的样品(一般为液体),出射光线 $E'F'$ 通常在 BC 面法线的顺时针方向.由折射定律

$$n_2 \sin \beta = \sin i$$

$$n_2 \sin i_0 = n_1$$

由几何关系
$$i_0 = \varphi \pm \beta$$

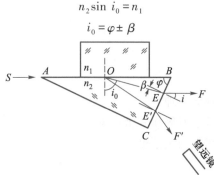

图 2-148 阿贝折射仪测量原理图

可得到

$$n_1 = \sin\varphi\sqrt{n_2^2 - \sin^2 i} \mp \cos\varphi \cdot \sin i \tag{2.21.2}$$

由于折射棱镜是专门加工制作的,所以 φ 角的大小及折射率 n_2 已知.阿贝折射仪在制作时已将不同的 i 值换算成了与之相对应的 n 值.实验中,转动棱镜来改变 i 值大小,利用望远镜在 BC 面观察.当棱镜转到一定位置时,可以看到视场一半暗一半亮,称作"半影现场",明暗分界处即为临界角位置,并可从读数盘上直接读出待测样品的折射率.

3. 光线透过待测样品的测量方法——透射法

如图 2-149(a)所示,当一束含有不同方向光线的漫反射光照射待测样品时,光线 1 的入射角对于折射棱镜而言为 90°,光线沿全反射临界角 i_0 折射并经 BC 面出射,出射角为 i.而光线 2、3 的入射角小于 90°,可知经 BC 面的出射角将大于 i,所以在 $1'$ 的上方没有光线出射,出射光都在 $1'$ 下方,这样在望远镜中可看到如图 2-149(b)所示的半影视场.

(a) 透射法原理图　　　　　　　　　　　(b) 半影视场图

图 2-149　透射法原理及半影视场

透射法通常用来测量透明固体及液体的折射率,并要求固体待测样品必须有两个相邻且互相垂直的平面,这两个平面必须经过抛光.

4. 光线不透过待测样品的测量方法——全反射法

如图 2-150(a)所示,当漫反射光线经棱镜 AC 面照射在待测样品表面时,光线反射并经 BC 面被望远镜接收,设光线 1 照射样品的入射角为全反射时的临界角 i_0,光线 2、3 的入射角大于 i_0,光线全部反射,而光线 4 的入射角小于 i_0,于是一部分光折射如 $4''$,一部分光线反射并经 BC 面出射如 $4'$,这样在望远镜中可看到如图 2-150(b)的半影视场,明暗分布恰与透射法相反,但明暗差别不如透射法显著.

全反射法通常用来测量半透明固体及液体的折射率,并要求固体待测样品与折射棱镜相接触的一个表面必须经过抛光.

四、仪器结构

阿贝折射仪的光学系统由望远系统及读数系统两部分组成,见图 2-151.

望远系统:在图 2-152 右图中,光线由反射镜 1 进入进光棱镜 2 及折射棱镜 3,被测样品放在 2、3 之间,经阿米西棱镜 4 抵消由折射棱镜及被测样品所产生的色散.由物镜 5 将明暗分界线成像于分划板 6 上,最后被目镜 7 放大后成像于观察者眼中.

(a) 反射法原理图　　　　　　　　　(b) 半影视场图

图 2-150　反射法原理及半影视场

　　读数系统:在图 5-121 左图中,光线由小反射镜 14 经过毛玻璃片 13 照亮玻璃度盘 12,经转向棱镜 11 及物镜 10 将刻度成像于分划板 9 上,最后被目镜 8 放大后成像于观察者眼中.

　　从望远镜筒及读数镜筒中可以看到如图 2-153 的视场.

1—底座;2—棱镜转动手轮;3—圆盘组(内有玻璃度盘);4—小反射镜;5—支架;
6—读数镜筒;7—目镜;8—望远镜筒;9—示值调节螺钉;10—阿米西棱镜手轮;
11—色散值刻度圈;12—棱镜锁紧手柄;13—棱镜组;14—温度计座;
15—恒温器接头;16—保护罩;17—主轴;18—反射镜

图 2-151　阿贝折射仪外形结构图

五、 实验内容及步骤

1. 校准仪器

向标准玻璃块的抛光面加一滴溴代萘并紧贴在阿贝折射仪的折射棱镜上,当读数镜

图 2-152　阿贝折射仪光学系统图

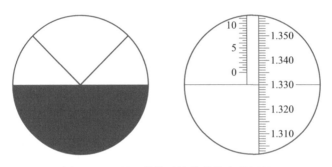

图 2-153　望远镜筒及读数镜筒中的视场

筒内指示标准玻璃块上所标 n_D 值时,观察望远镜内明暗分界线是否在 X 形分划线的交点处,若有偏离,则用方孔调节扳手转动示值调节螺钉 9,将明暗分界线调整至 X 形线交点处.校准完毕后,螺钉 9 不允许再动.

2. 测量玻璃的折射率

将待测玻璃涂上溴代萘并贴在阿贝折射仪的折射棱镜上,调整光线入射方向,转动棱镜手轮 2 调整半影视场,使明暗分界线与望远镜叉线交点重合,若视场中有色彩时,转动消色差手轮（阿米西棱镜手轮）10 使明暗分界线清晰,从读数镜筒中读数即可得到结果.

3. 测量蒸馏水、无水乙醇的折射率

将蒸馏水或乙醇用滴管加在进光棱镜磨砂面上,拧紧折射棱镜锁紧手柄 12,其余步骤同玻璃折射率的测量(若被测液体为易挥发物,则在测量过程中可用针管在折射棱镜侧面的小孔内加以补充).测量液体折射率时需调节反射镜 18.

4. 测量糖溶液的折射率及含糖浓度

具体操作与步骤 3 相同,此时从读数镜筒视场左侧指示值读出的数值即为糖溶液含糖浓度的百分数.

六、 数据记录与处理

1. 设计表格并将数据填入表格内.
2. 每种样品各测量三次(液体另取样品),并估算误差.

七、 注意事项

1. 被测玻璃样品需加工成小的长方体,以 10×20×5 mm³ 左右为佳,其中两个大致成直角的相邻表面必须经过抛光.
2. 测量中,被测固体样品和折射棱镜之间应加上少许折射液如溴代萘,折射液不易过多,否则在两接触面之间形成一楔形液体层,影响测量准确度.
3. 测量完毕要用脱脂棉或擦镜纸将两接触面上的残余液体擦抹干净,并保持清洁、干燥.
4. 严禁油手或汗手触及光学元件抛光面、折射棱镜磨砂面及镜头.

八、 几点说明

1. 阿贝折射仪的阿米西棱镜组是由两组色散棱镜组成,每组是由两块折射率较低的冕牌玻璃三棱镜与一块折射率较高的火石玻璃三棱镜胶合而成,如图 2-154 所示,这种棱镜的最大特点就是 D 光通过棱镜时方向不变,C 光谱线与 F 光谱线由于棱镜的色散作用分离在 D 光两侧.当在望远镜视场中看到彩色时,转动阿米西棱镜组手轮 10,以改变两色散棱镜组沿旋转轴所成角度,直至在望远镜中观察到明显无色散的明暗分界线.换言之,最终测得的样品折射率是对 D 光($\lambda = 589.28$ nm)的折射率 n_D.

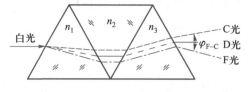

图 2-154   阿米西棱镜的组成

2. 阿贝折射仪的读数格值为 1×10^{-3}, 考虑其他因素, 本实验测量准确度为 3×10^{-4} 左右.

3. 2W 型阿贝折射仪的测量范围为 $n_D = 1.300 \sim 1.700$.

4. 若需测量不同温度时的折射率, 可将温度计旋入温度计座内, 接上恒温器, 把恒温器温度调节到所需测量温度, 稳定 10 min 后即可测量.

九、 思考与讨论

1. 阿贝折射仪使用什么光源? 所测得的折射率是对哪条谱线的折射率? 为什么?

2. 为何会出现半影视场?

3. 试分析本实验测量误差的主要来源.

4. 测量半透明固体折射率时的进光面在何处? 试画出光路图.

十、 拓展实验

如果给定的量具和用具是: 盛液体的烧杯, 圆形泡沫板, 大头针, 毫米刻度尺, 待测液体. 请设计测定液体折射率的方案, 画出测量原理图, 推导出测量公式, 进行测量并算出结果.

附:

一、 折射率的其他测量方法

1. 最小偏向角法

见本书实验 2.19, 该法测量准确度高, 被测折射率的大小不受限制, 不需要已知折射率的标准试件. 但被测材料要制成技术条件要求高的棱镜, 不便快速测量.

2. V 形棱镜法

如图 2-155 所示, 入射光 S 经 V 形棱镜及待测棱镜各表面折射后经 DC 面出射, 出射角为 θ, 并已知 V 形棱镜折射率 n_0, 那么可推算出待测棱镜折射率 n 为

$$n = \left[n_0^2 \pm \sin\theta \left(n_0^2 - \sin^2\theta \right)^{\frac{1}{2}} \right]^{\frac{1}{2}}$$

图 2-155 V 形棱镜法原理图

若人眼迎向入射光方向时,出射光相对于入射光线方向为逆时针方向,θ取正号,反之取负号,具体判别可利用专用测量仪器——V形棱镜折光仪上的度盘读数来区分,当$n>n_0$时,θ角的刻度范围是$0°\sim30°$,取正号;当$n<n_0$时,θ角的刻度范围是$330°\sim360°$,取负号.

若待测棱镜角度近似为直角时,应在接触面间加入折射率与待测棱镜折射率相同的折射液.若此时不知待测棱镜折射率,先任选折射液,测出待测样品折射率后,根据测量结果再选配折射液,最后准确测量出待测样品折射率.一般情况下,利用该原理可以保证测量准确度不低于2.5×10^{-5}.

3. 自准直法

如图 2-156 所示,三棱镜 AC 面镀反射膜或贴一片面形精度较高的反射镜以增加反射光强,当入射光经 AB 面折射并经 AC 面反射后又沿原路返回时,棱镜折射率 n 为

$$n = \sin\theta / \sin\alpha$$

式中,α 为三棱镜顶角.

具体步骤:① 调整分光计到正常工作状态;② 将待测棱镜置于载物台上,转动望远镜或载物台,利用望远镜自身发出的亮十字来寻找并调整经 AC 面反射回的亮十字像与分划板上方十字线重合,记录此时游标读数 θ_1;③ 转动望远镜或载物台,调整经 AB 面反射回的亮十字像与分划板上方十字线重合,记录此时游标读数 θ_2,得到 $\theta=|\theta_1-\theta_2|$,若已知棱镜顶角 α,就可以得出待测棱镜的折射率.

测量时应注意:望远镜中小灯前应加滤光片,保证测量结果为相对于波长 λ 的折射率;被测样品顶角不易过大,应小于 $30°$.本方法与最小偏向角法原理相似,其测量准确度也基本一致.

图 2-156   自准直法原理图

除以上所述方法外,还有其他测量方法,但均建立在前面几种主要基本测量原理之上,只要熟悉以上几种基本原理,理解其他测量方法并不困难.

二、 色散的测量

对于一块光学玻璃而言,其折射率随波长的变化而变化,即 $n=f(\lambda)$,通常把这种特性称为色散,色散和折射率一样,也是光学玻璃的重要特征常量.

平均色散(中部色散)公式为

$$n_F - n_C = A + B\sigma$$

式中,A、B、σ 的值可由测得的 n_D 及色散值刻度圈上的读数 Z 值(折射率与波长相关,其他常用谱线波长见表 2-21-1),经查表并修正计算得出.

例   测得某光学玻璃折射率 $n_D=1.5736$,$Z=42.5$.首先根据测得的 $n_D=1.5736$ 查表 2-21-2,可知当 $n_D=1.5700$ 时:

$A=0.02326$,当 $\Delta n=0.001$ 时,A 之差数($\times10^{-6}$)为 3;

$B=0.01865$,当 $\Delta n=0.001$ 时,B 之差数($\times10^{-6}$)为 -53;

修正:
$$A = 0.02326 + 3 \times \frac{1.5736 - 1.5700}{0.001} \times 10^{-6} = 0.02327$$

$$B = 0.01865 + (-53) \times \frac{1.5736 - 1.5700}{0.001} \times 10^{-6} = 0.01846$$

同理,对 σ 值进行修正,因 $Z=42.5>30$,故修正后的 σ 取负值.

根据 $Z=42.5$ 查表知,当 $Z=42$ 时:

$\sigma=0.588$,当 $\Delta Z=0.1$ 时,σ 之差数($\times10^{-4}$)为 41;

修正:

$$\sigma=-\left(0.588+41\times\frac{42.5-42}{0.1}\times10^{-4}\right)=-0.608\ 5$$

最后求得 $n_F-n_C=A+B\sigma=0.012\ 04$.

表 2-21-1　常用谱线的波长和产生这些谱线的元素

谱线符号	波长/nm	元　素	谱线符号	波长/nm	元　素
i	365.01	汞(Hg)	*D	589.28	钠(Na)
*h	404.66	汞(Hg)	C′	643.85	镉(Cd)
*g	435.84	汞(Hg)	*C	656.27	氢(H)
F′	479.99	镉(Cd)	r	706.52	氦(He)
*F	486.13	氢(H)	*A′	766.50	钾(K)
*e	546.07	汞(Hg)	S	852.11	铯(Cs)
d	587.56	氦(He)	t	1 013.98	汞(Hg)

注:带 * 号是我国光学玻璃标准所规定的 7 种谱线.

表 2-21-2　2W 型阿贝折射仪色散表

计算按公式 $n_F-n_C=A+B\sigma$

所有补偿器的读数 Z,小于 30 时在表上数值(σ)前取+号,大于 30 时取-号

n_D	A	当 $\Delta n=0.001$ 时 A 之差数×(10^6)	B	当 $\Delta n=0.001$ 时 B 之差数×(10^6)	Z	σ	当 $\Delta Z=0.1$ 时 σ 之差数×(10^{-4})	Z
1.300	0.023 52		0.027 35		0	1.000		60
1.310	0.023 49	-3	0.027 19	-16	1	0.999	-1	59
1.320	0.023 45	-4	0.027 01	-18	2	0.995	4	58
1.330	0.023 42	-3	0.026 82	-19	3	0.988	7	57
1.340	0.023 39	-3	0.026 63	-19	4	0.978	10	56
1.350	0.023 36	-3	0.026 42	-21	5	0.966	12	55
1.360	0.023 34	-2	0.026 20	-22	6	0.951	15	54
1.370	0.023 31	-3	0.025 97	-23	7	0.934	17	53
1.380	0.023 29	-2	0.025 73	-24	8	0.914	20	52
1.390	0.023 26	-3	0.025 47	-26	9	0.891	23	51
1.400	0.023 24	-2	0.025 21	-26	10	0.866	25	50
1.410	0.023 22	-2	0.024 93	-28	11	0.839	27	49
1.420	0.023 21	-1	0.024 65	-28	12	0.809	30	48
1.430	0.023 19	-2	0.024 35	-30	13	0.777	32	47
1.440	0.023 18	-1	0.024 03	-32	14	0.743	34	46
1.450	0.023 17	-1	0.023 71	-32	15	0.707	36	45

n_D	A	当 $\Delta n = 0.001$ 时 A 之差数×(10^6)	B	当 $\Delta n = 0.001$ 时 B 之差数×(10^6)	Z	σ	当 $\Delta Z = 0.1$ 时 σ 之差数×(10^{-4})	Z
1.460	0.023 16	−1	0.023 37	−34	16	0.669	38	44
1.470	0.023 16	0	0.023 02	−35	17	0.629	40	43
1.480	0.023 15	−1	0.022 65	−37	18	0.588	41	42
1.490	0.023 15	0	0.022 27	−38	19	0.545	43	41
1.500	0.023 15	0	0.021 88	−39	20	0.500	45	40
1.510	0.023 16	1	0.021 47	−41	21	0.454	46	39
1.520	0.023 17	1	0.021 04	−43	22	0.407	47	38
1.530	0.023 18	1	0.020 60	−44	23	0.358	49	37
1.540	0.023 19	1	0.020 14	−46	24	0.309	49	36
1.550	0.023 21	2	0.019 66	−48	25	0.259	50	35
1.560	0.023 23	2	0.019 17	−49	26	0.208	51	34
1.570	0.023 26	3	0.018 65	−52	27	0.156	52	33
1.580	0.023 29	3	0.018 12	−53	28	0.104	52	32
1.590	0.023 32	3	0.017 56	−56	29	0.052	52	31
1.600	0.023 37	5	0.016 98	−58	30	0.000	52	30
1.610	0.023 41	4	0.016 37	−61				
1.620	0.023 47	6	0.015 74	−63				
1.630	0.023 53	6	0.015 07	−67				
1.640	0.023 60	7	0.014 38	−69				
1.650	0.023 68	8	0.013 65	−73				
1.660	0.023 77	9	0.012 88	−77				
1.670	0.023 87	10	0.012 07	−81				
1.680	0.023 99	12	0.011 20	−87				
1.690	0.024 13	14	0.010 28	−92				
1.700	0.024 29	16	0.009 29	−99				

注:折射棱镜色散角 $\Phi = 58°$,阿米西棱镜最大角色散 $2K = 144.9'$,折射棱镜的折射率 $n_D = 1.754\ 79$,折射棱镜的相对色散 $n_F - n_C = 0.027\ 300$

实验 2.22 等厚干涉及其应用

光的干涉是最重要的光学现象之一,在对光的本质的认识过程中,它为光的波动性提供了有力的实验证据.早在 1675 年牛顿在制作天文望远镜时,偶然将一个望远镜的物镜放在一个平玻璃上,发现了牛顿环这一干涉现象.日常生活中也能见到诸如肥皂泡呈现的五颜六色,雨后路面上油膜的多彩图样等光的干涉现象,这都可以用光的波动理论加以解释.要产生光的干涉现象,两束光必须满足频率相同、振动方向相同和相位差固定的相干条件.因此,实验中可将同一光源发出的光分成两束,经过空间不同的路径,再会合在一起而产生干涉.具体又有分波阵面法和分振幅法两种类型的干涉,杨氏双缝干涉等实验属于前者,而薄膜等厚干涉属于后者.在实际应用中,等厚干涉用途较广,一直是高精度的光学表面加工中,检验零件表面光洁度和平直度的主要手段;还可以精密测量薄膜厚度和微小角度;测量曲面的曲率半径;研究零件的内应力分布;测定样品的膨胀系数等.

一、 实验目的

1. 观察等厚干涉现象,了解等厚干涉的原理和特点;
2. 学习用牛顿环测量透镜曲率半径及用劈尖干涉测量薄片厚度的方法;
3. 正确使用测量显微镜,学习用逐差法处理数据.

二、 实验仪器

牛顿环装置,劈尖装置,测量显微镜,钠光灯.

三、 实验原理

等厚干涉属于分振幅法产生的干涉现象,它定域在薄膜的上表面.设波长为 λ 的光线 1 垂直入射于厚度为 e 的空气薄膜上(见图 2-157),它分别在上表面 A 和下表现 B 处依次反射,产生反射光线 2 和 2′,这两束反射光在相遇时会发生干涉.我们现在考虑两者的光程差与薄膜厚度的关系.显然光线 2′ 比光线 2 多经过了一段距离 $2e$.此外,由于两者反射情况不同,前者是从光疏介质(空气)射向光密介质(玻璃)时在界面上被反射,发生半波损失;而后者是从光密介质射向光疏介质时被反射,没有半波损失,故光程差 δ 还应增加半个波长 $\dfrac{\lambda}{2}$,即

图 2-157　薄膜等厚干涉的形成

$$\delta = 2e + \frac{\lambda}{2}$$

根据干涉条件,当光程差为半波长的偶数倍时互相加强,为半波长的奇数倍时互相抵消,因此

$$\delta = 2e + \frac{\lambda}{2} = \begin{cases} 2k\dfrac{\lambda}{2}, & k = 1,2,3,\cdots \text{时为明条纹} \\ (2k+1)\dfrac{\lambda}{2}, & k = 0,1,2,\cdots \text{时为暗条纹} \end{cases} \qquad (2.22.1)$$

由式(2.22.1)可以看出,光程差取决于产生反射光的薄膜厚度 e,同一条干涉条纹所对应的空气薄膜厚度相同,故称为等厚干涉.

1. 牛顿环

将一块曲率半径 R 很大的平凸透镜的凸面放在一块光学平板玻璃上,在透镜的凸面

和平板玻璃间形成一层空气薄膜,其厚度从中心接触点到边缘逐渐增加.当以波长为 λ 的平行单色光垂直入射时,入射光将在平凸透镜的下表面和平板玻璃的上表面反射,反射光在空气薄膜的上表面处相互干涉.因此,在显微镜下观察到的干涉条纹,是一簇以接触点为圆心的明暗交替的同心圆环,其中心处为一暗斑,离中心越远圆环分布越密,这种干涉图样称为牛顿环,如图 2-158(b)所示.

(a) 侧视

用 r_k 表示第 k 级暗环的半径,e_k 表示该级暗环处对应的空气隙的厚度,它们之间的关系,可由图 2-158(a)中的直角三角形得到

$$r_k^2 = R^2 - (R-e_k)^2 = 2Re_k - e_k^2 \qquad (2.22.2)$$

由于 $R \gg e_k$,则 $e_k^2 \ll 2Re_k$,可以将 e_k^2 略去,再把暗环形成条件式(2.22.1)代入式(2.22.2),得

$$r_k^2 = kR\lambda, \qquad k=0,1,2,\cdots \qquad (2.22.3)$$

由此式就可以在波长 λ 已知的情况下,通过测量暗环半径 r_k来测量曲率半径 R 了.

(b) 俯视

图 2-158　用牛顿环测量
曲率半径示意图

在理想情况下,牛顿环中心处为一暗点,这是因为这里空气隙厚度为零,反射时又存在半波损失,使得光程差 $\delta = \dfrac{\lambda}{2}$,满足 $k=0$ 时的暗纹条件.但实际观察牛顿环时会发现,牛顿环中心不是一个点,而是一个不很清晰的暗斑或亮斑.暗斑是因为透镜与平板玻璃接触时,由于压力引起弹性变形,使接触处为一圆面.亮斑是因两者之间可能有微小灰尘存在,接触不紧密,从而引起附加的光程差.这样就不能用式(2.22.3)来直接计算 R 了,但可以通过取两个暗环半径的平方差来消除附加光程差带来的系统误差,由式(2.22.3)可推得

$$R = \frac{r_{k+m}^2 - r_k^2}{m\lambda}$$

式中,r_{k+m}、r_k 分别为第 $k+m$ 级、第 k 级暗环的半径.又因暗环中心不易确定,造成暗环半径测不准,故改测直径 d_{k+m}、d_k,则透镜曲率半径

$$R = \frac{d_{k+m}^2 - d_k^2}{4m\lambda} \qquad (2.22.4)$$

式中,m 为选定的两暗环的级数差,它是很容易确定的,这样我们就可以由式(2.22.4)准确求得 R 了.

2. 劈尖干涉

将两块平板光学玻璃叠放在一起,在一端夹入一薄片或细丝,则在两玻璃板间形成一劈尖形空气隙.当用波长为 λ 的单色光垂直照射时,和牛顿环一样,在劈尖薄膜上下两表面反射的两束光发生干涉,在显微镜下可以观察到一簇平行于劈棱的明暗相间的等间距干涉条纹,两光学平面接触处所对应的条纹是暗条纹,如图 2-159(b)所示.所用薄片的厚度非常小,两平板玻璃的交角 α 也极小,图中为了直观把厚度夸大了.

(a) 侧视

等厚干涉条纹　　　　薄片

(b) 俯视

图 2-159　用劈尖干涉测量厚度示意图

从式(2.22.1)可以得出,第 k 级暗纹处的空气隙厚度 $e_k = k\dfrac{\lambda}{2}$,假如夹薄片后劈尖正好呈现 N 级暗条纹,显然,薄片厚度为

$$D = N\frac{\lambda}{2} \tag{2.22.5}$$

如果 N 级暗条纹与薄片边缘还有一段距离,则 N 不一定是整数,可估计到十分位来计算 D.

若用 s 表示相邻两暗纹间的距离,用 L 表示劈尖的长度,已知相邻两暗纹所对应的空气隙厚度差为 $e_{k+1} - e_k = \dfrac{\lambda}{2}$,则有

$$\alpha \approx \tan\alpha = \frac{\lambda/2}{s} = \frac{D}{L}$$

薄片厚度为

$$D = \frac{L}{s} \cdot \frac{\lambda}{2} \tag{2.22.6}$$

由式(2.22.5)和式(2.22.6)可见,如果数出空气劈尖上的总条纹数 $N+1$ 或测出劈尖长度 L 和相邻暗纹间的距离 s,都可以由已知光源的波长 λ 测定薄片厚度(或细丝直径)D.

四、 实验内容及步骤

1. 测量平凸透镜的曲率半径 R

测量前先调整好测量显微镜(参阅实验 1.2 附),使十字叉丝清晰,且分别与 X、Y 轴

大致平行,然后将目镜固紧.用钠光灯作为单色光源,波长 $\lambda = 589.3$ nm.将牛顿环装置放在测量显微镜载物台上,轻轻转动镜筒上的反光玻璃片 M,使它对准光源的方向,且倾角约45°,这时显微镜中视场较明亮,如图2-160所示.显微镜本身的反光镜不用,应转向一边,以免其反射光影响测量.显微镜筒先调至靠近牛顿环装置,然后用眼睛通过目镜观察,从下向上轻轻转动显微镜调焦手轮进行聚焦,直到观察到清晰的一簇同心圆条纹为止.再调整牛顿环装置的位置,使得移动载物台时,需测的牛顿环均能在显微镜视场内出现.显微镜的叉丝应调节成其中一根叉丝与载物台移动方向严格垂直(如何判定?),测量时应使这根叉丝与干涉环纹对准来读数.在中心圆斑左侧选定某一牛顿环为第6级,顺次向左数至第16级,然后倒回来使叉丝垂直线对准第15级暗环,开始逐条读取位置读数,直到第6级.继续向右移动载物台,经过中心圆斑后,直至右侧选定的第6级暗环又开始读数,逐条测到第15级为止.读数时,使载物台朝一个方向运动的目的是为了避免螺距差.

图 2-160　用显微镜观测牛顿环示意图

2. 测量金属箔的厚度 D

将图 2-160 中的牛顿环装置从载物台上取下,换上劈尖装置,同时调整45°反光玻璃片和显微镜焦距,观察到清晰的平行直条纹.再调整劈尖干涉装置的位置和方向,使得移动载物台时,劈尖上所有干涉条纹都能在目镜中显现,且干涉条纹与十字叉丝的垂直线平行.转动 X 轴测微鼓轮,进行测量读数.数出劈尖长度上暗纹总级数;测三次劈尖长度;为了提高暗纹间距 s 的测量准确度,用逐差法求 s,采用多次测量,每隔 10 条暗纹读一次数,直到第 80 条.

五、 数据记录与处理

将测量的读数分别记入表 2-22-1 和表 2-22-2,并用逐差法分别计算牛顿环直径的平方差 $\bar{u}$ 和劈尖干涉的暗纹间距 $\bar{s}$,填入表中.

表 2-22-1　平凸透镜曲率半径 R 的测量

级数 k	读数/mm		d_k |$末-初|/mm	d_k^2/mm^2	$u_k (= d_{k+5}^2 - d_k^2)/\text{mm}^2$	
	初(左)	末(右)				
15					u_{10}	
14					u_9	
13					u_8	
12					u_7	
11					u_6	

续表

| 级数 k | 读数/mm | | d_k | d_k^2/mm^2 | $u_k (= d_{k+5}^2 - d_k^2)/\text{mm}^2$ |
	初(左)	末(右)	|末-初|/mm		
10					
9					$\bar{u} = \sum\limits_{i=6}^{10} u_i/5 =$
8					
7					
6					

用式(2.22.4)计算 R,估算平均值$\bar{u}$的标准偏差$s_{\bar{u}}$,波长 λ 不计误差,求出 s_R 和 E_R,用 $R = \bar{R} \pm s_R$ 的形式表示测量结果.

表 2-22-2   金属箔厚度 D 的测量

劈尖暗纹级数 $N =$

k	读数 n_k/mm	$l_k (= \|n_{k+40} - n_k\|)/\text{mm}$			$\bar{s} (= \bar{l}/40)/\text{mm}$
0		l_{10}			
10		l_{20}			
20		l_{30}			
30		l_{40}			
40		$\bar{l}$			
50		$L_i (= \|n_i - n_{0i}\|)/\text{mm}$			$\bar{L}/\text{mm}$
60		n_{01}	n_1	L_1	
70		n_{02}	n_2	L_2	
80		n_{03}	n_3	L_3	

用式(2.22.5)计算 D 值,不计算误差.再用式(2.22.6)计算 D 值,并估算平均值 $\bar{l}$ 和 $\bar{L}$ 的标准偏差 $s_{\bar{l}}$ 和 $s_{\bar{L}}$ 及其相对误差 $E_{\bar{l}}$ 和 $E_{\bar{L}}$,然后求出 s_D 和 E_D,并以 $D = \bar{D} \pm s_D$ 的形式表示测量结果.

六、 注意事项

1. 45°反光玻璃片的方位要放正确,应使钠光反射后垂直照射在牛顿环或劈尖上,而不是直接将钠光反射到显微镜中.

2. 为了避免螺纹间隙产生的测量误差,每次测量中,测微鼓轮只能朝一个方向转动,中途不可倒转.(如果转过了头,怎么办?)

3. 对牛顿环进行测量时,注意干涉环中心两边的对应级数不能数错.

七、 思考与讨论

1. 在牛顿环实验中,如果平板玻璃上有微小的凸起,将导致牛顿环发生畸变.试问该处的牛顿环将局部内凹还是外凸? 为什么?

2. 如果牛顿环中心是个亮斑,分析一下是什么原因造成的? 对 R 的测量有无影响? 试证明之.

3. 为什么牛顿环离中心越远,条纹越密?

4. 透射光的牛顿环是怎样形成? 如何观察? 它和反射光的牛顿环在明暗上有何区别? 为什么?

5. 为什么说测量显微镜测出的是牛顿环的直径,而不是显微镜内牛顿环放大像的直径? 如果改变显微镜的放大倍数,是否会影响测量结果?

6. 用白光作为光源,能否观察到牛顿环和劈尖干涉条纹? 为什么?

7. 在劈尖干涉实验中,干涉条纹虽是相互平行的直条纹,但彼此间距不等,这是什么原因引起的? 如果干涉条纹看起来仍是直的但彼此不平行,这又是什么原因所致?

八、 实际应用

1. 测量二氧化硅膜厚

在制造半导体器件时,常需要准确测量硅片上二氧化硅薄膜的厚度,可以用等厚干涉的方法来进行这种测量,为此把二氧化硅薄膜磨掉或腐蚀掉一部分,使它成为图 2-161 所示的劈尖形状.用波长为 λ 的单色光垂直照射到所形成的二氧化硅劈尖上,在显微镜下数出干涉条纹的数目 m(准确到小数),已知二氧化硅的折射率为 n,则二氧化硅膜厚为

图 2-161　二氧化硅膜厚测量

$$h = m \cdot (e_{k+1} - e_k) = m \frac{\lambda}{2n}$$

2. 样板检验法

在光学车间里,广泛利用样板检测正在加工中的光学零件表面的完善程度,方法如下:在被检验的表面上盖上同一曲率半径的样板,凸面盖以凹面样板,凹面盖以凸面样板,平面盖以平晶,样板标准面与被检验面之间形成空气薄层,于是观察到干涉条纹.根据干涉条纹的形状可以判断被检表面偏离标准面的程度.

当样板和被检表面有严格的相同形状时,样板和被检表面间形成均厚的空气层,在白光照明条件下产生一片均匀的颜色.此时若在边上(A 点)轻轻压一下样板,那么所观察到的干涉条纹将改变形状,根据干涉条纹的形状可以判断被检表面的形状.图 2-162 是用平面样板检验一个表面是否为平面的情形.图 2-162(a)表示被检表面仍是严格的平面;图 2-162(b)表示被检表面是规则的球面,此时干涉条纹是圆环或圆弧;图 2-162(c)表示被检表面是柱面,呈现不等距的直条纹(平行于柱面母线);图 2-162(d)表示被检表面偏离了规则的球面,干涉条纹偏离圆弧.

图 2-162　样板检验时的干涉图

实验 2.23　单缝及多种元件衍射的光强分布

光的衍射现象是光的波动性的一种表现.当光在传播过程中遇到障碍物,如不透明物体的边缘、小孔、细线、狭缝等时,一部分光会绕过障碍物偏离直线而进入几何阴影区,并在屏幕上出现光强不均匀分布的现象,叫做光的衍射.研究光的衍射不仅有助于进一步加深对光的波动性的理解,同时还有助于进一步学习近代光学实验技术,如光谱分析、晶体结构分析、全息照相、光信息处理等.衍射使光强在空间重新分布,利用硅光电池等光电路器件测量光强的相对分布是一种常用的光强分布测量方法.

一、 实验目的

1. 观察单缝、双缝、多缝、双孔、光栅等衍射现象,加深对衍射理论的理解;
2. 掌握单缝衍射光强的测量方法,测绘相对光强分布曲线并求出单缝宽度;
3. 掌握双缝衍射光强的测量方法,测绘光强分布曲线.

二、 实验仪器

激光器,导轨式光强分布测试仪,数字式检流计,可调单缝,小孔狭缝板,光栅板,一维光强测量装置等.

三、 实验原理

衍射是光的重要特性之一.衍射通常分为两类:一类是满足衍射屏离光源或接收屏的距离为有限远的衍射,称为菲涅耳衍射;另一类是满足衍射屏与光源和接收屏的距离都是无限远的衍射,也就是照射到衍射屏上的入射光和离开衍射屏的衍射光都是平行光的衍射,称为夫琅和费衍射.

1. 夫琅和费单缝衍射的条件

夫琅和费衍射的特点是:只用简单的计算就可以得出准确的结果.但要求单缝距光源

和接收屏均为无限远或相当于无限远.实际中很难实现,只能用下面两种方法来实现所要求的条件.

(1)"焦面接收"装置

把光源 S 置于凸透镜 L_1 的前焦面上,接收屏 P 置于凸透镜 L_2 的后焦面上,如图 2-163 所示.由几何光学可知,光源 S 和接收屏 P 相当于距衍射屏 P 无限远.

(2)"远场接收"装置

用氦氖激光器作光源,则由于激光束的方向性好,能量集中,且缝的宽度 b 一般很小,这样就可以不用透镜 L_1,若观察屏(接收器)距离狭缝也较远(即 D 远大于 b)则透镜 L_2 也可以不用,这样夫琅和费单缝衍射装置就简化为图 2-164 所示.

设衍射角 θ 很小,则 $\theta \approx \sin\theta \approx x/D$.

图 2-163 "焦面接收"装置   图 2-164 "远场接收"装置

2. 夫琅和费单缝衍射的光强分布

根据惠更斯-菲涅耳原理可以推出,当入射光波长为 λ,单缝宽度为 b 时,单缝夫琅和费衍射的光强分布为

$$I = I_0 \sin^2 u / u^2 \qquad (2.23.1)$$

式中

$$u = \pi b \sin\theta / \lambda$$

当 $\theta = 0$ 时,$I = I_0$,光强具有最大值,称为中央主极大.在其他条件不变的情况下,中央主极大 I_0 与缝宽 b 的平方成正比,相对光强分布曲线如图 2-165 所示.

当 $\sin\theta = k\lambda/b (k = \pm 1, \pm 2, \cdots)$ 时,$I = 0$,即出现暗条纹,与此对应的位置为暗条纹中心,由于 θ 很小,故有

$$\theta = k\lambda/b \qquad (2.23.2)$$

由式(2.23.2)可以得出下列结论:

(1)衍射角 θ 与缝宽 b 成反比关系,缝加宽时,衍射角减小,各级条纹向中央收缩,反之,各级条纹向两侧发散;当缝宽足够大($b \gg \lambda$)时,衍射现象不明显,可看成直线传播.

(2)中央亮纹的宽度由 $k = \pm 1$ 的两个暗条纹的衍射角所确定,即中央亮纹的角宽度为 $\Delta\theta = 2\lambda/b$.

(3)两侧任意两相邻暗条纹间的衍射角的差值 $\Delta\theta = \lambda/b$,即暗条纹是以 P_0 点为中心、等间隔左右对称分布的.

(4)位于两侧两相邻暗条纹之间的是各级亮条纹,它们的宽度是中央亮条纹宽度的一半.这些亮条纹的光强最大值称为次极大,这些次极大的位置为

图 2-165　单缝衍射相对光强分布曲线

$$\theta \approx \sin\theta = \pm 1.43\lambda/b, \pm 2.46\lambda/b, \pm 3.47\lambda/b, \cdots$$

它们的相对光强为

$$I/I_0 = 0.047, 0.017, 0.008, \cdots$$

由式(2.23.2)和衍射角 $\theta \approx \sin\theta \approx x/D$ 得

$$b = k\lambda/\theta = k\lambda D/x_k \tag{2.23.3}$$

式(2.23.3)可用来测定狭缝宽度.

3. 夫琅和费双缝衍射原理

双缝衍射的实验装置如图 2-166 所示,双缝透光的缝宽度为 b,不透光的挡板宽度为 a,入射光波为 λ,双缝间距为 $d = a+b$.

可以证明,双缝衍射的光强分布为

$$I = I_0\left(\frac{\sin u}{u}\right)^2 4\cos^2\frac{\Delta\phi}{2} \tag{2.23.4}$$

图 2-166　双缝衍射装置

式中, $u = \pi b\sin\theta/\lambda$; $\Delta\phi = \dfrac{2\pi}{\lambda}d\sin\theta$.

由式(2.23.4)可知:当缝宽 b 不变,而减小双缝间隔,即 d 减小时,中央最大包络线的宽度不变,最大包络线内分裂条纹的间距变大,在最大包络线内看到的亮细条纹数目减少并变粗.此时双缝衍射向单缝衍射过渡,双缝干涉因子 $\cos^2\dfrac{\Delta\phi}{2}$ 逐渐趋向于 1,作用消失,双缝衍射光强分布变成了单缝衍射光强分布,如图 2-167 所示.

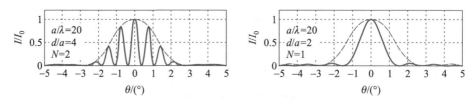

图 2-167   减小双缝间距 d 时双缝衍射光强分布曲线的变化

四、 实验内容及步骤

1. 调整光路

本实验采用的单缝衍射光强分布测定仪,用硅光电池作光电转换元件测量光电转换后的光电流值,实验装置如图 2-168 所示,其中多功能光信号分析仪上的输出端可为半导体激光器提供电源,输入端连接光电探头,用于微电流的测量,测量范围为 $0\sim19\,999\times10^{-8}$ A,测量误差为 ±1 个字。

按图 2-168 放置各部件,搭好实验装置,连接好多功能光信号分析仪,打开开关,此时半导体激光器出光,数字显示窗有数值显示;调整激光光强(不刺眼为准);调整仪器同轴等高,即用小孔屏的小孔调整激光光路,使光源、小孔和光电转换器在同一水平线上,激光垂直照射在单缝平面上,激光器与接收装置放在导轨的两个顶端(接收屏与单缝之间的距离 D 大于 1 m),正式记录数据前激光器与检流计(即多功能光信号分析仪)需预热 15 min。

1—半导体激光器;2—二维微倾架;3—可调狭缝/小孔狭缝板/光栅板;4—夹持架;5—多功能光信号分析仪;
6—小孔白屏;7—光电探头;8——维光强测量装置及移动座;9—标准移动座;10—二维调节移动座;11—导轨

图 2-168   单缝衍射光强分布测定仪

2. 观察单缝衍射现象

改变单缝宽度及接收屏与单缝之间的距离,观察总结衍射条纹的变化及各级明纹的光强变化.

3. 测量单缝衍射条纹的相对光强分布

(1) 本实验用硅光电池作为光电探测器件测量光的强度,把光信号变成电信号,用检流计测量光电流的大小,光电流正比于光强.

(2) 调节单缝宽度,使接收屏上中央明纹的宽度为 10 mm 左右.

(3) 移开接收屏,使衍射光直接照射到硅光电池上,硅光电池已封装好,中央亮纹的中心对准接收缝,调节激光强度使中央亮纹的最大光强在 $2\,000\times10^{-8}$ A 到 $5\,000\times10^{-8}$ A 之间,然后从一侧衍射条纹的第三级暗纹的中心位置开始,同方向转动鼓轮,中途不要改变转动方向.每移动 0.5 mm 或 1 mm,读取一次检流计读数,一直测到另一侧的第三个暗纹中心.

(4) 测量单缝与硅光电池之间的距离 D.

4. 观察双缝、单丝、单孔、双孔、多孔、光栅衍射现象

略.

5. 测量双缝衍射条纹的相对光强分布

(1) 放置光栅板,观察双缝衍射条纹.

(2) 分别测量缝间距 $d=0.20$ mm 和 $d=0.10$ mm 的双缝衍射的光强,从一侧衍射条纹的第三级暗纹的中心位置开始,同方向转动鼓轮,中途不要改变转动方向.每移动 0.5 mm 或 1 mm,读取一次检流计读数,一直测到另一侧的第三个暗纹中心.

五、 数据记录与处理

1. 自己设计表格,记录数据.

2. 将所测得的 I 值做归一化处理,即将所测的数据对中央主极大取相对比值 I/I_0(称为相对光强),并在直角坐标纸上绘出 I/I_0-X 单缝、双缝衍射的相对光强分布曲线.

3. 由单缝衍射相对光强分布曲线图中查出各级次极大的相对光强值,分别与理论值进行比较.

4. 由单缝衍射相对光强分布曲线各级暗纹的位置 x_k 分别计算出单缝的宽度 b,并求其平均值.

六、 注意事项

1. 关掉激光电源,测出本底电流,修正数据.

2. 光源、狭缝和光电转换器要在同一水平线上.

3. 在测量过程中,读数鼓轮要单方向转动避免螺距差.

七、 思考与讨论

1. 若测出的衍射图样对中央主极大左右不对称是什么原因造成的? 怎样调整实验

装置才能纠正?

2. 用两台输出光强不同的同类激光器作单缝衍射的光源,单缝衍射图样及相对光强分布有无区别? 为什么?

3. 若用白光作光源,可以观察到什么样的衍射图样?

八、 拓展阅读

光的衍射是光波动性的重要表象,只有缝宽与光波波长相比拟的情况下才可以观察到较为明显的光的衍射现象.由于光波的波长很小,生活中很难直接观察到光的衍射现象,正因为如此人们对光的本性的认识经历了曲折的过程.17 世纪同时出现了两种学说——牛顿的微粒说和惠更斯的波动说,两种学说对光的现象的解释各有成功和不足之处.但由于牛顿的伟大成就和崇高威望,"微粒说"是占主要地位的.直到 19 世纪初,托马斯·杨双缝干涉实验以及泊松亮斑实验的成功,波动说才被普遍接受.这段历史告诉我们,实践是检验真理的唯一标准.这里介绍泊松亮斑实验.

泊松亮斑

当单色光照射在直径恰当的小圆板或圆珠上时,由于光的衍射,会在之后的光屏上出现环状的互为同心圆的衍射条纹,并且在所有同心圆的圆心处会出现一个极小的亮斑,这个亮斑就被称为泊松亮斑.

1818 年,法国科学院提出了征文竞赛题目:一是利用精确的实验确定光线的衍射效应;二是根据实验,用数学归纳法推求出光通过物体附近时的运动情况.在法国物理学家阿拉果与安培的鼓励和支持下,菲涅耳向科学院提交了应征论文.

他用半波带法定量地计算了圆孔、圆板等形状的障碍物产生的衍射花纹.菲涅耳把自己的理论和对于实验的说明提交给评判委员会.参加这个委员会的有:波动理论的热心支持者阿拉戈;微粒论的支持者拉普拉斯、泊松和比奥;持中立态度的盖·吕萨克.菲涅耳的波动理论遭到了光的粒子论者的反对.

在委员会的会议上泊松指出,根据菲涅耳的计算结果,得出在一个圆片的阴影中心应当出现一个亮点,这是令人难以相信的,过去也从没看到过,因此泊松认为这个计算结果足够证明光的波动说是荒谬的,所以泊松宣称,他已驳倒了波动理论.菲涅耳和阿拉戈接受了这个挑战,在试验中看到了这个亮斑,非常精彩地用实验证实了这个理论的.

值得一提的是,作为一位科学家,泊松不仅有敏锐的洞察力,一眼就看出菲涅耳理论的"破绽",指出他的推论有悖于日常经验;而在实验证明了菲涅耳理论的正确性时,诚恳地承认了自己的错误,并支持自己反对过的菲涅耳.

菲涅耳荣获了这一届的科学奖,而后人为纪念泊松为实验提供了方法便称这个亮点为泊松亮斑.菲涅耳开创了光学的新阶段,他发展了惠更斯和托马斯·杨的波动理论.

实验 2.24　用光栅测量光波波长

光栅是在一块透明板上刻有大量等宽度、等间隔的平行刻痕的光学元件,在每条刻痕处,光射到它上面向各个方向散射而不透过,光只能从刻痕间狭缝中通过.因此,可以把光栅看成一组数目很多、排列紧密、均匀而又平行的狭缝,这种根据多缝衍射原理制成的衍射光栅,能够产生间距较宽的匀排光谱,从而将复色光分解成光谱,是一种重要的分光元件.光栅不仅适用于可见光波,还能用于红外和紫外光波,常被用来准确地测定光波波长及进行光谱分析.以衍射光栅为色散元件组成的单色仪和摄像仪是物质光谱分析的基本仪器,光栅衍射原理也是晶体 X 射线结构分析、近代频谱分析和光学信息处理的基础.通常光栅可用金刚石刀在玻璃片上刻制,也可复制或用全息照相等方法制成,精制的光栅在一厘米内可有一万条以上刻痕,因此,它具有较高的分辨率.光栅分为透射式和反射式两类,在结构上又分平面光栅、阶梯光栅和凹面光栅几种;根据其用途又可分为计量光栅和物理光栅.本实验用的是透射式平面全息光栅.

一、 实验目的

1. 进一步熟悉分光计的调整和使用;
2. 观察光栅衍射光谱,测量汞灯谱线的波长.

二、 实验仪器

分光计,光栅,汞灯,平行平面镜.

三、 实验原理

当一束平行光照射在光栅上时,光栅中每条狭缝都将产生衍射,透过各个狭缝的光波间还要发生干涉,所以光栅衍射条纹是两者效果的总和.设光栅刻痕宽度为 a,透明狭缝宽度为 b,相邻两缝的距离 $d=a+b$,称为光栅常量,它是光栅的基本参量之一.当平行光束与光栅法线成角度 i 入射到光栅平面时,光栅后面的衍射光束通过透镜会聚在焦平面上,就会形成一组亮暗相间的衍射条纹.如图 2-169 所示,设某一方向的衍射光线的衍射角为 θ,从 A 点作 AC 垂直于入射线 CB,作 AD 垂直于衍射线 BD,则相邻两光线的光程差为

$$\Delta = CB + BD = d(\sin i + \sin \theta)$$

当此光程差等于入射光波长 λ 的整数倍时,多光束干涉使光振动加强,则在 F 处产生一亮线,光栅衍射亮条纹的条件为

$$d(\sin i + \sin \theta) = k\lambda, \quad k = 0, \pm 1, \pm 2, \cdots \qquad (2.24.1)$$

式中,λ 为单色光波长;k 是亮条纹级数,衍射光线在光栅平面法线左侧时,θ 为正值,在法线右侧时,θ 为负值(见图 2-169),式(2.24.1)称为光栅方程,它是研究光栅衍射的重要公式.

为了方便通常都是在平行光垂直入射的情况下来进行实验的,此时 $i=0$,光栅方程变为

$$d\sin \theta = k\lambda, \quad k = 0, \pm 1, \pm 2, \cdots \qquad (2.24.2)$$

由式(2.24.2)可看出,若入射光为复色光,$k=0$ 时,必有 $\theta=0$,各种波长的零级亮纹均重叠在一起,那么零级亮纹仍是复色的.k 为其他值时,不同波长的同级亮纹将有不同的衍射角 θ,因此,在透镜焦平面上将出现按波长次序排列的彩色谱线,称为光栅光谱.与 $k=\pm 1$

图 2-169   光栅衍射示意图

相对应的谱线分别为正一级谱线和负一级谱线,类似地还有二级、三级等谱线.由此可见,光栅具有将入射光分解成按波长排列的光谱的功能,所以它是一种分光元件,用它可以做成光栅光谱仪或摄谱仪,这些仪器是不可缺少的现代分析仪器.

光栅衍射条纹与单缝衍射条纹相比,其主要特点是:亮条纹很亮很细,各级亮纹之间有较暗的背景,因此,光栅具有更高的分辨率,且光栅常数越小,角分辨率越高.

本实验所用光源为汞灯,它能发出波长不连续的可见光,其光栅光谱将出现与各波长相对应的线状光谱,如图 2-170 所示.若光栅常量 d 已知(实验室在光栅上标有 $1/d$ 数值,即每厘米的狭缝条数),选取 $k=\pm 1$,用分光计测出各谱线的衍射角 θ,利用式(2.24.2)就可以求出各谱线对应的光波波长 λ.

图 2-170   汞灯的光栅衍射光谱

四、 实验内容及步骤

1. 按要求认真调整分光计(参阅实验 2.20 分光计的结构及调整),使其处于正常使用状态.

2. 光栅的调整. 在测量之前, 要使平行光管产生的平行光垂直照射于光栅平面, 且光栅的刻痕与分光计旋转主轴平行. 具体做法是: 用汞灯照亮平行光管狭缝, 转动望远镜对准平行光管, 使望远镜中黑十字的竖线与狭缝像重合. 按图 2-171 把光栅直立在载物台上, 光栅平面应垂直于底面 a、c 螺钉的连线, 用望远镜观察光栅平面反射回来的亮十字, 再轻微转动载物台, 并调节载物台下 a 或 c 螺钉, 使亮十字像与分划板上方黑十字重合, 此时与望远镜同轴的平行光管的光轴自然也垂直于光栅平面了.

图 2-171　光栅在载物台上的位置

转动望远镜, 观察汞灯的衍射谱线, 中央为白色亮线 ($k=0$), 左右两边均可看到较强的几条彩色谱线, 它们是汞的特征谱线. 若发现两侧的谱线不等高, 一侧偏上, 一侧偏下, 说明光栅刻痕与分光计旋转主轴不平行, 可调节螺钉 b 使两侧谱线等高. 但调节 b 可能会影响光栅平面与平行光管的垂直, 应再用前述的方法 (自准法) 进行复查, 直到两个要求都满足.

3. 测量谱线的衍射角. 调节狭缝宽度适中, 使汞光谱中两条紧靠的黄谱线能分开. 先将望远镜转至右侧, 测量 $k=+1$ 级各谱线的角位置, 从左、右两侧游标读数, 分别记为 θ_A^{+1}、θ_B^{+1}. 然后将望远镜转至左侧, 测出 $k=-1$ 级各谱线的角位置, 读数记为 θ_A^{-1}、θ_B^{-1}. 同一游标的读数相减, $\theta_A^{-1}-\theta_A^{+1}=2\theta_A$, $\theta_B^{-1}-\theta_B^{+1}=2\theta_B$, 求衍射角 θ_A 和 θ_B 平均值 $\theta=\dfrac{\theta_A+\theta_B}{2}$, 便消除了分光计偏心差. 所以, 各谱线的衍射角为

$$\theta=\frac{\theta_A^{-1}-\theta_A^{+1}+\theta_B^{-1}-\theta_B^{+1}}{4} \tag{2.24.3}$$

测量时, 从最右端的黄$_2$光开始, 依次测黄$_1$光、绿光、……, 直到最左端的黄$_2$光. 对绿光重复测量三次, 数据记入表 2-24-1 中.

五、 数据记录与处理

表 2-24-1　汞灯谱线波长的测量

谱线级数 $k=\pm1$,　　光栅常量 $d=$

谱线	游标	分光计读数		$\theta=\dfrac{\theta_A^{-1}-\theta_A^{+1}+\theta_B^{-1}-\theta_B^{+1}}{4}$	测量值 λ/nm	标准波长 λ/nm	对 λ_0 的百分误差/%
		θ^{+1}(右)	θ^{-1}(左)				
黄$_2$光	A						
	B						
黄$_1$光	A						
	B						

谱线	游标	分光计读数		$\theta=\dfrac{\theta_A^{-1}-\theta_A^{+1}+\theta_B^{-1}-\theta_B^{+1}}{4}$	测量值 λ/nm	标准波长 λ/nm	对 λ_0 的百分误差/%
		θ^{+1}(右)	θ^{-1}(左)				
绿光	A			$\theta_1 =$			
				$\theta_2 =$ $\bar{\theta}=$			
	B			$\theta_3 =$			
蓝绿光	A						
	B						
蓝光	A						
	B						
紫光	A						
	B						

已知分光计的仪器额定误差为 $1' = 2.91 \times 10^{-4}\,\mathrm{rad}$，$d$ 值的相对误差为 0.1%，根据式（2.24.2）光栅方程推导相对误差 $E_\lambda = \dfrac{\Delta\lambda}{\lambda}$ 的表示式，求出测量绿光波长的相对误差，说明误差的性质.

六、 注意事项

1. 光栅是较精密的光学元件，必须轻拿轻放，不要用手触摸光栅表面，以免弄脏或损坏.若有污迹，可用镜头纸轻拭.

2. 汞灯的紫外光较强，不要直视，以免伤害眼睛.

3. 测量衍射角 θ 时，为使望远镜中十字叉丝竖线对准各谱线，必须使用望远镜微调螺钉.测量时，要防止其他光源干扰.

七、 思考与讨论

1. 试设计已知波长测定光栅常量的实验方案，并推导误差计算公式.

2. 为什么要调整光栅平面与平行光管光轴相垂直？如果不垂直，能够测定谱线的波长吗？说明理由.

3. 如果用氦灯作光源，已知氦黄光的波长 $\lambda = 587.6\ \mathrm{nm}$，所用光栅每厘米有 5 000 条刻痕，试计算该谱线一、二级的衍射角.

八、 拓展阅读

1. 光栅的分辨本领

分辨本领 R 定义为两条刚能被分开的谱线的平均波长 λ 与这两条谱线的波长差 $\delta\lambda$ 之比,即

$$R = \lambda/\delta\lambda$$

根据瑞利判据,所谓刚能被分开的谱线可规定为,其中一条谱线的主极大正好落在另一条谱线的第一级极小上,由此可推得

$$R = kN \tag{2.24.4}$$

式中,N 为光栅的总刻线数;k 为谱线的级数.因为级数 k 不会太高,所以光栅的分辨本领主要决定于狭缝数目 N,为了达到高分辨率,人们制造出刻线很多的光栅.

例如,每 mm 有 1 200 条刻线的光栅,若其宽度为 5 cm,则在由它产生的第一级光栅光谱中,光栅的分辨本领 $R = \lambda/\delta\lambda = 1\times50\times1\,200 = 6\times10^4$,对于 $\lambda = 600.0$ nm 的红光,这个数值表示,光栅所能分辨的最靠近的两谱线的波长差为 $\delta\lambda = \dfrac{\lambda}{6\times10^4} = 0.01$ nm.因此,光栅较之棱镜具有更高的分辨本领,现代光谱仪均用光栅作为色散元件.

2. 光栅的角色散率

角色散率定义为同一级两条谱线衍射角之差 $\delta\theta$ 与其波长差 $\delta\lambda$ 之比,即 $\dfrac{\delta\theta}{\delta\lambda}$,它可由光栅方程式(2.24.2)对 λ 微分而得

$$\frac{\mathrm{d}\theta}{\mathrm{d}\lambda} = \frac{\delta\theta}{\delta\lambda} = \frac{k}{d\cos\theta} \tag{2.24.5}$$

角色散率是光栅、棱镜等分光元件的重要参数,它还可理解为单位波长间隔内,两单色入射光所产生的衍射角间距的量度.由式(2.24.5)可知,d 越小,角色散率越大,即单位长度光栅的缝数越多,其角色散率越大.此外,在不同的光谱级内,角色散率也不同,k 越大,角色散率也越大.

3. 我国目前的光栅制造水平

衍射光栅是一种具有纳米精度周期性微结构的精密光学元件,它在光谱学、天文学、激光器、光通讯、新能源等诸多领域中有重要应用.光栅面积大可获得高集光率和分辨本领,精度高可获得更好的信噪比.同时将光栅做大和做精是世界难题.我国战略高技术领域所需要的高精度大尺寸光栅长期受到国外严格限制,这成为制约我国相关领域技术发展的短板.光栅刻划机是制作光栅的母机,因部件加工装调精度之难,运行保障环境要求之高,被誉为"精密机械之王".因此,研制出一台能满足国家需求的光栅制造仪器是中国几代"光栅人"的梦想.

随着国家支持力度的加大,我国各类光栅制作技术均有显著提升,与国外最高水平的差距也越来越小,2016 年中科院长春光学精密机械与物理研究所研制出一套大型高精度光栅刻划系统,并刻划出面积达 400 mm×500 mm、精度为 10 nm 的光栅,这也是目前世界上面积最大的中阶梯光栅,标志着我国大面积高精度光栅制造的相关技术达到国际领

先水平,结束了我国在高精度大尺寸光栅制造领域受制于人的局面,实现了我国几代科研工作者的"光栅梦".

实验 2.25   光的偏振和旋光

光的偏振现象是波动光学中的一种重要现象,它的发现证实了光是横波,即光的振动方向垂直于它的传播方向.光的偏振现象早在 1809 年就由马吕斯在实验中发现,光的电磁理论建立后,光的横波性才得以完满地解释.光的偏振性质使人们对光的传播规律有了新的认识,它在光学计量、光弹技术、薄膜技术等领域有着重要的应用.

一、 实验目的

1. 了解产生和检验偏振光的原理和方法,以及各种波片的作用;
2. 了解旋光仪的结构原理,用旋光仪观察光的偏振现象和旋光效应;
3. 用旋光仪测量蔗糖的旋光率和浓度.

二、 实验仪器

钠灯,导轨及滑块,偏振片,1/2 波片,1/4 波片,平面玻璃片,旋光仪,蔗糖溶液等.

三、 实验原理

1. 偏振光的概念和基本规律

（1）偏振光的种类

光波是一种电磁波,根据电磁学理论,光波的电矢量 E、磁矢量 H 和光的传播方向三者相互垂直,所以光是横波.通常人们用电矢量 E 代表光的振动方向,而电矢量 E 和光的传播方向所构成的平面称为光波的振动面.

普通光源发出的光是由于大量原子或分子的自发辐射所产生的,其电矢量 E 可取与传播方向垂直的任何方向,且各方向的振幅可认为完全相同,这种光称为自然光.电矢量的振动方向始终沿某一确定方向的光,称为线偏振光,又称平面偏振光.介于自然光和线偏振光之间的情况,若电矢量在各个方向都振动,但在某个固定方向占相对优势,这种光称为部分偏振光.电矢量的末端在垂直于光传播方向的任一平面内做椭圆(或圆)运动的光,称为椭圆(或圆)偏振光.各种偏振光的电矢量 E 如图 2-172 所示,注意光的传播方向垂直于纸面.

（2）偏振片、波片和偏振光的产生

通常的光源都是自然光,要研究光的偏振性质,必须采用一些物理方法将自然光变成偏振光,这一转变过程称为起偏,获得线偏振光的器件称为起偏器.起偏器的种类很多,有利用光的反射和折射起偏的玻璃片堆,利用晶体的双折射特性起偏的尼科耳棱镜,以及利用晶体的二向色性起偏的各类偏振片.

自然光　　部分偏振光　　线偏振光　　椭圆偏振光　　圆偏振光

图 2-172　偏振光的种类

某些人造有机化合物晶体具有二向色性,用这些材料制成的偏振片,能吸收某一方向振动的光,与此方向垂直振动的光则能通过,从而获得线偏振光.由于人造偏振片可做成很大面积,从而可获得较大的偏振光束,加之价格低廉,使用方便,故得到广泛的应用,但透过偏振片的偏振光有偏振不纯的缺点.

椭圆偏振光、圆偏振光可用波片来产生,将双折射晶体切割成光轴与表面平行的晶片,就制成了波片.当波长为 λ 的线偏振光垂直入射到厚度为 d 的波片上时,线偏振光在此波片中分解成 o 光和 e 光,二者的电矢量 E 分别垂直于和平行于光轴(见图 2-173),它们的传播方向相同,但在波片中的传播速度 v_o、v_e 却不同.因此,折射率 $n_o = c/v_o$、$n_e = c/v_e$ 是不同的,于是,通过波片后,o 光和 e 光产生的相位差 $\Delta\Phi$ 和光程差 δ 分别为

图 2-173　线偏振光在
波片中的传播

$$\Delta\Phi = \frac{2\pi}{\lambda}(n_o - n_e)d, \quad \delta = (n_o - n_e)d$$

不同名称的波片,因为其厚度不同,也就对应不同的相位差 $\Delta\Phi$ 和光程差 δ,详见表2-25-1.

表 2-25-1　各种波长及其 $\Delta\Phi$、δ

波片名称	$\Delta\Phi = \dfrac{2\pi}{\lambda}(n_o - n_e)d$	$\delta = (n_o - n_e)d$
$\dfrac{\lambda}{4}$ 波片	$(2k+1)\dfrac{\pi}{2}$　$(k=0,1,2,3,\cdots)$	$(2k+1)\dfrac{\lambda}{4}$
$\dfrac{\lambda}{2}$ 波片	$(2k+1)\pi$　$(k=0,1,2,3,\cdots)$	$(2k+1)\dfrac{\lambda}{2}$
全波片	$2k\pi$　$(k=1,2,3,\cdots)$	$k\lambda$

从波片透射出来的 o 光和 e 光,是两束同频率、不同振动方向、相位差 $\Delta\Phi$ 固定的线偏振光,它们将会恢复合成在一起,则透射光将呈现不同的偏振状态,下面分几种情况作一讨论(见图 2-174).

①　自然光通过任何波片后,透射光仍是自然光.

②　线偏振光通过全波片后,透射光仍是线偏振光.

③　线偏振光以任意角 α 通过 $\dfrac{\lambda}{2}$ 波片后,透射光仍是线偏振光,但振动平面转过 2α

角.α 角是入射线偏振光的振动平面与波片光轴的夹角.

④ 线偏振光以 α 角通过 $\frac{\lambda}{4}$ 波片后,透射光一般为椭圆偏振光,但当 $\alpha = 0$ 或 $\frac{\pi}{2}$ 时,透

射光仍是线偏振光;当 $\alpha = \frac{\pi}{4}$ 时,透射光是圆偏振光.

⑤ 圆偏振光通过 $\frac{\lambda}{4}$ 波片后,透射光为线偏振光.

图 2-174 各种偏振光通过波片后偏振状态的变化

⑥ 椭圆偏振光入射到 $\frac{\lambda}{4}$ 波片上时,若椭圆主轴与波片光轴一致,则透射光为线偏振
光;其他情况,透射光仍是椭圆偏振光.

以上结论可用电振动合成的理论推导出(参阅实验 2.16 原理部分),并在实验中得
到验证.

(3) 偏振光的检验

鉴别偏振光的偏振状态的过程称为检偏,检偏装置称为检偏器.实际上检偏器和起偏
器是通用的,例如把偏振片用于起偏就是起偏器,用于检偏就是检偏器.

线偏振光通过检偏器后,透射光的发光强度遵守马吕斯定律.设强度为 I_0 的线偏振光垂直
入射到一个理想的偏振片(检偏器)上,如图 2-175 所示,则透射光的光强为(不计光吸收)

$$I = I_0 \cos^2 \alpha$$

式中,α 为线偏振光的振动方向与偏振片偏振化方向之间的夹角.

由于入射光有五种可能性,即自然光、线偏振光、部分偏振光、椭圆偏振光和圆偏振
光,单用一个偏振片可以将线偏振光区分出来,但无法区别圆偏振光和自然光,也无法区
别椭圆偏振光和部分偏振光,因此必须再用一个 $\frac{\lambda}{4}$ 波片使偏振状态发生变化,以区别光

的性质.把偏振片和 $\frac{\lambda}{4}$ 波片结合起来,检验偏振光的步骤和结果通过表 2-25-2 加以说明.

2. 旋光现象

线偏振光在通过某些晶体(如石英)和一些含有不对称碳原子的物质溶液(如蔗糖溶

图 2-175　线偏振光通过检偏器示意图

液)时,其振动面将旋转一定的角度 Φ,这种现象称为旋光现象,旋角 Φ 称为物质的旋光度.旋光性可分为左旋和右旋两种,迎着光线观察时左旋物质使振动面沿着逆时针方向旋转,右旋物质则相反.

表 2-25-2　偏振光的检验

第一步	令入射光通过偏振片 I,改变偏振片 I 的透光方向,观察透射光强的变化			
现象	有消光	强度无变化	强度有变化,但无消光	
结论	线偏振	自然光或圆偏振	部分偏振或椭圆偏振	
第二步		(a) 令入射光依次通过 $\frac{\lambda}{4}$ 波片和偏振片 II,改变偏振片 II 的透光方向,观察透射光强变化	(b) 同(a),只是 $\frac{\lambda}{4}$ 波片的光轴方向必须与偏振片 I 产生的光强极大或极小的透光方向重合	
现象		有消光	无消光	有消光	无消光
结论		圆偏振	自然光	椭圆偏振	部分偏振

实验证明,溶液的旋光度可表示为

$$\Phi = \alpha C l \tag{2.25.1}$$

式中,C 表示溶液所含物质的浓度(单位:g/cm^3);l 表示偏振光通过液柱的长度(单位:dm);α 称为物质的旋光率,它的数值表示偏振光通过单位长度(1 dm)、单位浓度(1 g/cm^3)溶液后偏振面转过的角度.实验表明,同一旋光物质对不同波长的光有不同的旋光率,这种现象称为旋光色散,在一定温度下,$\alpha \propto \dfrac{1}{\lambda^2}$.本实验在溶液浓度 C 已知的情况下,通过测量旋光度 Φ,并利用式(2.25.1)求出溶液的旋光率 α,其原理如图 2-176 所示.

图 2-176　观测偏振光的振动面旋转的实验原理图

四、 WXG-4型圆盘旋光仪的结构原理及使用

　　旋光仪是用来测量物质旋光度的装置,其结构如图 2-177 所示.测量时,先将旋光仪中起偏镜和检偏镜的偏振轴调到正交位置,这时在目镜中看到最暗的视场,然后装上内盛某种旋光物质溶液的测试管,使起偏后的单色光的振动面发生旋转,将有部分光线通过检偏镜而使视场变亮,这时,转动检偏镜使视场重新达到最暗,检偏镜转过的角度就等于待测溶液的旋光度.

1—光源;2—会聚透镜;3—滤色片;4—起偏镜;5—石英片;6—测试管;
7—检偏镜;8—望远镜物镜;9—刻度盘;10—望远镜目镜
图 2-177　WXG-4 型圆盘旋光仪结构示意图

　　由于人眼很难准确地判断视场是否最暗,因此采用半荫式结构,用比较视场中两相邻光束的强度是否相同来确定旋光度,如图 2-178 所示.在起偏镜后再加一石英半波片,它和起偏镜的一部分在视场中重叠,可将视场分为三部分.半波片的光轴平行于自身表面,并与起偏镜的偏振轴成一角度 θ(约几度).由光源发出的光经过起偏镜后变成线偏振光,其中一部分再经过石英半波片,其振动面相对于入射光的振动面转动了 2θ,所以进入测试管的两束偏振光的电矢量 E 和 E' 呈 2θ 的夹角,如图 2-179 所示.当图中检偏器的偏振轴 OA 位于不同方向时,由于夹角 β、β'的变化,E 和 E' 在该轴的分量 OA 和 OA'的大小将发生变化.从目镜中见到的视场将出现亮暗的交替变化(图 2-179 下半部),图中列出了四种显著不同的情况.

图 2-178　三分视场

1. $\beta'>\beta,OA>OA'$,视场中半波片对应的部分(中间)为暗区,与起偏镜对应的部分(两侧)为亮区,视场被分为清晰的三部分,当 $\beta'=\dfrac{\pi}{2}$ 时,亮暗反差最大.

2. $\beta=\beta',OA=OA'$,视场中三部分界线消失,亮度相等,但较暗.

3. $\beta>\beta',OA'>OA$,视场中间部分为亮区,两侧为暗区.$\beta=\dfrac{\pi}{2}$ 时,反差最大.

4. $\beta=\beta',OA=OA'$,视场中三部分界线消失,亮度相等,此时较亮.

因为在不太亮的情况下,人眼辨别亮度变化的能力最强,所以以常取图 2-179(b)所示的视场作为参考视场,对应旋光仪刻度盘(与检偏镜连动)上的零点.将装有待测溶液的测试管装到旋光仪上后,由于溶液具有旋光性,使光的振动面转过了一个角度 Φ,视场亮度便发生变化,转动检偏镜,使视场仍旧回到图 2-179(b)所示的状态,这个转角的数值可从刻度盘上读出,即为被测溶液的旋光度.根据检偏镜的转动方向可判别该溶液是左旋还是右旋物质.

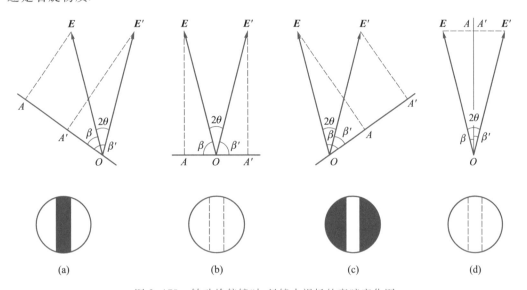

图 2-179　转动检偏镜时,目镜中视场的亮暗变化图

五、 实验内容及步骤

1. 偏振光的产生和检验

(1) 起偏和检偏

① 观察平行自然光(钠光)分别通过偏振片、$\dfrac{\lambda}{2}$ 波片、$\dfrac{\lambda}{4}$ 波片的情况.

② 先让自然光依次通过偏振片 P_1(起偏)、P_2(检偏),旋转 P_2,观察透射光的光强变化.

③ 在 P_1、P_2 之间加入 $\dfrac{\lambda}{2}$ 波片,观察线偏振光通过 $\dfrac{\lambda}{2}$ 波片的情况.

(2) 圆偏振光和椭圆偏振光的产生和检验

① 在 P_1、P_2 之间加上 $\frac{\lambda}{4}$ 波片,研究线偏振光透过 $\frac{\lambda}{4}$ 波片后的偏振状态.旋转 $\frac{\lambda}{4}$ 波片,观察和记录所看到的圆偏振光和椭圆偏振光,并解释之.

② 利用两块 $\frac{\lambda}{4}$ 波片,设计检验自然光、线偏振光、圆偏振光和椭圆偏振光的方法.

自拟表格,详细记录所观察到的现象,进行分析和讨论.

2. 用旋光仪测量蔗糖溶液的旋光率和浓度

(1) 校正检偏镜零点.先取出测试管,点亮钠灯,调节目镜,使能清楚看到视场三部分的分界线,转动检偏镜,使视场与图 2-179(b)相同,记下刻度盘上的零点读数,重复校正.旋光仪上的双游标的读数和数据处理方法与分光计类同.

(2) 把盛有已知浓度的糖溶液的测试管装到旋光仪上,测量旋光度 Φ.在不同浓度 C 下作同样的测量,在坐标纸上作 Φ-C 曲线,并由图纸求出旋光率 α.

(3) 测量未知浓度的糖溶液的旋光度,由图纸查出其浓度.

六、 注意事项

糖溶液应装满测试管,不能留有较大的气泡,小心保护测试管两端的玻璃片.装好液体后,要将玻璃片外面擦干净,不致影响透光.

七、 思考与讨论

1. 偏振片、$\frac{\lambda}{4}$ 波片和旋光物质有什么区别?

2. 为什么自然光通过任何波片后,透射光仍是自然光?

3. 实验室里有偏振片、$\frac{\lambda}{4}$ 波片和 $\frac{\lambda}{2}$ 波片各一块,因为它们外形相仿而被弄混了,如何利用一个光源把它们区分开来?

4. 旋光仪有什么实用价值?

八、 拓展阅读

用光弹效应观测应力分布

透明的各向同性材料,如玻璃、塑料、环氧树脂等,在通常情况下都不具有双折射性质,在机械应力作用下则显示出光学上的各向异性,产生双折射现象,这就是光弹效应.

把被检测的透明材料放到正交的起偏器和检偏器之间,沿某一方向(例如 Y 方向)施加压力或拉力,则该样品会形成 Y 方向的光轴,表现出与晶体类似的双折射效应,受力越大,双折射效应越明显,如果以白光入射,经过样品后,o 光和 e 光会产生一定相位差,o 光和 e 光再经过检偏器后将产生干涉,由于样品内各处应力不相等,接收屏上将出现色彩绚丽的干涉条纹,样品内的应力分布改变,彩色干涉条纹也随之改变.根据干涉条纹的分布,就可判断样品内部应力的分布状态.一般来说,应力集中的地方,干涉条纹细而且密集.

光弹效应是研究大型建筑结构、机器零部件在工作状态下,内部应力分布和变化的有效方法.把待分析的机械构件用透明材料如有机玻璃做成模型,并按实际使用时的受力情况对模型施力,于是在各受力部分产生相应的双折射,再用上述方法观察干涉条纹,确定应力分布情况,这种方法在工程技术中有着广泛的应用,已发展成专门学科.

实验 2.26　迈克耳孙干涉光路的构建与测量

迈克耳孙干涉仪是一种利用分振幅法实现双光束干涉的仪器.它可以观察许多干涉现象,能够较精密地测量微小长度或长度的微小变化,同时它又是许多近代干涉仪的基础,如"激光比长仪""双频激光比长仪""激光测振仪"等.迈克耳孙曾用它做了三个著名实验:迈克耳孙-莫雷实验,分析光谱的精细结构,用光波波长标定米标准原器.这三个实验为物理学的发展作出了重大贡献,尤其迈克耳孙-莫雷实验否定了"以太"的存在,为相对论的提出奠定了极其重要的实验基础.2017 年诺贝尔物理学奖获奖理由为"为 LIGO 探测器以及引力波观测做出的决定性贡献",其中 LIGO 探测器的设计原理就是迈克耳孙干涉实验.

本实验用分束镜,反射镜等,在全息台上构建迈克耳孙干涉光路,观察其等倾干涉图.

一、 实验目的

1. 组装并调节迈克耳孙干涉光路,观察点光源产生的非定域干涉条纹;
2. 观察干涉条纹反衬度随光程差的变化,了解光源相干长度的意义;
3. 检查防震实验台的稳定性.

二、 实验仪器

氦氖激光器及支架,分光板及夹具,反光镜及反光镜架,激光扩束镜,投影屏及支架等.

三、 实验原理

迈克耳孙干涉仪原理如图 2-180 所示,由两平面反射镜 M_1、M_2,光源 S 和观察点 E(或接收屏)组成.M_1、M_2 相互垂直,M_2 是固定的,M_1 可沿导轨做精密移动.G_1、G_2 是两块材料相同,薄厚均匀相等的平行玻璃片.G_1 的一个表面上镀有半透明的薄银层或铝层,形成半反半透膜,可使入射光分成强度基本相同的两束光,称 G_1 为分光板.G_2 与 G_1 平行,以保证两束光在玻璃中所走的光程完全相等且与入射光的波长无关,保证仪器能够观察单、复色光的干涉.G_2 作为补偿光程使用,故称之为补偿板.G_1、G_2 与平面镜 M_1、M_2 成 45°角.

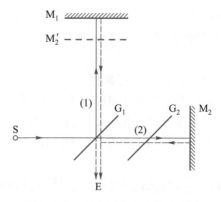

图 2-180　迈克耳孙干涉仪光路图

本实验中使用的光源为氦氖激光器,为了方便调节,本实验将 G₂ 补偿板去掉,光路
如图 2-181 所示.

图 2-181　迈克耳孙干涉光路图

如图 2-181 所示,一束光入射到 BS 上,被 BS 分为反射光和透射光,这两束光分别经
M₁ 和 M₂ 反射后又原路返回,在分光板后表面分别被透射和反射,于 E 处相遇后成为相
干光,可以产生干涉现象.

图 2-181 中 M₂′ 为 M₂ 在 BS 上反射的虚像.S_1、S_2 则分别为光源 S 在 M₁ 和 M₂′ 中的
虚像.屏上的干涉条纹可以看作 S_1、S_2 虚光源发出的球面波干涉的结果.当 M₂′ 平行于 M₁
时,屏上出现圆形等倾干涉条纹,圆的中心在 S_1、S_2 连线上.中心点 P 的光强取决于 S_1 和
S_2 之间距离 d,即

$$I(P) = A + B\cos\frac{2\pi d}{\lambda}$$

当 $d = k\lambda$ 时(k 为整数),中心出现亮点;当 $d = (2k+1)\dfrac{\lambda}{2}$时,中心出现暗点.圆形条纹
的精细和疏密程度与 d 有关,当 d 减小时,圆条纹显得疏而粗;d 增大时,条纹变得细
而密.

如果将 M_1(或 M_2)转一小角度,则 M_1 和 M_2' 不再平行.屏幕上干涉条纹不再是圆形的封闭曲线,而变成弧线或接近直线(实际上是双曲线或椭圆的一部分).

干涉条纹的反衬度定义为

$$\gamma = \frac{I_{max} - I_{min}}{I_{max} + I_{min}}$$

当光源不是单色光时,干涉条纹的反衬度与光程差有关.

氦氖激光的单色性虽然相当好,但还是有一定的波长分布.多纵模的氦氖激光器的中心波长 λ_0 为 632.8 nm,$\Delta\lambda = 0.001\ 8$ nm,如图 2-182 所示.定义相干长度为

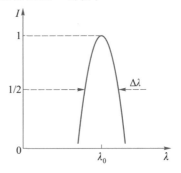

图 2-182　氦氖激光光强随波长分布图

$$L_{max} = \frac{\lambda_0^2}{\Delta\lambda} = 25\ cm$$

迈克耳孙干涉仪中,来自光源的光束经 BS 分为两束,这两束光经不同的光程 L_1 和 L_2 又在 BS 合成一束,两束光的光程差为 $\Delta L = L_1 - L_2$.

理论上可以证明,当 ΔL 很小时,干涉条纹反衬度很大.当 ΔL 增大,干涉条纹反衬度降低.当 ΔL 接近 L_{max} 时,反衬度就比较弱了.当 $\Delta L \geqslant L_{max}$ 时则可能完全看不到干涉条纹.

四、 实验内容及步骤

1. 光路的调节

按光路原理图(图 2-181)搭建光路(取下激光器激光出口处的扩束镜).

(1) 调节激光器下的调平螺钉,使光束平行于台面.可用直尺分别测量激光器出光口处、M_1 和 M_2 处光点的高度,仔细调节调平螺钉使之等高即可.

(2) 调节分束镜(BS)、反射镜(M_1、M_2)的高度,使光点处在镜面的中心部分.

(3) 调节分束镜(BS)的角度大致为 45°(将反射光点调到激光器出光口处)、调节反射镜(M_1、M_2)背面的螺钉,使镜面的法线大致平行于台面.

(4) 调节 M_1 或 M_2 的位置,使 M_1、M_2 距 BS 基本等距(等光程时 $L_1 = L_2 + 0.5$ cm).

(5) 进一步调节各螺钉,使在光屏上能观察到两组光点并使两束光点完全重合.

2. 观察等倾干涉条纹

(1) 在激光器出光口上装上扩束镜并适当转动透镜的方向,使光屏上能观察到较大的光斑,这时在光屏上能观察到一组同心圆的干涉条纹.

(2) 如果观察不到干涉条纹,再仔细调节 M_1 和 M_2 背面的螺钉,直到在屏幕上看到条纹并使干涉圆环中心在光屏中心部位为止.

(3) 慢慢调节螺旋测微器改变 M_2 的位置,增加或减小 M_2 与 BS 的距离,观察条纹的变化情况(条纹的形状、粗细、紧密度和清晰程度等).

3. 评定平台的防震性能

轻轻敲击台面或在附近地面上跳动、走动、说话等,从条纹变动的幅度及衰减速度来评定实验室环境的干扰情况和平台的防震性能.

4. 估计其相干长度

观察条纹反衬度(即清晰程度)随光程差的变化.移动 M_1(或 M_2)以改变一束光的光程,可观察到干涉条纹的清晰程度在降低,当肉眼看到条纹消失时,测量 M_1、M_2 距 BS 的长度 L_1、L_2,求出光程差,计算光源的相干长度 $L = 2×$光程差.

五、 思考与讨论

1. 在观察等倾干涉条纹时,条纹从中心"冒出",说明 M_1 和 M_2' 的间距是变大了还是减小了? 条纹"缩进"中心又如何?

2. 调节等倾干涉条纹时,若眼睛由左向右平移看条纹"冒出",由右向左平移看条纹"缩进",此时 M_1 和 M_2' 位置成什么关系?

实验 2.27 声速的测定

在弹性介质中,频率从 20 Hz 到 20 kHz 的振动所引起的机械波称为声波,高于 20 kHz 的波称为超声波,超声波的频率范围为 $2×10^4 \sim 5×10^8$ Hz 之间.超声波的传播速度就是声波的速度.超声波具有波长短、易于定向发射等优点,常被用作声速测量中的波源.

声学是研究各种介质中声波的产生、传播、接收和作用等问题的一门学科.传播声波的介质有三种不同状态,一般称为气体、液体和固体,因此形成相应的分支学科,分别称为空气声学、水声学和超声学,其中空气声学涉及人们的听觉,因此,与人们的文化生活和社会活动关系非常密切.由于声波在不同的介质及不同状态下传播时,有着不同的传播特性,利用这些特性可以研究和测量各种介质的物理性质和状态.例如,弹性模量、硬度、黏度、温度、厚度、料位等.特别是频率较高的超声波与物质内部某些微观结构有相互作用,如超声波与金属、半导体、超导体中的电子等相互作用,故可用于物质结构的研究.

由于超声波在固体和液体中传播时衰减小,因此传播距离相应要远些,一般称为穿透性强;同时超声波频率高,波长短,因此固体中辐射的声场具有方向性强,并且传播过程中遇到障碍物时能够反射等特点,可以用于探测金属和非金属材料内部的缺陷位置、大小和性质.这就是应用相当广泛的无损检测技术之一——超声检测.同样原理推广应用于人体上,可以从体外来检查体内的某些疾病、器官动态或生理变化.

一、 实验目的

1. 了解超声波的产生、发射和接收方法;
2. 用驻波法、行波法和时差法测量声速.

二、 实验原理

声波在空气中的传播速度可表示为

$$v = \sqrt{\frac{\gamma RT}{M}} \qquad (2.27.1)$$

式中,γ 是空气比定压热容和比定容热容之比$\left(\gamma = \dfrac{c_p}{c_V}\right)$;$R$ 是摩尔气体常量;M 是气体的摩尔质量;T 是热力学温度.从式(2.27.1)可以看出,温度是影响空气中声速的主要因素.如果忽略空气中的水蒸气和其他夹杂物的影响,在 0 ℃($T_0 = 273.15$ K)时的声速为

$$v_0 = \sqrt{\frac{\gamma Rt_0}{M}} = 331.45 \text{ m/s}$$

在温度 t 时空气中的声速可以表示为

$$v_t = v_0 \sqrt{1 + \frac{t}{273.15}} \qquad (2.27.2)$$

由波动理论知道,波的频率 f,波速 v 和波长 λ 之间有以下关系:

$$v = f\lambda \qquad (2.27.3)$$

所以只要知道频率和波长就可以求出波速.

本实验用低频信号发生器控制换能器,故信号发生器的输出频率就是声波的频率.而声波的波长可以用驻波法(共振干涉法)、行波法(相位比较法)以及时差法来进行测量.

1. 驻波法(共振干涉法)测量波长

如图 2-183 所示,由声源 S_1 发出的平面波沿 x 方向传播,经前方平面 S_2 反射后,入射波和反射波叠加,在一定条件下形成驻波.它们的波动方程分别为

$$y_1 = A\cos 2\pi\left(ft - \frac{x}{\lambda}\right) \qquad (2.27.4)$$

$$y_2 = A\cos 2\pi\left(ft + \frac{x}{\lambda}\right) \qquad (2.27.5)$$

$$y = y_1 + y_2 = 2A\cos 2\pi\frac{x}{\lambda} \cdot \cos 2\pi ft$$

图 2-183　实验装置与接线图

当 $\left|\cos 2\pi\dfrac{x}{\lambda}\right| = 1$ 时,合成波中满足此条件的各点振幅最大,称为波腹,即 $x = \pm n\dfrac{\lambda}{2}$

$(n = 0, 1, 2, 3, \cdots)$ 处就是各波腹的位置,相邻两波腹的距离为半波长 $\left(\dfrac{\lambda}{2}\right)$.同理可求出各

波节的位置是 $x = \pm(2n+1)\dfrac{\lambda}{4}(n = 0, 1, 2, 3, \cdots)$.相邻两波节的距离也是半波长.

2. 行波法(相位比较法)测量波长

发射换能器 S_1 发出的超声波通过介质到达接收器 S_2,在任一时刻,S_1 与 S_2 处的波有一相位差 φ,其关系为

$$\varphi = 2\pi\dfrac{l}{\lambda} \tag{2.27.6}$$

当 S_1 和 S_2 之间的距离 l 每改变一个波长,相位差就改变 2π.

将两信号进行叠加,观察合成图形的变化,当调节 l 使图形由开始位置变化到下一开始位置时,S_1 及 S_2 间的相位变化了 2π,l 变化了一个波长.如图 2-184 所示.

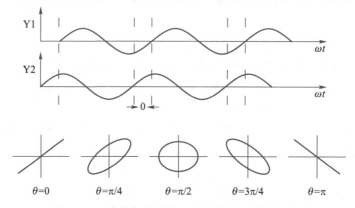

图 2-184   李萨如图形与两垂直简谐运动的相位差

3. 时差法测量波速

连续波经过脉冲调制后由发射换能器发射至被测介质中,经时间 t 后,到达 l 距离处的接收换能器.波速由公式 $v = \dfrac{l}{t}$ 得出.

利用时间显示窗口显示出波从 S_1 传到 S_2 的时间 t,从数显尺上读出 S_1 和 S_2 间的距离 l,即可计算出波速.

三、 实验仪器

SV-DH 系列声速测定仪(图 2-185),示波器,声速测定仪信号源.

四、 实验内容及步骤

1. 连接仪器

按图 2-183 连接好仪器,仪器在使用之前,开机预热 10 分钟,自动工作在连续波方式,选择的介质为空气,观察 S_1 与 S_2 是否平行.

图 2-185 声速测定仪(测试架)外形示意图

2. 测量信号源的输出频率 f_0

将示波器调整为 y-t 工作模式,观察示波器接收到的信号,移动 S_2(S_2 为接收器,可移动)使 S_1(发射器,不可移动)到 S_2 间距离约为 5 cm,调节信号源发射强度旋钮,使输出(发射端 S_1)的正弦波幅度适中,调节信号频率旋钮,从最小开始调起,同时观察输出信号波形,直到信号幅度最大.这时信号发生器的输出频率就是本系统的谐振频率(工作频率 f_0).测量 3 次谐振频率,求出平均值及误差.

3. 用共振干涉法测量波长和声速

沿固定方向缓慢移动 S_2,观察示波器上正弦信号的变化情况,选择一个信号最大位置(波腹位置)处开始读数,在继续移动 S_2 的同时,记录每次信号最大位置 x_i,取 $i=10$,用逐差法求出声波波长和误差.利用谐振频率 f_0 计算出声波波速及误差.注意:当 S_1 及 S_2 的间距比较远时,接收到的信号将有所衰减.

记录实验室室温 T:将测得值 v 与式(2.27.2)所得值进行比较,对结果进行讨论.

4. 用相位比较法测量波长和声速

将示波器调至信号合成状态,即 X-Y 工作方式.观察示波器出现的李萨如图形(比如 $\varphi=0$),缓慢移动 S_2,当重复出现图 2-184 中的某一图形时,说明相位变化了 2π,即 S_1 与 S_2 之间移动了一个波长.继续沿同一方向移动 S_2,测量 10 个周期,用逐差法处理数据,求出波长、声速及误差,并与式(2.27.2)所得值进行比较,对结果进行讨论.

5. 用时差法测量声速(此步骤与示波器无关)

将 S_1 与 S_2 之间距离调节至大于等于 50 mm,这是因为两者间距太近或太远时,信号干扰太多.固定 S_1,记录 S_2 的 L_1、t_1,再移动 S_2 至某一位置,记录 L_2、t_2.若此时时间显示窗口数字变化较大,可通过调节接收增益来稳定.连续测量 10 组 L_i、t_i,用逐差法计算波速 v 及误差.注意时间 t 应等间隔增加.

采用时差法测量比较准确,信号源内有单片机计时装置,具有 8 位有效数字,同时信号测量为随机测量,不会因为目测信号的大小或李萨如图形是否相同而产生误差.

在测量固体或液体中的声速时,由于固体杂质或液体气泡等因素的影响,最好选用时差法.

五、 注意事项

1. 测量声波在固体中的传播速度时,要注意固体材料棒与传感器之间的良好接触,必要时在接触面间均匀涂抹硅脂.

　　2. 测量液体声速时,注意液体要覆盖住传感器,但不得与实验装置的移动轴和数显装置接触,以免损伤仪器,倒出液体时也应小心.

六、 思考与讨论

　　1. 准确测量谐振频率的目的是什么?

　　2. 若固定两换能传感器之间的距离,改变频率,能否测量出声速? 为什么?

小　　结

　　光学测量技术在现代科学技术中占有十分重要的地位,因而光学实验在物理实验中也占有很重要的地位.实验所使用的仪器、所运用的实验技能以及对仪器的维护等均有特殊之处.几何光学是光学仪器设计的基础,其理论早已成熟,且仍然在现代科技中发挥着重大作用.例如,超大口径的透镜,在天文学研究领域起着其他类型天文望远镜无法替代的作用.在卫星上装有超大口径透镜的哈勃太空望远镜,已向地球传回遥远处星体的清晰图片,令人叹为观止.2016 年在我国贵州省落成了 500 m 口径球面射电望远镜,开创了建造望远镜的新模式,大幅拓展了人类视野.而 2017 年诺贝尔物理学奖,颁发给了激光干涉仪引力波天文台(LIGO)对两个黑洞相互碰撞而产生的引力波信号的直接探测,从而验证了广义相对论,实验平台的原型就来自于光学的基础实验迈克耳孙干涉实验.

　　本节中的几何光学实验,对焦距、角度、折射率等进行了测量,用到了透镜、棱镜、平面镜等光学元件,并熟悉了望远镜、显微镜、分光计等基本仪器的调节与使用.波动光学中的干涉衍射现象、光谱分析技术早已被广泛应用于现代精密计量和物质结构研究中.全息照相以激光的干涉衍射为基础,迅速发展成为全息技术新学科,并在干涉计量、无损检测、信息存储、信息读取、防伪技术及国防领域中得到了极其广泛的应用.光的偏振现象是光的波动性的又一表现,它进一步说明光是横波,利用光的偏振效应,可以研究光波在各向异性介质中的双折射现象,并进行有关物理量的测量,旋光仪正是利用光的偏振来测量溶液的浓度和杂质含量的.本节的声学实验,测量了超声波在空气中的传播速度,了解了超声波的产生和接收.

第3章

综合物理实验

在序言中已经提到,物理学和物理实验的发展是人类科学技术发展的基础.物理学本身已经发展了若干分支学科,这些学科既独立又交叉,而且物理学科与其他学科也都有交叉,这些交叉越来越多,越来越紧密,因而综合与近代物理实验也成为物理实验课程的重要组成部分.这部分实验原理、内容、方法、仪器和技术,都涉及两个甚至多个学科,综合性强、知识面广、仪器先进.这些实验原理和方法的应用领域非常广泛,学生通过这部分的学习,应熟悉和掌握有关的实验方法、综合性的技术,进一步提高运用物理学知识分析、解决问题的能力,培养创新能力.

实验 3.1 光电效应及普朗克常量的测定

当光束射到某些金属表面上时,会有电子从金属表面逸出,这种现象称为"光电效应".1887 年赫兹(H.Hertz)在验证电磁波存在时意外发现了光电效应现象,它所反映的实验事实是经典电磁理论无法完满解释的.1905 年爱因斯坦(A.Einstein)把普朗克(M.Planck)提出的辐射能量不连续的观点引入光辐射,提出了光量子的概念,成功地解释了光电效应现象.普朗克常量 h 是一个非常重要的物理常量,它是微观世界规律的标志量,19 世纪末普朗克为解决黑体辐射问题发现了此常量.1916 年密立根(R.Millikan)以精确的光电效应实验证实了爱因斯坦光电效应方程的正确性,并精确测定了普朗克常量.爱因斯坦和密立根因光电效应等方面的杰出贡献分别于 1921 年和 1923 年获诺贝尔物理学奖.

光电效应是近代物理学的基础实验之一,在量子理论的发展史上,它有着特殊的意义.对光电效应现象的研究,使人们进一步认识到光的波粒二象性的本质,促进了光的量子理论的建立和近代物理学的发展.近 30 年来,光电效应已经被广泛地应用于工农业生产、科研和国防等各领域,特别是根据光电效应制成的各种光电器件在现代技术中(如光学信号、夜视器材、电视、有声电影、自动控制与自动计量等方面)有着广泛的应用,光电功能材料也越来越受人们的青睐.

一、实验目的

1. 了解光电效应的基本规律,加深对光量子论的认识和理解;
2. 了解光电管的结构和性能,并测定其基本特性曲线;
3. 验证爱因斯坦光电效应方程,测定普朗克常量;

4. 学习用作图法和线性拟合法处理数据.

二、 实验仪器

ZKY-GD-3 光电效应实验仪.仪器由汞灯及电源、滤色片、光阑、光电管、测试仪(含光电管电源和微电流放大器)构成.仪器结构如图 3-1 所示.

1、2—电源及汞灯:可用谱线 365.0 nm,404.7 nm,435.8 nm,546.1 nm,577.0 nm,579 nm;

3—滤色片:5 片,透射波长 365.0 nm,404.7 nm,435.8 nm,546.1 nm,577.0 nm;

4—光阑:3 片,直径 2 mm,4 mm,8 mm;

5—光电管:光谱响应范围 320~700 nm,暗电流 $I \leqslant 2 \times 10^{-12}$ A(-2 V$\leqslant U_{AK} \leqslant 0$ V);

6—底座、光电管电源:2 挡,$-2 \sim +2$ V,$-2 \sim +30$ V,三位半数显,稳定度$\leqslant 0.1\%$;

7—微电流放大器:6 挡,$10^{-8} \sim 10^{-3}$ A,分辨率 10^{-14}A,三位半数显,稳定度$\leqslant 0.2\%$.

图 3-1　仪器结构示意图

三、 实验原理

1. 光电效应及其规律

在一定频率的光的照射下,电子从金属(或金属化合物)表面逸出的现象称为光电效应,所逸出的电子称为光电子.研究光电效应的实验装置电路图如图 3-2 所示.在一抽成高真空的容器内装有阴极 K 和阳极 A,阴极 K 为金属板.当单色光通过石英窗口照射到金属板 K 上时,金属板便释放出光电子.如果在 A、K 两端加上电势差 U,则光电子在加速电场作用下飞向阳极,形成回路中的光电流.光电流的强弱由微电流测试仪 G 读出.实验结果表明光电效应有如下规律:

(1)只有当入射光频率大于某一定值时,才会有光电子产生,若光的频率低于这个值,则无论光强度多大,照射时间多长,都不会有光电子产生.即光电效应存在一个频率阈值 ν_0,称为截止频率.

(2)光电子的多少与光的强度有关,即饱和光电流 I_H 与入射光的光强成正比.如图 3-3 所示,I-U 曲线称为光电管伏安特性曲线.

(3)光电子的动能$\left(\dfrac{1}{2}mv^2\right)$与入射光的频率 ν 成正比,与光强无关.实验中反映初动能大小的是截止电势差 U_a.如果降低加速电势差的量值,光电流 I 也随之减小.当电势差 U 减小到零并逐渐变负时($U=U_A-U_K$ 为负值,即 A、K 间加反向电压),光电流 I 一般并不等于零,这表明从金属板 K 逸出的电子具有初动能,尽管有电场阻碍它运动,仍有部分电子能到达阳极 A,反向电势差绝对值越大,光电流越小.当反向电势差达到某一值时,光电

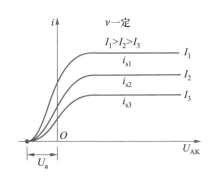

图 3-2　仪器结构示意图　　　图 3-3　光电管伏安特性曲线

流便降为零. 此时电势差的绝对值 U_a 叫做截止电压. 截止电压的存在, 表明光电子从金属表面逸出时的初速有最大值 v_m, 也就是光电子的初动能具有一定的限度, 它等于

$$\frac{1}{2}mv_m^2 = eU_a \tag{3.1.1}$$

式中, e 和 m 为电子的电荷量和质量. 以不同频率 ν 的光照射时, U_a-ν 关系曲线为一直线, 如图 3-4 所示.

（4）光电效应是瞬时效应, 一经光线照射, 立刻产生光电子.

光电子效应的这些实验规律, 用经典的电磁波理论是无法解释的.

2. 光子理论, 爱因斯坦光电效应方程

1905 年爱因斯坦依照普朗克的量子假设, 提出了光子的概念. 他认为光是一种微粒——光子; 频率为 ν 的光子具有能量 $\varepsilon = h\nu$, h 为普朗克常量. 根据这一理论, 当金属中的电子吸收一个频率为 ν 的光子时, 便获得这光子的全部能量 $h\nu$, 如果这能量大于电子摆脱金属表面的约束所需要的逸出功 W, 电子就会从金属中逸出. 按照能量守恒原理有

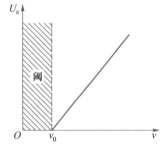

图 3-4　截止电压与入射光频率的关系图线

$$h\nu = \frac{1}{2}mv_m^2 + W \tag{3.1.2}$$

上式称为爱因斯坦光电效应方程, 其中 m 和 v_m 是光电子的质量和最大速度; $\frac{1}{2}mv_m^2$ 是光电子逸出表面后所具有的最大动能. 它说明光子能量 $h\nu$ 小于 W 时, 电子不能逸出金属表面, 因而没有光电效应产生; 产生光电效应的入射光最低频率 $\nu_0 = W/h$, 称为光电效应的截止频率（又称红限）. 不同的金属材料有不同的逸出功, 因而 ν_0 也是不同的.

实验时, 测出不同频率的光入射时的截止电势差 U_a 后, 作 U_a-ν 曲线, U_a 与 ν 成线性关系

$$eU_{\mathrm{a}} = \frac{1}{2}mv_{\mathrm{m}}^2 = h\nu - W$$

而由

$$\nu_0 = W/h$$

即得

$$U_{\mathrm{a}} = \frac{h}{e}(\nu - \nu_0) \tag{3.1.3}$$

从直线斜率可求出普朗克常量 h,由直线的截距可求得截止频率 ν_0.

实际上,光电管的伏安特性曲线如图 3-3 所示,其反向截止电压并不是和横轴的交点,而是在反向电流开始饱和时的拐点处的电压.主要原因是:

① 暗电流和本底电流:光电管没有光照时也会产生电流,称为暗电流.它是由于热电子发射、漏电等原因造成的.本底电流是由于各种漫射光入射到光电管上引起的.这两种都不可能使电流降为零,而且其大小随着电压的变化而变化.

② 反向电流:在光电管的制造过程中.阳极也往往被污染而沾上光电阴极材料,所以光照射到阳极上时也有光电子发射.

3. 光电管

光电管是利用光电效应制成的能将光信号转化为电信号的光电器件.在一个真空的玻璃泡内装有两个电极,一个是阳极 A,另一个是光电阴极 K,如图 3-5 所示.光电阴极是附在玻璃泡内壁的一个薄层(有的附在玻璃泡内的半圆形金属片的内侧),此薄层由具有表面光电效应的材料制成(常用锑铯金属化合物).在阴极的前面,装有金属丝制成的单根(或圈成一个小环)的阳极.阴极受到光线照射的时候便发射电子,电子在外场的作用下向阳极运动形成光电流.

除真空式光电管以外,还有一种充气式的光电管.它的构造和真空式的完全相同,所不同的仅仅是在真空的玻璃泡内充入少量的惰性气体,如氩气等.当光电阴极被光线照射时便发射电子,发射的电子在趋向阳极的途中撞击惰性气体的分子,使气体游离成正离子、负离子以及电子.撞击出的负离子、电子以及阴极发射的电子共同被阳极吸收,因此阳极的总电流便增大了,故充气式光电管比真空式光电管有更高的灵敏度.

(1)光电管的伏安特性

当以一定频率和强度的光照射光电管时,光电流随两极间电压变化的特性称为光电管的伏安特性,其曲线如图 3-3 所示.图中光电流随阳极电压的增加而增大,但当阳极电压增大到某一值后,光电流不再增加,此时的光电流叫做饱和光电流 I_{H},饱和光电流相当于所有被激发出来的电子全部到达阳极.实验表明,饱和光电流和入射光的光通量成正比,因此用不同强度的光照射阴极 K 时,可得到不同的伏安特性曲线.

(2)光电管的光电特性

当照射光电管的光的频率和两极间电压一定时,饱和光电流 I_{H} 随照射光强度 E 变化的特性称为光电管的光电特性,而照射光的强度与光阑孔径的平方成正比.对于真空式光电管,其曲线呈线性关系,如图 3-6 所示.

图 3-5　真空光电管结构简图

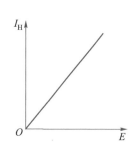

图 3-6　光电管的光电特性曲线

四、 实验内容及步骤

1. 实验准备

将测试仪与汞灯电源接通,预热 10 分钟.

把汞灯及光电管暗盒遮光盖盖上,将汞灯暗盒光输出口对准光电管暗盒光输入口,调整光电管与汞灯的距离为约 30 cm,并保持不变.

将"电流量程"选择开关置于所选挡位,仪器在充分预热后,进行测试前调零,旋转"调零"旋钮使电流指示为 000.0.

2. 测量光电管的伏安特性

设置"伏安特性测量/截止电压测试"状态键为"伏安特性测量",电流表量程×10^{-10} A,分别测量下述两个条件下光电管的 I-U 特性:光阑直径 $d = 4$ mm,$\lambda = 546$ nm;$d = 2$ mm,$\lambda = 546$ nm.电压范围:$-2 \sim 30$ V,在同一坐标系中做两条相应的 I-U 曲线,并进行对比(表 3-1-1).

表 3-1-1　伏安特性曲线测量数据记录表

光阑 $d =$ _____ mm

U_{AK}/V	-2.0	-1.5	-1.0	-0.5	0.0	0.5	1.0	1.5	2.0	4.0	6.0	8.0
I/(10^{-11} A)												
U_{AK}/V	10.0	12.0	14.0	16.0	18.0	20.0	22.0	24.0	26.0	28.0	30.0	32.0
I/(10^{-11} A)												

3. 测量光电管的光电特性

电流表量程×10^{-11} A,$\lambda = 577$ nm,$U_a = 25$ V.测量 $d = 2$ mm,4 mm,8 mm 时的 I_H(表 3-1-2),作 I_H-d^2 图线.

表 3-1-2　饱和光电流与光强之间的关系验证数据表

光阑孔 d/mm	2	4	8
d^2			
$I_H/(10^{-11}$ A$)$			

4. 测量普朗克常量

测量截止电压时,设置"伏安特性测量/截止电压测试"状态键为"截止电压测试",电流表量程×10^{-13} A,$d=4$ mm,测量 $\lambda=365.0,404.7,435.8,546.1,577.0$ nm 时的截止电压 U_a,测量时在$-2\sim+2$ V 调节电压,记录使光电流 $I=0$ 的电压即 U_a,作$|U_a|-\nu$ 图线,并求 h (表 3-1-3).

表 3-1-3　普朗克常量测量数据记录表

光阑 $d=$ _____ mm

波长 λ/nm	365.0	404.7	435.8	546.1	577.0
频率 $f/(10^{14}$ Hz$)$					
截止电压 U_a/V					

注意:由于本仪器的特点,在测量各谱线的截止电压 U_a 时,用"零电流法"测量.零电流法是直接将各谱线照射下测得的电流为零时对应的电压 U_{AK} 的绝对值作为截止电压 U_a.此法的前提是阳极反向电流、暗电流和本底电流都很小.用零电流法测得的截止电压与真实值相差很小,且各谱线的截止电压都相差 ΔU,$U_a-\nu$ 曲线的斜率无大的影响,因此对 h 的测量不会产生大的影响.

五、数据记录与处理

1. 用作图法作出光电管的伏安特性曲线,在同一幅图中作出两条不同光照强度下的伏安特性曲线.

2. 用作图法作出饱和光电流 I_H 随光强变化的光电特性图线(即 I_H-d^2 图).

3. 在坐标纸上作出截止电压随照射光频率变化的图线.求出直线的斜率 K,由直线斜率与普朗克常量的关系 $K=\dfrac{h}{e}$,求出普朗克常量 h,并与公认值比较,计算相对百分误差.式中 $e=1.602\times10^{-19}$ C,$h_0=6.626\times10^{-34}$ J·s.

六、注意事项

1. 本实验不必要求暗室环境,但应避免背景光强的剧烈变化.

2. 滤色片是精密光学元件,使用时应避免污染,切勿用手触摸以保证其良好的透光性.

3. 光阑和滤色片都放置在(小孔)一侧.

4. 更换滤色片时必须先将光源出光孔遮住,实验完毕应及时用遮光罩盖住光电管暗盒的进光窗口,避免强光直射阴极.

七、 思考与讨论

1. 了解光电管的伏安特性及光电特性有何意义?

2. 从截止电压 U_a 与入射光频率 ν 的关系曲线中,能确定阴极材料的逸出功吗?

3. 如果某种材料的逸出功为 2.0 eV,用它做成光电管阴极时能探测的波长红限(截止波长)是多少?

4. 实验中光电管伏安特性曲线饱和区并非理想直线而是稍有增大的原因是什么?

5. 光电管截止电压与光源强度及频率有何关系,实验上如何得到?

6. 光电管阴极和阳极金属材料逸出功的选择及电极设计特点.

实验 3.2　霍尔效应及螺线管磁场的测定

霍尔效应是一种磁电效应,是 1879 年年仅 24 岁的霍尔在美国霍普金斯大学做研究生时发现的.霍尔在研究载流导体在磁场中受力的性质时发现:当电流垂直于外磁场方向流过导体时,在垂直于电流和磁场方向的导体两面产生一横向电势差,这种现象被称为霍尔效应,所产生的电势差被称为霍尔电势.半个多世纪后,人们发现半导体材料也有霍尔效应,而且比导体材料效果更加明显.在霍尔效应发现约 100 年后,德国科学家冯·克利青发现了整数量子霍尔效应,并因此获得 1985 年诺贝尔物理学奖.其后美籍华裔物理学家崔琦等在更强磁场下研究量子霍尔效应时发现了分数量子霍尔效应,获得了 1998 年诺贝尔物理学奖.本实验只研究经典霍尔效应.

利用霍尔效应制成的霍尔元件可以测量载流子浓度、磁场强度、电流强度、微小位移等物理量.霍尔元件具有高灵敏度、微型化、高集成度、抗干扰能力强等优点.现在人们在利用霍尔效应开发的各种传感器,如磁罗盘、磁头、电流传感器,非接触开关、接近开关、位置、角度、速度、加速度传感器,压力变送器、无刷直流电机以及各种函数发生器、运算器,等等,已广泛应用于工业自动化技术、检测技术和信息处理等各个方面.霍尔效应也是磁流体发电的理论基础.

霍尔效应的发现,当时看似没有什么用处,却在现代技术的革新中展示出巨大的应用价值;由霍尔效应引发的深入研究,屡获世界科技大奖,相信在未来会有更广阔的应用前景.这种通过抓住实验细节,深入研究下去,产生举一反三效果的物理创新历史,值得学习.

一、 实验目的

1. 加深理解霍尔效应的原理;

2. 验证霍尔电势与霍尔控制电流的线性关系;

3. 验证霍尔电势与励磁电流的线性关系;

4. 了解利用霍尔效应测量磁场的方法,并测量螺线管磁场分布;

5. 学习用对称测量法消除实验负效应产生的系统误差.

二、 实验原理

1. 霍尔效应

如图 3-7 所示,一个由 N 型半导体材料制成的霍尔元件,其四个侧面各焊有一个电极 1、2、3、4.沿左右两个侧面通以电流 I,电流密度为 J,则电子将沿电流的反方向以速度 v_e 运动.此电子将受到垂直于磁场方向 B 的洛伦兹力 F_m 作用,向霍尔元件上侧运动,从而形成了沿上下方向的电场.此电场对电子有电场力 F_e 的作用,阻碍电子由于洛伦兹力引起的迁移.随着上下表面的电荷进一步积累,电场增强,当电子所受的洛伦兹力与电场力达到平衡时,电荷积累不再增加,达到平衡.此时上下表面的电势差称为霍尔电势 U_H.

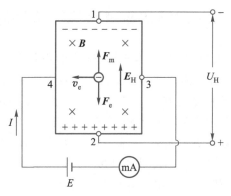

图 3-7 霍尔效应原理

如果半导体所在范围内,磁感应强度 B 是均匀的,则霍尔电场也是均匀的,霍尔电场与霍尔电势的关系可近似表示为

$$E_H = \frac{U_H}{L} \tag{3.2.1}$$

其中,L 为霍尔元件上下两面的距离.根据 $F_m = F_e$ 有

$$ev_e B = eE_H \tag{3.2.2}$$

将式(3.2.1)代入得

$$U_H = v_e BL \tag{3.2.3}$$

U_H、L 容易测量,但电子速度 v_e 难测,为此将 v_e 转换成与电流 I 有关的参量.根据欧姆定律电流密度 $J = nev_e$,n 为载流子的浓度,得 $I = JLd = nev_e Ld$,d 为霍尔元件沿磁场方向的厚度,故有

$$v_e = \frac{I}{neLd} \tag{3.2.4}$$

将式(3.2.4)代入式(3.2.3),得

$$U_H = \frac{1}{ne}\frac{IB}{d}$$

令 $R_H = \dfrac{1}{ne}$，则有

$$U_H = R_H \dfrac{IB}{d} \qquad (3.2.5)$$

式中，R_H 称为霍尔系数.可见，霍尔系数与载流子浓度 n 成反比，通过对霍尔系数的测量，可以确定导体或半导体载流子浓度；霍尔系数的正负取决于载流子电荷的正负.换句话说，由霍尔系数的正负可以确定霍尔元件的载流子是正的还是负的，即是空穴导电，还是电子导电，从而判定半导体的导电类型.

通常定义 $K_H = R_H/d$，称 K_H 为霍尔元件的灵敏度，这时式(3.2.5)可写为

$$U_H = K_H IB \qquad (3.2.6)$$

K_H 的大小与材料的性质及薄片的尺寸有关，对给定的霍尔元件是一常量.对测量磁场而言，K_H 越大越好，因此，常用半导体材料制成测量磁场的霍尔传感器.

2. 不等势电势差

如图 3-8 所示，当霍尔元件通电时，在内部形成垂直于电流方向的等势面.实验中，测量霍尔电势的两电极 1、2 不一定焊接在同一个等势面上，二者之间往往存在一定的电势差 U_0，此电势差称为不等势电势差.

为了消除不等势电势差、温度不均匀及材料的微观结构的不均匀等引起的负效应，实验中常变换电流和磁场的方向，即取以下的 4 种工作状态，测出结果，求其平均值.以下用换向测量法消除不等势电势差为例来说明.

图 3-8　不等势电势差 U

在图 3-8 中，设所示电流 I 和磁场的方向为正方向，则此时不等势电势 U_0 也为正，下面的讨论，凡与图示方向相反的均为负方向.4 种工作状态测量的情况表示如下：

(1) $+I$，$+B$，$+U_0$，测得 1、2 端电势为

$$U_1 = U_H + U_0 \qquad (3.2.7a)$$

(2) $-I$，$+B$，$-U_0$，测得 1、2 端电势为

$$U_2 = -U_H - U_0 \qquad (3.2.7b)$$

(3) $+I$，$-B$，$+U_0$，测得 1、2 端电势为

$$U_3 = -U_H + U_0 \qquad (3.2.7c)$$

(4) $-I$，$-B$，$-U_0$，测得 1、2 端电势为

$$U_4 = U_H - U_0 \qquad (3.2.7d)$$

由以上四个式子，可得霍尔电势为

$$U_H = \dfrac{1}{4}(U_1 - U_2 - U_3 + U_4) \qquad (3.2.8)$$

式(3.2.8)中的 U_1、U_2、U_3、U_4 分别为每一工作状态时所测得的电势值.

3. 螺线管磁场

由恒定磁场知识可知,长度为 L、通有电流 I 的螺线管内部轴线上某点的磁感应强度为

$$B = \frac{\mu_0}{2} nI(\cos \beta_2 - \cos \beta_1) \qquad (3.2.9)$$

式中,$\mu_0 = 4\pi \times 10^{-7}$ H/m 为真空中的磁导率;n 为螺线管单位长度的匝数;I 为电流强度;β_1 和 β_2 分别表示该点到螺线管两端的连线与轴线之间的夹角,如图3-9所示.

图 3-9　螺线管磁场

在螺线管轴线中央,$-\cos \beta_1 = \cos \beta_2 = L/(L^2 + D^2)^{1/2}$,式(3.2.9)可表示为

$$B = \mu_0 nI \frac{L}{\sqrt{L^2 + D^2}} = \frac{\mu_0 N I_M}{\sqrt{L^2 + D^2}} \qquad (3.2.10)$$

式中,N 为螺线管的总匝数.

如果螺线管为"无限长",即螺线管的长度远大于管的直径时,式(3.2.9)中的 $\beta_1 \rightarrow \pi$,$\beta_2 \rightarrow 0$,所以

$$B = \mu_0 nI \qquad (3.2.11)$$

这一结果说明,密绕长直螺线管内部沿轴线的磁场是匀强的.由安培环路定理可以证明,无限长螺线管内部非轴线处的磁感应强度也由式(3.2.11)描述.

在无限长螺线管轴线的端口处 $\beta_1 = \pi/2$,$\beta_2 \rightarrow 0$,磁感应强度

$$B = \mu_0 nI/2 \qquad (3.2.12)$$

为中心处的一半.

三、 实验仪器

实验装置包括螺线管磁场实验仪一台,霍尔效应测试仪一台,导线若干.图3-10所示为螺线管磁场实验仪的控制面板示意图.霍尔元件固定于霍尔筒中间位置,霍尔筒在螺线管内可以沿轴向滑动,滑动范围大于 300 mm.通过移动霍尔筒来移动霍尔元件在磁场中的位置.励磁电流 I_M 和工作电流 I_{CH} 可以通过面板上的开断开关和换向开关进行通断和换向控制.

霍尔效应测试仪如图3-11所示,测试并数字显示工作电流、励磁电流以及霍尔电压的数值.

图 3-10　螺线管实验仪面板照片

图 3-11　霍尔效应测试仪面板照片

四、实验内容及步骤

1. 仪器的连接

将螺线管磁场实验仪上来自霍尔元件的各接线接头插入霍尔效应测试仪面板的对应插座上,注意正负极对应连接.如图 3-10、图 3-11 所示.

2. 验证 U_H-I_{CH} 的线性关系

(1) 调节霍尔筒,使霍尔元件处于螺线管中心位置.

(2) 调节励磁电流 $I_M = 600$ mA,霍尔控制电流 $I_{CH} = 1.00, 2.00, \cdots, 10.00$ mA,依次改变励磁电流 I_M 和霍尔控制电流 I_{CH} 的方向,记录霍尔电势的数据(见数据表 3-2-1).

3. 验证 U_H-I_M 的线性关系

(1) 调节霍尔筒,使霍尔元件处于螺线管中心位置.

(2) 调节霍尔控制电流 $I_{CH} = 6.00$ mA,励磁电流 $I_M = 100, 200, \cdots, 1\,000$ mA,依次改变励磁电流 I_M 和霍尔控制电流 I_{CH} 方向,记录霍尔电势数据(见数据表 3-2-2).

4. 测量螺线管中磁感应强度 B 的大小及分布情况

调节霍尔控制电流 $I_{CH} = 5.00$ mA，励磁电流 $I_M = 800$ mA.

（1）先将霍尔筒从左侧缓慢移出，至刻度尺的"0"点刚好处于螺线管支架边沿，记录此时对应的 U_H 值（依次改变励磁电流 I_M 和霍尔控制电流 I_{CH} 方向），然后再将霍尔筒逐渐移出并记录相应位置及对应的 U_H 于表 3-2-3 中.

（2）再将霍尔筒从右侧缓慢移出，重复步骤（1）.

五、 数据记录与处理

表 3-2-1　测量霍尔电流与霍尔电势的关系

$I_M = 600$ mA

I_{CH}/mA （工作电流）	U_1/mV $+B, +I_{CH}$	U_2/mV $+B, -I_{CH}$	U_3/mV $-B, +I_{CH}$	U_4/mV $-B, -I_{CH}$	$U_H [= (U_1 - U_2 - U_3 + U_4)/4]$ $/\text{mV}$
1.00					
2.00					
3.00					
4.00					
5.00					
6.00					
7.00					
8.00					
9.00					
10.00					

表 3-2-2　测量励磁电流与霍尔电势的关系

$I_{CH} = 6.00$ mA

I_M/mA （励磁电流）	U_1/mV $+B, +I_{CH}$	U_2/mV $+B, -I_{CH}$	U_3/mV $-B, +I_{CH}$	U_4/mV $-B, -I_{CH}$	$U_H [= (U_1 - U_2 - U_3 + U_4)/4]$ $/\text{mV}$
100					
200					
300					
400					
500					
600					
700					
800					
900					
1 000					

表 3-2-3 测量 B-X 关系

$I_M = 800$ mA，$I_{CH} = 5.00$ mA

X /mm	U_1/mV +B, +I_{CH} 左侧	右侧	U_2/mV +B, -I_{CH} 左侧	右侧	U_3/mV -B, +I_{CH} 左侧	右侧	U_4/mV -B, -I_{CH} 左侧	右侧	$U_H\left(=\dfrac{U_1-U_2-U_3+U_4}{4}\right)$ /mV 左侧 | 右侧		B /mT 左侧 | 右侧	
0												
30												
60												
90												
110												
130												
150												
160												
170												
180												
190												

1. 根据表 3-2-1，绘出 U_H-I_{CH} 关系曲线，验证其线性关系.

2. 根据表 3-2-2，绘出 U_H-I_M 关系曲线，验证其线性关系.

根据公式(3.2.6)应绘出 U_H-B 关系曲线，但由于 I_M 和 B 是线性关系，所以只要绘出 U_H-I_M 即可.

3. 计算霍尔元件的灵敏度 K_H 及载流子浓度 n.

由于 K_H 与载流子浓度 n 成反比，根据式(3.2.6)，可由 U_H-I_{CH} 关系求出直线的斜率及 B[B 从公式(3.2.11)中求得]，即可求得 K_H，进而可计算载流子浓度 n.

4. 根据表 3-2-3，绘出 B-X 图，显示螺线管内 B 的分布状态.

已知 U_H、K_H 及 I_{CH} 值，由式(3.2.6)计算出各点的磁感应强度，并绘出 B-X 图，了解螺线管内 B 的分布状态.

六、 注意事项

1. 磁霍尔筒的滑动未限定，请在实验要求范围内滑动，取出时若超出要求将损坏连接线.

2. 为了不使螺线管过热而受到损害，或影响测量精度，除在短时间内读取有关数据时通以励磁电流外，其余时间必须断开励磁电流开关.

七、 思考与讨论

1. 为什么霍尔效应在半导体材料中更为显著?
2. 若磁场 B 的方向与霍尔元件的法线方向不一致,对实验结果有何影响?
3. 霍尔系数 R_H 与半导体中载流子类型有何关系?
4. 试利用霍尔效应设计一个测量微小位移的传感器.

实验 3.3   声光效应的研究

光通过某一受到超声波扰动的介质时,会发生衍射现象,这种现象称为声光效应.利用声光效应可制成声光器件,如声光调制器、声光偏转器和可调谐滤光器等.声光效应还可用于控制激光束的频率、方向和强度等.在激光技术、光信号处理和集成光通信技术等方面有着重要的应用.

一、 实验目的

1. 了解声光效应的原理;
2. 测量声光器件的衍射效率和带宽;
3. 利用声光效应测量声波在介质中的传播速度.

二、 实验仪器

氦氖激光器,声光器件,CCD光强分布测量仪,高频功率信号源,示波器,频率计等.

三、 实验原理

当超声波在介质中传播时,将引起介质的弹性应变,使其密度有时间上和空间上的周期性变化,并且导致介质的折射率也发生相应的变化.当光束通过有超声波的介质后就会产生衍射现象,这就是声光效应.有超声波传播的介质如同一个相位光栅.

光被弹性声波衍射有两种类型,当超声波频率较高时,产生布拉格(Bragg)衍射;当超声波频率较低时,产生拉曼-奈斯(Raman-Nath)衍射.

布拉格衍射相当于体光栅情况,而拉曼-奈斯衍射相当于薄光栅情况.两种光栅情况,如图3-12所示.由于光波速度大于声波速度(约 10^5 倍),所以在光波通过的时间内,介质在空间上的周期变化可看成是固定的.对于布拉格衍射,入射光束相对于超声波面以 θ 角斜入射时,入射光满足布拉格条件

$$2\lambda_s \sin\theta = \frac{\lambda}{n} \tag{3.3.1}$$

(a) 布拉格衍射(厚光栅、体光栅)　　　(b) 拉曼-奈斯衍射(薄光栅、平面光栅)

图 3-12　声光效应示意图

式中,λ 为光波的波长;λ_s 为声波的波长;固体介质的折射率为 n.布拉格衍射光只存在 1 级.当声波为声行波时,只有+1 级或-1 级衍射光,如图 3-13 所示.当声波为声驻波时,±1 级衍射光同时存在,而且衍射效率极高.只要超声功率足够高,布拉格衍射效率可达到 100%.所以实用的声光器件一般都采用布拉格衍射.而对于拉曼-奈斯衍射,满足条件

$$\sin\theta = \pm m \frac{\lambda}{\lambda_s} \qquad (3.3.2)$$

时出现衍射极大.式中 m 为衍射级数.

拉曼-奈斯衍射效率低于布拉格衍射效率.其中 1 级衍射的光衍射效率 I_1/I_0 最大不超过 35%,但这种衍射没有布拉格条件限制,所以对入射角要求不严格,调整方便.

对于布拉格衍射,当布拉格角 θ 很小时,衍射光相对于入射光的偏转角 φ 为

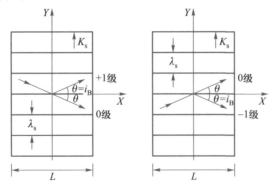

图 3-13　布拉格衍射

$$\varphi = 2\theta \approx \frac{\lambda}{\lambda_s} = \frac{\lambda_0}{n v_s} f_s \qquad (3.3.3)$$

式中,v_s 为超声波的波速;f_s 为超声波的频率.在布拉格衍射下,一级衍射的光衍射效率为

$$\eta = \sin^2 \left[\frac{\pi}{\lambda_0} \sqrt{\frac{M_2 L P_s}{2H}} \right] \qquad (3.3.4)$$

式中,P_s 为超声波的功率,L 和 H 为超声换能器的长和宽,M_2 为反映声光介质本身性质的常量.

以上讨论的是超声行波衍射的情况,实际上,介质中也可能出现超声驻波衍射的情

况.超声驻波对光的衍射也产生拉曼−奈斯衍射和布拉格衍射,而且各衍射光方向的方位角和超声波频率的关系与超声行波的情况相同.

由式(3.3.3)和式(3.3.4)可以看出,采用布拉格衍射,通过改变超声波的频率和功率,可分别实现对激光束方向的控制和强度的调制.

本实验利用的"远场接收"的衍射装置如图 3−14 所示.

1. 声光器件

本实验采用的声光器件中的声光介质为钼酸铅.吸声材料的作用是吸收通过介质传播到端面的超声波以建立超声行波.压电换能器又称超声发生器,是由铌酸锂压电晶体制成.它的作用是将高频功率信号源的电功率转换成声功率,并在声光介质中建立超声场.

图 3−14   声光衍射的实验装置图

声光器件有一个衍射效率最大的工作频率,此频率称为声光器件的中心频率 f_{co},对于其他频率的超声波,其衍射效率将降低.一般认为衍射效率(或衍射光的相对光强)下降 3 dB$\left(\text{即衍射效率降到最大值的}\dfrac{1}{\sqrt{2}}\right)$时两频率间的间隔为声光器件的带宽.

2. 高频功率信号源

S02000 功率信号源的频率范围为 80～120 MHz,最大输出功率 1 W.面板上的毫安表读数作功率指示用,读数值×10 等于毫瓦数.

3. CCD 光强分布测量仪

LM601 CCD 光强分布测量仪是线阵 CCD 器件,它可在同一时刻显示、测量各级衍射光的相对光强分布,不受光源强度跳变、漂移的影响.对于衍射角度的测量有很高的精度.

四、 实验内容及步骤

1. 观察超声衍射现象

按图 3−14 布置光路,调整激光器使光束经光阐后通过声光器件,观察拉曼−奈斯衍射和布拉格衍射,比较两种衍射的实验条件和特点.

2. 测量介质中超声波的声速

在布拉格衍射下,测量衍射光相对于入射光的偏转角 φ 与超声波频率(即电信号频率)f_s 的关系曲线,并计算声速 v_s.

注:由于实验采用的声光器件性能不够完善,布拉格衍射不是理想的,可能会出现高级次衍射光等现象.所以,在调节布拉格衍射时,使 1 级衍射光最强即可.

3. 测量声光器件的带宽和中心频率

在布拉格衍射下,固定超声波功率,测量衍射光相对于零级衍射光相对强度与超声波频率的关系曲线,并定出声光器件的带宽和中心频率.

　　将超声波频率固定在中心频率上,测出衍射光强与超声波功率的关系曲线.

五、 思考与讨论

1. 超声衍射有哪些特点? 超声光栅与平面光栅有何异同?
2. 拉曼-奈斯衍射和布拉格衍射的实验条件和特点是什么?

实验 3.4　光伏效应及其特性研究

　　1839 年,法国科学家贝克雷尔(Becqurel)发现,光照能使半导体材料的不同部位之间产生电势差.这种现象后来被称为"光生伏特效应",简称"光伏效应".21 世纪初,随着现代工业的发展,全球能源危机和环境污染问题日益突出,以光伏效应为原理的太阳能等可再生能源未来将改变人类的能源结构,维持社会长远的可持续发展.

　　丰富的太阳辐射能是重要的能源,是取之不尽、用之不竭的、无污染、廉价、人类能够自由利用的能源.假如把地球表面 0.1% 的太阳能转化为电能,转变率 5% 的年发电量即可达 $5.6×1\,012$ 千瓦小时,相当于世界现今能耗的 40 倍.正是由于太阳能的这些独特优势,当前太阳能电池的种类不断增多、应用范围日益广阔、市场规模也逐步扩大.可见光伏发电正在快速朝向主力能源发展,认识和理解光伏效应既有学习价值、又具有现实意义.

一、 实验目的

1. 了解发光二极管及太阳能电池的工作原理;
2. 学习了解光伏效应及其特性;
3. 了解光伏效应的量子机理,认识量子效率及转换效率.

二、 实验仪器

实验暗箱,太阳能电池,发光二极管,恒流源,数字万用表,电阻箱等.

三、 实验原理

光伏效应

(1) 光电池原理

　　半导体吸收入射光后,光子的能量使电子跃迁到高能级,形成非平衡载流子,在太阳能电池中,由于 pn 结内建电场的作用,光激发产生的跃迁电子在返回基态前被内电场分离输送到外部电路,受激电子和空穴分别集结在 n 区和 p 区,形成与内建电场相反的光生电压,这就是由 pn 结的内建电场引起的光生伏特效应,称为光伏效应,如图 3-15 所示.

图 3-15　光电池原理

（2）光电流产生的量子机理

光照是光电流产生的必要条件,然而,并不是在任何光照条件下,都有光电流产生.跟光电效应一样,光子的能量大于禁带宽度才有可能使半导体实现能级跃迁,产生光生载流子;对于晶体硅太阳能电池,波长大于 1 150 nm 的光子就不能产生光生载流子,波长小于1 150 nm的光子能不能产生光生载流子还要参考该光子对应的硅材料表面反射率及吸收系数.其中,太阳能电池收集到的载流子数量与入射光子数的比值,称为量子效率.图3-16 是晶硅太阳电池的典型量子效率曲线,其中短波段主要是由于表面反射率大而效率较低,长波段(小于 1 150 nm 部分)由于吸收率降低而效率变低.而在中间部分,量子效率接近于 1,即一个光子为光电流贡献一个光电子.

图 3-16　量子效率曲线

（3）光谱响应与光电转换效率

由量子效率曲线我们已经知道,一个光子最多产生一个电子.在量子效率基本都为 1

的情况下,产生同样大小的电流,短波光子相对于长波光子要消耗更多的能量.为了描述这一现象,人们定义光电池产生光电流大小与入射能量的比值称为光谱响应,用 s 表示(图 3-17).

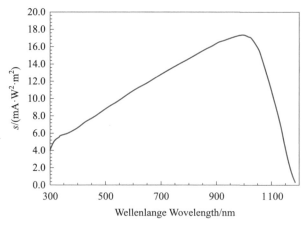

图 3-17 太阳能电池光谱响应曲线

由于波长大于长波吸收限的光子不能被半导体吸收,这部分能量只会部分加热电池,光谱响应曲线在长波段为零,对于太阳光来说这就是长波损失;此外,由于短波光子能量很高,而一个光子只能生成一个光生载流子,能量不能被充分利用,这个就是短波损失.这些都导致了显著的能量损失.

作为光电转换核心元件,太阳电池的光电转换效率是一个表征太阳能电池能力的核心指标,下面我们进一步研究太阳能电池的光电转化效率.

图 3-18 是一个典型的太阳能电池的伏安特性曲线,电压为零时的电流称为短路电流 I_{sc},电流为零时的电压称为开路电压 V_{oc},太阳能电池输出的电功率 P 为电压、电流的乘积,从图上可以看出输出功率 P 随电压的上升逐渐上升,达到最大点 P_{max} 后又开始下降,此时的最大功率点 P_{max} 对应的电压称为 U_m,对应的工作电流称为 I_m,定义填充因子 $FF = P_{max}/(I_{sc} * V_{oc})$,$FF$ 也是太阳能电池的关键参数之一.

图 3-18 太阳能电池电流电压关系与功率电压关系

将输出的电功率 P_{max} 与入射的光功率的比值定义为光电转换效率 η.

四、 实验内容及步骤

1. 测定蓝色(波长 460 nm)、红色(波长 650 nm)、红外(波长 940 nm)发光二极管的伏安特性曲线及暗条件下太阳能电池的正向伏安特性曲线.

将稳压电源调至恒流模式,电压调至不高于 15 V,电流调至零,依次分别把蓝色(波长 460 nm)、红色(波长 650 nm)、红外(波长 940 nm)发光二极管及暗条件下太阳电池接至恒流源,正接正,负接负,调节电流从零到 250 mA,记录电源上对应的电压值,并填入表 3-4-1 中.

表 3-4-1

电流/mA	5	10	20	40	60	80	100	150	200	250
电压/V										
蓝色										
红色										
红外										
太阳能电池										

注意:发光二极管为 4 节串联,太阳能电池为 10 节串联,在同一坐标下画出三种单节 LED 及太阳能电池暗特性的伏安特性曲线.注意波长与电压的关系.

2. 在不同光强下测定太阳能电池的伏安特性曲线.将稳压电源调至恒流模式,电压调至不高于 15 V,电流调至零,依次把蓝色(波长 460 nm)、红色(波长 650 nm)、红外(波长 940 nm)发光二极管串连接至恒流源,正接正,负接负,调节电流到 250 mA,太阳能电池接电阻箱,万用表用电压挡并联在电阻箱上,测量电阻箱电压,分别记录蓝光、蓝光+红光、蓝光+红光+红外光三种情况下电源上对应的电压值及对应电阻箱上的电压值,并填入表 3-4-2 中.

表 3-4-2

电阻/Ω	1	50	100	150	200	250	300	400	500	1 000	开路	电源
电压/V												
B												
B+R												
B+R+I												

同一坐标下画出上述三条伏安特性曲线,注意短路电流;分别算出蓝、红、红外对应的短路电流和最大功率,对应的短路电流除以 LED 输入电流得到对应的电流效率,即对应的量子效率(注意此量子效率较低是因为实验装置光路上的损失太大,大量光子没有照到太阳能电池上);对应的最大功率除以输入电流乘以输入电压得到对应的从电到电的转换效率,比较三种 LED 对应的量子效率和能量效率.

3. 发光二极管的光伏效应验证.把 LED 光源板放在桌面上,把红色 LED 接至恒流源,电流从 50~250 mA 调节,用万用表电压挡测试蓝色及红外 LED 的端电压.

五、 思考与讨论

实验 3 中蓝色 LED 和红外 LED 的端电压为什么显著不同？

实验 3.5　铁磁性材料居里温度的测定

铁磁材料是一种性能特异、用途广泛的材料,应用于能源、电信、自动控制、通信、家用电器、生物、医疗卫生、轻工、选矿、物理探矿、军工等领域.其特征之一是在外磁场中能被强烈磁化,故磁导率 μ 很高;另一特征是磁滞,即外磁场的作用停止后,铁磁材料仍保留磁化状态.此外,铁磁材料的磁性还会随温度的变化而变化.当温度上升到某一值时,铁磁性材料就由铁磁状态转变为顺磁状态,即失掉铁磁性物质的特性而转变为顺磁性物质,这个温度称为居里温度,以 T_c 表示.居里温度是磁性材料的本征参数之一,它仅与材料的化学成分和晶体结构有关,几乎与晶粒的大小、取向以及应力分布等因素无关,是材料的内禀物理属性.测定铁磁材料的居里温度不仅对磁性材料、磁性器件的研究和研制,而且对工程技术的应用都具有十分重要的意义.

一、 实验目的

1. 研究铁磁材料的磁化规律,了解其磁化特性,加深对其磁特性的认识,了解铁磁材料的分类及其在工程技术中的应用;
2. 初步了解铁磁物质由铁磁性转变为顺磁性的微观机理;
3. 学习用示波器观测铁磁性材料交流磁化曲线和磁滞回线的原理和方法;
4. 测定铁磁样品的居里温度.

二、 实验原理

在铁磁物质中,相邻原子间存在着非常强的交换耦合作用,这个相互作用促使相邻原子的磁矩平行排列起来,形成一个自发磁化达到饱和状态的区域,这个区域的体积约为 10^{-8} m^3 称为磁畴.在没有外磁场作用时,不同磁畴的取向各不相同,如图 3-19 所示.因此,对整个铁磁物质来说,任何宏观区域的平均磁矩为零,铁磁物质不显示磁性.当有外磁场作用时,不同磁畴的取向趋于外磁场的方向,任何宏观区域的平均磁矩不再为零,且随着外磁场的增大而增大.当外磁场增大到一定值时,所有磁畴沿外磁场方向整齐排列,如图 3-20 所示.任何宏观区域的平均磁矩达到最大值,铁磁物质显示出很强的磁性,我们说铁磁物质被磁化了.铁磁物质的磁导率 μ 远远大于顺磁物质的磁导率.

铁磁物质被磁化后具有很强的磁性,但这种强磁性是与温度有关的.随着铁磁物质温度的升高,金属点阵热运动的加剧会影响磁畴、磁矩的有序排列.但在未达到一定温度时,热运动不足以破坏磁畴、磁矩基本的平行排列,此时任何宏观区域的平均磁矩仍不为零,物质仍具有磁性,只是平均磁矩随温度升高而减小.而当与 kT(k 是玻耳兹曼常量,T 是热

外磁场方向

图 3-19   无外磁场作用的磁畴   图 3-20   在外磁场作用下的磁畴

力学温度)成正比的热运动足以破坏磁畴、磁矩的整齐排列时,磁畴被瓦解,平均磁矩降为零,铁磁物质的磁性消失而转变为顺磁物质,与磁畴相联系的一系列铁磁性质(如高磁导率、磁滞回线、磁致伸缩等)全部消失,相应的铁磁物质的磁导率转化为顺磁物质的磁导率.与铁磁性消失时所对应的温度即为居里温度.任何区域的平均磁矩称为自发磁化强度,用 M_s 表示.

由铁磁材料的性质可知,可通过两种途径判断样品铁磁性的消失.

(1)通过观察样品的磁滞回线是否消失来判断

铁磁物质最大的特点是当它被外磁场磁化时,其磁感应强度 B 和磁场强度 H 的关系不是线性的,也不是单值的,而且磁化的情况还与它以前的磁化历史有关,即其 B-H 曲线为一闭合曲线,称为磁滞回线,如图 3-21 所示.当铁磁性消失时,相应的磁滞回线也就消失了.因此,测出对应于磁滞回线消失时的温度,就测得了居里温度.

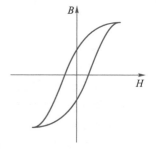

图 3-21   铁磁物质的
磁滞回线

(2)通过测定磁感应强度随温度变化的曲线来推断

一般自发磁化强度 M_s 与饱和磁化强度 M(不随外磁场变化时的磁化强度)很接近,可用饱和磁化强度近似代替自发磁化强度,并根据饱和磁化强度随温度变化的特性来判断居里温度.用 JLD-Ⅱ 装置无法直接测定 M,但由电磁学理论知道,当铁磁性物质的温度达到居里温度时,其 M-T 的变化曲线与 B-T 曲线很相似,因此在测量精度要求不高的情况下,可通过测定 B-T 曲线来推断居里温度.即测出感应电动势的积分值 ε' 随温度 T 变化的曲线,并在其斜率最大处作切线,切线与横坐标(温度)轴的交点即为样品的居里温度.

三、实验仪器

JLD-Ⅱ型温度测试仪,样品,示波器等.

测量装置及原理

由居里温度的定义知,任何可测定 M_s 或可判断铁磁性消失的带有温控的装置都可用来测量居里温度.要测定铁磁材料的居里温度,从测量原理来讲,其测定装置必须具备4个条件:提供使样品磁化的磁场,改变铁磁物质温度的温控装置,判断铁磁物质磁性是否消失的判断装置,测量铁磁物质磁性消失时所对应温度的测温装置.

JLD-Ⅱ型居里温度测试仪是通过如图 3-22 所示的系统装置来实现以上 4 个功能的.

图 3-22　JLD-Ⅱ型居里温度测试仪测试原理图

待测样品为一环形铁磁材料,其上绕有两个线圈 L_1 和 L_2(如图 3-23 所示),其中 L_1 为励磁线圈,给其中通一交变电流,提供使环形样品磁化的磁场.将绕有线圈的环形样品置于温度可控的加热炉中以改变样品的温度.将集成温度传感器置于样品旁边以测定样品的温度.

图 3-23

$$H = \frac{Ni_1}{L} = \frac{N}{LR_1} \cdot U_1$$

N 为励磁绕组,R_1 为励磁电流取样电阻,U_1 是交流励磁电压,L 为样品的平均磁路长度.

在交变磁场下样品的磁感应强度 B 是测量绕组 n 和 R_2C_2 电路给定的:

$$B = \frac{C_2 R_2}{nS} U_2$$

式中 U_2 为积分电容 C_2 两端电压,S 为样品的截面积.

为了获得样品的磁滞回线,可在励磁线圈回路中串联一个采样电阻 R.由于样品中的磁场强度 H 正比于励磁线圈中通过的电流 I,而电阻 R 两端的电压 U 也正比于电流 I,因此可用 U 代表磁场强度 H,将其放大后送入示波器的 X 轴.样品上的线圈 L_2 中会产生感应电动势,由法拉第电磁感应定律知,感应电动势 ε 的大小为

$$\varepsilon = -\frac{d\varphi}{dt} = -k \frac{dB}{dt} \tag{3.5.1}$$

式中,k 为比例系数,与线圈的匝数和截面积有关.将式(3.5.1)积分得

$$B = -\frac{1}{k} \int \varepsilon dt \tag{3.5.2}$$

可见,样品的磁感应强度 B 与 L_2 上的感应电动势的积分成正比.因此,将 L_2 上感应电动势经过 R_1C 积分电路积分并加以放大处理后送入示波器的 Y 轴,这样在示波器的荧光屏上即可观察到样品的磁滞回线(示波器用 X-Y 工作方式).

四、 实验内容及步骤

1. 通过测定磁滞回线消失时的温度测定居里温度

(1)用连线将加热炉与电源箱前面板上的"加热炉"插孔相连接;将铁磁材料样品与电源箱前面板上的"样品"插孔用专用线连接起来,并把样品放入加热炉;将温度传感器、降温风扇的接插件与接在电源箱前面板上的"传感器"接插件对应相接;将电源箱前面板上的"B 输出""H 输出"分别与示波器上的 Y 输入、X 输入用专用线相连接.

(2)测试前先将"升温-降温"开关打向"降温".接通电源箱前面板上的电源开关,将电源箱前面板上的"H 调节"旋钮调大些,适当调节示波器,其荧光屏上就显示出了磁滞回线.

(3)关闭加热炉上的两风门(旋钮方向和加热炉的轴线方向垂直),将"测量-设置"开关打向"设置",适当设定炉温.

(4)将"测量-设置"开关打向"测量",将"升温-降温"开关打向"升温",这时炉子开始升温,在此过程中注意观察示波器上的磁滞回线,记下磁滞回线消失时数显表显示的温度值,即测得了居里温度.

(5)将"升温-降温"开关打向"降温",并打开加热炉上的两风门,使加热炉降温.

2. 测量感应电动势的积分值随温度变化的关系

(1)根据步骤1所测得的居里温度值来设置炉温,其设定值应比步骤1所测得的 T_C 值高 20 ℃左右.

(2)将"测量-设置"开关打向"测量","升温-降温"开关打向"升温",这时炉子开始升温,同时在数据记录表格中记下温度和对应的感应电动势积分值.

五、 数据记录与处理

表 3-5-1   磁滞回线消失时所对应的温度值

样品编号						
T_C/℃						

表 3-5-2   感应电动势积分值 ε' 及其对应的温度值 T

ε'/mV							
T/℃							

用坐标纸画出 ε'-T 曲线,并在其斜率最大处作切线,切线与横坐标(温度)轴的交点即为样品的居里温度.

六、　注意事项

1. 测量样品的居里温度时,一定要让炉温从低温开始升高,即每次要让加热炉降温后再放入样品,这样可避免由于样品和温度传感器响应时间的不同而引起的居里温度每次测量值的不同.

2. 在测 80 ℃ 以上的样品时,温度很高,小心烫伤.

七、　思考与讨论

通过测定感应电动势的积分值随温度变化的曲线来推断居里温度时,为什么要由曲线上斜率最大处的切线与温度轴的交点来确定 T_c,而不是由曲线与温度轴的交点来确定 T_c?

实验 3.6　金属电子逸出功与荷质比的测定

从固体物理学的金属电子理论知道,金属中电子的能量是量子化的,且服从泡利(Pauli)不相容原理,其传导电子的能量分布遵循费米-狄拉克分布.在通常温度下,由于金属表面与外界之间存在着势垒,所以从能量角度看,金属中的电子是在一个势阱中运动,势阱的深度为 E_b,在 0 K 时,电子所具有的最大能量为 E_f,E_f 称为费米能量.这时电子逸出金属表面至少需要从外界得到的能量为 $E_0 = E_b - E_f = e\varphi$,称为金属电子的逸出功.实验中常用理查森直线法测定金属电子的逸出功.

电子荷质比 e/m 是描述电子性质的重要物理量,其测定在近代物理学发展史上占有重要地位.本实验是用磁控法来测电子荷质比的.

电子逸出功和荷质比测定是近代物理学的重要实验之一,它证明了能量量子化和原子是可以分割的.将电子逸出功和荷质比测定两部分内容综合起来进行设计,是因为这两部分内容都涉及阴极射线.

阴极射线是德国物理学家尤利乌斯·普吕克在 1858 年进行低压气体放电研究的过程中发现的.1897 年汤姆孙根据放电管中的阴极射线在电场和磁场作用下的轨迹,应用磁性弯曲技术,从测定阴极射线束的曲率半径着手,推导出阴极射线的荷质比,并且证实了阴极射线是带负电的微粒子.还证明了不论放电管中是什么气体,不管阴极是由什么材料做成的,其荷质比都相同,说明这种荷电的微粒是原子的一部分,他命名这种微粒子为"电子",这在一定意义上是历史上第一次发现电子.12 年后美国物理学家密立根用油滴实验测出了电子的电荷.

阴极射线应用广泛.电子示波器中的示波管、电视的显像管、电子显微镜等都是利用阴极射线在电磁场作用下偏转、聚焦,以及能使被照射的某些物质如硫化锌发荧光的性质工作的.高速的阴极射线打在某些金属靶极上能产生 X 射线,可用于研究物质的晶体结构.阴极射线还可直接用于切割、熔化、焊接等.

一、 实验目的

1. 了解热电子发射的基本规律,验证肖特基效应;
2. 学习用理查森直线法处理数据,测量电子逸出电势;
3. 了解磁控原理,利用磁控法测定荷质比.

二、 实验原理

1. 金属逸出功

（1）热电子发射

如图 3-24 所示,用钨丝作阴极的理想二极管,通以电流加热,并在阳极和阴极间加上正向电压(阳极为高电势)时,在外电路中就有电流通过.电流的大小主要与灯丝温度及金属逸出功的大小有关,灯丝温度越高或者金属逸出功越小,电流就越大.根据费米-狄拉克分布可以导出热电子发射遵守的理查森-杜西曼(Richardson-Dushman)公式

图 3-24　热电子发射
原理电路图

$$I = AST^2 \exp\left(-\frac{e\varphi}{kT}\right) \qquad (3.6.1)$$

式中,I 为热电子发射的电流强度;A 为与阴极材料有关的系数;S 为阴极的有效发射面积;k 为玻耳兹曼常量,$k = 1.381 \times 10^{-23}$ J/K;T 为热阴极灯丝的热力学温度;$e\varphi$ 为逸出功,又称功函数.

从式(3.6.1)可知,只要测出 I、A、S、T 的值,就可以计算出阴极材料的电子逸出功,但是直接测定 A、S 这两个量比较困难.在实际测量中常用理查森直线法,它可以避开 A、S 的测量,即不必求出 A、S 的具体数值,直接由发射电流 I 和灯丝温度 T 确定逸出功的值.这是一种实验和数据处理的巧妙方法,非常有用.

由式(3.6.1)得

$$\frac{I}{T^2} = AS \exp\left(-\frac{e\varphi}{kT}\right)$$

两边取常用对数

$$\lg \frac{I}{T^2} = \lg AS - \frac{e\varphi}{2.303\ k} \cdot \frac{1}{T} \qquad (3.6.2)$$

从式(3.6.2)可以看出,$\lg \dfrac{I}{T^2}$ 和 $\dfrac{1}{T}$ 成线性关系.这样,以 $\dfrac{1}{T}$、$\lg \dfrac{I}{T^2}$ 分别作为横坐标、纵坐标,作出 $\lg \dfrac{I}{T^2} - \dfrac{1}{T}$ 图线,由直线的斜率即可求出该金属的逸出功 $e\varphi$,或逸出电势 φ.由于 A 与 S 对某一固定材料的阴极来说是常量,故 $\lg AS$ 一项只改变直线的截距,而不影响直线的斜率,这就避免了由于 A 与 S 不能准确确定以致影响确定 φ 的困难.

要使阴极发射的热电子连续不断地飞向阳极,形成阳极电流 I_a,就必须在阳极与阴极之间外加一个加速电场 E_a,但 E_a 的存在相当于使新的势垒高度比无外电场时降低了,这导致更多的电子逸出金属,因而使发射电流增大,这种外电场产生的电子发射效应称为肖特基效应.阴极发射电流 I_a 与阴极表面加速电场 E_a 的关系为

$$I_a = I \exp\left(\frac{\sqrt{e^3 E_a}}{kT}\right) \tag{3.6.3}$$

式中,I_a 和 I 分别表示加速电场为 E_a 和零时的发射电流.

为了方便,一般将阴极和阳极制成共轴圆柱体,在忽略接触电势差等影响的条件下,阴极表面附近加速电场的场强为

$$E_a = \frac{U_a}{r_1 \ln \dfrac{r_2}{r_1}} \tag{3.6.4}$$

式中,r_1、r_2 分别为阴极及阳极圆柱面的半径,U_a 为加速电压.

将式(3.6.4)代入式(3.6.3)取对数得

$$\lg I_a = \lg I + \frac{\sqrt{e^3}}{2.303 kT} \cdot \frac{1}{\sqrt{r_1 \ln \dfrac{r_2}{r_1}}} \cdot \sqrt{U_a} \tag{3.6.5}$$

式(3.6.5)表明,对于一定尺寸的直热式真空二极管,r_1、r_2 一定,在阴极的温度 T 一定时,$\lg I_a$ 与 $\sqrt{U_a}$ 也成线性关系,$\lg I_a - \sqrt{U_a}$ 直线的延长线与纵轴的交点,即截距为 $\lg I$,由此即可得到在一定温度下,加速电场为零时的热电子发射(饱和)电流 I.这样就可消除 E_a 对发射电流的影响.

综上所述,要测定某金属材料的逸出功,可将该材料制成理想二极管的阴极,测定阴极温度 T、阳极电压 U_a 和发射电流 I_a,用作图法得到零场电流 I 后,即可求出逸出功或逸出电势.

(2) 理想(标准)二极管

理想二极管也称标准二极管,是一种进行了严格设计的理想器件.这种真实二极管采用直热式结构,如图 3-25 所示.为便于进行分析,电极的几何形状一般设计成同轴圆柱形系统,待测逸出功的材料做成阴极,呈直线形,其发射面限制在温度均匀的一段长度内.为保持灯丝电流稳定,用直流恒流电源供电.阳极为圆筒状,并可近似地把电极看成是无限长的圆柱,即无边缘效应.为了避免阴极 K 两端温度较低和电场不均匀,在阳极 A 两端各装一个圆筒形保护电极 B,并在玻璃管内相连后再引出管外,B 与 A 绝缘,因此,保护电极虽与阳极加相同的电压,但其电流并不包括在被测热电子发射电流中.在阳极中部开有一个小孔,通过小孔可以看到阴极,以便用光学高温计测量阴极温度.

观察小孔

B

K

A

B

图 3-25　理想二极管结构图

（3）灯丝温度的测量

灯丝温度 T 对发射电流 I 的影响很大,因此准确测量灯丝温度对于减小测量误差十分重要.灯丝温度一般取 2 000 K 左右,常用光学高温计进行测量.

若不测量灯丝温度,可以根据灯丝真实温度与灯丝电流的关系,由灯丝电流确定灯丝温度.钨丝的真实温度与加热电流的对应关系如表 3-6-1 所示.

表 3-6-1　灯丝电流与温度的关系

灯丝电流/A	0.600	0.625	0.650	0.675	0.700	0.725	0.750	0.775	0.800
灯丝温度/(10^3 K)	1.88	1.92	1.96	2.00	2.04	2.08	2.12	2.16	2.20

2. 磁控法测电子荷质比

在理想二极管中,阴极和阳极为一同轴圆柱系统.当阳极加有正电压时,从阴极发射的电子流受电场的作用将做径向运动,如图 3-26(a)所示.如果在理想二极管外面套一个通电励磁线圈,则原来沿径向运动的电子在轴向磁场作用下,运动轨迹将发生弯曲,如图 3-26(b)所示.若进一步加强磁场(加大线圈的励磁电流)使电子流运动如图 3-26(c)所示,这时电子运动到阳极附近,电子所受到的洛伦兹力减去电场力后的合力恰好等于电子沿阳极内壁圆周运动的向心力,因此电子流运动的轨迹也将沿阳极内壁做圆周运动,此时称为"临界状态".若进一步增强磁场,电子运动的圆半径就会减小,以致电子根本无法靠拢阳极,就会造成阳极电流"断流",如图 3-26(d)所示.但在实际情况中,由于从阴极发射的电子按费米统计有一个能量分布范围,不同能量的电子因速度不同,在磁场中的运动半径也是各不相同的,在轴向磁场逐步增强的过程中,速率较小的电子因做圆周运动的半径较小,首先进入临界状态,然后是速率较大的电子,依次逐步进入临界状态.另外,由于理想二极管在制造时也不能保证阴极和阳极完全同轴,阴极各部分发出的电子与阳极的距离也不尽相同.所以随着轴向磁场的增强,阳极电流有一个逐步降低的过程.只有当外界磁场很强、绝大多数电子的圆周运动半径都很小时,阳极电流才几乎"断流".这种利用磁场控制阳极电流的过程称为"磁控",在微波通信和自动控制等方面有广泛的应用.

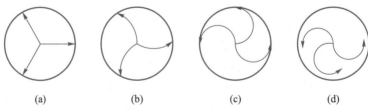

图 3-26　磁场增加时电子运动轨迹

在一定的阳极电压下,阳极电流 I_a 与励磁电流 I_s 的关系如图 3-27 所示.其中 I_a 在开始阶段几乎不发生改变,对应图 3-26(a)、(b)的情况;随着励磁电流 I_s 的逐渐增加,I_a 的变化曲率达到最大,对应于图 3-26(c)的情况;之后,随着 I_s 的加大,I_a 逐步减小,最后几乎降到 0.在图 3-27 的 I_a-I_s 曲线上取阳极电流最大值 I_{a0} 约 1/4 高度的点作为阳极电流变化的临界点 Q,临界点 Q 只是个统计的概念,实际上不同速率运动的电子的临界点是不同的.

以下定量分析外界磁场对阳极电流的磁控条件:在单电子近似情况下,从阴极发射出的、质量为 m 的电子动能应由阳极加速电场能 eU_a 和灯丝加热后电子"热运动"所具能量 W 两部分构成,所以有

$$\frac{1}{2}mv^2 = eU_a + W \tag{3.6.6}$$

电子在磁场 B 的作用下做半径为 R 的圆周运动,应满足

$$m\frac{v^2}{R} = evB \tag{3.6.7}$$

而通电励磁线圈中心处的磁感应强度

$$B = \frac{\mu_0 N I_s}{2(r_2 - r_1)} \ln \frac{r_2 + \sqrt{r_2^2 + L^2}}{r_1 + \sqrt{r_1^2 + L^2}} = K' I_s \tag{3.6.8}$$

与励磁电流 I_s 成正比,式中,r_1 为线圈的内半径;r_2 为线圈的外半径;L 为线圈半长度;K' 为比例分数.

由式(3.6.6)、式(3.6.7)和式(3.6.8)可得

$$\frac{U_a + W/e}{I_s^2} = \frac{e}{m} \cdot \frac{R^2}{2} \cdot K'^2 \tag{3.6.9}$$

若设阳极内半径为 a,而阴极(灯丝)半径忽略不计,则当多数电子都处于临界状态时,与临界点 Q 对应的励磁线圈的电流 I_s 称为临界电流 I_C,而此时 $R = a/2$,阳极电压 U_a 与 I_C 的关系可写为

$$\frac{U_a + W/e}{I_C^2} = \frac{e}{m} \cdot \frac{a^2}{8} \cdot K'^2 = K \tag{3.6.10}$$

显然,U_a 与 I_C^2 成线性关系.

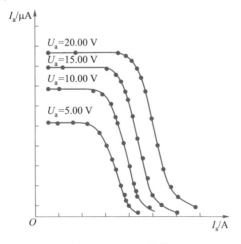

图 3-27　I_a-I_s 曲线

用同一个理想二极管,在不同的 U_a 下,就有不同的阳极电流与励磁电流变化曲线(如图 3-27 所示),因而就有不同的 I_C 值与之对应.再将测得的 U_a-I_C^2 数据组用图解法或最小二乘法求得斜率 K,如果 U_a-I_C^2 的关系确为线性关系,则上述电子束在径向电场和轴向磁场中的运动规律即可得到验证.

本实验所用励磁线圈参数:线圈的内半径 $r_1 = 24.0$ mm、外半径 $r_2 = 36.0$ mm,线圈半长度 $L = 18.0$ mm,匝数 $N = 800$,真空中的磁导率 $\mu_0 = 4\pi \times 10^{-7}$ H/m,若励磁线圈通过的电流为 I_C,则其中心处产生的磁感应强度为

$$B = \frac{\mu_0 N I_C}{2(r_2 - r_1)} \ln \frac{r_2 + \sqrt{r_2^2 + L^2}}{r_1 + \sqrt{r_1^2 + L^2}}$$

$$= 1.445 \times 10^{-2} I_C$$

这样,式(3.6.8)或式(3.6.10)中,$K' = 1.445 \times 10^{-2}$,将求得的 K 值、理想二极管的阳极内半径 a(半径 $a = 4.0$ mm)等,代入式(3.6.10),即可求得电子的荷质比 e/m.

三、实验仪器

实验仪面板如图 3-28 所示,在仪器内设有经过 12 位 A/D 转换的计算机接口,通过计算机接口处理,运行"逸出功"和"荷质比"两套实验软件,在计算机屏幕上将所测得的电流、电压等变化曲线实时显示,并对实验数据进行拟合处理和结果分析,同时可对采取的数据进行图形保存、误差分析及实验结果打印等.有关计算机采集及数据处理的方法请参阅说明书.测量线路原理如图 3-29 所示.

图 3-28   实验仪面板图

图 3-29   测量线路原理图

四、 实验内容及步骤

1. 电子逸出功的测定

（1）功能选择键分别选择"逸出功"和"手动"，将灯丝加热电流设定在某一数值（例如 0.600 A）保持不变，预热 2 分钟.

（2）测量不同加速电压 U_a 下的阴极发射电流 I_a（见表 3-6-2）.

（3）将灯丝加热电流以 0.025 A 间隔逐渐增大，每变化一次都重复步骤（2），直至达到 0.750 A.每调一次灯丝电流，要略等片刻，待稳定后再测量.

表 3-6-2　不同阳极加速电压 U_a 和灯丝电流下的阴极发射电流 I_a（μA）

U_a/V		16.0	25.0	36.0	49.0	64.0	81.0	100.0
灯丝电流/A	0.600							
	0.625							
	0.650							
	0.675							
	0.700							
	0.725							
	0.750							

数据处理：

（1）在不同 T 时，作 $\lg I_a - \sqrt{U_a}$ 图线，求出截距 $\lg I_a$，即可得到不同灯丝温度 T 时的零场热电子发射电流（在同一坐标轴内作出 7 条直线，见表 3-6-3）.

表 3-6-3　不同 T 时的 $\lg I_a$ 值

$T/(10^3\ \mathrm{K})$	$\sqrt{U_a}$						
	4.0	5.0	6.0	7.0	8.0	9.0	10.0

（2）由 $\lg I$ 和 T 值，作出 $\lg \dfrac{I}{T^2} - \dfrac{1}{T}$ 图线（见表 3-6-4），根据式（3.6.2）从直线斜率求出

金属钨的逸出功 $W_0 = e\varphi$,并与理论值比较,求百分误差.金属钨的逸出功理论值为 5.54 eV.

表 3-6-4　$\lg(I/T^2) - 1/T$ 的关系

灯丝温度 $T/(10^3\text{ K})$	1.96	2.00	2.04	2.08	2.12	2.16	2.20
$\lg I$							
$\lg(I/T^2)$							
$1/T$							

2. 电子荷质比的测定

(1)将功能选择键"荷质比"按下.

(2)将灯丝电源调至 0.750 A,将阳极电压设为某值,例如 10.0 V,励磁电流 I_s 从 0.100 A 开始测量,在逐渐增加 I_s 的同时观察阳极电流 I_a,当阳极电流 I_a 开始下降时,开始记录数据:励磁电流 I_s 每间隔 0.010 A 记录一次数据,直到 I_a 降到零为止(见表 3-6-5).

表 3-6-5　不同阳极加速电压 U_a(V)和励磁电流 I_s(A)下的阳极电流 I_a(μA)

$U_a = 10$ V	I_s/A	0.100					…
	I_a/μA						…
$U_a = 15$ V	I_s/A	0.100					…
	I_a/μA						…
$U_a = 20$ V	I_s/A	0.100					…
	I_a/μA						…
$U_a = 25$ V	I_s/A	0.100					…
	I_a/μA						…
$U_a = 30$ V	I_s/A	0.100					…
	I_a/μA						…

(3)依次改变阳极电压为 15.0 V,20.0 V,25.0 V,30.0 V 等,每变化一次都重复步骤(2).

数据处理:

(1)根据所测数据在同一坐标平面内作出 5 条 I_a-I_s 曲线,在曲线上分别取阳极电流最大值 $I_{a\max}$ 的 1/4 高度的点作为阳极电流变化的临界点 Q,对应得出 5 个不同阳极电压下的临界电流 I_C 值.

(2)作出 U_a-I_C^2 图线(呈线性关系),求出斜率 K,代入公式(3.6.10),即可求出荷质比,并与理论值(见附录二)比较,求出百分误差.

实验 3.7　用密立根油滴法测定电子电荷

密立根油滴实验是物理学发展史上一个很重要的实验,1906—1917 年密立根(R.

A.Millikan)用了 11 年时间终于测出单个电子电荷值.这个实验最先证明了任何带电物体所带的电荷量都是某一个最小电荷——电子电荷(基本电荷)——的整数倍,证实了基本电荷的存在,明确了电荷的不连续性(电荷的量子性).密立根油滴实验设计巧妙,方法简便,测量结果准确,被公认为实验物理学的光辉典范,并被称为人类科学史上最美的十大物理实验之一.

一、 实验目的

1. 学习本实验的物理构思和仪器设计的技巧;
2. 测量油滴所带电荷量;
3. 验证电荷的不连续性;
4. 学会作统计直方图.

二、 实验原理

密立根油滴实验主要是通过测定油滴所带的电荷量,从而确定电子电荷.测量方法可采用平衡测量法,也可以用动态测量法.本次实验主要采用平衡测量法.

在图 3-30 中给水平放置的平行极板加上电压,如果带电油滴在这个电场中运动,就会受到电场力、重力、空气浮力和黏性阻力这 4 个力的作用.若调节两极板间的电压 U,使油滴受力平衡后静止不动,即油滴运动速度为零,这时,黏性阻力为零,油滴受到的电场力=重力-空气浮力,其数学表达式为

图 3-30　带电油滴在平行极板间静止时的受力情况

$$F_e = mg - F_f \tag{3.7.1}$$

式中

$$\begin{cases} F_e = QE = Q\dfrac{U}{d} \\[2mm] mg = \dfrac{4}{3}\pi r^3 \rho_{油}\, g \\[2mm] F_f = \dfrac{4}{3}\pi r^3 \rho_{空}\, g \end{cases} \tag{3.7.2}$$

将式(3.7.2)代入式(3.7.1)中,可得

$$Q\frac{U}{d} = \frac{4}{3}\pi r^3 g(\rho_{油} - \rho_{空})$$

或写成

$$Q\frac{U}{d}=\frac{4}{3}\pi r^{3}g\rho \tag{3.7.3}$$

式中,U 为平衡电压(即油滴受力平衡时的电压);d 为平行极板的间距;r 为球形油滴的半径;g 为重力加速度;$\rho_{油}$、$\rho_{空}$ 分别为油滴及空气的密度,$\rho=\rho_{油}-\rho_{空}$.由式(3.7.3)可见,只需将 U、d、r、g、ρ 等量测出来,就可以算出油滴的带电荷量 Q 值.上述物理量中,油滴半径不易直接测量,只能用间接测量的方法.

当处于平行极板间的油滴受力平衡而静止不动时,去掉平行极板的电压,这时,极板间没有电场,油滴在重力作用下迅速下降.根据斯托克斯定律,油滴在连续介质中运动时,所受的黏性阻力与其运动速度 v 成正比,即

$$F_{v}=6\pi\eta rv$$

当油滴的运动速度增大到一定值时,油滴受力达到平衡,将以匀速率 v 下降,此时空气黏性阻力=重力-空气浮力,即

$$F_{v}=mg-F_{f}$$

可得

$$6\pi\eta rv=\frac{4}{3}\pi r^{3}g\rho \tag{3.7.4}$$

式中,η 为空气的黏度;v 称为终极速率,可由油滴匀速下落的距离 s(即通过分划板上测微尺的格数×0.25 mm/格)及下落时间 t 来确定,即

$$v=s/t \tag{3.7.5}$$

故由式(3.7.4)、式(3.7.5)可得油滴的半径为

$$r=\sqrt{\frac{9\eta v}{2\rho g}}=\sqrt{\frac{9\eta s}{2\rho gt}} \tag{3.7.6}$$

由于油滴很小,它的半径与空气分子的平均自由程(约 $10^{-6}\sim10^{-7}$ m)很接近.因此,空气相对于油滴来讲,已不能看成是连续介质,要引用斯托克斯定律,则必须对空气的黏度 η 进行修正.修正后的空气黏度 η' 为

$$\eta'=\frac{\eta}{1+\dfrac{b}{rP}} \tag{3.7.7}$$

式中,b 为修正常量;P 为大气压强,由式(3.7.6)及式(3.7.7)得

$$r=\sqrt{\frac{9\eta}{2\rho g}\frac{s}{t}\frac{1}{1+\dfrac{b}{rP}}} \tag{3.7.8}$$

由式(3.7.3)及式(3.7.8)可得

$$Q=\frac{18\pi\eta^{\frac{3}{2}}}{\sqrt{2\rho g}}\cdot\frac{d}{U}\left(\frac{s/t}{1+\dfrac{b}{rP}}\right)^{\frac{3}{2}} \tag{3.7.9}$$

式(3.7.8)根号中仍包含油滴的半径 r,但因它处于修正项中,不需要十分精确,因此可用式(3.7.6)计算油滴的半径 r,代入式(3.7.9)即可计算出所带电荷量 Q.式中的 η、d、ρ、g、s、b 等量由实验室给出,平衡电压 U、下落时间 t 及大气压强 P 由实验测得.

平衡测量法原理简单,现象直观,但需调整平衡电压.动态法在原理和数据处理方面要烦琐一些,但它不需调整平衡电压,这里不再介绍.实际上平衡法是动态法的一个特殊情况,当调节极间电压 U 使油滴受力达到平衡,即是平衡测量法.

三、 实验仪器

密立根油滴仪,喷雾器,钟油,气压计等.

四、 实验装置及内容

密立根油滴仪面板如图 3-32 所示.它的核心部分是油滴盒,其结构如图 3-31 所示.油滴盒由两块经过精磨的平行上、下电极板中间垫以圆环状绝缘圈组成.平行极板间距离为 d.绝缘圆环圈上有进光孔和观察孔.油滴盒放在有机玻璃防风罩中.上极板中央有一个直径为 0.4 mm 的小圆孔,油滴从油雾室经油雾孔从上极板小圆孔落入平行极板中.实验时,要求平行极板水平放置,使电场力与重力平行,为此,油滴仪上装有调平螺钉和水准泡.油滴仪内还有电源和照明系统;2.2 V 的照明电压点亮照明灯,经导光棒通过进光孔照亮油滴.

1—油雾室;2—油雾孔开关;3—上电极;
4—绝缘圆环;5—下电极;6—电极;
7—喷雾口;8—油雾孔;9—油雾室盖
图 3-31　油滴盒结构图

将功能开关置于"平衡"位置时(见图 3-32),0~500 V 连续可调的直流电压加到平行极板上,提供使油滴静止的平衡电压,此电压由数字电压表显示.电压极性按钮可改变上、下极板的带电极性,以便使符号不同的电荷平衡.按钮弹起时,上电极为正,下电极为负,反之则相反.将功能开关置于"提升"位置时,0~300 V 连续可调的直流电压叠加到平衡电压上,以便使平衡后的油滴能移到所需位置.升降电压与平衡电压叠加在一起由数字电压表显示.功能开关置于"测量"(0 V)时无电压加到极板上.显微物镜、CCD、监视器及数字秒表用来观察和测量油滴运动情况.显微物镜置于防风罩前,通过绝缘圆环上的观察孔观察平行极板间的油滴成像于 CCD 的感光面上,CCD 输出的视频信号送到监视器以便于观测油滴运动的情况.数字秒表用来测量油滴下降预定距离所需的时间.

五、 实验步骤

1. 打开电源开关,整机预热 10 min.
2. 调节油滴仪底部的调平螺钉,使气泡水平仪中的气泡处于中央.
3. 将极性开关打向"+",将功能开关置于"平衡"位置,调节"平衡电压"旋钮使其在 200~300 V 之间.

图 3-32 密立根油滴仪面板

4. 用力挤压油雾喷雾器,使其对油雾室喷一次油,显微镜调焦后就可在监视器上看到大量油滴在下落.

5. 先将功能开关置于"0 V"位置,观察各油滴下落的大概速度,从中选一个运动缓慢的油滴作为测量对象,再扳回"平衡"位置,仔细调节"平衡电压"旋钮,使该油滴静止不动.这时平衡电压显示在监视器屏幕上.

6. 将功能开关置于"提升"位置,使显示器上静止不动的油滴运动到最上方刻线,然后将功能开关置于"平衡"位置,让油滴停留几秒钟.

7. 将功能开关置于"0 V"位置,待油滴下落至最下方刻线时,功能开关扳回至"平衡"位置,此时屏幕上显示的时间即为油滴下落 2.00 mm 所需的时间.

8. 用气压计测出实验时的大气压强 P 值.

六、 数据记录与处理

1. 数据记录表格

表 3-7-1

$$\eta = 1.83 \times 10^{-5} \text{kg}/(\text{m} \cdot \text{s}); \quad \rho = 980 \text{ kg/m}^3; \quad g = 9.80 \text{ m/s}^2;$$

$$d = 5.00 \times 10^{-3} \text{m}; \, b = 8.23 \times 10^{-5} \text{hPa} \cdot \text{m}; \, s = 2.00 \times 10^{-3} \text{m};$$

$$P = \qquad \qquad \text{hPa}$$

油滴	1	2	3	4	5	6	7	8	9	10
平衡电压 U/V										
油滴下落时间 t/s										
油滴所带电荷量 Q_i/(10^{-19}C)										
带点个数 n										
电子电荷量										

由于每个油滴所带电荷量是随机的,所以为了验证电荷的量子性和测定基本电荷,需要大量的原始数据并做必要的数据处理才能获得应有的结果,但一位同学在一次教学

时间内所测得的原始数据较少,故可将几位同学所测得的原始数据合起来用(至少需要 40 个原始数据).

2. 数据处理

(1)编程计算 Q 值并将其按大小顺序排列:采用所测得的原始数据,根据式(3.7.6)和式(3.7.9)编制计算油滴带电荷量 Q_i,以及将 Q_i 按从小到大的次序排列的程序,并上机进行计算.

(2)验证电荷的量子性并求电子电荷值.通常根据实验所测得的大量的 Q 值,验证电荷的量子性,求电子电荷值的数据处理方法有两种:

① 统计方法.对大量 Q 的测量值做统计分布直方图.把计算所得到的由小到大的一系列 Q 值,按各个等间隔(δQ 取 0.10×10^{-19}C)区间内(例如 $1.50 \times 10^{-19} \sim 1.60 \times 10^{-19}$C, $1.60 \times 10^{-19} \sim 1.70 \times 10^{-19}$C,$\cdots$,$3.20 \times 10^{-19} \sim 3.30 \times 10^{-19}$C,$\cdots$)出现的次数(或油滴数)$n$,在直角坐标纸上画出测量值 Q 的统计直方图,如图 3-33 所示.

n——在 $\delta Q = 10^{-20}$C 范围内出现的测量次数

图 3-33　Q 值的统计直方图

如果统计直方图为不连续状态,并且各个峰值或峰值之间的差值所对应的 Q 值近似为各个相邻峰值之间差值所对应 Q 值的平均值的整数倍,就验证了电荷的量子性.而电子电荷的值可用逐差法求出,即

$$\bar{e} = \frac{1}{k^2} \sum_{i=1}^{k} [Q(i+k) - Q(i)] \tag{3.7.10}$$

式中,$Q(i)$ 为统计直方图中第 i 个峰的峰值所对应的 Q 值,k 为峰的数目.

② 最大公约数法.对大量的测量值 Q 求最大公约数,这个最大公约数就是基本电荷.但对初次实验者,测量误差一般较大,求出最大公约数往往比较困难.通常可用"倒过来验证"的方法处理数据,即用公认的电子电荷值 $e_{公认} = 1.60 \times 10^{-19}$C,除实验时第 i 次测得的电荷量值 Q_i,得到一个接近于某一整数的数值,对该数值取整数,得到油滴所带的基本电荷数 n_i,再用 n_i 除 Q_i 值即得与第 i 次测量对应的电子电荷值 e_i.所有 m 次测量所得的电子电荷的平均值 $\bar{e}$,即为实验测得的电子电荷值,即

$$n_i = \frac{Q_i}{e_{公认}}\bigg|_{取整} = \frac{Q_i}{1.60 \times 10^{-19}}\bigg|_{取整} \tag{3.7.11}$$

$$e_i = \frac{Q_i}{n_i} \tag{3.7.12}$$

$$\bar{e} = \frac{1}{m} \sum_{i=1}^{m} e_i \tag{3.7.13}$$

（3）将实验所测得的电子电荷值与公认值 $e_{公认}$ 比较,求出相对百分误差.

七、注意事项

1. 用喷雾器喷油时,不要多次挤压喷雾器,以免油雾太多,堵住油滴盒上极板的小圆孔.

2. 在找寻油滴作为测量目标时,不要选择过大或过小的油滴,应取亮度适中、大小适中的油滴;平衡电压和下落时间不要太小,平衡电压在 100 V 以上,下落 2.00 mm 的时间大于 16 s 为宜.

八、思考与讨论

1. 在实验过程中,平行极板加上某一电压值,有些油滴向上运动,有些油滴向下运动,且运动越来越快,还有些油滴运动状况与未加电压时一样,这是什么原因?

2. 实验前,若不用水准泡对平行极板调水平,而是在不水平的状态下做实验行吗?为什么?

3. 如果实验时看到大批油滴进入油滴盒,正准备调电压,油滴却逐渐变模糊,最后很快消失了,你能说明原因吗?

4. 什么样的油滴才是合适的,讨论选择合适油滴的重要性.

实验 3.8　一维 PSD 位移传感器的原理及应用

位置敏感器件(Position Sensitive Detector)简称 PSD,是一种对接收器光点位置敏感的光电器件.它与 CCD 电荷耦合器件不同,属于非离散型器件,在精密尺寸测量元件中,其性能、价格介于 CCD 与其他光电阵列器件之间.近年来,由于半导体激光器的迅速发展,使 PSD 的光源在性能、体积上得到了很好的改善,促进了 PSD 器件广泛的实用研究.PSD 器件响应速度快,位置分辨率高,输出与光强度无关,仅仅与光点位置有关,其独特的工作方式在精密尺寸测量、三维空间位置、机器人定位系统中都有应用.PSD 可分为一维 PSD 和二维 PSD,本实验探究一维 PSD.

PSD 位移传感器是一种技术相对成熟的可实现高精度非接触光学测量微位移的器件,输出信号代表光斑"重心",与光斑形态无必然联系,响应速度可达微秒级,更适合做专用非接触测量位置探测器.1930 年 Schottky 首次发现横向光电效应,1957 年 Wallmark 在内部载流子传输理论基础上解释横向光电效应并提出用于光点位置检测,90 年代我国相继有一批单位在 PSD 制造方面打破了国外技术垄断,实现了自主知识产权.学生通过本实验的学习可深入体会科学家在应用技术快速发展背景下潜心研究的事迹,并激发学生不断探索、自主创新的精神.例如,通过探究 PSD 实验原理学习和掌握实验操作培养学生系统协同思维;通过改善 PSD 线性度培养学生分析与综合思维;通过自主创新实验,激发学生科学创新思维.本实验的教学意义为普通物理实验教学结合工程教育,以问题为引导,以项目为驱动,指导学生在 PSD 实验平台基础上自主搭建装置,以学生为中心,深入构思-设计-制作-优化的全过程,夯实学生动手能力,培养创新思维,激发大局意识和科技战略思维,使其能够知行合一解决实际问题,服务国家与社会.

一、 实验目的

1. 了解一维 PSD 位移传感器的工作原理及特性;
2. 了解并掌握一维 PSD 位移传感器测量位移的方法.

二、 实验原理

一维 PSD 位移传感器(以下简称 PSD)为一具有 pin 二极管的三层结构平板半导体硅片.其断面结构如图 3-34 所示,表面层为掺杂的 p 型半导体层,作为感光面,在其两边各有一信号输出电极;底层为掺杂的 n 型半导体层,作为公共电极加反偏电压;p 型和 n 型之间是高阻本征半导体层.

p-i-n 结构的特点是 i 层的耗尽层较宽、结电容很小,当光点入射到 PSD 的 p 型层表面时,在相应的入射光位置处就产生电荷(光生载流子),光生载流子几乎全部在耗尽层产生,没有扩散分量的电流,由于横向电势的存在,电荷就沿着 p 型层定向流动产生光生电流 I_0,由两个输出电极输出,从而在两个输出电极上分别得到光电流 I_1 和 I_2,显然 $I_0 = I_1 + I_2$,这两个电流大小都与入射光点到各电极之间的距离有关,而 I_1 和 I_2 的分流关系则取决于入射光点到两个输出电极间的等效电阻.假设 PSD 表面分流层的电阻是均匀的,则 PSD 可简化为图 3-35 所示的电位器模型,其中,R_1、R_2 为入射光点位置到两个输出电极间的等效电阻,显然 R_1、R_2 正比于光点到两个输出电极间的距离.

图 3-34 PSD 断面结构

图 3-35 等效电路图

根据
$$\frac{I_1}{I_2} = \frac{R_2}{R_1} = \frac{L-X}{L+X} \qquad (3.8.1)$$

$$I_0 = I_1 + I_2 \qquad (3.8.2)$$

可得
$$I_1 = \frac{I_0(L-X)}{2L} \qquad (3.8.3)$$

$$I_2 = \frac{I_0(L+X)}{2L} \tag{3.8.4}$$

$$X = \frac{L(I_2-I_1)}{I_0} \tag{3.8.5}$$

当入射光恒定时,I_0 恒定,则 X 与 I_2-I_1 成线性关系,与入射光点强度无关.通过适当地处理电路,就可以获得光点位置的输出信号,其中,L 为 PSD 长度的一半,X 为入射光点与 PSD 正中间零位点的距离.

三、实验仪器

主要实验仪器用具有 PSD 传感器实验仪,PSD 位移系统,电源线与连接线若干.PSD 信号处理如图 3-36 所示.

图 3-36 信号处理

1. "L+""L-"为 PSD 位移装置激光器提供电源;
2. "PSDI1""Vref""PSDI2"为 PSD 位移装置的 PSD 传感器引入端,按顺序连接;
3. "V_{o1}""V_{o2}"分别为 PSD 两路 I/V 变化输出端;
4. "V_{o3}""V_{o4}"分别为加、减法器输出端;
5. "V_{o7}""⊥"为输出电压检测点,接主机箱电压表.

四、实验内容及步骤

1. 一维 PSD 光学系统组装调试实验

(1)将面板上的激光器输出端"L+""L-"按颜色用导线对应连接至 PSD 位移装置上(激光器端,圆形器件).将面板上的 PSD 输入端"PSDI1""Vref""PSDI2"按颜色用导线连接至 PSD 位移装置上(探测器端,长方形器件).

(2)将 PSD 传感器实验单元电路连接起来,即 V_{o1} 与 V_{i1} 接,V_{o2} 与 V_{i2} 接,V_{o4} 与 V_{i5} 接,V_{o5} 与 V_{i6} 接,将电压表输入端用导线接到实验模板的 V_{o7} 和"⊥"上.

(3)打开电源,实验模板开始工作.调整升降杆和测微头固定螺母,转动测微头使激光光点能够在 PSD 受光面上的位置从一端移向另一端,最后将光点定位在 PSD 受光面上的正中间位置(目测).

(4)调节补偿调零旋钮,使电压表显示值为 0.调节增益旋钮,转动测微头使光点移动到 PSD 受光面一端,调节输出幅度调整旋钮(即增益调节旋钮),使电压表显示值在 -3 ~ +3 V 变化.

（5）关闭电源.

2. 激光器驱动实验

激光器工作在恒功状态,即激光器输出光功率恒定,恒功原理框图如图 3-37 所示.该电路在测量应用中最大的优点就是可以防止光功率变化导致测量结果不准确.(注意:激光器和探测器实际为一体化设计.)

图 3-37 恒功原理框图

通过探测器对激光器输出光强度监测,经过反馈电路对输出光进行调整,从而使激光器输出光功率恒定.

3. PSD 特性测试实验

（1）将面板上的激光器输出端"L+""L-"按颜色用导线对应连接至 PSD 位移装置上(激光器端).将面板上的 PSD 输入端"PSDI1""Vref""PSDI2"按颜色用导线连接至 PSD 位移装置上(探测器端).

（2）将 PSD 传感器实验单元电路连接起来,即 V_{o1} 与 V_{i1} 接,V_{o2} 与 V_{i2} 接,V_{o3} 与 V_{i5} 接,V_{o5} 与 V_{i6} 接,将电压表输入端用导线接到实验模板的 V_{o7} 和"⊥"上.

（3）打开电源,实验模板开始工作.调整升降杆和测微头固定螺母,转动测微头使激光光点能够在 PSD 受光面上的位置从一端移向另一端.

（4）观察电压表显示结果.

（5）对结果进行分析.

4. PSD 输出信号处理及误差补偿实验

（1）将面板上的激光器输出端"L+""L-"按颜色用导线连接至 PSD 位移装置上.将面板上的 PSD 输入端"PSDI1""Vref""PSDI2"按颜色用导线连接至 PSD 位移装置上.

（2）将 PSD 传感器实验单元电路连接起来,即 V_{o1} 与 V_{i1} 接,V_{o2} 与 V_{i2} 接,V_{o4} 与 V_{i5} 接,V_{o5} 与 V_{i6} 接,将电压表输入端用导线接到实验模板的 V_{o7} 和"⊥"上.

（3）打开电源,实验模板开始工作.调整升降杆和测微头固定螺母,转动测微头使激光光点能够在 PSD 受光面上的位置从一端移向另一端,最后将光点定位在 PSD 受光面上的正中间位置(目测),调节零点调整旋钮,使电压表显示值为 0.转动测微头使光点移动到 PSD 某一固定位置,调节输出幅度调整旋钮,使电压表显示值为一固定值.

（4）断开 V_{o1} 与 V_{i1}、V_{o2} 与 V_{i2},用电压表测量 V_{o1} 和 V_{o2} 的电压值,即为 PSD 两路输出电流经过 I/V 变化的处理结果.

（5）连接 V_{o1} 与 V_{i1}、V_{o2} 与 V_{i2},断开 V_{o4} 与 V_{i5} 的连接,用电压表测量 V_{o3}、V_{o4} 的值,分析 V_{o3}、V_{o4} 分别和 V_{o1}、V_{o2} 的关系.

（6）连接 V_{o3} 与 V_{i5},断开 V_{o5} 与 V_{i6},调节增益调整旋钮,用电压表观察 V_{o5} 电压变化.

（7）连接 V_{o5} 与 V_{i6},调节补偿调零旋钮,用电压表观察 V_{o7} 电压变化.分析误差补偿原理.

5. PSD 测位移原理实验及实验误差测量

（1）将面板上的激光器输出端"L+""L−"按颜色用导线连接至 PSD 位移装置上.将面板上的 PSD 输入端"PSDI1""Vref""PSDI2"按颜色用导线连接至 PSD 位移装置上.

（2）将 PSD 传感器实验单元电路连接起来，即 V_{o1} 与 V_{i1} 接，V_{o2} 与 V_{i2} 接，V_{o4} 与 V_{i5} 接，V_{o5} 与 V_{i6} 接，将电压表输入端用导线接到实验模板的 V_{o7} 和"⊥"上.

（3）打开电源，实验模板开始工作.调整升降杆和测微头固定螺母，转动测微头使激光光点能够在 PSD 受光面上的位置从一端移向另一端，最后将光点定位在 PSD 受光面上的正中间位置（目测），调节零点调整旋钮，使电压表显示值为 0.转动测微头使光点移动到 PSD 受光面一端，调节输出幅度调整旋钮，使电压表显示值在 3 V 或−3 V 左右.

（4）从 PSD 一端开始旋转测微头，使光点移动，取 $\Delta X = 0.5$ mm，即转动测微头一转.读取电压表显示值，填入表 3−8−1，画出位移−电压特性曲线.

表 3−8−1   PSD 传感器位移值与输出电压值

位移量/mm	0.00	0.50	1.00	1.50	2.00	2.50	3.00	3.50
输出电压/V								
位移量/mm	4.00	4.50	5.00	5.50	6.00	6.50	7.00	7.50
输出电压/V								

（5）根据表 3−8−1 所列的数据，用作图法做出位移−电压特性曲线，并计算其斜率.

五、 注意事项

1. 激光器输出光不得对准人眼，以免造成伤害.

2. 激光器为静电敏感元件，因此操作者不要用手直接接触激光器引脚以及与引脚连接的任何测试点和线路，以免损坏激光器.

3. 不得扳动面板上的元器件，以免造成电路损坏，导致实验仪不能正常工作.

六、 实验与讨论

1. 试分析一维 PSD 的工作原理.

2. 用一维 PSD 测量位移的主要误差有哪些？怎样减小这些误差？

3. 为何 PSD 器件的输出与光强度无关？

实验 3.9   A 类超声特性综合实验

超声波是指振动频率大于 20 kHz 的声波，它具有穿透性好、易于定向发射的特点.18 世纪末，人们通过研究蝙蝠的夜间活动，发现蝙蝠并不依靠视觉夜行，后续研究表明它们是利用超声波进行空间定位的.19 世纪末，居里兄弟发现了压电效应，人们因此掌握了利用电子学技术产生超声波的方法，使得超声技术快速融入人类生活的诸多领域.

超声学是声学的一个分支,它主要研究超声的产生方法和探测技术、超声在介质中的传播规律、超声与物质的相互作用,包括在微观尺度的相互作用以及超声的众多应用.超声的用途可分为两大类,一类是利用它的能量来改变材料的某些状态,为此需要产生比较大能量的超声,这类用途的超声通常称为功率超声,如超声加湿、超声清洗、超声焊接、超声手术刀、超声马达等;另一类是利用它来采集信息,超声波测试分析包括对材料和工件进行检验和测量,由于检测的对象和目的不同,具体的技术和措施也是不同的,因而产生了名称各异的超声检测项目,如超声测厚、超声发射、超声测硬度、测应力、测金属材料的晶粒度及超声探伤等.

一、 实验目的

1. 了解超声波产生和发射的机理;
2. 脉冲反射法测水中声速;
3. 脉冲反射法测量固体样品厚度;
4. 利用脉冲反射法进行超声无损探伤实验;
5. 超声定位诊断实验.

二、 实验原理

超声波是指频率高于 20 kHz 的声波,与电磁波不同,它是弹性机械波,不论材料的导电性、导磁性、导热性、导光性如何,只要是弹性材料,它都可以传播进去,并且它的传播与材料的弹性有关,如果弹性材料发生变化,超声波的传播就会受到干扰,根据这个扰动,就可了解材料的弹性或弹性变化的特征,这样超声就可以很好地检测材料,特别是材料内部的信息,对某些其他辐射能量不能穿透的材料,超声更显示出了这方面的实用性.与 X 射线、γ 射线相比,超声的穿透本领并不优越,但由于它对人体的伤害较小,使得它的应用仍然很广泛.

产生超声波的方法有很多种,如热学法、力学法、静电法、电磁法、磁致伸缩法、激光法以及压电法等,但应用得最普遍的方法是压电法.压电效应:某些介电体在机械压力的作用下会发生形变,使得介电体内正负电荷中心发生相对位移,以致介电体两端表面出现符号相反的束缚电荷,其电荷密度与压力成正比,这种由"压力"产生"电"的现象称为正压电效应.反之,如果将具有压电效应的介电体置于外电场中,电场会使介质内部正负电荷中心位移,从而导致介电体发生形变,这种由"电"产生"机械形变"的现象称为逆压电效应.逆压电效应只产生于介电体,形变量与外电场大小呈线性关系,且随外电场反向而改变符号.压电体的正压电效应与逆压电效应统称为压电效应.如果对具有压电效应的材料施加交变电压,那么它在交变电场的作用下将发生交替的压缩和拉伸形变,由此而产生了振动,并且振动的频率与所施加的交变电压的频率相同,若所施加的电频率在超声波频率范围内,则所产生的振动是超声频的振动,若把这种振动耦合到弹性介质中去,那么在弹性介质中传播的波即为超声波,这利用的是逆压电效应.若利用正压电效应,可将超声能转变成电能,这样就可实现超声波的接收.

　　超声探头:把其他形式的能量转化为声能的器件,亦称为超声波换能器.在超声波分析测试中常用的换能器既能发射声波,又能接收声波,称为可逆探头.在实际应用中要根据需要使用不同类型的探头,主要有:直探头、斜探头、水浸式聚焦探头、轮式探头、微型表面波探头、双晶片探头及其他型式的组合探头等.本实验仪器采用的是直探头.

　　超声波的分类.按振动质点与波传播方向的关系可分为纵波和横波:当介质中质点振动方向与超声波的传播方向平行时,称为纵波;当介质中质点振动方向与超声波传播方向垂直时,称为横波.按波阵面的形状可分为球面波和平面波.按发射超声的类型可分为连续波和脉冲波.本实验仪器直探头发出来的是纵波、平面波、脉冲波,脉冲频率为 2.5 MHz.

　　超声的衰减.超声在介质中传播时,其声强将随着距离的增加而减弱.衰减的原因主要有两类,一类是声束本身的扩散,使单位面积中的能量下降.另一类是由于介质的吸收,将声能转化为热能,而使声能减少.

　　超声波的透射和反射.超声波从一种介质垂直入射到第二种介质时,能量一部分会透过界面产生与入射波方向相同的透射波,一部分会形成与入射波方向相反的反射波.该反射波被超声探头接收,得到回波脉冲信号.超声波反射波强度 $I_反$ 与入射波强度 $I_入$ 决定于两介质的声阻抗之差,即

$$\frac{I_反}{I_入}=\frac{(E_1-E_2)^2}{(E_1+E_2)^2} \tag{3.9.1}$$

　　式中 $E_1=\rho_1 C_1$,$E_2=\rho_2 C_2$ 分别表示第一介质与第二介质的声阻抗,ρ 为介质密度,C 为介质中超声波的速度.两介质声阻抗差越大,超声波在分界面的反射就越强烈,比如说声波从固体传至固气界面或从液体传至液气界面时将产生全反射,因此可以认为声波难以从固体或液体中进入气体.

　　超声回波信号的显示方式.主要有幅度调制显示(A 型)和亮度调制显示及两者的综合显示,其中亮度调制显示按调制方式的不同又可分为 B 型、C 型、M 型、P 型等.A 型显示是以回波幅度的大小表示界面反射的强弱,即在荧光屏上以横坐标代表被测物体的深度,纵坐标代表回波脉冲的幅度,横坐标有时间或距离的标度,可借以确定产生回波的界面所处的深度.本实验仪器采用的显示方式即 A 型.

　　超声的生物效应、机械效应、温热效应、空化效应、化学效应等几种效应对人体组织有一定的伤害,必须重视安全剂量.一般认为超声对人体的安全阈值为 100 mW/cm^2.本仪器小于 10 mW/cm^2,可安全使用.

1. 脉冲反射法测介质中声速或测介质厚度的原理

　　利用超声脉冲反射波测量介质中声速时,通常是让超声波经过待测介质后被交界面反射,由交界面反射的回波通过探头转化为相应的电脉冲信号,显示在示波器荧光屏上,根据回波出现的时间间隔以及介质厚度,可计算出超声波在对应介质中的传播速度.

　　如图 3-38 所示,本仪器的探头为收发一体式超声探头,超声波从探头发出,经待测介质(介质 1),到达与介质 2 的交界面时入射波被反射,反射波回到超声探头形成回波脉冲信号,t 为探头发出超声波并接收到反射回波信号时在示波器时间轴上所显示的时间,即超声波到达界面后又返回探头的时间.若已知介质 1 厚度为 d,则声波在介质 1 中的传播速度为

$$u = 2d/t \tag{3.9.2}$$

图 3-38　脉冲反射法测介质中声速和介质厚度的原理图

反之,若已知声波在介质 1 中的传播速度为 u,则介质 1 厚度 d 为

$$d = ut/2 \tag{3.9.3}$$

超声波在不同材料中衰减程度及反射率不同,实验时要注意分辨透射波经其他界面的反射回波(例如工件有前表面和底面)、材料内部多次反射的回波,以及回波被探头再次反射后形成的多次回波等.

2. 超声脉冲反射法探伤

对于有一定厚度的工件来说,若其中存在缺陷,则该缺陷处会反射一个与工件底部声程不同的回波,一般称为缺陷回波.如图 3-39 所示为一个存在裂缝缺陷的工件.

图 3-39　超声脉冲反射法探伤原理图

图 3-39 所示中(a)、(b)、(c)分别反映了同一超声探头在 a、b、c 三个不同位置时的反射情况.t_1 为超声波经工件前表面反射时对应回波的时间,在位置 a 时,超声信号入射到缺陷所在区域进行反射,此时缺陷回波的高度为 A_0;在位置 c 时,该处不存在缺陷,t_3 位置处为工件底面的回波信号;而在位置 b 时,由于超声信号一半由缺陷反射,一半由工件底面反射,缺陷回波的高度降为 $A_0/2$,此处即为缺陷的边界.这种确定缺陷边界的方法

称为半高波法.测量出工件的厚度 D,分别记录工件前表面、底面及缺陷处回波信号与始波信号的时间差 t_1、t_3、t',就可得到工件中缺陷的深度 d.再利用半高波法,可判断缺陷的边界位置.在实际测量中,若回波信号较弱,则无法通过半高波法准确测量出缺陷的边界位置.

3. 超声定位诊断

医用 A 类超声波是按时间顺序将信号转变为示波器时间轴上不同位置的回波信号,进而来分析人体组织的位置、形态的.这项技术可用于人体腹腔内器官位置及厚度的测量与颅脑的占位性病变的分析诊断.如图 3-40 所示,超声波从探头发出,先后经过腹外壁、腹内壁、脏器外壁、脏器内壁.t 为探头所探测到的回波信号在示波器时间轴上所显示的时间,即超声波到达界面后又返回探头的时间.若已知声波在腹壁中的传播速度 u_1、腹腔内的传播速度 u_2 与在脏器壁的传播速度 u_3,则可求得腹壁的厚度为

$$d_1 = u_1(t_2 - t_1)/2 \tag{3.9.4}$$

脏器外壁距腹内壁的距离为

$$d_2 = u_2(t_3 - t_2)/2 \tag{3.9.5}$$

脏器壁的厚度为

$$d_3 = u_3(t_4 - t_3)/2 \tag{3.9.6}$$

图 3-40　A 类超声诊断原理图

三、　实验仪器

该实验主要由 FD-UDE-B 型 A 类超声诊断与超声特性综合实验仪主机、数字示波器、有机玻璃水箱、配件箱(样品架两个,横向导轨一个,横向滑块一个,有机玻璃样品一个,铝合金样品一个,探伤实验用工件样块一个)组成.其中实验主机面板如图 3-41 所示.

1. 信号幅度:调节信号幅度的旋钮;
2. 信号输出:接示波器;

图 3-41　A 类超声诊断与超声特性综合实验仪主机面板示意图

3. 超声探头:接超声探头;

4. 电源开关.

主机内部工作原理见图 3-42 所示框图.

图 3-42　主机内部工作原理框图

　　仪器的工作原理:电路发出一个高速高压脉冲至换能器,这是一个幅度呈指数形式减小的脉冲.此脉冲信号有两个用途:一是作为被取样的对象,在幅度尚未变化时被取样处理后输入示波器形成始波脉冲;二是作为超声振动的振动源,即当此脉冲幅度变化到一定程度时,压电晶体将产生谐振,激发出频率等于谐振频率的超声波(本仪器采用的压电晶体的谐振频率点是 2.5 MHz).第一次反射回来的超声波又被同一探头接收,此信号经处理后送入示波器形成第一回波,根据不同材料中超声波的衰减程度、不同界面超声波的反射率,还可能形成第二回波等多次回波.

四、 实验内容及步骤

1. 准备工作

在有机玻璃水箱侧面装上超声波探头后注入清水,至超过探头位置 1 cm 左右即可.由于水是良好的耦合剂,下列实验均在水中进行.打开仪器电源,示波器选择 Auto,查看是否为所需要的 y-t 模式、交流信号模式和上升沿触发方式,并找到一适当的触发电平使波形稳定.为便于观察始波和回波的情况,建议将扫描时基旋钮旋转至 20 μs 或 50 μs,垂直控制旋钮旋转至 200 mV 或 500 mV,并适当移动水平和垂直位移旋钮,至适合观察的状态.

2. 测量水中的声速

将任一已固定有圆形样品的样品架搁在导轨上并微调样品架使反射信号最大.移动

样品架以改变样品与超声探头间的距离,测出不同位置下超声探头发出的超声波经样品前表面反射回探头形成回波的时间(用示波器的光标法来测,示波器按亮 Cursors 键进入光标测量菜单,示波器屏幕上随即出现光标,旋转多功能键 Intensity/Adjust,可改变光标位置,按下该功能键则能更改被选中的光标,将两光标分别移动至始波位置和回波位置,读出对应的时间差).沿同一方向移动样品架,可每隔 1.00 cm 测一组数据,连续测多组,用逐差法处理数据,求出水中声速值,并与水中声速的理论值作比较,计算百分误差.

3. 测量固体样品的厚度

将已固定有圆形样品的样品架分别搁在导轨上,每次均要微调样品架使反射信号最大.测出超声波经样品前表面反射回波与底面反射回波之间的时间差,已知声速在有机玻璃中的传播速度为 2 730 m/s,在铝合金中的传播速度为 6 250 m/s,分别算出两个样品的厚度.

4. 超声脉冲反射法探伤

配件箱中提供了一块未知材料的工件样块,样块的不同位置处有两条细缝,配合横向导轨,可用于超声探伤测量(图 3-43).

将样块搁在横向导轨上.沿横向导轨移动样块至不同位置,在示波器上分别观察超声波经前表面、后表面的回波信号,以及第一裂缝回波信号和第二裂缝回波信号.在示波器上分别测量超声波经样块前、后表面反射回波的时间差 $t_{总}$,样块前表面和第一裂缝回波的时间差 $t_{前}$ 以及前表面和第二裂缝回波的时间差 $t_{后}$.已知图 3-44 中样块的总厚度 D 为 65.00 mm,根据比例关系可分别计算出第一裂缝距前表面的深度 d_1 和第二裂缝距前表面的深度 d_2.

若是实验条件允许,还可通过半高波法测量裂缝边界.沿着横向导轨移动样块,使第一裂缝回波信号降到最大值的一半时记录样块的横向位置 x_1,同理记录第二裂缝半高波对应的横向位置 x_2,两者之差的绝对值即为 Δx.

但因横向滑块上没有微调装置,可能回波信号弱,峰值太低以至无法用半高波法判断.又由于用手推动样品滑动时,压力会改变所测截面与超声探头的垂直关系,因而可能会使波形高度不稳定.故该实验装置上,对半高波法不作出具体要求,了解即可.

图 3-43　超声脉冲反射法探伤实验装置图

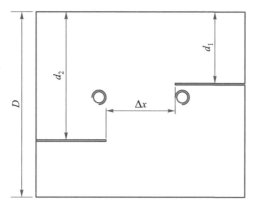

图 3-44　铝合金工件样块

5. 模拟人体腹腔进行超声定位诊断

样品放置方式如图 3-45 所示,使有机玻璃样品(样品 1)与探头相隔一小段距离,作为腹壁,铝合金样品(样品 2)与样品 1 相隔一定距离,作为内脏,这样便形成了与图 3-39 相似的探测环境,从而模拟超声定位诊断的测量环境.

将固定有圆形有机玻璃样品和圆形铝合金样品的样品架按照图 3-45 所示的顺序组合放入水中,微调样品架使反射信号最大.分别改变两样品架距超声探头的距离,分清两样品所对应的回波.分别测量超声波通过样品 1 的面 1 和面 2 反射的回波与始波之间的时间差 t_1 和 t_2,样品 2 的面 3 和面 4 回波与始波对应的时间差为 t_3 和 t_4.根据式(3.9.4)、式(3.9.5)、式(3.9.6)分别计算出样品 1 厚度、两样品之间距离以及样品 2 厚度.

由于在测量固体样品厚度这个实验中已经测得过两样品的厚度,故可根据其测量结果,判断各回波之间的关系.超声波在不同材料中衰减程度及反射率不同,通过该实验可以清楚观察到透射波经其他界面的反射回波、材料内部多次反射的回波,以及回波被探头反射后形成的多次回波等,请同小组同学共同讨论该实验中各回波信号可能是由哪些面反射产生的.

图 3-45　超声定位诊断模拟实验的装置图

五、 注意事项

1. 样品均已安装于样品架上,实验全程请勿将样品拿出.
2. 超声探头处有 380 V 高压,使用时请务必注意安全,禁止插拔超声探头导线.
3. 请勿触碰超声探头导线,以防接触不良,影响实验.
4. 移动样品架时注意保护轴承钢珠,以防其脱落.
5. 实验结束后,请关闭仪器电源,擦干桌面水渍.

六、 思考与讨论

1. 为什么每次实验前都需要调节样品架使反射信号达到最大值?
2. 请自行查阅资料,了解超声探伤与射线探伤各自的优缺点.

附:

表 3-9-1　温度与水中声速(m/s)对照表
(1 标准大气压下)

温度/℃	0.0	0.1	0.2	0.3	0.4	0.5	0.6	0.7	0.8	0.9
0	1 402.3	1 402.8	1 403.3	1 403.8	1 404.3	1 404.8	1 405.3	1 405.8	1 406.3	1 406.8
1	1 407.3	1 407.8	1 408.3	1 408.8	1 409.3	1 409.8	1 410.2	1 410.7	1 411.2	1 411.7
2	1 412.2	1 412.7	1 413.1	1 413.3	1 414.1	1 414.6	1 415.5	1 415.5	1 416.0	1 416.4
3	1 416.9	1 417.4	1 417.8	1 418.3	1 418.8	1 419.3	1 419.7	1 420.2	1 420.7	1 421.1
4	1 421.6	1 422.1	1 422.5	1 423.0	1 423.4	1 423.9	1 424.3	1 424.8	1 425.2	1 425.7
5	1 426.1	1 426.5	1 427.0	1 427.4	1 427.9	1 428.3	1 428.7	1 429.2	1 429.6	1 430.1
6	1 430.5	1 430.9	1 431.4	1 431.8	1 432.2	1 432.7	1 433.1	1 433.5	1 433.9	1 434.4
7	1 434.8	1 435.2	1 435.7	1 436.1	1 436.5	1 437.0	1 437.4	1 437.8	1 438.2	1 438.7
8	1 439.1	1 439.5	1 439.9	1 440.3	1 440.7	1 441.2	1 441.6	1 442.0	1 442.4	1 442.8
9	1 443.2	1 443.6	1 444.0	1 444.4	1 444.8	1 445.2	1 445.6	1 446.0	1 446.4	1 446.8
10	1 447.2	1 447.6	1 448.0	1 448.4	1 448.8	1 449.2	1 449.5	1 449.9	1 450.3	1 450.7
11	1 451.1	1 451.5	1 451.9	1 452.2	1 452.6	1 453.0	1 453.4	1 453.8	1 454.1	1 454.5
12	1 454.9	1 455.3	1 455.7	1 456.0	1 456.4	1 456.8	1 457.2	1 457.6	1 457.9	1 458.3
13	1 458.7	1 459.1	1 459.4	1 459.8	1 460.1	1 460.5	1 460.9	1 461.2	1 461.6	1 461.9
14	1 462.3	1 462.7	1 463.0	1 463.4	1 463.7	1 464.1	1 464.4	1 464.8	1 465.1	1 465.5
15	1 465.8	1 466.2	1 466.5	1 466.9	1 467.2	1 467.6	1 467.9	1 468.3	1 468.6	1 469.0
16	1 469.3	1 469.6	1 470.0	1 470.3	1 470.7	1 471.0	1 471.3	1 471.7	1 472.0	1 472.4

续表

温度/℃	0.0	0.1	0.2	0.3	0.4	0.5	0.6	0.7	0.8	0.9
17	1 472.7	1 473.0	1 473.4	1 473.7	1 474.0	1 474.4	1 474.7	1 475.0	1 475.3	1 475.7
18	1 476.0	1 476.3	1 476.6	1 476.9	1 477.2	1 477.6	1 477.9	1 478.2	1 478.5	1 478.8
19	1 479.1	1 479.4	1 479.7	1 480.1	1 480.4	1 480.7	1 481.0	1 481.3	1 481.7	1 482.0
20	1 482.3	1 482.6	1 482.9	1 483.2	1 483.5	1 483.8	1 484.1	1 484.4	1 484.7	1 485.0
21	1 485.3	1 485.6	1 485.9	1 486.2	1 486.5	1 486.8	1 487.0	1 487.3	1 487.6	1 487.9
22	1 488.2	1 488.5	1 488.8	1 489.1	1 489.4	1 489.7	1 489.9	1 490.2	1 490.5	1 490.8
23	1 491.2	1 491.4	1 491.7	1 491.9	1 492.2	1 492.5	1 492.8	1 493.1	1 493.3	1 493.6
24	1 493.9	1 494.2	1 494.4	1 494.7	1 495.0	1 495.3	1 495.5	1 495.8	1 496.1	1 496.3
25	1 496.6	1 496.9	1 497.1	1 497.4	1 497.6	1 497.9	1 498.2	1 498.4	1 498.7	1 498.9
26	1 499.2	1 499.5	1 499.7	1 500.0	1 500.2	1 500.5	1 500.8	1 501.0	1 501.3	1 501.5
27	1 501.8	1 502.1	1 502.3	1 502.6	1 502.8	1 503.1	1 503.3	1 503.6	1 503.8	1 504.1
28	1 504.3	1 504.5	1 504.8	1 505.0	1 505.5	1 505.5	1 505.7	1 506.3	1 506.2	1 506.5
29	1 506.7	1 506.9	1 507.2	1 507.4	1 507.6	1 507.9	1 508.1	1 508.3	1 508.5	1 508.8
30	1 509.0	1 509.2	1 509.5	1 509.7	1 509.9	1 510.2	1 510.4	1 510.6	1 510.8	1 511.1
31	1 511.3	1 511.5	1 511.7	1 512.0	1 512.2	1 512.4	1 512.6	1 512.8	1 513.1	1 513.3
32	1 513.5	1 513.7	1 513.9	1 514.2	1 514.4	1 514.6	1 514.8	1 515.0	1 515.3	1 515.5
33	1 515.7	1 515.9	1 516.1	1 516.3	1 516.5	1 516.7	1 516.9	1 517.1	1 517.3	1 517.5
34	1 517.7	1 517.9	1 518.1	1 518.3	1 518.5	1 518.7	1 518.9	1 519.1	1 519.3	1 519.5
35	1 519.7	1 519.9	1 520.1	1 520.3	1 520.5	1 520.7	1 520.9	1 521.1	1 521.3	1 521.5

实验 3.10 弗兰克-赫兹实验

1913 年,丹麦物理学家玻尔(N.Bohr)在卢瑟福原子核模型的基础上,结合普朗克的量子理论,成功地解释了原子的稳定性和原子的线状光谱现象,玻尔理论是原子物理学发展史上一个重要的里程碑.在玻尔原子结构理论发表的第二年,即 1914 年,德国科学家弗兰克(J.Franck)和赫兹(G.Hertz)通过巧妙而精密的设计,用慢电子与稀薄气体原子碰撞的方法,使原子从低能级激发到较高能级.并通过对电子与原子碰撞时能量交换值的研究和测量,直接证明了原子内部量子化能级的存在,即原子发生跃迁时吸收和发射的能量是不连续的、完全确定的.1920 年,弗兰克与合作者对原先的实验装置进行了改进,又测得了原子的亚稳能级及较高的激发能级,这些实验给玻尔理论提供了直接的、独立于光谱研究方法的另一个实验证据,从而证明了原子能级的存在及玻尔理论的正确性.由于此项工作卓越的成就,弗兰克和赫兹共同获得了 1925 年度的诺贝尔物理学奖.

弗兰克-赫兹实验设计的巧妙之处是加了一个小的恒定减速电压(拒斥电压),用它将能量小的电子筛去,而检出有足够能量来克服减速电势的电子,从而分辨出电子与原子的碰撞是弹性的还是非弹性的,进而求出原子的激发电势.在物理学的发展史上,有很多实验都体现出了巧妙的设计思想,从而推动了物理学的发展及应用,这就是创新思想的体现,希望同学们在做实验的同时,能够体会这种设计的巧妙,并学习这种创新精神,从而推动我国科技的发展.

一、 实验目的

1. 测量氩原子第一激发电势,证明原子能级的存在;

2. 了解弗兰克-赫兹实验方法,了解该实验装置在设计方面的巧妙之处;

3. 了解电子和原子碰撞和能量交换过程的微观图像,分析灯丝电压、拒斥电压等因素对 F-H 曲线的影响.

二、 实验原理

根据玻尔理论,原子只能量子化地、较长久地存在于一些稳定能态(即定态),如 $E_n(n=1,2,\cdots)$,其中每一状态对应于一定的能量值,也就是说,原子在正常情况下处于基态,当原子吸收电磁波或受到其他有足够能量的粒子碰撞时,可由基态跃迁到能量较高的激发态,跃迁所需能量称为临界能量.原子只能选择性地吸收或辐射外界给予的相当于两定态能量差的能量.原子从一个定态过渡到另一个定态称为跃迁,跃迁伴随着吸收或辐射电磁波 $h\nu$,即:$E_m-E_n=h\nu$,其中 ν 为电磁波的频率,h 为普朗克常量.

在弗兰克-赫兹实验中,电子和原子的碰撞是在密封的玻璃管中进行的,管子在密封时抽出空气,充入汞或者氩气,管子内部装有阳极、阴极和栅极.这种实验用的真空管称为弗兰克-赫兹管(或 F-H 管).

设氩原子的基态能量为 E_1,第一激发态的能量为 E_2,初速为 0 的电子在电势差为 U_0 的加速电场作用下,获得能量为 eU_0,电子将与氩原子碰撞,当电子的能量小于氩原子的临界能量时,即 $eU_0=E_2-E_1$,电子与氩原子只能发生弹性碰撞,由于电子的质量比氩原子小得多,电子能量损失很少.如果电子的能量大于或等于氩原子的临界能量,即 $eU_0<E_2-E_1$,则电子与氩原子将发生非弹性碰撞,电子将把数值为 $\Delta E=E_2-E_1$ 的能量传给氩原子,本身只保留剩下的部分.而氩原子由于吸收了临界能量,将由基态跃迁到第一激发态,相应的电势差 U_0 称为氩原子的第一激发电势.

弗兰克-赫兹实验原理图如图 3-46 所示.

在充入氩气的 F-H 管中,阴极 K 被灯丝电压加热发射电子,第一栅极 G_1 与阴极 K 之间的电压 U_{G_1K} 约为 1.5 V,其作用是消除空间电荷对阴极 K 的影响.当灯丝加热时,热阴极 K 发射的电子在阴极 K 与第二栅极 G_2 之间的正电压 U_{G_2K} 形成的加速电场作用下被加速而取得越来越大的动能,并与 U_{G_2K} 空间分布的气体氩原子发生如公式(3.10.1)所描述的碰撞而进行能量交换.第二栅极 G_2 和阳极 A 之间的电压 U_{G_2A} 称为拒斥电压,其作用是使能量损失较大的电子无法达到阳极.

电子与原子的碰撞过程可以用以下方程描述:

$$\frac{1}{2}m_e v^2 + \frac{1}{2}MV^2 = \frac{1}{2}m_e v'^2 + \frac{1}{2}MV'^2 + \Delta E \qquad (3.10.1)$$

式中:m_e 为电子质量;M 为原子质量;v 为电子碰撞前的速度;v' 为电子碰撞后的速度;V 为原子碰撞前的速度;V' 为原子碰撞后的速度;ΔE 为原子碰撞后内能的变化量.

按照玻尔原子能级理论:

$$\begin{aligned} \Delta E &= 0 & \text{弹性碰撞} \\ \Delta E &= E_2 - E_1 & \text{非弹性碰撞} \end{aligned} \qquad (3.10.2)$$

式中:E_1 为原子基态能量,E_2 为原子第一激发态能量.

图 3-46 充氩弗兰克-赫兹实验原理图

电子碰撞前的动能 $\frac{1}{2}m_e v^2 = eU_0 < E_2 - E_1$ 时,电子与原子的碰撞为完全弹性碰撞,$\Delta E = 0$,原子仍然停留在基态.电子只有在加速电场的作用下碰撞前获得的动能 $\frac{1}{2}m_e v^2 \geq E_2 - E_1$,才能使电子产生非弹性碰撞,使电子获得某一值($E_2 - E_1$)的内能,从基态跃迁到第一激发态,调整加速电场的强度,电子与原子由弹性碰撞到非弹性碰撞的变化过程将在电流上显现出来.

阴极 K 发射的电子经第一栅极(G_1)选择后部分进入 $G_1 G_2$ 空间,这些电子在运动中与氩原子发生碰撞.初始阶段,$U_{G_2 K}$ 较低,电子动能较小,在运动过程中与氩原子发生弹性碰撞,不损失能量.碰撞后到达第二栅极(G_2)的电子具有动能 $1/2 m_e v'^2$,穿过 G_2 后将受到 $U_{G_2 K}$ 形成的减速电场的作用.只有动能 $1/2 m_e v'^2$ 大于 $eU_{G_2 A}$ 的电子才能到达屏极(阳极 A),形成阳极电流 I_A,或称为屏极电流.这样 I_A 将随着 $U_{G_2 K}$ 的增加而增大,如图 3-47 所示 I_A-$U_{G_2 K}$ 曲线 Oa 段.

当 $U_{G_2 K}$ 达到氩原子的第一激发电势 13.1 V 时,电子与氩原子在第二栅极附近产生非弹性碰撞,电子把从加速电场中获得的全部能量传给氩原子,使氩原子从较低能级的基态跃迁到较高能级的第一激发态.而电子本身由于把全部能量给了氩原子,即使能穿过第二栅极也因不能克服 $U_{G_2 A}$ 形成的减速电场的拒斥作用而被折回到第二栅极,所以阳极电流将显著减少,随着 $U_{G_2 K}$ 的继续增加,产生非弹性碰撞的电子越来越多,I_A 将越来越小,如

图 3-47 曲线 ab 段所示,直到在 b 点形成 I_A 的谷值.

图 3-47　$I_A - U_{G_2K}$ 曲线

　　b 点以后继续增加 U_{G_2K},电子在 G_2K 空间与氩原子碰撞后到达 G_2 时的动能足以克服 U_{G_2A} 加速电场的拒斥作用而到达阳极 A,形成阳极电流 I_A,与 Oa 段类似,形成图 3-47 曲线 bc 段.

　　直到 U_{G_2K} 为 2 倍氩原子的第一激发电势时,电子在 G_2K 空间会因第二次非弹性碰撞而失去能量,因此又引起第二次阳极电流 I_A 的下降,如图 3-47 曲线 cd 段,依此类推,在 U_{G_2K} 较高的情况下,电子在跑向第二栅极的过程中,只要 $U_{G_2K} = nU_0 (n = 1,2,3,\cdots)$,电子将会与氩原子发生多次非弹性碰撞,$I_A$ 随着 U_{G_2K} 的增加而多次下降,呈周期性的变化.相邻两峰(或谷),对应的 U_{G_2K} 的值之差即为氩原子的第一激发电势值 U_0.

　　如果氩原子从激发态回到基态,就应当有相同能量的光子辐射出来,其波长可以计算出来:$h\nu = eU_0$,用光谱仪就可以测出来.

三、 实验仪器

　　本实验装置由四极 F-H 管、恒温加热炉、F-H 实验主机、微电流检测仪及示波器组成.

　　四极 F-H 管包括同心筒状灯丝电极、两个栅极和屏极,管中充以氩气,主机中包括灯丝电源,G_1、K 间的空间电荷控制电源,G_2、K 间的直流电源和扫描电源,G_2、A 之间的减速(拒斥)电源.G_1、K 之间加有一个小的正电压 U_{G_1K},其作用一是控制管内电子流的大小,二是抵销阴极 K 附近电子云形成的负电势的影响.第二栅极 G_2 远离 G_1 而靠近阳极 A,G_2 和 A 之间加一个小的拒斥负电压 U_{G_2A},使得那些与氩原子发生了非弹性碰撞、而损失了能量的电子不能到达阳极.G_1、G_2 之间距离较大,主要是为电子与气体原子提供较大的碰撞空间,从而保证足够大的碰撞概率.

四、 实验内容及步骤

　　1. 确定各旋钮已经调至最小,打开仪器电源,预热 10 分钟左右.
　　2. 对照原理中的各实验参数调节至具体数值,选择手动测量模式.

3. 调节 U_{G_2K},每隔 2 V 并等待弗兰克-赫兹管热稳定后记录 I_A,直至 U_{G_2K} 数值为 95 V,实验完毕后将各旋钮调至最小.

4. 在坐标纸上描绘出 I_A-U_{G_2K} 曲线,计算氩原子第一激发电势.

5. 每个弗兰克-赫兹管的参数不尽相同,应在实验过程中注意观察,及时改变各参数,直至获得满意的实验数据.

6. 改变 U_{G_2A} 或 U_{G_1K},重复以上实验,将两条实验曲线画在同一坐标系中.

7. 当仪器选择为自动模式时,由于数据变化较快,可采用录像等方法记录实验过程.

五、 注意事项

1. 实验过程中若要改变实验参数,一定要先将 U_{G_2K} 旋钮调至最小.调节 U_{G_2K} 和 U_H 时应注意,U_{G_2K} 和 U_F 过大会导致氩原子电离而形成正离子,而正离子到达阳极会使阳极电流 I_A 突然骤增,直至将 F-H 管烧毁.所以一旦发现 I_A 为负值或正值超过 10 μA,应迅速关机,5 分钟以后再重新开机使用.

注意,由于原子电离后的自持放电是自发的,此时将 U_{G_2K} 和 U_F 调至零都将无济于事.

2. 如图 3-47 所示,I_A-U_{G_2K} 曲线的变化对调节 U_F 的反应较慢,所以,调节 U_F 一定要缓慢进行,不可操之过急.峰谷幅度过低,增加 U_F,一旦出现波形上端切顶则适当降低 U_F,或者增大反向电压 U_{G_2A},以使峰顶值有所下降,从而可以观测到完整的波形.还有一个方法就是选择尽量大的量程,也可以得到完整的波形图.需要说明的一点是,降低峰值不会改变峰值之间的间距,也就是说不会影响实验结果的测量.

3. 在 U_{G_2K} 保持不变的情况下,对应的各挡位电流不是线形变换的,这是由于本底电流的存在而引起的,在两个 U_{G_2K} 采样电压之间,电流的变化量在各挡位之间是相同的.

4. 报告完整,整洁,数据全面,原理部分要叙述曲线各区间的意义.

5. 根据曲线峰峰值或谷谷值计算结果,并说明选择的依据和计算方法.

六、 思考与讨论

1. 为什么常用电子来研究原子的特性?

2. F-H 管内所充的原子有何要求?除用氩原子外还能用其他原子吗?试举例说明.

3. 在不对实验装置做大的改动的情况下,如何测量原子高能级的激发电势或电离电势(如第二激发电势)?

4. 由于灯丝发射的热电子速度具有一定的统计分布,这会对实验曲线有什么影响?

七、 实验拓展

1. 汞在常温下是液态,请在该装置的基础上设计加装其他设备来测量汞原子的激发电势.

2. 用该实验装置来研究原子的量子化能级.

实验 3.11　光学全息照相

全息照相是以光的干涉和衍射理论为基础的波前记录和再现技术.普通照相可以对各种物体的光强进行永久性记录并保存,小至显微镜下的图像,大至星体的图像,它已在人类历史和科学研究等方面获得了广泛的应用,并且正在不断地提高和发展.1947 年英国科学家盖伯在提高电子显微镜的分辨率研究中提出了"光学成像的一种新的两步方法",为全息照相的发展奠定了理论基础.由于当时没有一种良好的相干光源因而进展缓慢.直到 1960 年以后,激光的出现为全息照相提供了相干性良好的光源,使其得到了迅速发展.1962 年,美国科学家利思用激光作光源,并引入离轴参数光束的方法,拍摄了第一张具有实用价值的全息图后,全息照相开始成为光学研究的活跃领域之一.此后除激光全息外还发展了超声全息、微波全息、红外全息等,并在军事技术、科学研究、工农业生产、艺术记录等方面得到了广泛应用.

本实验通过对三维物体进行全息照相并再现其立体图像,使学生了解全息照相的基本原理及特点,学习拍摄方法和操作技术,为进一步学习和开拓应用这一技术奠定基础.

一、 实验目的

1. 了解光学全息照相的基本原理和主要特点;
2. 学习静态光学全息照相的实验技术;
3. 观察和分析全息图的成像特性.

二、 实验仪器

全息台,氦氖激光器及电源,分束镜,全反射镜,扩束透镜,以及全息感光底版等.

三、 实验原理

1. 全息照片的拍摄

全息照相是利用光的干涉原理将光波的振幅和相位信息同时记录在感光底版上的过程.相干光波可以是平面波也可以是球面波,现以平面波为例说明全息照片拍摄的原理.如图 3-48 所示,一列波函数为 $y_1 = a e^{i2\pi\nu t}$、振幅为 a、频率为 ν、波长为 λ 的平面单色光波作为参考光垂直入射到感光底版上.另一列同频率、波函数为 $y_2 = b e^{i2\pi\left(\frac{t}{T}-\frac{r}{\lambda}\right)} = B e^{i2\pi\nu t}$ 的相干平面单色光波从物体出发(称为物光),以入射角 θ 同时入射到感光底版上,物光与参考光产生干涉,在感光底版上形成的光强度分布为

$$I = a^2 + b^2 + 2ab\cos ax \qquad (3.11.1)$$

由此可见,在感光底版上形成了明暗相间的干涉条纹.条纹的间距为

$$d = \frac{\lambda}{\sin \theta} \qquad (3.11.2)$$

可见,在感光底版上的光强分布和干涉条纹间距都受光
波的振幅和相位调制.

图 3-48　全息照相局部放大图

在实际情况中,物光是来自物体上的漫反射光,其波
阵面很复杂,因此,感光底版上的干涉条纹并不是等间距
的平行条纹,而是呈现出非常复杂的干涉图样,只是在极
小的范围内可近似看作等间距的平行条纹.

全息照片的拍摄光路如图 3-49 所示.激光束经分束
镜后分成两束,一束光经反射镜 M_1 反射后又经透镜 L_1 扩
束均匀地照射在被摄物体上,再从物体表面反射到感光
底版上,这束光称为物光.同时使另一束相干光通过反射
镜 M_2 反射又经透镜 L_2 扩束后直接照射到感光底版上,这束光称为参考光.当物光与参考
光满足相干条件时,在感光底版上形成干涉图样.由于物光的振幅和相位与物体表面各点
的分布和漫反射光的性质有关,所以干涉图样与被摄物体有一一对应的关系.这种把物光
波的全部信息都拍摄下来的方法称为全息照相.

图 3-49　拍摄全息照片的原理光路图

2. 物体的再现

由于全息照相在感光底版上形成的是干涉图样,所以,观察全息照片时,必须用与原
来的参考光完全相同的光束去照射,这束光称为再现光.物体的再现光路原理如图 3-50
所示.对于这束再现光,全息照片相当于是一个透过率不同的复杂"光栅",再现过程实际
上是干涉图样的衍射过程.再现光经全息照片衍射后的光强度分布为

$$I' = c(a^2 + b^2) + cabe^{-iax} + cabe^{iax} \qquad (3.11.3)$$

式中,c 为常数.可见,再现光经全息照片衍射后沿 3 个方向衍射.第一项为再现光沿原方
向的光波,相当于光栅衍射的零级衍射光波;第二、三项相当于光栅衍射的 +1、-1 级衍射
光波.第一项光强没有变化,不储存信息,所以没有使用价值.第二项光波光强与物光的振
幅和相位成正比,传播方向与物光的传播方向相同.这时如将被摄物移开,眼睛迎着物光

图 3-50　全息照片再现的原理光路图

传播方向观察全息照片,就能够在原被摄物体处观察到被摄物体的虚像.第三项光波光强与第二项光波光强共轭.当物光为发散光时,共轭光为会聚光.如果在被摄物体的对称位置放一接收屏,可再现被摄物体的实像,此实像与被摄物体共轭,称为赝像.

3. 全息照相的特点

全息照相是利用光的干涉和衍射原理,而普通照相则是利用光的透镜成像原理.另外,全息照片上的每一点都记录了整个物体的信息,所以全息照片具有可分割的特点.由于全息照片记录了物光的全部信息,所以再现出的物体的像是一个与被摄物体完全相同的三维立体像.

四、 实验环境设计

1. 相干性好的光源.对于一般较小的漫射物体常用氦氖激光器作为相干光源,它输出激光束的波长为 632.8 nm,功率为 1~3 mW.这种激光器工作稳定,相干性好,能获得较好的全息图像.

2. 合理的光路.选择合适的光路是获得优质全息图的关键之一.氦氖激光器相干长度一般不小于激光器腔长的 1/4.对光路的一般要求有:尽可能减少物光与参考光的光程差,一般控制在 2 cm 以内;参考光与物光的发光强度比一般选在 2∶1~10∶1 范围,为此需要选取合适的分束镜,或在光路中加入衰减镜来控制.投射在感光底版上的参考光与物光之间的夹角一般选取在 15°~45°之间,这样可以使干涉条纹间距大些,从而降低对感光底版分辨率和系统防震的要求,并避免再现像与零级衍射重合而影响对再现像的观察.为了减少光的损失和提高抗干扰能力,在设计光路系统时使用的光学元件应越少越好.

3. 高分辨率的记录介质.记录全息图像需要采用分辨率、灵敏度等性能良好的感光底版.因为一般全息干涉条纹是非常密集的,干涉条纹密度为 $n = \sin\theta/\lambda$,n 是条纹的空间频率,θ 是物光与参考光的夹角,λ 是记录光波的波长.对于 $\theta = 45°$ 时,全息图上的干涉条纹可达 1 200 条/mm,故要采用每毫米大于 1 200 线的感光底版.分辨率的提高使感光度下降,所以曝光时间比普通照片长,且与激光强度、被摄物大小和反光性能有关,一般需几秒、几十秒,甚至更长.用于氦氖激光的全息底版对红光最敏感,所以全息照相的全部操作可在暗绿灯下进行.曝光后的显影、定影等化学处理过程与普通感光底片相同.

4. 良好的减震装置.拍摄全息照片必须在防震性能良好的光学平台上进行,以保证光学系统各元件有良好的机械稳定性.拍摄时每一光学元件都不能有任何微小移动或震动.轻微的震动或气流扰动只要使光程差发生波长数量级的变化,条纹即会模糊不清,再现像的亮度和再现视场范围的大小会受到影响.所以被摄物体、各光学元件及全息底版必须严格固定.

五、 实验内容及步骤

熟悉全息设备,了解各部件的性能、作用和使用方法.

1. 全息照片的拍摄

(1) 按图 3-49 所示在全息台上布置并牢固装夹各光学元件,调节各光学元件的中心等高,使激光光束大致与实验平台平行.

(2) 调整光路元件,不放 L_1、L_2,使经过分束镜的两束光即物光和参考光都均匀照射到光屏上.调物光路和参考光路大致等光程,并且两束光的夹角在 15°~45°范围内.

(3) 放入 L_1、L_2,使激光均匀照亮被摄物,使物光和参考光均匀地照射在光屏的同一区域内,并且避免杂散光的干扰.

(4) 调参考光与物光的光强比在合适范围(调节扩束镜的位置),拍摄物与干板距离不宜过远,否则物光太弱.

(5) 安装感光底版时需要用遮光板遮住激光,底版的感光乳胶面面向激光束.

(6) 静置数分钟后曝光,曝光时间由实验室给出.

(7) 底版用显影液显影后,用清水冲洗数分钟,放入定影液中进行定影,定影后晾干即可在激光下观察再现像.

注意:感光底版放入定影液之前是在暗绿色下进行,之后才可开启照明灯.

2. 全息照片的观察

(1) 利用原拍摄光路并从与参考光方向相同的方向照亮全息照片,观察其再现虚像的位置、大小和亮度,并与原被摄物体进行比较.

(2) 将开有小孔的遮挡板覆盖在全息照片上,并改变位置,观察其再现虚像,记录观察结果.

(3) 将未扩束的激光选取适当角度直接照射在全息照片的乳胶面的背面,用接收屏接收再现实像.改变激光束的入射点,观察实像的视差特性,记录观察到的实像大小、清晰程度等.

(4) 将再现光换成钠灯或汞灯,观察并记录再现像的变化.

(5) 总结观察到的全息照相的特点,比较全息照相与普通照相的区别.

六、 注意事项

1. 不能用眼睛直接观看未扩束的激光束.

2. 勿用手、手帕、纸片等物擦拭光学元件.

3. 曝光时切勿触及全息台,人员不宜随意走动、谈话,以免引起振动,影响全息图质量.

4. 拍摄时应防止杂散光干扰,以免破坏全息图.

5. 全息底版是玻璃片基,注意轻放,以免弄碎.

6. 在整个实验操作过程中,未经允许,学生不得随意开启照明灯.

七、 思考与讨论

1. 为什么要求光路中物光和参考光的光程尽量相等?

2. 为什么光学元件安置不牢时将导致拍摄失败?

3. 如何判断所观看到的再现物像是虚像还是实像?

4. 全息照片上的干涉条纹间距由什么决定? 条纹的明暗由什么决定?

5. 如果全息照相失败,你认为可能是什么原因?

实验 3.12   pn 结正向电压温度特性的研究

早在 20 世纪 60 年代初,人们就试图利用 pn 结的正向电压随温度升高而降低的特性来制作测温元件.现在 pn 结以及在此基础上发展起来的晶体管温度传感器、集成电路温度传感器已广泛应用于各个领域.pn 结温度传感器具有灵敏度高、线性好、热响应快和小巧的特点,尤其是在温度数字化、温度控制以及用微机进行温度实时信号处理等方面,是其他测温仪器所不能媲美的.pn 结温度传感器缺点是测温范围小,以硅为材料的温度传感器,在非线性误差不超过 0.5% 的条件下,测量范围为 $-50 \sim 150$ ℃.如果采用其他材料,例如锑化铟或砷化镓,可以展宽传感器低温区或高温区的测温范围.

一、 实验目的

1. 了解 pn 结正向电压随温度变化的基本规律;

2. 测量 pn 结正向伏安特性曲线;

3. 测量恒流条件下 pn 结正向电压随温度变化的关系曲线;

4. 确定 pn 结材料的禁带宽度.

二、 实验仪器

pn 结正向电压温度特性测定仪,智能温控辐射式加热器等.

三、 实验原理

1. pn 结温度传感器的基本方程

根据半导体物理学的理论,理想 pn 结的正向电流 I_F 与正向电压 U_F 存在如下近似

关系

$$I_{\mathrm{F}} = I_{\mathrm{n}}\left(\exp\frac{qU_{\mathrm{F}}}{kT}\right) \tag{3.12.1}$$

式中, q 为电子电荷量, T 为热力学温度, I_{n} 为反向饱和电流, 它是一个与 pn 结材料禁带宽度及温度等有关的系数. 可以证明

$$I_{\mathrm{n}} = CT^{r}\exp\left[-\frac{qU_{\mathrm{g}}(0)}{kT}\right] \tag{3.12.2}$$

式中 C 是与 pn 结的结面积、掺杂浓度等有关的常数; k 为玻耳兹曼常量; r 在一定范围内也是常数; $U_{\mathrm{g}}(0)$ 为在热力学温度 0 K 时 pn 结材料的导带底与价带顶的电势差, 对于给定的材料, $U_{\mathrm{g}}(0)$ 是一个定值. 将式 (3.12.2) 代入式 (3.12.1), 两边取对数, 整理后可得

$$U_{\mathrm{F}} = U_{\mathrm{g}}(0) - \left(\frac{k}{q}\ln\frac{C}{I_{\mathrm{F}}}\right)T - \frac{kT}{q}\ln T^{r} = U_{\mathrm{g}}(0) - U_{1} + U_{nr} \tag{3.12.3}$$

其中

$$U_{1} = -\left(\frac{k}{q}\ln\frac{C}{I_{\mathrm{F}}}\right)T$$

$$U_{n1} = -\frac{kT}{q}\ln T^{r}$$

式 (3.12.2) 是 pn 结正向电压作为电流和温度函数的表达式, 它是 pn 结温度传感器的基本方程. 其中 U_{nr} 是非线性项, 实验和理论证明, 在温度变化范围不大时, U_{nr} 的影响可以忽略不计. 例如, 对于通常的硅 pn 结材料来说, 在 $-50 \sim 150$ ℃ 的温度区间内, 其非线性误差是很小的. 因此, 根据式 (3.12.3), 对于给定的 pn 结材料, 在允许的温度变化区间内, 在 I_{F} 保持不变的条件下, pn 结的正向电压 U_{F} 对温度的依赖关系取决于线性项 U_{1}, 即

$$U_{\mathrm{F}} = U_{\mathrm{g}}(0) - \left(\frac{k}{q}\ln\frac{C}{I_{\mathrm{F}}}\right)T \tag{3.12.4}$$

因此, 只要测出正向电压的大小, 便可以得知此时的温度, 这便是 pn 结测温的依据.

T 是热力学温度, 在实际测量中使用不方便, 有必要进行温标转换, 即确定 pn 结正向变化用摄氏温度来表示. 用 t 表示摄氏温度, 用 $U_{\mathrm{F}}(t)$ 和 $U_{\mathrm{F}}(0)$ 分别表示 t 和 0 ℃ 时 pn 结的正向电压, 因 $T = 273.2 + t$, 则式 (3.12.4) 可表示为

$$U_{\mathrm{F}}(t) = U_{\mathrm{g}}(0) - \left(\frac{k}{q}\ln\frac{C}{I_{\mathrm{F}}}\right)(273.2 + t) = U_{\mathrm{F}}(0) - \left(\frac{k}{q}\ln\frac{C}{I_{\mathrm{F}}}\right)t \tag{3.12.5a}$$

这里特别要注意, 在 pn 结传感器工作时, 通过 pn 结的电流要保持不变, 即应恒流供电.

令

$$S = \frac{k}{q}\ln\frac{C}{I_{\mathrm{F}}}$$

S 称为 pn 结传感器灵敏度. 则式 (3.12.5) 可表示为

$$U_{\mathrm{F}} = U_{\mathrm{F}}(0) - St \tag{3.12.5b}$$

或

$$t = -\Delta U/S \tag{3.12.6}$$

式中 $\Delta U = U_{\mathrm{F}}(t) - U_{\mathrm{F}}(0)$, 是温度为 t 时 pn 结的正向电压与 0 ℃ 时的正向电压的增量. 这就是 pn 结温度传感器在摄氏温标下的测温原理公式.

2. 确定 pn 结材料的禁带宽度

pn 结材料的禁带宽度 $E_{\mathrm{g}}(0)$ 定义为电子的电荷量 q 与热力学温度 0 K 时 pn 结材料

的导带底和价带顶的电势差 $U_g(0)$ 的乘积,即

$$E_g(0) = qV_g(0)$$

由于本实验是从室温开始,一般用室温测得的 pn 结正向电压来计算 $E_g(0)$.根据式 (3.12.4),若用 t_0 表示室温,则有

$$U_g(0) = U_F(t_0) + S(273.2 + t_0) \tag{3.12.7}$$

所以

$$E_g(0) = qU_g(0) = q[U_F(t_0) + S(273.2 + t_0)] \tag{3.12.8}$$

四、 实验装置及内容

1. 实验装置

NKJ-B 智能温控辐射式加热器采用新式热惯性小的加热管辐射加热,借助直接照射,反射面反射和二次辐射等,在风冷降温作用下,使加热器中心的温度场具有很高的均匀性.采用智能温控,应用模糊规则进行 PID 调节,利用电压表和指示灯明暗变化指示加热管两端所加脉冲电压的大小,内置了常用热电偶和热电阻(Cu50、Pt100)的非线性校正表格,自动进行数字校正,使加热器的温度在设定值的±(0.1~0.2)℃范围内基本保持恒定.

如图 3-51 所示,NKJ-B 智能温控辐射式加热器的加热腔上方有三个插孔,中间孔插入实时温度显示用的铂电阻 Pt100,余下两孔可同时分别插入两个待测温度传感元件,它们的引线连接仪器背面相应插孔.对于待测器件可通过相应连接线接入到供电电路中.

pn结正向电压   I/V调节   智能表面板   电源开关 加热开关 输出端口选择 电压表
温度测定仪   智能温控辐射   风扇开关
                                        式加热器

图 3-51 pn 结正向电压温度特性测定仪

NNQ-1pn 结正向电压温度特性测定仪的电流、电压通过调节旋钮是可调的,初测时需把电流 I_F 调到 50.0 μA,读出室温 t_0 时的 pn 结电压值 $U_F(t_0)$.

NKJ-B 智能温控辐射式加热器的智能表面板上方的红数字显示的是炉内温度,下方绿数字显示的是设置温度,⟨⟩是功能键(一般不用),◀是小数点移位键,▼是数据减少键,▲是数据增加键,设置温度的方法是:接通电源后,点按◀将小数点移到需要改变的数字右侧,利用▼▲减小、增加数字到设定值即可,设定好温度后,打开加热开关(即开关向上拔),此时电压表的指针不停地摆动即表示正在加热,风扇开关从始至终都要保持开启状态,输出端口选择 T_1.

2. 实验内容

(1) 测量 pn 结正向伏安特性曲线(见表 3-12-1).

(2) 测量恒流条件下 pn 结正向电压随温度变化的关系曲线(见表 3-12-2).

(3) 确定 pn 结温度传感器的灵敏度和被测 pn 结材料的禁带宽度.

五、 数据记录与处理

记录:室温 $t_0 = $ _____ ℃,工作电流 $I_F = 50.0$ μA 时,室温 t_0 时的正向压降 $U_F(t_0) = $ _____ mV

表 3-12-1　室温 t_0 时的 pn 结伏安特性曲线

I_F/μA	0	5.0	10.0	20.0	30.0	40.0	50.0	60.0	70.0	80.0	90.0	100.0	110.0
U_F/mV													

表 3-12-2　$I_F = 50.0$ μA 时的 pn 结正向电压温度曲线

t/℃	50.0	55.0	60.0	65.0	70.0	75.0	80.0	85.0	90.0	95.0
U_F/mV										

数据处理:

(1) 由式(3.12.4)可以看出,在温度不变的条件下,pn 结的正向电流 I_F 与电压 U_F 呈指数曲线关系,根据表 3-12-1 绘出室温 t_0 时的 pn 结伏安特性曲线 U_F-I_F.

(2) 根据表 3-12-2 绘出 $I_F = 50.0$ μA 时的 pn 结正向电压随温度变化的关系曲线 U_F-t.

① 求 U_F-t 关系曲线的斜率,即为 pn 结温度传感器的灵敏度 S(mV/℃):

$$S = \frac{U_2 - U_1}{t_2 - t_1}$$

② 计算热力学温度 0 K 时 pn 结材料的导带底与价带顶的电势差 $U_g(0)$:

$$U_g(0) = U_F(t_0) + S(273.2 + t_0)$$

根据公式(3.12.8)计算 pn 结材料的禁带宽度 $E_g(0)$,并与其公认值 1.21 eV 比较,计算误差.

六、 思考与讨论

为什么用 pn 结正向压降随温度变化关系测量温度时,需要用小电流并保持恒流?

小　　结

在本章中,部分实验是近代物理中比较典型和著名的实验.这些实验不仅为物理学的发展作出过重大贡献,而且实验的设计思想和方法至今对科学工作者仍具有借鉴和指导作用.例如密立根油滴实验巧妙采用力学方法揭示了微观粒子的量子性,简单、直观、巧妙而又准确,被列为历史上十大最美物理实验之一.人类对科学的追求从未停滞,从电荷的量子性开始物理学家一直在寻求非整数电荷的实证,虽然粒子的夸克模型已经在理论上比较成熟,但是直接的实验验证将是未来物理学家更高的追求.

本章中的光电效应实验不仅为光量子论的提出提供了实验依据,还提供了对诸如普朗克常量、金属或半导体材料的逸出功及红限频率等物理基本常量进行测量的直接途径.利用光电效应制成的各类光电器件已被广泛地应用到了科学技术的各个领域,尤其在最新的新能源领域,如太阳能电池与数字成像系统中,发挥了不可替代的作用.

本章中的金属电子逸出功实验采用理查森直线法测定金属电子的逸出功,其物理思想和数据处理技巧堪称一绝,这种避开不易测量或不易测准的物理量,而直接获得所需结果的方法,在实验设计中得到了广泛的应用.该实验不仅可用于测定金属材料的逸出功,而且通过延伸可用于验证真空二极管阳极电流与电压之间所满足的 3/2 次方定律,并测定电子的荷质比等,物理实验内容十分丰富.

另外还有部分实验都是综合性很强的物理实验,有一定的难度,综合了半导体物理、光学、非线性电路、传感器、磁学等领域的知识.希望学生认真学习实验方法,独立完成实验内容,会大大开拓创新思维,同时提高自主创新的科学实验素质.

第 4 章
实验设计基础

设计性物理实验是体现基础物理实验学习效果的有效手段,同时也是后续开展科学或工程设计的开端,本章以物理实验设计基本思路和方法为主加以说明.设计性科学实验一般流程如下:

选择并确定课题 → 收集资料查阅文献 → 设计与制定方案 → 实验实践 → 综合分析与讨论 → 系统总结撰写论文或报告

课题选择是科学研究实验或工程设计的开始,从整体来说,课题来源主要根据当前国内外的科技发展趋势与动态,以及国民经济发展的核心问题与技术需要,或工程技术中的具体热点问题来确定.选题一般要有核心问题且注重经济效益.课题选定以后要进行调研,收集、查阅最新的有关文献资料,并进行整理、分析研究.在此基础上,设计、制定方案,做出总体计划.作为基础物理实验的设计训练环节,一般要求学生在基础实验中找出若干创新问题,同时结合当前最新的实验手段与方法,如数字化实验手段等,设计问题并完成实验.过程包括依据正确可靠的理论建立物理模型,选择误差最优化的实验方法.根据课题设计思路合理选配实验仪器,同时拟定实验程序.对于物理实验教学中的设计性实验,主要是根据实验设计要求提出自己的设计思路,完成设计和方案制定.对于工程技术化的实际课题,还要进行方案对比,可行性论证后给出最优化的设计方案.

实验设计方案确定,需要进行认真仔细预演实验操作验证方案的可行性.若设计方案可行,再次完善实验设计过程后进行实验,详细记录观察到的现象和数据,尤其注意实验中出现的问题并加以分析完善或排除.实验完成后要严格处理实验数据,利用误差分析理论和数据处理工具综合分析所得结论.在系统总结的基础上,撰写实验论文或报告.这就是科学实验的全过程,后面这部分内容,通过前几章各实验的操作和书写实验报告以及归纳总结,应该得到了一定的训练和不同程度的提高,进而完成基础的设计性实验训练,是本课程的主要任务.

科学论文或报告的结构,一般由以下几部分组成.

引言　简明扼要地叙述研究该课题的意义,实验设计过程分析,要解决的问题和预期结果,以及理论价值和技术创新等.

理论依据及实验方法　根据设计思路充分阐明设计的理论依据,实施方案的特点,所用实验装置的原理及规划,所需实验条件和操作程序等.如果是在已有研究基础上进行的实验工作,则需要对改进提高部分加以详细论述.

实验结果　对实验中观察到的现象进行分析,实验得到的数据要合理处理计算,物理量间的变化关系要画出图线,通过严格的数值计算得出实验结果,估算出误差并最终给出不确定度.

结论 用简洁明晰的语言表达出所得到的实验结论.结论要严谨客观且分析合理得当.

分析讨论 对实验结果的意义和可能存在的问题进行讨论.不仅要说明实验结果的准确程度和可靠性,还应作理论解释并与已有的理论作比较,由其需要对应所研究问题的实验方案设计进行评价和给出改进意见,对后续尚需进一步讨论的问题提出自己的见解及解决的可能有效途径.

参考文献 根据课题调研情况按顺序列出文中所参考或引证的主要文献资料,这些资料需为正式出版的期刊或教材上的文章,同时注明作者、文章题目、刊号或出版社等.

实验设计是实验操作能力、独立工作能力的综合创新锻炼,是理论与实践全面检验的一个方面.要想较好地完成实验设计,必须要有坚实的理论基础和一定的实验技能、实践知识和经验,更重要的是需要有浓厚的学习兴趣、细致的思维能力和对设计实验的高度责任感.设计型实验侧重于实验知识、实验方法和实验技能的灵活运用,是引导学生自主能力、动手能力和创新能力提升的极佳方式.学生学习设计型实验,可以根据所定题目的要求,所提供的仪器设备,查阅参考资料,提出自己的设想.可以推证有关理论,可以自行确定实验方法,可以自行选配仪器设备,可以自行拟定实验程序和注意事项.指导教师通过对实验方案的可行性分析及引导后,学生付诸实践并在操作中完善.实验结束,预期将写出水平较高、较完整的设计实验报告或论文,充分提升实践创新能力.下面介绍设计实验的基本方法.

§4.1 实验方案与物理模型的确定

在进行一项实验工作之前,首先需要根据任务要求确定实验方案,包括实验方法、测量仪器、测量方法、测量条件、实验程序等的选择和制定.实验方案的确定就是根据一定的物理原理,建立被测量量与可测量量之间的关系.

对于给定的实验任务,研究对象和基本内容已限定,与之相关的物理过程可能有若干种,即可列出若干种可供选择的实验原理及作为测量依据的理论公式,这就需要从中选出最佳的可行的实验方法.例如,重力加速度研究实验,可以利用自由落体运动来研究,或利用单摆或三线摆的近似谐振过程,也可以利用斜面上的光滑无摩擦的下滑运动.广义地说,凡含有被测物理量 g 的数学表达式都可以作为选择对象.

分析比较各种实验原理及测量公式,了解它们的适用条件、优点及局限性,结合可能提供的器材、设备,以及测量的准确度要求和实施的现实可能性,选择一个最佳的物理模型. 以测量重力加速度为例,使物体从某一高度自由下落,运动方程为

$$h = v_0 t + \frac{1}{2} g t^2$$

则

$$g = \frac{2(h - v_0 t)}{t^2}$$

只要测得高度 h、初速度 v_0 和对应的时间 t,就可以求出重力加速度 g 的值.

在三线摆的转动惯量 J 与周期 T 的关系式中,有

$$J = \frac{mgRr}{4\pi^2 H} T^2$$

$$g = \frac{4\pi^2 HJ}{mRrT^2}$$

测出摆盘的质量 m,上、下圆盘悬点离各自中心的距离 r、R,静止时上下圆盘间的垂直距离 H,摆盘的摆动周期 T 和转动惯量 J,就可以求出 g 值.

单摆在摆角很小的条件下,摆长 l 与周期 T 的关系式为

$$T = 2\pi\sqrt{\frac{l}{g}}$$

$$g = \frac{4\pi^2 l}{T^2}$$

测出摆长 l 和摆动的周期 T 就可求出 g 值.

上述三种方案中,三线摆测 g 需要测量的直接测量量最多,而且有些量不易测准,故不宜选用.自由落体测 g,若创造 $v_0 = 0$ 的条件,直接测量量和单摆测 g 一样,都是两个,但实际操作起来,单摆要优越得多.这是因为,自由落体要做到 $v_0 = 0$ 和准确判定 h 值并不容易,以 h 为 2 m 计,下落时间为 0.6 s 多,显然手控停表计时是很困难的,需用光电计时器.对于单摆,l 可用钢直尺测量,时间可测 n 个周期的累计时间 nT,对 $l = 1$ m 的单摆,$T \approx$ 2 s,$50T$ 的累计时间达 100 s 左右,用一般停表即可.经过综合分析比较,测量 g 的方案应选单摆作为物理模型,因为单摆法所用装置简单,操作方便,测量准确度较高,仪器价格低廉.

几乎所有的物理原理及导出的理论公式都是建立在理想的条件下,是典型化的模型,而实际的装置无法达到"理想"条件,这就要求设计的现实模型系统误差要小到可以忽略不计的程度.对于单摆,要求不伸长的细线质量比小球质量小很多,而小球的直径又要比细线的长度小很多,这种装置才能看作是一个不计质量的细线系住一个质点.单摆的关系式 $T = 2\pi\sqrt{\frac{l}{g}}$ 是在摆角很小($\theta < 5°$),圆弧近似看成直线的情况下得到的.满足上述要求的装置才是一个实用的单摆,一个实用的物理模型.

§4.2　实验仪器和测量方法的选择

实验装置和仪器、量具是完成实验任务的工具.实验方案、物理模型确定之后,就要设计或选择实验装置,合理选配测量仪器或量具,进行安装和调试.

1. 按照实用物理模型的要求,安排或设计实验装置

例如,用单摆测定重力加速度,需要有支架、悬线、小球,在选定实验装置时必须符合模型的要求,摆线要长,且在运动中长度不能改变,可用 1 m 左右的弦线;小球体积要小,材料密度要大,可用直径约 2 cm 的铜球,支架要能显示摆动的角度等.

假如实验任务是测定黏度较大的静态液体的黏度,最佳方案是落球法,它依据的原

理是斯托克斯公式,成立的条件要求液体是无限广延和静止的.实际上无限广延是不能实现的,能够做到的只是小球的直径 d 比容器的内径小很多.如容器内径大于 20 cm,操作将很困难.解决的方法有二,一是考虑管壁对小球运动的影响,在斯托克斯公式中加入修正项;一是用一组不同内径 D 的圆管,让小球分别在各个管中下落相同的距离,记录所用的时间 t,以 $\dfrac{d}{D}$ 为横坐标,以对应的时间 t 为纵坐标,将测试数据作成图线,将这条直线延长与纵轴相交,其截距就是无限广延条件下小球运动相同距离所需要的时间,因为截距的横坐标 $\dfrac{d}{D}=0$,就是 $D\to\infty$.如果采用多管落球法测液体的黏度,可以设计一组不同内径 (1~6 cm) 的 5~7 根圆管,长约 30 cm,每根管子中部相距 15 cm 处分别作出计时标记.各管应垂直底板安装,底板能调节水平,以使各管竖直.计时器选用机械停表,实验结果就可得到三位有效数字.

2. 按照预定的测量准确度选配仪器与量具

对于一个具体的实验任务,常常有多个直接测量量,每个量测量仪器的选择首先应该考虑误差对最后结果的影响,先按误差等作用(均分)原则分配到各直接测量量,为了方便可采用算术合成法传递公式,但严格的计算还是要用标准偏差传递公式.若

$$N=f(x_1,x_2,\cdots,x_m) \tag{4.2.1}$$

根据任务要求,测量误差 s_N 或 E_N(或不确定度)已经给定,按照 m 个分项(m 个直接测量量)对 s_N 或 E_N 的影响相同来进行分配,即

$$s_N=\sqrt{\left(\frac{\partial f}{\partial x_1}\right)^2 s_{x_1}^2+\left(\frac{\partial f}{\partial x_2}\right)^2 s_{x_2}^2+\cdots+\left(\frac{\partial f}{\partial x_m}\right)^2 s_{x_m}^2} \tag{4.2.2}$$

$$E_N=\frac{s_N}{N}=\sqrt{\left(\frac{\partial \ln f}{\partial x_1}\right)^2 s_{x_1}^2+\left(\frac{\partial \ln f}{\partial x_2}\right)^2 s_{x_2}^2+\cdots+\left(\frac{\partial \ln f}{\partial x_m}\right)^2 s_{x_m}^2} \tag{4.2.3}$$

$$\left(\frac{\partial f}{\partial x_i}\right)^2 s_{x_1}^2 \leqslant \frac{s_N^2}{m} \qquad (i=1,2,\cdots,m)$$

$$\left(\frac{\partial \ln f}{\partial x_i}\right)^2 s_{x_i}^2 \leqslant \frac{E_N^2}{m} \qquad (i=1,2,\cdots,m)$$

可得

$$\left|\frac{\partial f}{\partial x_i}\right| s_{x_i} \leqslant \frac{s_N}{\sqrt{m}} \qquad (i=1,2,\cdots,m) \tag{4.2.4}$$

$$\left|\frac{\partial \ln f}{\partial x_i}\right| s_{x_i} \leqslant \frac{E_N}{\sqrt{m}} \qquad (i=1,2,\cdots,m) \tag{4.2.5}$$

按误差均分原则分配到各项后,还要根据实际情况进行适当调整.这是因为受仪器量具、测量的技术水平和经济条件的限制,对测量准确度容易达到的分项误差可多分配些,对于难以达到的就少分配一些.

在具体选择测量器具时,除考虑实用性和价格外,一般主要考虑仪器的量程、准确度和分辨力,也就是仪器能够测量的最小值和仪器的误差.选择的原则是所选用器具的误差小于被测量要求的误差限.

例 4.1　已知圆柱体的直径 $d \approx 20$ mm，高 $h \approx 50$ mm，要求测量体积 V 的相对误差 $E_V \leqslant 1\%$，问应选择什么量具来进行测量？

解

$$V = \frac{1}{4}\pi d^2 h$$

$$\ln V = \ln \frac{\pi}{4} + 2\ln d + \ln h$$

$$E_V = \frac{s_V}{V} = \sqrt{\left(\frac{2}{d}\right)^2 s_d^2 + \left(\frac{1}{h}\right)^2 s_h^2}$$

$$\frac{2s_d}{d} \leqslant \frac{E_V}{\sqrt{2}}$$

$$\frac{s_h}{h} \leqslant \frac{E_V}{\sqrt{2}}$$

代入数据

$$s_d \leqslant \frac{d \cdot E_V}{2\sqrt{2}} = \frac{20 \times 0.01}{2\sqrt{2}} \text{ mm} = 0.071 \text{ mm}$$

$$s_h \leqslant \frac{h \cdot E_V}{\sqrt{2}} = \frac{50 \times 0.01}{\sqrt{2}} \text{ mm} = 0.35 \text{ mm}$$

由仪器说明书可查得，分度值为 0.05 mm 及 0.1 mm 的游标卡尺的示值误差分别为 0.05 mm 和 0.1 mm. 故选分度值为 0.05 mm 的卡尺测 d，分度值为 0.1 mm 的卡尺测 h 即能满足要求.

例 4.2　用单摆测重力加速度 g，要求 $E_g \leqslant 0.5\%$，若选摆长 $l \approx 100$ cm，周期 $T \approx 2$ s，试选配测 l 和 T 的仪器.

解

$$g = \frac{4\pi^2 l}{T^2}$$

由算术合成法误差传递公式

$$E_g = \frac{\Delta l}{l} + 2\frac{\Delta T}{T}$$

$$\frac{\Delta l}{l} \leqslant \frac{E_g}{2}$$

$$\Delta l \leqslant \frac{l \cdot E_g}{2} = \frac{100 \times 0.005}{2} \text{ cm} = 0.25 \text{ cm}$$

$$2\frac{\Delta T}{T} \leqslant \frac{E_g}{2}$$

$$\Delta T \leqslant \frac{T \cdot E_g}{2 \times 2} = \frac{2 \times 0.005}{4} \text{ s} = 0.002\,5 \text{ s}$$

所选用仪器的误差应小于上面计算的结果.测量摆长可选用分度值为 1 mm 的钢直尺.若测一个摆动周期的时间应选用数字毫秒计才能配套.若选用停表计时,则要采用累计放大法测量,即连续测量 n 个周期的时间 t,$t = nT$,$\Delta t = n\Delta T$,这样可以降低对仪器准确度的要求.取 $n = 50$,则 $\Delta T = \dfrac{\Delta t}{n} = \dfrac{\Delta t}{50}$,$\Delta t = 50\Delta T \leqslant 50 \times 0.002\ 5\ \text{s} = 0.125\ \text{s}$,这样选用分度值为 0.1 s 的机械停表就可满足要求.如果考虑按表时的动作误差,$\Delta t \approx 0.2\ \text{s}$,则 n 可取 80~100.

3. 测量方法的选择

实验方案确定后,根据研究内容的性质和特点,有时还要选择一个测量对象.细心确定被测对象也很重要,因为在保证测量准确度的前提下,巧妙地选择测量对象可以简化测量工作.例如,测金属材料的杨氏模量,在选定静态拉伸法的方案后,被测对象均选用细金属丝而不选粗金属棒,这是因为在同样的载荷下,长金属丝的变形大,从而降低了测量变形的难度,同时提高了测量的准确度.对于某些实验课题,选择测量仪器和被测对象要一并考虑,巧妙地选择被测对象是不容忽视的问题.

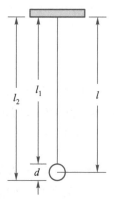

实验仪器和被测对象确定后,还需要考虑和确定具体的测量方法.因为测量某一物理量时,往往有好几种测量方法可以采用,那就要选取测量误差最小的一种.例如,对单摆摆长 l 的测量,如图 4-1 所示,选择的量具是分度值为 1 mm 的钢直尺和分度值为 0.1 mm 的游标卡尺.可以用下面三种方法进行测量:

① $l = l_1 + \dfrac{d}{2}$;

② $l = l_2 - \dfrac{d}{2}$;

③ $l = \dfrac{1}{2}(l_1 + l_2)$.

图 4-1　测量方法的选择

用钢直尺测量 l_1、l_2,其结果分别为

$$l_1 = (100.1 \pm 0.2)\ \text{cm}, \quad l_2 = (102.5 \pm 0.2)\ \text{cm}$$

用游标卡尺测量 d,结果为

$$d = (2.40 \pm 0.01)\ \text{cm}$$

三种方法测量 l 的误差分别为

①和②

$$\Delta l = \sqrt{\Delta l_1^2 + \left(\frac{\Delta d}{2}\right)^2} = \sqrt{(0.2)^2 + \frac{1}{4}(0.01)^2}\ \text{cm} = 0.2\ \text{cm}$$

③

$$\Delta l = \sqrt{\left(\frac{\Delta l_1}{2}\right)^2 + \left(\frac{\Delta l_2}{2}\right)^2} = \sqrt{\frac{1}{4}(0.2)^2 + \frac{1}{4}(0.2)^2}\ \text{cm} = 0.14\ \text{cm}$$

显而易见,采用第三种方法误差小,准确度较高,而且不使用游标卡尺,省去一种仪器,测量过程也较为简单.

前面讲过,对单摆周期的测量,可以采用数字毫秒计计时,也可以使用机械停表用累计放大法计时,相比之下使用停表计时好处多些.因停表的操作较简单,价格较低,这是"手动"操作的选择.如果要"自动"进行实验,选用的测量方法和测量仪器就有可能不同.

这里有两点要注意,一是测量方法和测量仪器的选择常常是相关联的,宜一并考虑;二是在满足实验准确度要求的前提下,要尽量选用最简单、最便宜的仪器去实现它,千万不要片面地以为仪器越高档越好.

上面的讨论、举例侧重于物性、力学内容,对于热学、电学、光学等实验的设计,还有一些特别问题需要考虑.例如,电学实验在选择电表时,所用电表的量程应略大于被测量,也就是要让电表在接近满刻度处工作.如果有一待测电流是 8 mA,选用准确度等级为0.5、量程为 100 mA 的电流表,仪器的误差限为

$$\Delta I = 100 \ mA \times 0.5\% = 0.5 \ mA$$

相对误差为

$$E = \frac{\Delta I}{I} = \frac{0.5}{8} = 6.3\%$$

如果选用准确度为 1 级、量程为 10 mA 的电流表,那么测量的相对误差为

$$E = \frac{\Delta I}{I} = \frac{10 \times 1\%}{8} = 1.3\%$$

由此可见,在本例的条件下,用低准确度等级的电表测量误差小,用高准确度的电表测量误差反而大,因而选择仪器时不要以为准确度越高越好(另外,高准确度仪器造价高、难维护).

总之,实验设计应根据任务要求及误差限来制定合理的方案,选择恰当的仪器,不能盲目要求仪器总是越高级越好,环境条件总是恒温、恒湿、越稳定越好,测量次数总是越多越好.这样的要求是不切合实际的,也是不必要的.应该以最低的代价来取得最佳的结果,做到既保证达到所要求的实验准确度,又合理地节省人力、物力.

§4.3 测量条件的选择和实验程序的拟定

1. 测量条件的选择

前面已经讨论过,测量的准确度与许多因素有关,当实验方案、物理模型、测量仪器和测量方法确定后,如何选择测量条件能使结果的准确度最高? 这是测量最有利条件的选择问题.换句话说,就是在其他条件一定的情况下,在什么条件下进行测量,最后结果的总体误差最小,测量结果最理想.

一般来说,选择测量条件都要从分析误差入手,从数学上讲,就是对误差函数求极值的问题.这个最有利的测量条件,可以由各直接测量量对误差函数求偏导数而得到.令一阶偏导数为零,即可解出相应的参数值,若二阶偏导数大于零,则该条件为测量的最有利条件.

例如,在用滑线式电桥测量电阻时,滑键在什么位置,能使待测电阻的相对误差最小? 实验电路如图 4-2 所示.图中 R_0 为已知标准电阻,l_1 和 l_2 为滑线的两臂长,$l = l_1 + l_2$ 为滑线的总长度.

已知电桥平衡条件是

$$R_x = R_0 \frac{l_1}{l_2} = R_0 \frac{l_1}{l-l_1}$$

式中，R_0 是标准电阻，它的准确度一般很高；l 是滑线电阻丝的全长，在这里 R_0、l 都可看作是常量.

由算术合成法误差传递公式有

$$\frac{\Delta R_x}{R_x} = \frac{\Delta R_0}{R_0} + \frac{\Delta l_1}{l_1} + \frac{\Delta l_2}{l_2} = \frac{\Delta R_0}{R_0} + \frac{l\Delta l_1 - l_1\Delta l}{l_1(l-l_1)}$$

最佳测量条件是 $\dfrac{\partial}{\partial l_1}\left(\dfrac{\Delta R_x}{R_x}\right) = 0$，得

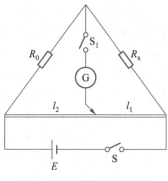

图4-2   测量条件的选择

$$\frac{-l(l-2l_1)}{(l-l_1)^2 l_1^2}(\Delta l_1)^2 = 0$$

故

$$l - 2l_1 = 0$$

$$l_1 = \frac{l}{2}$$

又可证明 $\dfrac{\partial^2}{\partial l_1^2}\left(\dfrac{\Delta R_x}{R_x}\right) > 0$，由此可知滑键在滑线的中点位置时，$R_x$ 的测量准确度最高.

2. 实验程序的拟定

实验是一个有秩序的操作、观察、测量与记录的过程，必须事先拟出合理的实验程序，才能有条不紊地进行.尤其要分析，是否存在不可逆过程，更要作好妥当的安排.

实验开始前，首先要调整实验装置和仪器到正常使用状态，按照实验原理和仪器说明书的要求进行水平、竖直、零位等的调整.检查一下测试的环境条件，如温度、湿度、气压、电磁场等，是否在允许范围内，特别是电源提供的各类电压是否符合要求.

清楚了解不可逆过程十分重要，如加热蒸发、溶解，铁磁材料的磁化过程等.磁滞回线的测量不能违反外磁场逐渐循环变化的规律.对于有损检测，实验要进行到试件被破坏为止，如果试件的欲测参数在未破坏前没来得及测量或没有测准，那么破坏后就无法再测.

实验过程中，对每个物理量可能出现的极大值要有所限定，防止发生意外，导致仪器损坏或出现其他事故.例如，由于加热产生温升对环境的影响；物体受力运动可能出现的最大位移；加载后试样的最大形变及承载能力；各种电表，特别是电流计是否会超过量程，这些在安排实验时都要考虑.

准备就绪后，对于可以反复进行的实验过程，可先粗略地定性观察一下，是否与理论预想一致，如有差异应予以记录，以便实验时再仔细观察分析.观察各物理量的变化规律，对非线性变化，应注意各个量的变化率，以确定正式实验时测量点的分布，一般在线性部分可少作一些点，而在变化大的区域，测量点应尽量密些.

参照上述各步工作，拟定实验步骤，列出数据表格，记录测试条件，特别是有些物理量，如黏度、密度等，离开了测量时的温度，结果就毫无意义.

以上分析只是针对一般情况，不同实验的程序可有不同的安排.合理的实验程序是获得正确实验结果的保证，甚至关系着实验的成败.实验能顺利正常地进行，实验结果的可信度就可以保证.

由于物理实验的内容十分广泛,可以利用的实验方法和测量手段很多,在实际工作中,还要受到客观条件的制约及各种因素的影响,所以很难总结出一套完整的、普遍适用的实验设计的方法.本章只是作了一些原则性的介绍,并通过实例加以讨论,希望能起到启发实验者的思维,激发实验者的探索精神的作用.实验者在具体的实验中还应根据具体情况,制定出切实可行的实验方案.只有通过大量实践,逐步总结,积累经验,才能真正掌握这方面的内容,才能不断提高科学实验的能力和素养.

§4.4　设 计 举 例

例一　任务:测定金属材料的杨氏模量.

　　　要求:相对误差 $E_E \leqslant 5\%$.

1. 实验方案的选择

杨氏模量是表征固体材料抵抗形变能力的物理量,它与材料的几何形状无关.

对于柱状样品,材料的杨氏模量 E 的定义式为

$$E = \frac{F/S}{\delta l/l} \tag{4.4.1}$$

式中,F 为试样轴向受力的大小;S 为横截面积;δl 是在力 F 作用下的伸长量;l 为轴向原长.

若根据定义式测定杨氏模量,需测量力、力作用下试样的伸长量及原长、截面积四个量.

根据声学知识,声波在连续介质内传播,声速 v 与杨氏模量 E 的关系式为

$$v = \sqrt{\frac{E}{\rho}} \tag{4.4.2}$$

式中,ρ 是物质的质量密度.测出声速 v 和密度 ρ 便可得到杨氏模量.

还可找到与材料的杨氏模量有关的其他关系式,如振动法等.因为题目任务是单纯研究杨氏模量值本身,故以定义式最简明清楚.另外在实验设计合理时,式(4.4.1)虽需测四个量,但所需装置简单,量具普通,操作容易.而式(4.4.2)中 v 与 ρ 的测量较难,需用的设备也较复杂.因此,选择式(4.4.1)作为测量 E 的关系式.

样品的选择.要使金属材料有显著的形变需要的力是很大的,为了在不大的力作用下有较大的伸长量,应该选用横截面积小而轴向长的丝状样品.为此,初选长 $l = 1$ m,直径 $d = 0.5$ mm 的金属丝,如果是钢丝,在 $F = 9.8$ N 的力作用下,轴向伸长约为 0.25 mm.

2. 实验装置的设计

方案确定之后,应考虑具体装置的设计.因为金属丝要在力的作用下伸长,所以整个装置的构思应该是上面一个夹头固定试样上端,下夹头夹住金属丝下端再与施力部件结合,构成了杨氏模量仪的总体框架.进一步分析就可发现,施力之后产生的伸长 δl 隐含在总长 l 之内,这个非常关键的量,直接测量非常困难.那就设法将它放大,最常用的就是光杠杆,它可将 δl 放大 $\frac{2D}{k}$ 倍,将关系式 $\delta l = \frac{k}{2D} \cdot \delta n$ 代入 E 的定义式,可得

$$E = \frac{l}{S} \cdot \frac{2D}{k} \cdot \frac{\delta F}{\delta n} \tag{4.4.3}$$

式中，k 为光杠杆前后足垂距；D 为标尺到反射镜的距离；δF 为施力增量；δn 为与 δF 对应的标尺读数增量.

要使光杠杆的后足与钢丝的伸长一起变化，需在下夹头处设置一相对固定的平台，将光杠杆前足置于台上槽内，后足随夹头上下移动，使反射镜的仰角变化，进行 δl-δn 的变换测量.

施力方式可以是连续的，也可以是阶跃的.若下夹头用弹簧秤施力，就可以得到连续增减的力，同时可测出与之相应的连续变化的 δn，这种方案适用于自动记录装置，但力的准确度不高.如果下夹头用校准的砝码逐个相加，则可以得到 δF 和与之对应的 δn，这种阶跃式的加力方法，更有利于分析数据，故采用这种方法较好.因为利用的是砝码的重力作用，所以装置必须调整到竖直状态.

3. 测量器具的选择

分析各个直接测量量，除 δF 外其余都是长度量.据式(4.4.3)得杨氏模量 E 的相对误差传递式为

$$E_E = E_l + 2E_d + E_D + E_F + E_{\delta n}$$

任务要求 $E_E \leq 5\%$，据误差均分原则，每一项分误差应不大于 0.8%，按相对误差与有效数字的关系，可知所有直接测量值均不得少于三位有效数字.由于它们都是常规量，因此首先考虑使用钢卷尺、钢直尺、游标卡尺和螺旋测微器等常规量具.钢丝初选尺寸 l 为 1 m，d 为 0.5 mm，标尺望远镜要求 $D \approx 2$ m.若 $k \approx 75$ mm，施力单位 F 为 9.8 N，望远镜标尺为 300 mm 的钢直尺.根据上述已知或设定数据，初选量具如下：

物理量	大约量值 /mm	量具	分度值 /mm	示值误差 /mm	其他误差 /mm	相对误差 /%
钢丝长度 l	1 000	钢卷尺（或钢直尺）	1	0.8	端点难辨认 1.2	0.2
钢丝直径 d	0.5	螺旋测微器	0.01	0.004		0.8
镜尺距 D	2 000	钢卷尺	1	1.2	0.8	0.1
光杠杆长 k	75	游标卡尺	0.05	0.05	0.15	0.3
标尺读数差 δn	150	钢直尺	1	0.1	0.4	0.3
拉力 F	6 000 g	砝码		1.5 g		0.03

杨氏模量相对误差估算为

$$E_E = E_l + 2E_d + E_D + E_k + E_F + E_{\delta n}$$
$$= (0.2 + 2 \times 0.8 + 0.1 + 0.3 + 0.03 + 0.3)\% = 2.5\%$$

上述粗略的估算说明，初选量具是合理的.相对误差虽小于任务要求较多，但实际操作时会存在一些系统误差，有时还会较大.分析可知，影响杨氏模量误差的主要因素是 d 和 δn 的测量，留出一些余量是必要的.另外在测量方法和数据处理上也需考虑，进一步采取措施限制和减小估算时未考虑到的误差.

4. 测量方法的选择

D、l、k 的测量相对误差较小，可只测量一次.要注意的是端点难辨认，要尽量对准，卷

尺不能弯曲.为使钢丝伸直,可在下挂 1 kg 砝码时测 l,由于上、下二夹头的存在,使得夹持点不易确定,直尺也不能靠拢钢丝,测量时要尽量设法对准.

d 应该进行多次测量.金属丝的直径不可能处处均匀,在受力作用的情况下直径会有些变化.所以可在最小载荷(下挂 1 kg 砝码)和最大载荷(下挂 6 kg 砝码)作用时在上、中、下不同部位、不同取向进行测量.

δn 的测量.为减小系统误差,可增加 1 kg 砝码读一个读数,逐次增至最大载荷;然后再每次减去 1 kg 砝码读一个读数,让钢丝逐步伸长和逐步收缩.因为 δn-δF 是线性关系,可用作图法或逐差法处理数据,求出 $\dfrac{\delta F}{\delta n}$ 或 δn.

5. 测量条件的限定和实验程序的安排

测量条件主要是:胡克定律成立的条件是弹性形变.所以要保证材料发生的是弹性形变,载荷不能过大,要在弹性限度以内,实验数据应表现出应变与应力成正比的规律.

因实验中无不可逆过程,实验步骤按常规安排即可.但仍应仔细考虑,制定一个既便于测量又节约时间的程序.

① 调节立柱竖直,使钢丝处于竖直状态,下夹头能自由上下滑动.

② 调节光杠杆反射镜和望远镜使光路符合实验原理要求,增减砝码时用望远镜观察标尺的像应始终清晰,挂一个砝码时,标尺读数一般应在标尺中部,这样,在加最大载荷时,示值不会超出尺长.

③ 在钢丝下端逐一增加砝码再逐一减少,记录标尺读数,并观察是否随力的增减成线性伸缩.

④ 在最小和最大载荷作用下,在钢丝的上、中、下部多次测 d.当然,在测量前首先要观察记录螺旋测微器的零点读数.

⑤ 分别测量 l、D、k.

例二 任务:测定电流表的内阻 R_g.给定电流表为磁电系电表,量程 100 μA,等级 1.0 级.

1. 测试方法的选择

测量电阻的方法很多,如伏安法、电桥法、比较法、替代法、半流法等.任务是测磁电系电流表的内阻,知其为一恒量,与流过的电流值无关.又据该表的结构原理知它的内阻较大,一般在 500~1 000 Ω 之间.因其电流值较小,用伏安法不可避免地受电表接入误差影响大,如进行修正又比较麻烦,故不宜采用.如用桥式电路,测得值虽比较准确,但在实测时不太安全,因为有可能流过待测表的电流超量程,损伤待测表的准确度,也不宜采用.比较法、替代法、半流法在这里比较接近,相对来说替代偏转法最简单,也容易保证测量的准确度.故采用替代偏转法,电路图如图 4-3 所示.

2. 仪器的选择

由于这种方法所能达到的准确度由标准电阻 R_1 和标准电表 A_1 确定,A_1 为偏转判据,R_1 为测量结果的示值,这是两个关键仪器.

因为被测电表为 1.0 级,作为判据的电表 A_1 其准确度应高于 1.0 级,故选用 0.5 级,量程应与被测表一样,也选 100 μA.R_1 是标准电阻,一般准确

图 4-3　替代偏转法测电表内阻

度就可以达到,为便于调节,可选择 0.1 级、电阻值在 0.1~9 999.9 Ω 之间的五位电阻箱.

电阻 R_0 的选择.为了调节方便且使电源在低负载下工作,以保证其稳定性,还要使电路的电流值主要取决于 R_0,所以 R_0 的值应以大于 R_g100 倍为宜,即 $R_0 \approx 100$ kΩ.这个阻值再用单个滑线电阻比较困难,所以可以用一个比较大的固定电阻和一个滑线变阻器串联起来,例如固定电阻为 90 kΩ,滑线电阻为 10 kΩ.由于串联回路电流很小,所以电阻器的功耗核算可以省去.

电源 E 的选择.E 的电动势应为 $\varepsilon \approx IR = 100 \times 10^{-6} \times 100 \times 10^{3}$ V = 10 V,这样的电源电压不能用普通的电池,必须用稳压电源.进一步分析和核算可知,只要标准表示值准确稳定,R_0 调节连续可靠,实验的准确度是可以保证的,电阻 R_0 小一些影响不大,却可以降低电源电压.若电源选用 1.5 V 甲电池一节,为使电流表满偏,则回路的总电阻应不大于

$$R \leqslant \frac{1.5}{100 \times 10^{-6}} \text{ kΩ} = 15 \text{ kΩ}$$

如按这个阻值核算 $\dfrac{R}{R_g} \geqslant 15$,也能符合要求,故选择的结果是

A_1	标准电流表	量程 100 μA,0.5 级
R_1	标准电阻箱	阻值 0.1~9 999.9 Ω,0.1 级
R_0	调节电阻	15~100 kΩ,连续可调
E	电源	1.5~10 V 高稳定度直流电源
S_2	单刀双掷开关	要求接触良好
S_1	单刀开关	

3. 实验程序的制定

(1) 连接、检查电路.

(2) 检查电表的机械零件是否正确,R_0 置于电阻最大值,要保证

$$I = \frac{E}{R_0} \leqslant 100 \text{ μA}$$

(3) S_2 合向待测表 G,接通电路,调节(减小)电阻 R_0 使 A_1 和 G 中的电流值逐步增加,直至 A_1 在接近满偏的某一示值时,仔细记录 A_1 的示值 I_1.

(4) 将 R_1 预置 2 kΩ 左右,S_2 换接到 R_1 支路,调节 R_1 阻值,使标准表示值再到 I_1 值.将 S_2 分别合向 G 支路和 R_1 支路,观察 A_1 的示值是否均指在同一电流值,若有差异,可再细调 R_1,直到 A_1 示值无差异为止.此状态说明 R_1 与 R_g 等效,直流电阻值相等,即

$$R_g = R_1$$

(5) 适当调节 R_0,在 I_1 为不同值时再用上法测电流表内阻.如果测得 R_g 值有差异,取 $\overline{R}_1$ 作为 R_g 的值,即

$$R_g = \overline{R}_1$$

一个完整的实验设计,还要通过实践的具体检验,当所得到的数据及计算出的实验结果和误差(或不稳定度)完全符合任务要求,各仪器在使用中运转正常时,设计才算完成.否则,还需根据具体实践的反馈情况对设计进行修改、补充,使其完善.

附录

附录一　中华人民共和国法定计量单位

1. 国际单位制(SI)的基本单位

量的名称	单位名称	单位符号
长度	米	m
质量	千克(公斤)	kg
时间	秒	s
电流	安[培]	A
热力学温度	开[尔文]	K
物质的量	摩[尔]	mol
发光强度	坎[德拉]	cd

注:1. 圆括号中的名称,是它前面的名称的同义词,下同.

　　2. 无方括号的量的名称与单位名称均为全称.方括号中的字,在不致引起混淆、误解的情况下,可以省略.去掉方括号中的字即为其名称的简称.下同.

2. 包括 SI 辅助单位在内的具有专门名称的 SI 导出单位

量的名称	SI 导出单位		
	名称	符号	用 SI 基本单位和 SI 导出单位表示
[平面]角	弧度	rad	$1\ \text{rad} = 1\ \text{m/m} = 1$
立体角	球面度	sr	$1\ \text{sr} = 1\ \text{m}^2/\text{m}^2 = 1$
频率	赫[兹]	Hz	$1\ \text{Hz} = 1\ \text{s}^{-1}$
力	牛[顿]	N	$1\ \text{N} = 1\ \text{kg} \cdot \text{m/s}^2$
压力,压强,应力	帕[斯卡]	Pa	$1\ \text{Pa} = 1\ \text{N/m}^2$
能[量],功,热量	焦[耳]	J	$1\ \text{J} = 1\ \text{N} \cdot \text{m}$
功率,辐[射能]通量	瓦[特]	W	$1\ \text{W} = 1\ \text{J/s}$

续表

量的名称	SI 导出单位		
	名称	符号	用 SI 基本单位和 SI 导出单位表示
电荷[量]	库[仑]	C	$1\ C = 1\ A \cdot s$
电压,电动势,电势	伏[特]	V	$1\ V = 1\ W/A$
电容	法[拉]	F	$1\ F = 1\ C/V$
电阻	欧[姆]	Ω	$1\ \Omega = 1\ V/A$
电导	西[门子]	S	$1\ S = 1\ \Omega^{-1}$
磁通[量]	韦[伯]	Wb	$1\ Wb = 1\ V \cdot s$
磁通[量]密度,磁感应强度	特[斯拉]	T	$1\ T = 1\ Wb/m^2$
电感	亨[利]	H	$1\ H = 1\ Wb/A$
摄氏温度	摄氏度	℃	$1\ ℃ = 1\ K$
光通量	流[明]	lm	$1\ lm = 1\ cd \cdot sr$
[光]照度	勒[克斯]	lx	$1\ lx = 1\ lm/m^2$

3. 由于人类健康安全防护上的需要而确定的具有专门名称的 SI 导出单位

量的名称	SI 导出单位		
	名称	符号	用 SI 基本单位和 SI 导出单位表示
[放射性]活度	贝可[勒尔]	Bq	$1\ Bq = 1\ s^{-1}$
吸收剂量比授[予]能比释动能	戈[瑞]	G_Y	$1\ G_Y = 1\ J/kg$
剂量当量	希[沃特]	Sv	$1\ Sv = 1\ J/kg$

4. SI 词头

因数	词头名称		符号	因数	词头名称		符号
	英文	中文			英文	中文	
10^{24}	yotta	尧[它]	Y	10^9	giga	吉[咖]	G
10^{21}	zetta	泽[它]	Z	10^6	mega	兆	M
10^{18}	exa	艾[可萨]	E	10^3	kilo	千	k
10^{15}	peta	拍[它]	P	10^2	hecto	百	h
10^{12}	tera	太[拉]	T	10^1	deca	十	da

续表

因数	词头名称		符号	因数	词头名称		符号
	英文	中文			英文	中文	
10^{-1}	deci	分	d	10^{-12}	pico	皮[可]	p
10^{-2}	centi	厘	c	10^{-15}	femto	飞[母托]	f
10^{-3}	milli	毫	m	10^{-18}	atto	阿[托]	a
10^{-6}	micro	微	μ	10^{-21}	zepto	仄[普托]	z
10^{-9}	nano	纳[诺]	n	10^{-24}	yocto	幺[科托]	y

5. 可与国际单位制单位并用的我国法定计量单位

量的名称	单位名称	单位符号	与 SI 单位的关系
时间	分	min	$1\ \text{min} = 60\ \text{s}$
	[小]时	h	$1\ \text{h} = 60\ \text{min} = 3\ 600\ \text{s}$
	日(天)	d	$1\ \text{d} = 24\ \text{h} = 86\ 400\ \text{s}$
[平面]角	度	°	$1° = (\pi/180)\,\text{rad}$
	[角]分	′	$1' = (1/60)° = (\pi/10\ 800)\,\text{rad}$
	[角]秒	″	$1'' = (1/60)' = (\pi/648\ 000)\,\text{rad}$
体积	升	L(l)	$1\ \text{L} = 1\ \text{dm}^3 = 10^{-3}\ \text{m}^3$
质量	吨	t	$1\ \text{t} = 10^3\ \text{kg}$
	原子质量单位	u	$1\ \text{u} \approx 1.660\ 540 \times 10^{-27}\ \text{kg}$
旋转速度	转每分	r/min	$1\ \text{r/min} = (1/60)\,\text{r}\cdot\text{s}^{-1}$
长度	海里	n mile	$1\ \text{n mile} = 1\ 852\ \text{m}$ （只用于航行）
速度	节	kn	$1\ \text{kn} = 1\ \text{n mile/h}$ $= (1\ 852/3\ 600)\ \text{m/s}$ （只用于航行）
能	电子伏	eV	$1\ \text{eV} \approx 1.602\ 177 \times 10^{-19}\ \text{J}$
级差	分贝	dB	
线密度	特[克斯]	tex	$1\ \text{tex} = 10^{-6}\ \text{kg/m}$
面积	公顷	hm^2	$1\ \text{hm}^2 = 10^4\ \text{m}^2$

注：1. 平面角单位度、分、秒的符号，在组合单位中应采用(°)、(′)、(″)的形式，例如，不用°/s 而用(°)/s；

2. 升的符号中，小写字母 l 为备用符号；

3. 公顷的国际通用符号为 ha.

附录二　常用物理数据

1. 常用物理常量

物理量	符号	数值	单位	相对标准不确定度
真空中的光速	c	299 792 458	$m \cdot s^{-1}$	精确
普朗克常量	h	$6.626\ 070\ 15 \times 10^{-34}$	$J \cdot s$	精确
约化普朗克常量	$h/2\pi$	$1.054\ 571\ 817 \cdots \times 10^{-34}$	$J \cdot s$	精确
元电荷	e	$1.602\ 176\ 634 \times 10^{-19}$	C	精确
阿伏伽德罗常量	N_A	$6.022\ 140\ 76 \times 10^{23}$	mol^{-1}	精确
摩尔气体常量	R	$8.314\ 462\ 618 \cdots$	$J \cdot mol^{-1} \cdot K^{-1}$	精确
玻耳兹曼常量	k	$1.380\ 649 \times 10^{-23}$	$J \cdot K^{-1}$	精确
理想气体的摩尔体积（标准状况下）	V_m	$22.413\ 969\ 54 \cdots \times 10^{-3}$	$m^3 \cdot mol^{-1}$	精确
斯特藩-玻耳兹曼常量	σ	$5.670\ 374\ 419 \cdots \times 10^{-8}$	$W \cdot m^{-2} \cdot K^{-4}$	精确
维恩位移定律常量	b	$2.897\ 771\ 955 \times 10^{-3}$	$m \cdot K$	精确
引力常量	G	$6.674\ 30(15) \times 10^{-11}$	$m^3 \cdot kg^{-1} \cdot s^{-2}$	2.2×10^{-5}
真空磁导率	μ_0	$1.256\ 637\ 062\ 12(19) \times 10^{-6}$	$N \cdot A^{-2}$	1.5×10^{-10}
真空电容率	ε_0	$8.854\ 187\ 812\ 8(13) \times 10^{-12}$	$F \cdot m^{-1}$	1.5×10^{-10}
电子质量	m_e	$9.109\ 383\ 701\ 5(28) \times 10^{-31}$	kg	3.0×10^{-10}
电子荷质比	$-e/m_e$	$-1.758\ 820\ 010\ 76(53) \times 10^{11}$	$C \cdot kg^{-1}$	3.0×10^{-10}
质子质量	m_p	$1.672\ 621\ 923\ 69(51) \times 10^{-27}$	kg	3.1×10^{-10}
中子质量	m_n	$1.674\ 927\ 498\ 04(95) \times 10^{-27}$	kg	5.7×10^{-10}
里德伯常量	R_∞	$1.097\ 373\ 156\ 816\ 0(21) \times 10^7$	m^{-1}	1.9×10^{-12}
精细结构常数	α	$7.297\ 352\ 569\ 3(11) \times 10^{-3}$		1.5×10^{-10}
精细结构常数的倒数	α^{-1}	$137.035\ 999\ 084(21)$		1.5×10^{-10}
玻尔磁子	μ_B	$9.274\ 010\ 078\ 3(28) \times 10^{-24}$	$J \cdot T^{-1}$	3.0×10^{-10}
核磁子	μ_N	$5.050\ 783\ 746\ 1(15) \times 10^{-27}$	$J \cdot T^{-1}$	3.1×10^{-10}
玻尔半径	a_0	$5.291\ 772\ 109\ 03(80) \times 10^{-11}$	m	1.5×10^{-10}
康普顿波长	λ_C	$2.426\ 310\ 238\ 67(73) \times 10^{-12}$	m	3.0×10^{-10}
原子质量常量	m_u	$1.660\ 539\ 066\ 60(50) \times 10^{-27}$	kg	3.0×10^{-10}

注：表中数据为国际科学理事会（ISC）国际数据委员会（CODATA）2018 年的国际推荐值.

2. 20 ℃时物质的密度

物质	密度 $\rho/(kg \cdot m^{-3})$	物质	密度 $\rho/(kg \cdot m^{-3})$
铝	2 698.9	汽车用汽油	710～720
锌	7 140	乙醚	714
铬	7 140	无水乙醇	789.3
锡(白)	7 298	丙酮	790.5
铁	7 874	甲醇	791.3
镍	8 850	煤油	800
铜	8 960	变压器油	840～890
银	10 492	松节油	855～870
铅	11 342	苯	879.0
钨	19 300	蓖麻油 15℃	969
金	19 320	20℃	957
铂	21 450	钟表油	981
硬铝	2 790	纯水 0℃	999.84
钢	7 600～7 900	3.98 ℃	1 000.00
不锈钢	7 910	4 ℃	999.97
黄铜 Cu70Zn30	8 500～8 700	海水	1 010～1 050
青铜 Cu90Sn10	8 780	牛乳	1 030～1 040
康铜 Cu60Ni40	8 880	无水甘油	1 261.3
软木	220～260	弗里昂-12	
纸	700～1 000	(氟氯烷-12)	1 329
石蜡	870～940	蜂蜜	1 435
橡胶	910～960	硫酸	1 840
硬橡胶	1 100～1 400	水银 0 ℃	13 595.5
有机玻璃	1 200～1 500	20 ℃	13 546.2
煤	1 200～1 700	干燥空气 0 ℃	
食盐	2 140	(标准状态)	1.292 8
冕牌玻璃	2 200～2 600	20 ℃	1.205
普通玻璃	2 400～2 700	氢	0.089 9
石英	2 500～2 800	氦	0.178 5
火石玻璃	2 800～4 500	氮	1.250 5
石英玻璃	2 900～3 000	氧	1.429 0
冰 0 ℃	917	氩	1.783 7

3. 标准大气压下不同温度时纯水的密度

温度 $t/℃$	密度 $\rho/(kg \cdot m^{-3})$	温度 $t/℃$	密度 $\rho/(kg \cdot m^{-3})$	温度 $t/℃$	密度 $\rho/(kg \cdot m^{-3})$
0	999.841	17	998.774	34	994.371
1	999.900	18	998.595	35	994.031
2	999.941	19	998.405	36	993.68
3	999.965	20	998.203	37	993.33
4	999.973	21	997.992	38	992.96
5	999.965	22	997.770	39	992.59
6	999.941	23	997.638	40	992.21
7	999.902	24	997.296	41	991.83
8	999.849	25	997.044	42	991.44
9	999.781	26	996.783	50	988.04
10	999.700	27	996.512	60	983.21
11	999.605	28	996.232	70	977.78
12	999.498	29	995.944	80	971.80
13	999.377	30	995.646	90	965.31
14	999.244	31	995.340	100	958.35
15	999.099	32	995.025		
16	998.943	33	994.702		

4. 水在不同压强下的沸点

$p/(hPa)$	$t/℃$	$p/(hPa)$	$t/℃$	$p/(hPa)$	$t/℃$	$p/(hPa)$	$t/℃$
950	98.205	965	40	980	99.069	995	92
951	34	966	68	981	97	996	99.520
952	63	967	97	982	99.125	997	48
953	92	968	98.726	983	53	998	76
954	98.322	969	55	984	82	999	99.604
955	51	970	83	985	99.210	1 000	32
956	80	971	98.812	986	38	1 001	59
957	98.409	972	40	987	67	1 002	88
958	38	973	69	988	95	1 003	99.715
959	67	974	98	989	99.323	1 004	43
960	95	975	98.926	990	51	1 005	71
961	98.524	976	55	991	79	1 006	99
962	53	977	83	992	99.408	1 007	99.827
963	82	978	99.012	993	36	1 008	54
964	98.611	979	40	994	64	1 009	82

续表

$p/(hPa)$	$t/℃$	$p/(hPa)$	$t/℃$	$p/(hPa)$	$t/℃$	$p/(hPa)$	$t/℃$
1 010	99.910	1 025	100.323	1 040	100.731	1 055	33
1 011	37	1 026	51	1 041	58	1 056	60
1 012	65	1 027	78	1 042	85	1 057	87
1 013	93	1 028	100.405	1 043	100.812	1 058	101.214
1 014	100.020	1 029	32	1 044	39	1 059	40
1 015	48	1 030	60	1 045	66	1 060	67
1 016	76	1 031	87	1 046	93		
1 017	100.103	1 032	100.514	1 047	100.919		
1 018	31	1 033	41	1 048	46		
1 019	58	1 034	68	1 049	73		
1 020	86	1 035	95	1 050	101.000		
1 021	100.213	1 036	100.623	1 051	26		
1 022	41	1 037	50	1 052	53		
1 023	68	1 038	77	1 053	80		
1 024	96	1 039	100.704	1 054	101.107		

5. 流体的动力黏度

流体	温度/℃	$\eta/(\mu Pa \cdot s)$	流体	温度/℃	$\eta/(\mu Pa \cdot s)$
乙醚	0	296	葵花籽油	20	5.00×10^4
	20	243	蓖麻油	0	530×10^4
甲醇	0	817		10	241.8×10^4
	20	584		15	151.4×10^4
水银	−20	1 855		20	95.0×10^4
	0	1 685		25	62.1×10^4
	20	1 554		30	45.1×10^4
	100	1 240		35	31.2×10^4
水	0	1 787.8		40	23.1×10^4
	20	1 004.2		100	16.9×10^4
	100	282.5	甘油	−20	134×10^6
汽油	0	1 788		0	121×10^5
	18	530		20	149.9×10^4
乙醇	−20	2 780		100	129.45×10^2
	0	1 843	蜂蜜	20	650×10^4
	20	1 200		80	100×10^3
变压器油	20	1.98×10^4	空气	25	18.192
鱼肝油	20	4.56×10^4			
	80	0.46×10^4			

6. 20℃时常用金属的杨氏模量 *

金属	$E/(10^4\text{N/mm}^2)$	金属	$E/(10^4\text{N/mm}^2)$
银	6.9~8.2	灰铸铁	6~17
铝	7.0~7.1	硬铝合金	7.1
金	7.7~8.1	可锻铸铁	15~18
锌	7.8~8.0	球墨铸铁	15~18
铜	10.3~12.7	康铜	16.0~16.6
铁	18.6~20.6	铸钢	17.2
镍	20.3~21.4	碳钢	19.6~20.6
铬	23.5~24.5	合金钢	20.6~22.0
钨	40.7~41.5		

* E 的值与材料的结构、化学成分及加工制造方法有关,因此,在某些情况下,E 的值可能与表中所列的平均值不同.

7. 海平面上不同纬度处的重力加速度 *

纬度 $\varphi/(°)$	$g/(\text{m}\cdot\text{s}^{-2})$	纬度 $\varphi/(°)$	$g/(\text{m}\cdot\text{s}^{-2})$
0	9.780 49	60	9.819 24
5	9.780 88	65	9.822 94
10	9.782 04	70	9.826 14
15	9.783 94	75	9.828 73
20	9.786 52	80	9.830 65
25	9.789 69	85	9.831 82
30	9.793 38	90	9.832 21
35	9.797 46	西安 34°16′	计算值 9.796 84
40	9.801 80		测量值 9.796 5
45	9.806 29	北京 39°56′	9.801 22
50	9.810 79	上海 31°12′	9.794 36
55	9.815 15	杭州 30°16′	9.793 57

* 地球任意地方重力加速度的计算公式为:$g=9.780\,49(1+0.005\,288\sin^2\varphi-0.000\,006\sin^2 2\varphi)\,\text{m}\cdot\text{s}^{-2}$.

8. 物质中的声速

物质		声速/$(\text{m}\cdot\text{s}^{-1})$	物质	声速/$(\text{m}\cdot\text{s}^{-1})$
氧气	0 ℃(标准状态)	317.2	NaCl 4.8%水溶液 20℃	1 542
氩气	0 ℃	319	甘油 20 ℃	1 923
干燥空气	0 ℃	331.45	铅 *	1 210
	10 ℃	337.46	金	2 030
	20 ℃	343.37	银	2 680
	30 ℃	349.18	锡	2 730
	40 ℃	354.89	铂	2 800

续表

物质		声速/(m·s⁻¹)	物质	声速/(m·s⁻¹)
氮气	0 ℃	337	铜	3 750
氢气	0 ℃	1 269.5	锌	3 850
二氧化碳	0 ℃	258.0	钨	4 320
一氧化碳	0 ℃	337.1	镍	4 900
四氯化碳	20 ℃	935	铝	5 000
乙醚	20 ℃	1 006	不锈钢	5 000
乙醇	20 ℃	1 168	重硅钾铅玻璃	3 720
丙酮	20 ℃	1 190	轻氯铜银铅冕玻璃	4 540
汞	20 ℃	1 451.0	硼硅酸玻璃	5 170
水	20 ℃	1 482.9	熔融石英	5 760

* 固体中的声速为沿棒传播的纵波速度.

9. 物质的比热容

物质	温度/℃	比热容 J/(kg·K)
金	25	128
铅	20	128
铂	20	134
银	20	234
铜	20	385
锌	20	389
镍	20	481
铁	20	481
铝	20	896
黄铜	0	370
	20	384
康铜	18′	420
钢	20	447
生铁	0~100	0.54×10^3
云母	20	0.42×10^3
玻璃	20	585~920
石墨	25	707
石英玻璃	20~100	787
石棉	0~100	795
橡胶	15~100	$(1.13~2.00) \times 10^3$
石蜡	0~20	2.91×10^3
水银	0	139.5
	20	139.0
弗里昂-12	20	0.84×10^3
汽油	10	1.42×10^3

物质	温度/℃	比热容 J/(kg·K)
	50	$2.09×10^3$
变压器油	0~100	$1.88×10^3$
蓖麻油	20	$2.00×10^3$
煤油	20	$2.18×10^3$
乙醚	20	$2.34×10^3$
甘油	18	$2.43×10^3$
乙醇	0	$2.30×10^3$
	20	$2.47×10^3$
甲醇	0	$2.43×10^3$
	20	$2.47×10^3$
冰	0	2 090
纯水	0	4 219
	20	4 182
	100	4 204
空气(定压)	20	1 008
氢(定压)	20	$14.25×10^3$

10. 金属和合金的电阻率及其温度系数[*]

金属或合金	电阻率 ρ /($10^{-6}\Omega·cm$)	温度系数 α /($10^{-5}℃^{-1}$)
银	1.47(0℃) 1.16(20℃)	430
铜	1.55(0℃) 1.70(20℃)	433
金	2.01(0℃) 2.20(20℃)	402
铝	2.44(0℃) 2.74(20℃)	460
钨	4.89(0℃) 5.44(20℃)	510
锌	5.65(0℃) 6.17(20℃)	417
铁	8.70(0℃) 9.80(20℃)	651
铂	9.59(0℃) 10.42(20℃)	390
锡	12.0(20℃)	440
铅	19.2(0℃) 21.0(20℃)	428
水银	94.1(0℃) 95.9(20℃)	100
黄铜	8.00(18~20℃)	100
钢(0.10%~0.15%碳)	10~14(20℃)	600
康铜	47~51(18~20℃)	−4.0~+1.0
武德合金	52(20℃)	370
铜锰镍合金	34~100(20℃)	−3.0~+2.0
镍铬合金	98~110(20℃)	3~40

[*] 金属电阻率与温度的关系 $\rho_{t2} = \rho_{t1}[1+\alpha(t_2-t_1)]$；

电阻率与金属和合金中的杂质有关,表中列出的是单值金属的电阻率和合金电阻率的平均值.

11. 常用热电偶的温差电动势

铂铑（87%铂, 13%铑）-铂

温度/℃	0	10	20	30	40	50	60	70	80	90	100
	温差电动势/mV										
0	0.000	0.054	0.111	0.170	0.231	0.295	0.361	0.429	0.499	0.571	0.645
100	0.645	0.720	0.797	0.875	0.956	1.037	1.120	1.204	1.290	1.376	1.464
200	1.464	1.553	1.643	1.734	1.825	1.918	2.012	2.106	2.202	2.298	2.395
300	2.395	2.492	2.591	2.690	2.789	2.890	2.990	3.092	3.194	3.296	3.400
400	3.400	3.503	3.608	3.712	3.817	3.923	4.029	4.136	4.243	4.351	4.459

镍铬-镍铝

温度/℃	0	10	20	30	40	50	60	70	80	90	100
	温差电动势/mV										
0	0.00	0.40	0.80	1.20	1.61	2.02	2.43	2.84	3.26	3.68	4.10
100	4.10	4.51	4.92	5.33	5.73	6.13	6.53	6.93	7.33	7.73	8.13
200	8.13	8.53	8.93	9.33	9.74	10.15	10.56	10.97	11.38	11.80	12.21
300	12.21	12.62	13.04	13.45	13.87	14.29	14.71	15.13	15.56	15.98	16.40
400	16.40	16.83	17.25	17.67	18.09	18.51	18.94	19.37	19.79	20.22	20.65

镍铬-康铜

工作端温度/℃	0	1	2	3	4	5	6	7	8	9
	温差电动势/mV									
−50	−3.11									
−40	−2.50	−2.56	−2.62	−2.68	−2.74	−2.81	−2.87	−2.93	−2.99	−3.05
−30	−1.89	−1.95	−2.01	−2.07	−2.13	−2.20	−2.26	−2.32	−2.38	−2.44
−20	−1.27	−1.33	−1.39	−1.46	−1.52	−1.58	−1.64	−1.70	−1.77	−1.83
−10	−0.64	−0.70	−0.77	−0.83	−0.89	−0.96	−1.02	−1.08	−1.14	−1.21
−0	−0.00	−0.06	−0.13	−0.19	−0.26	−0.32	−0.38	−0.45	−0.51	−0.58

续表

工作端温度/℃	0	1	2	3	4	5	6	7	8	9
	温差电动势/mV									
+0	0.00	0.07	0.13	0.20	0.26	0.33	0.39	0.46	0.52	0.59
10	0.65	0.72	0.78	0.85	0.91	0.98	1.05	1.11	1.18	1.24
20	1.31	1.38	1.44	1.51	1.57	1.64	1.70	1.77	1.84	1.91
30	1.98	2.05	2.12	2.18	2.25	2.32	2.38	2.45	2.52	2.59
40	2.66	2.73	2.80	2.87	2.94	3.00	3.07	3.14	3.21	3.28
50	3.35	3.42	3.49	3.56	3.63	3.70	3.77	3.84	3.91	3.98
60	4.05	4.12	4.19	4.26	4.33	4.41	4.48	4.55	4.62	4.69
70	4.76	4.83	4.90	4.98	5.05	5.12	5.20	5.27	5.34	5.41
80	5.48	5.56	5.63	5.70	5.78	5.85	5.92	5.99	6.07	6.14
90	6.21	6.29	6.36	6.43	6.51	6.58	6.65	6.73	6.80	6.87
100	6.95	7.03	7.10	7.17	7.25	7.32	7.40	7.47	7.54	7.62
110	7.69	7.77	7.84	7.91	7.99	8.06	8.13	8.21	8.28	8.35
120	8.43	8.50	8.58	8.65	8.73	8.80	8.88	8.95	9.03	9.10
130	9.18	9.25	9.33	9.40	9.48	9.55	9.63	9.70	9.78	9.85
140	9.93	10.00	10.08	10.16	10.23	10.31	10.38	10.46	10.54	10.61
150	10.69	10.77	10.85	10.92	11.00	11.08	11.15	11.23	11.31	11.38
160	11.46	11.54	11.62	11.69	11.77	11.85	11.93	12.00	12.08	12.16
170	12.24	12.32	12.40	12.48	12.55	12.63	12.71	12.79	12.87	12.95
180	13.03	13.11	13.19	13.27	13.36	13.44	13.52	13.60	13.68	13.76
190	13.84	13.92	14.00	14.08	14.16	14.25	14.34	14.42	14.50	14.58
200	14.66	14.74	14.82	14.90	14.98	15.06	15.14	15.22	15.30	15.38
210	15.47	15.56	15.64	15.72	15.80	15.89	15.97	16.05	16.13	16.21
220	16.30	16.38	16.46	16.54	16.62	16.71	16.79	16.87	16.95	17.03
230	17.12	17.20	17.28	17.37	17.45	17.53	17.62	17.70	17.78	17.87
240	17.95	18.03	18.11	18.19	18.28	18.36	18.44	18.52	18.60	18.68
250	18.76	18.84	18.92	19.01	19.09	19.17	19.26	19.34	19.42	19.51
260	19.59	19.67	19.75	19.84	19.92	20.00	20.09	20.17	20.25	20.34
270	20.42	20.50	20.58	20.66	20.74	20.83	20.91	20.99	21.07	21.15
280	21.24	21.32	21.40	21.49	21.57	21.65	21.73	21.82	21.90	21.98
290	22.07	22.15	22.23	22.32	22.40	22.48	22.57	22.65	22.73	22.81

自由端温度为 0 ℃.

铜－康铜

温度/℃	0	1	2	3	4	5	6	7	8	9	10
	温差电动势/mV										
−40	−1.475	−1.510	−1.544	−1.579	−1.614	−1.648	−1.682	−1.717	−1.751	−1.785	−1.819
−30	−1.121	−1.157	−1.192	−1.228	−1.263	−1.299	−1.334	−1.370	−1.405	−1.440	−1.475
−20	−0.757	−0.794	−0.830	−0.866	−0.903	−0.940	−0.976	−1.013	−1.049	−1.085	−1.121
−10	−0.383	−0.421	−0.458	−0.496	−0.534	−0.571	−0.608	−0.646	−0.683	−0.720	−0.757
−0	0.000	−0.039	−0.077	−0.116	−0.154	−0.193	−0.231	−0.269	−0.307	−0.345	−0.383
0	0.000	0.039	0.078	0.117	0.156	0.195	0.234	0.273	0.312	0.351	0.391
10	0.391	0.430	0.470	0.510	0.549	0.589	0.629	0.669	0.709	0.749	0.789
20	0.789	0.830	0.870	0.911	0.951	0.992	1.032	1.073	1.114	1.155	1.196
30	1.196	1.237	1.279	1.320	1.361	1.403	1.444	1.486	1.528	1.569	1.611
40	1.611	1.653	1.695	1.738	1.780	1.822	1.865	1.907	1.950	1.992	2.035
50	2.035	2.078	2.121	2.164	2.207	2.250	2.294	2.337	2.380	2.424	2.467
60	2.467	2.511	2.555	2.599	2.643	2.687	2.731	2.775	2.819	2.864	2.908
70	2.908	2.953	2.997	3.042	3.087	3.131	3.176	3.221	3.266	3.312	3.357
80	3.357	3.402	3.447	3.493	3.538	3.584	3.630	3.676	3.721	3.767	3.813
90	3.813	3.859	3.906	3.952	3.998	4.044	4.091	4.137	4.184	4.231	4.277
100	4.277	4.324	4.371	4.418	4.465	4.512	4.559	4.607	4.654	4.701	4.749
110	4.749	4.796	4.844	4.891	4.939	4.987	5.035	5.083	5.131	5.179	5.227
120	5.227	5.275	5.324	5.372	5.420	5.469	5.517	5.566	5.615	5.663	5.712
130	5.712	5.761	5.810	5.859	5.908	5.957	6.007	6.056	6.105	5.155	6.204
140	6.204	6.254	6.303	6.353	6.403	6.452	6.502	6.552	6.602	6.652	6.702
150	6.702	6.753	6.803	6.853	6.903	6.954	7.004	7.055	7.106	7.156	7.207
160	7.207	7.258	7.309	7.360	7.411	7.462	7.513	7.564	7.615	7.666	7.718
170	7.718	7.769	7.821	7.872	7.924	7.975	8.027	8.079	8.131	8.183	8.235
180	8.235	8.287	8.339	8.391	8.443	8.495	8.548	8.600	8.652	8.705	8.757
190	8.757	8.810	8.863	8.915	8.968	9.021	9.074	9.127	9.180	9.233	9.286

参考端温度为 0 ℃.

12. 物质的相对电容率

物质	$t/℃$	ε_r	物质	$t/℃$	ε_r
石蜡	20	2.0~2.5	丙酮	20	21.5
木材	18	2.2~3.7	乙醇	14.7	26.8
硬橡胶	18	2.5~2.8	甲醇	13.4	35.4
电木	18	3~5	甘油	18	39.1
石英玻璃	18	3.5~4.1	水	18	80.4
瓷	18	5.0~6.5	氦	0	1.000 064
普通玻璃	18	5~7	氢	0	1.000 272 3
云母	18	5.7~7.0	氧	0	1.000 532 0
花岗岩	18	7~9	氩	0	1.000 555 7
光学玻璃	18	7~10	氮	0	1.000 587 0
大理石	18	8.3	空气	0	1.000 590
金刚石	18	16.5	一氧化碳	0	1.000 690
煤油	21	2.1	甲烷	0	1.000 953
松节油	20	2.2	二氧化碳	0	1.000 988 0
变压器油	18	2.2~2.5	硫化氢	0	1.004
苯	18	2.3	氯化氢	0	1.004 6
柏油	18	2.7	氨	0	1.008 37
乙醚	20	4.34	溴	180	1.012 8
蓖麻油	10.9	4.6			

气体电容率是在标准大气压下测得的.

13. 物质的折射率(相对空气)
某些气体的折射率

气体	分子式	折射率 n	气体	分子式	折射率 n
氦	He	1.000 035	一氧化碳	CO	1.000 335
氖	Ne	1.000 069	氨	NH_3	1.000 379
氢	H_2	1.000 140	甲烷	CH_4	1.000 444
水蒸气	H_2O	1.000 254	二氧化碳	CO_2	1.000 450
氧	O_2	1.000 272	硫化氢	H_2S	1.000 623
氩	Ar	1.000 283 7	二氧化硫	SO_2	1.000 686
空气	—	1.000 292 6	乙烯	C_2H_4	1.000 719
氮	N_2	1.000 297	氯	Cl_2	1.000 773

表中给出的数据系在标准状态下,气体对波长约等于 0.589 3 μm 的 D 线(钠黄光)的折射率.

某些液体的折射率

液体	$t/℃$	折射率 n	液体	$t/℃$	折射率 n
二氧化碳	15	1.195	硫酸($+2\%H_2O$)	23	1.429
盐酸	10.5	1.254	三氯甲烷	20	1.446 7
氨水	16.5	1.325	四氯化碳	20	1.460 7
甲醇	20	1.329 0	甘油	20	1.473 0
水	20	1.333 0	甲苯	20	1.495 5
乙醚	20	1.351 0	苯	20	1.501 2
丙酮	20	1.359 3	加拿大树胶	20	1.530
乙醇	20	1.361 4	二硫化碳	18	1.625 5
硝酸(99.94%)	16.4	1.397	溴	20	1.654

表中给出的数据为液体对波长约等于 0.589 3 μm 的 D 线的折射率.

某些固体的折射率

固体	折射率 n	固体	折射率 n
氯化钾	1.490 44	重冕玻璃 ZK_3	1.589 1
冕玻璃 K_6	1.511 1	ZK_6	1.612 6
K_8	1.515 9	ZK_8	1.614 0
K_9	1.516 3	钡火石玻璃 BaF_8	1.625 9
钡冕玻璃 BaK_2	1.539 9	重火石玻璃 ZF_1	1.647 5
氯化钠	1.544 27	ZF_5	1.739 8
火石玻璃 F_1	1.603 1	ZF_6	1.755 0

表中数据为固体对 $\lambda_D = 0.589\ 3$ μm 的折射率.

某些晶体的折射率

波长 λ /nm	萤石	石英玻璃	钾盐	岩盐	石英		方解石	
					n_o	n_e	n_o	n_e
656.3(H,红)	1.432 5	1.456 4	1.487 2	1.540 7	1.557 36	1.566 71	1.654 4	1.484 6
643.8(Cd,红)	1.432 7	1.456 7	1.487 7	1.541 2	1.550 12	1.559 43	1.655 0	1.484 7
589.3(Na,黄)	1.433 9	1.458 5	1.490 4	1.544 3	1.549 68	1.558 98	1.658 4	1.486 4
546.1(Hg,绿)	1.435 0	1.460 1	1.493 1	1.547 5	1.548 23	1.557 48	1.661 6	1.487 9
508.6(Cd,绿)	1.436 2	1.461 9	1.496 1	1.550 9	1.546 17	1.555 35	1.665 3	1.489 5
486.1(H,蓝绿)	1.437 1	1.463 2	1.498 3	1.553 4	1.544 25	1.553 36	1.667 8	1.490 7
480.0(Cd,蓝绿)	1.437 9	1.463 6	1.499 0	1.554 1	1.542 29	1.551 33	1.668 6	1.491 1
404.7(Hg,紫)	1.441 5	1.469 4	1.509 7	1.566 5	1.541 90	1.550 93	1.681 3	1.496 9

表中数据是在 18 ℃ 之下测得的.

14. 常用光源的谱线波长（nm）

H（氢）		402.62　紫		Hg（汞）	
656.28	红	388.87　紫		623.44	橙
486.13	蓝绿	Ne（氖）		579.07	黄$_2$
434.05	紫	650.65	红	576.96	黄$_1$
410.17	紫	640.23	橙	546.07	绿
397.01	紫	638.30	橙	491.60	蓝绿
He（氦）		626.65	橙	435.83	蓝
706.52	红	621.73	橙	404.66	紫
667.82	红	614.31	橙	He-Ne 激光	
587.56(D_3)黄		588.19	黄	632.8	橙
501.57	绿	585.25	黄	Cd（镉）	
492.19	蓝绿	Na（钠）		643.847	红
471.31	蓝	589.592(D_1)黄		508.582	绿
447.15	紫	588.995(D_2)黄			

15. 几种纯金属的"红限"波长及逸出功

金属	λ_0/nm	W/eV	金属	λ_0/nm	W/eV
钾（K）	550.0	2.24	汞（Hg）	273.5	4.53
钠（Na）	540.0	2.28	金（Au）	265.0	4.82
锂（Li）	500.0	2.28	铁（Fe）	262.0	4.60
铯（Cs）	460.0	1.8	银（Ag）	261.0	4.73

郑重声明

读者意见反馈

为收集对教材的意见建议,进一步完善教材编写并做好服务工作,读者可将对本教材的意见建议通过如下渠道反馈至我社。

咨询电话 400-810-0598
反馈邮箱 hepsci@pub.hep.cn
通信地址 北京市朝阳区惠新东街4号富盛大厦1座
　　　　　高等教育出版社理科事业部
邮政编码 100029

防伪查询说明